Exklusiv für Buchkäufer!

Ihre Arbeitshilfen online

- Excel-Tool „Balance der Lebensbereiche"
- Excel-Tool „Personalkostenplanung"
- Kalkulationsschema für Outbound-Telefonkampagnen
- Checkliste „Kaltakquise Calls"
- Riemann-Thomann-Test
  (Modell zur Erklärung menschlichen Verhaltens)
- zahlreiche weitere Übersichten,
  Checklisten und Tabellen zum Buch

Und so geht's

- unter www.haufe.de/arbeitshilfen
  den Buchcode eingeben
- QR-Code mit Ihrem Smartphone
  oder Tablet scannen

Buchcode:　　SXW–KFFG

www.haufe.de/arbeitshilfen

Innendienst erfolgreich leiten

Eckhard Moser

Innendienst erfolgreich leiten

Effektives Management „zwischen den Stühlen"

Eckhard Moser

1. Auflage 2014

Haufe Gruppe
Freiburg · München

Bibliografische Information der Deutschen Nationalbibliothek
Die Deutsche Nationalbibliothek verzeichnet diese Publikation in der Deutschen
Nationalbibliografie; detaillierte bibliografische Daten sind im Internet über
http://dnb.dnb.de abrufbar.

Print ISBN: 978-3-648-04513-8   Bestell-Nr. 01642-0001
EPUB ISBN: 978-3-648-04514-5   Bestell-Nr. 01642-0100
EPDF ISBN: 978-3-648-04515-2   Bestell-Nr. 01642-0150

Eckhard Moser
Innendienst erfolgreich leiten
1. Auflage 2014

© 2014 Haufe-Lexware GmbH & Co. KG, Freiburg
www.haufe.de
info@haufe.de
Produktmanagement: Jutta Thyssen

Lektorat: Peter Böke
Satz: Kühn & Weyh Software GmbH, Satz und Medien, 79110 Freiburg
Umschlag: RED GmbH, 82152 Krailling
Druck: fgb, freiburger graphische betriebe, 79108 Freiburg

Inhaltsverzeichnis

Vorwort

Überall, wo Menschen zusammenarbeiten, geht es um zielgerichtetes Handeln, Arbeitsteilung, Bewältigung von Problemen und Konflikten, aber vor allem um erfolgreiche Aufgabenerledigung. Ob nun eine Arbeitsgruppe, Projektgruppe oder auch Abteilung erfolgreich zusammenarbeitet, kann und darf kein Zufallsergebnis sein, sondern ist stets Hauptaufgabe der Führungskraft, die für diese Gruppe von Personen verantwortlich ist. In der Praxis bedeutet dies jedoch, dass auf die betreffende Person bei Übernahme von Führungsaufgaben eine Reihe von neuen, völlig anderen Aufgaben zukommen als die eines Fachmanns auf technischem oder betriebswirtschaftlichem Gebiet.

Sehr häufig empfehlen sich gerade diejenigen Mitarbeiter in einem Unternehmen zur Übernahme von Führungsaufgaben, die seit Längerem als Fachkraft und Spezialist hervorragende Leistungen erbracht haben. Nicht selten finden sich diese Mitarbeiter von einem auf den anderen Tag in der Rolle eines Gruppenleiters, Abteilungs- oder Projektleiters wieder, ohne auch nur einen Moment Zeit zu haben, sich über die Fülle an neuen Aufgabenstellungen Klarheit zu verschaffen.

Wenn plötzlich neben dem Fachwissen fundiertes, betriebswirtschaftliches Grundwissen, Führungsmethodik und -stil, Konfliktmanagement und natürlich fundierte weitreichende Kenntnisse über menschliche Kommunikation für den Erfolg ausschlaggebend sind, führt das Fehlen solcher Kenntnisse unweigerlich zu ernsthaften Problemen.

Betrachten wir die Situation bei der Führungsposition des Innendienstleiters, verschärft sich das Bild noch, da es kaum eine Managementfunktion im Unternehmen gibt, die so wenig konkret beschrieben und in ihren Rahmenbedingungen so unklar definiert ist. Einen Innendienstleiter gibt es in nahezu allen Unternehmen, jedoch gibt es wohl kaum zwei Unternehmen, deren Innendienstleiter über identische Aufgabenfelder und Rahmenbedingungen verfügen. Da zudem der Innendienst meist das Bindeglied zwischen Kunden, Vertriebsaußendienst und sämtlichen anderen relevanten Funktionen des Unternehmens darstellt, kommt der erfolgreichen und kompetenten Kommunikation eine zentrale Bedeutung für die erfolgreiche Aufgabenbewältigung zu. In der Praxis heißt dies, dass der Innendienstleiter verantwortlich ist, seine Abteilung oder sein Team so zu coachen, dass nach allen Seiten und untereinander eine extrem hohe Kommunikationsqualität erreicht wird. Dass also effizient und zielgerichtet, vor allem zeitsparend und verbindlich kommuniziert wird.

Vorwort

Diese Unterstützung kann eine Führungskraft nur dann bei seinen Mitarbeitern fordern und fördern, wenn sie selbst über grundlegende Kenntnisse im Bereich Management und Kommunikation verfügt und sie diese Kenntnisse auch im Einklang mit den täglichen Aufgabenstellungen zur Anwendung bringen kann.

Dieses Buch möchte Ihnen genau an dieser Stelle eine wertvolle Unterstützung bieten. Abgestimmt auf die zentralen Aufgabenbereiche der Führungskraft einer Innendienstorganisation und die damit einhergehenden Führungsaufgaben sowie die dazu notwendigen Führungskenntnisse und -fertigkeiten habe ich eine Reihe von Themen so ausgewählt, dass sie Ihnen einen praxisnahen und täglich sofort anwendbaren Fundus an Informationen, Führungsinstrumenten, Methoden und Beispielen bieten.

Dort, wo theoretischer Unterbau notwendig ist, wird dieser vermittelt, ohne dass allzu viel Wissenschaft oder Theorie die Umsetzung in die Praxis erschwert. Ergänzend sind Checklisten und Fragebögen sowie viele andere nützliche Informationen aus dem Buch auf www.haufe.de/arbeitshilfen abrufbar. Viele Beispiele und Tipps, die für die eigene, tägliche Praxis schnell angepasst werden können, machen dieses Buch zu einem Fachratgeber mit hohem Praxiswert und zu einem wertvollen Nachschlagewerk für den Praktiker.

Übrigens: Wenn Sie in der Situation sind, einen oder mehrere Gruppenleiter ausbilden zu müssen, oder Ihren Stellvertreter wirklich in die Lage versetzen wollen, dass er die von Ihnen delegierte Aufgaben komplett übernehmen kann, dann bietet Ihnen dieses Fachbuch das inhaltliche Gerüst dazu. Nutzen Sie die Inhalte und Anregungen bei allen Coachings und Ausbildungsvorhaben, die Sie anstreben.

Einleitung: Vom exzellenten Fachmann zum erfolgreichen Manager und Coach

Innendienst – Worum geht es hier?

Nimmt man sich die Organigramme einzelner Firmen aus unterschiedlichen Branchen vor, findet man sicherlich bei nahezu allen eine Organisationseinheit, die sich Innendienst, Vertriebsinnendienst oder in international ausgerichteten Unternehmen nicht selten auch Backoffice nennt. Historisch waren das die Abteilungen in den Unternehmen, welche die sogenannte Auftragsabwicklung bewältigten, d. h., hier liefen Aufträge oder Bestellungen auf und der Innendienst stellte sicher, dass alle relevanten Abteilungen des Unternehmens, die zur Auftragserfüllung beitragen, informiert wurden. Ebenso stellte diese Abteilung sicher, dass die korrekte Lieferung in der vorgegebenen Zeit an den Kunden erfolgte.

In sehr vielen Fällen ist die **klassische Auftragsabwicklung** auch heute noch Bestandteil des Innendiensts. In den letzten fünfzehn Jahren sind jedoch, meist unbemerkt von den anderen Unternehmensbereichen, eine Fülle von zusätzlichen Aufgaben beim Innendienst angesiedelt worden.

Zusätzliche Aufgaben im Innendienst

- Unterstützung des Außendiensts im operativen Bereich
- Angebotsmanagement
- Telefonmarketing
- Inbound-Kundenservice
- Telesales oder Telemarketing (Outbound)
- Homepage-Content-Management für den Vertrieb
- CRM-Analysen und CRM-Betreuung
- Eventmanagement für den Vertrieb
- eigene Umsatzgenerierung
- Planung und Durchführung von Marketingmaßnahmen
- und vieles mehr

Mit dem Anwachsen dieser Aufgabenvielfalt haben sich auch die Anforderungen an die im Innendienst agierenden Personen in den letzten Jahren vergrößert, das Aufgabenspektrum ist insgesamt wesentlich umfangreicher geworden. Der gleichen Situation sieht sich der Innendienstleiter gegenüber. Nicht selten hat dieser, bevor er zum verantwortlichen Abteilungsleiter wurde, einige Jahre selbst in der Abteilung als Sachbearbeiter und Spezialist gearbeitet. In der Regel sind gerade diejenigen Personen zum verantwortlichen Abteilungsleiter ernannt worden, die über einen längeren Zeitraum bewiesen haben, dass sie den zunehmenden, vielfältigen Anforderungen gewachsen sind und sich dynamisch und flexibel auf die neuen Herausforderungen einstellen können.

Neue Herausforderungen für den Innendienstleiter

In der neuen Situation des Innendienstleiters hat der Verantwortliche jedoch insbesondere zwei neue Herausforderungen zu bewältigen. Die eine besteht darin, dass Kollegen, die lange Jahre auf gleicher Ebene mit gleichen Rechten und Pflichten mit ihm zusammengearbeitet haben, nun in einem Vorgesetzten-Untergebenen-Verhältnis zu ihm stehen. Die andere Situation ergibt sich aus der Tatsache, dass der Innendienstleiter als Führungskraft plötzlich 60 bis 70 % seiner Aktivitäten der Personalführung widmen muss. Hier geht es um die Herausforderung, sich bei nahezu allen Kommunikationsvorgängen mit den eigenen Mitarbeitern seiner Außenwirkung bewusst zu sein und gezielt eine motivierende Atmosphäre zu schaffen. Hinzu kommt, dass der Innendienstleiter in vielen Fällen bewusste Entscheidungen treffen muss, wo er früher vielleicht einfach nur seinem Bauchgefühl gefolgt ist. In diesem Zusammenhang habe ich vor vielen Jahren für meine Abteilungsleiter einmal den Slogan geprägt: **„Weg vom Management im Blindflug, hin zu bewussten Entscheidungen!"**

Gerade Kenntnisse, Fähigkeiten und Know-how, bezogen auf diese letzten beiden Anforderungen, waren jedoch häufig nicht Bestandteil von Ausbildungen und Trainingseinheiten innerhalb der Firma. Die richtige Kombination aus Fachwissen und Führungsfertigkeiten sowie bewusstem Kommunikationsverhalten ist jedoch eine wesentliche Voraussetzung für den Erfolg der Abteilung und des Unternehmens.

Der Innendienst ist die Abteilung im Unternehmen mit dem häufigsten Kundenkontakt. Daraus kann man klar ableiten, dass einer gut geschulten und hochmotivierten Innendienstabteilung eine zentrale Rolle bei der Imageprägung des Unternehmens zukommt. Kurz gesagt, wenn in der täglichen Kommunikation mit den Kunden ein positives Bild vom Lieferanten entwickelt wird, ist dies viel nachhaltiger und vor allem werthaltiger als noch so gut gemachte Broschüren und Veranstaltungen. Es liegt demnach in der Hand des Innendienstleiters, ob dies gelingt.

Das optimale Profil eines Innendienstleiters

Schauen wir einmal das optimale Profil eines Innendienstleiters genauer an. Einer der größten Schritte, die jemand in seiner beruflichen Karriere machen kann, ist der Schritt vom Fachmann und Spezialisten zur Führungskraft. Der Schlüssel zum Erfolg bei der Bewältigung dieses Schrittes liegt immer in dem zentralen Punkt „Veränderung der persönlichen Einstellung zum Aufgabengebiet". Mit anderen Worten, wenn Sie als frisch gebackener Innendienstleiter mit sechs oder sieben Mitarbeitern nach einem Jahr noch immer drei bis vier Kunden selbst bearbeiten und sich um alle Abläufe bei diesen Kunden kümmern, haben Sie schon den Grundstein für Ihr Scheitern als Führungskraft gelegt.

Selbstverständlich erfordert dieser Schritt — weg von der Sachbearbeitung und hin zur Abteilungsleitung — Übergangsfristen und koordinierte Übergaben von Kunden und Verantwortungsbereichen. Aber als Abteilungsleiter werden Sie in Zukunft eine solche Fülle von neuen, für Sie zunächst unbekannten Aufgaben zu meistern haben, dass Sie nach einigen Monaten unmöglich noch 30 % Ihrer Zeit als Innendienstfachkraft einsetzen können. Dieses Buch wird Ihnen helfen, dieses neue Aufgabengebiet kennenzulernen und besser zu bewältigen. Dabei war ich bestrebt, Ihnen möglichst viele anschauliche Beispiele aus meiner langjährigen Berufserfahrung an die Hand zu geben.

Die grundlegende Veränderung Ihres Aufgabengebietes besteht darin, dass für Sie bisher fachliche Prozesse, Teamwork und Fachkenntnisse im Mittelpunkt standen. In Ihrer neuen Funktion als Führungskraft stehen nun einzig und allein der Mensch, also Ihre Mitarbeiter, und die optimale Umgebung, in denen Ihre Mitarbeiter Bestleistungen erbringen können, im Fokus.

In diesem Zusammenhang wird es erforderlich sein, dass Sie Ihren Mitarbeitern sagen, dass Sie selbst nicht mehr der Fachmann sind, der jeden einzelnen Haken und Eintrag auf einem Formular kennen muss. Dies ist und bleibt die Verantwortung des zuständigen Mitarbeiters. Sie selbst werden Spezialist auf einem ganz anderen Gebiet werden müssen. Vor allem psychologisches Einfühlungsvermögen und planerische Tätigkeiten, gepaart mit hoher Kommunikationskompetenz, müssen Sie als junge Führungskraft in den ersten zwei bis drei Jahren nachhaltig entwickeln.

Sehr häufig habe ich die Aussage gehört, als Führungskraft benötige man besondere Eigenschaften, die nicht jeder hat. So pauschal hat diese Aussage jedoch keine Bedeutung. Wenn Sie an erster Stelle eines DAX-Konzerns stehen wollen, sollten Sie einige persönliche Eigenschaften wie auch charakterliche Stärken mitbringen. Aber die Tausenden von ganz normalen Führungskräften in unserem Land

— Abteilungsleiter, Projektleiter und Resortleiter — können nicht alle Überflieger und geniale Experten mit gesundem Machtstreben sein. Dieser Mittelmanagement-bau, der unsere Wirtschaft am Laufen hält, besteht aus hervorragenden Hand-werksmeistern, wenn es um Personalführung und die operative wie strategische Planung ihres Verantwortungsbereiches geht.

Viele von den erforderlichen Kenntnissen und Fähigkeiten kann man erlernen und mit eigenen Erfahrungen dann verfeinern. Sicher besteht der Rest auch aus Fin-gerspitzengefühl für Situationen und Menschen. Grundsätzlich jedoch habe ich zu meinen Abteilungsleitern immer von einem **Handwerk** gesprochen, das es zu erlernen gilt. Dafür sollte man sich zunächst anschauen, welche Eigenschaften und Fähigkeiten man durch sein Persönlichkeitsprofil bereits mitbringt und wo noch Lücken geschlossen werden müssen. Sie werden sehen, mit dem Handwerkszeug, das Sie in diesem Buch kennenlernen, wird es Ihnen leichter fallen, mit ruhiger Hand eine Abteilung auch mit wesentlich mehr als zwanzig Mitarbeitern sicher zu führen. Kommen wir also zum nächsten Schritt, den persönlichen Voraussetzun-gen eines Innendienstleiters bzw. einer Führungskraft.

Persönliche Voraussetzungen und Kernkompetenzen

Die Anforderungen an Manager nehmen bedingt durch die Wettbewerbssitua-tion, aber auch durch fordernde Mitarbeiter permanent zu. Neben der allgemei-nen Fach- und Sozialkompetenz wird ein fundiertes Wissen in der Personalführung und ein ausreichendes Verständnis betriebswirtschaftlicher Zusammenhänge er-wartet. Der Manager avanciert zum Berater und (hoffentlich akzeptierten) Partner des Mitarbeiters, Kollegen und Kunden bei wichtigen Entscheidungen ebenso wie bei Fragen, Ängste und Nöten. Je besser diese Partnerschaft entwickelt ist, desto früher wird er mögliche Probleme erkennen können und zielgerichtet Entschei-dungen und Maßnahmen treffen.

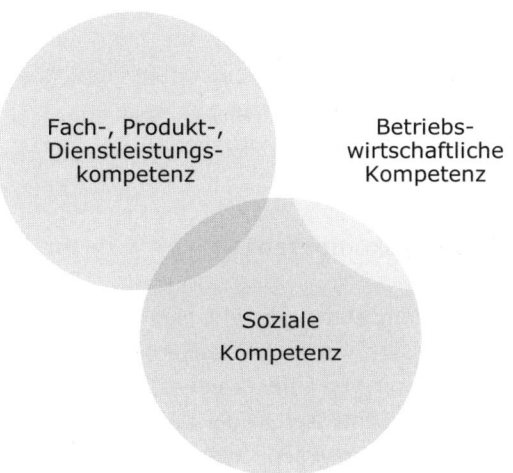

Abb. 1: Kernkompetenzen einer Führungskraft

Durch gezielte Aus- und Weiterbildungsmaßnahmen kann die Leistungsfähigkeit eines Managers (Ausgangskompetenz) auf sein notwendiges Erfolgsniveau (Zielkompetenz) gebracht werden. Basiswissen und -fähigkeiten werden im Allgemeinen erfolgreich im Selbststudium oder durch Seminare vermittelt und trainiert. Individuelle Einzeltrainings (Coachings) helfen, die persönlichen Fähigkeiten in der Praxis zu kontrollieren und weiter auszubilden. Insbesondere für erfahrene Führungskräfte ist diese letzte Maßnahme ein möglicher Weg, noch nicht ausgeschöpfte Leistungspotenziale ausfindig und nutzbar zu machen.

Werfen wir zunächst einen Blick auf die **drei Kernkompetenzen**: soziale Kompetenz, Fachkompetenz und betriebswirtschaftliche Kompetenz.

1. Soziale Kompetenz

Die wesentlichen Erfolgsfaktoren für die soziale, kommunikative Kompetenz sind:

- Selbstvertrauen (Abwesenheit von Selbstzweifel)
- Kontaktbereitschaft (positive Einstellung zu anderen Menschen, Abwesenheit von Rückzugstendenzen, Harmoniebedürfnis)
- Kommunikations-Know-how
- Durchsetzungswille
- Initiative
- Systematik, Planungsfähigkeit

- Belastbarkeit (Gelassenheit bei Anforderungen, Misserfolgstoleranz, Stabilität, Energie)
- Motivation (Einsatzbereitschaft, Eigenverantwortlichkeit, Optimismus, finanzielle Sicherheit, Statusorientierung, Schwerpunktsetzung im Beruf)
- Fähigkeit zur erfolgreichen Anleitung, Steuerung und Motivation von Mitarbeitern

2. Fach-, Produkt- und Dienstleistungskompetenz

Unter der Produkt- bzw. Dienstleistungskompetenz versteht man vor allem das technische wie anwendungsbezogene Wissen um das zu verkaufende Produkt bzw. die Dienstleistung. So sollte ein Softwareverkäufer — ebenso wie ein Berater oder Mitarbeiter der Branche — Grundlagenwissen in der Datenverarbeitung haben, das Produktumfeld kennen (Plattformwissen, Wettbewerbsprodukte, Komplementärprodukte) sowie das Produkt präsentationsfähig beherrschen.

Über die erforderliche Fachkompetenz werden Sie in diesem Buch nahezu nichts mehr zu lesen finden. Denn ich gehe davon aus, dass Sie über fundiertes Fachwissen auf Ihrem Gebiet verfügen, wenn Sie gerade eine Führungsaufgabe als Innendienstleiter übernommen haben oder kurz vor dieser neuen Position stehen. Ihr Unternehmen bietet Ihnen diesen Job mit Personalverantwortung nur an, wenn Sie ebenso über Branchenkenntnisse verfügen und grundsätzlich aufgrund Ihrer persönlichen Reife erkennen lassen, dass Sie diese Aufgaben bewältigen können. Deswegen lassen Sie uns direkt zur nächsten Kernkompetenz übergehen.

3. Betriebswirtschaftliche Kompetenz

Die betriebswirtschaftliche Kompetenz der Führungskraft sollte soweit ausgebildet sein, dass sie in der Lage ist, die wirtschaftlichen Vorgänge bei Produktion, Verkauf und Einsatz des Produkts selbst möglichst vollständig zu verstehen. Insbesondere im Investitionsgüterbereich sind des Weiteren ein ausreichendes Verständnis der wirtschaftlichen Situation des Kunden und dessen Finanzierungsmöglichkeiten und Investitionsrechnungen dringend erforderlich. So kann die Führungskraft in Gesprächen mit Mitarbeitern, Kollegen und Vorgesetzten als auch mit Kunden als Partner verstanden und angenommen werden. Bei Führungskräften im Vertriebsbereich sind Fachwissen und die Fähigkeit zur betriebswirtschaftlichen Analyse der eigenen Verkaufssituation unabdingbar. Dies betrifft Strukturen ebenso wie wirtschaftliche und qualitätsbezogene Kennzahlen bis hin zu den Bilanzkennzahlen des Kunden.

Führungskräfte müssen sich schnell vom Spezialisten zum Generalisten entwickeln. Dieser Perspektivenwechsel, zusammen mit einer Fülle von zusätzlichen Fähigkeiten und Kenntnissen, die es zu erlernen gilt, stellt die eigentliche Herausforderung dar und entscheidet über kurz oder lang, ob die neue Führungskraft erfolgreich agieren wird oder nur dem Erfolg hinterherläuft.

Organisatorisches Umfeld

In vielen Gesprächen mit Innendienstleitern konnte ich feststellen, dass sich der Innendienst historisch meist aus dem Vertrieb entwickelt hat und somit noch nicht lange als eigenständige Abteilung existiert. Das ist wahrscheinlich auch der Grund, warum ganz wesentliche organisatorische Faktoren für erfolgreiches Handeln des verantwortlichen Managers fehlen. Was ist hiermit gemeint? Häufig fiel mir auf, dass zum Beispiel trotz eines großen Teams von mehr als zehn Personen die Personalführungskompetenzen nicht vollständig auf den Innendienstleiter übertragen wurden. In vielen Fällen soll der Innendienstleiter seine Leute über das Jahr führen, die Gehaltsgespräche werden jedoch am Jahresende stets von seinem Chef durchgeführt. Wenn der Innendienstleiter aber nicht über ein so wichtiges Führungsinstrument verfügt, sind Probleme in der Personalführung unvermeidlich. Ferner fehlen oft klar definierte Kommunikationsvorgaben und Kommunikationsregeln sowohl unter den Mitarbeitern als auch zu dem eigenen Vorgesetzten und den Kollegen. Auch hier liegt eine ständige Quelle von Problemen, die erfolgreiches Arbeiten erschweren oder gar unmöglich machen. In Teil I. „Grundlagen zur Personalführung — Ihre Management Skills" werden wir immer wieder auf diese organisatorischen Faktoren stoßen.

Die eigene Standortbestimmung als Innendienstleiter

Wahrscheinlich haben Sie dieses Buch hauptsächlich erworben, um Anregungen zu erhalten, Ihr eigenes Verhalten besser einschätzen zu können oder einfach, um sich einige neue Techniken und Fertigkeiten anzueignen. Grundsätzlich gilt jedoch: Erst wenn ich im Einzelnen weiß, wo ich mit meinen Erfahrungen, Kenntnissen und Fertigkeiten heute stehe und welche Skills für ein erfolgreiches Agieren als Manager notwendig sind, bin ich auch in der Lage, mir die noch fehlenden Skills gezielt anzueignen.

Einleitung: Vom exzellenten Fachmann zum erfolgreichen Manager und Coach

Bevor wir den Blick auf das werfen, was sich jeder Einzelne ganz individuell noch aneignen sollte, um eine breitere Basis als Führungskraft zu haben, geht es zunächst um die **Ermittlung der eigenen Ist-Situation**, also darum, welchen Ausbildungsstand und Status man selbst besitzt. Dafür bieten sich verschiedene Techniken und Möglichkeiten an:

- Ermitteln der Unterschiede zwischen Eigenwahrnehmung und Fremdwahrnehmung
- Ermitteln des eigenen Ausbildungs- und Erfahrungsprofils und Ergänzung durch Eigeninitiative (z. B. Literaturstudium und Seminarbesuche)
- Feststellen der vorhandenen organisatorischen Rahmenbedingungen in der aktuellen Situation als Führungskraft und Entwicklung von Vorschlägen zur Ergänzung und Verbesserung dieser Bedingungen

Ziel dieses Buches ist es, Sie in die Lage zu versetzen, diese individuelle Standortbestimmung durchzuführen und sich das fehlende Grundrüstzeug anzueignen.

Und nicht zuletzt: Spaß machen sollte die Lektüre ebenfalls und geschmunzelt darf natürlich auch hier und da einmal werden.

Teil I
Grundlagen zur Personalführung – Ihre Management Skills

In Teil I lernen Sie das Rüstzeug kennen, das Sie als erfolgreiche Führungskraft bei der täglichen Arbeit mit Ihren Mitarbeitern, Kollegen, Vorgesetzten und Kunden benötigen. Sämtliche Ausführungen sind immer aus der Sicht einer Führungskraft im mittleren Management, die mit der Leitung einer Innendienstabteilung betraut ist, geschrieben. Mit diesem Werkzeugkasten haben Sie ein umfangreiches Methoden- und Toolset zur Hand, das Ihnen hilft, die täglich anstehenden Entscheidungen ruhiger und sicherer zu treffen, sie besser und schneller zu überprüfen und gegebenenfalls zu korrigieren. Weg vom „Management im Blindflug" hin zu jederzeit bewussten und begründbaren Entscheidungen. Packen wir es direkt an!

Die Übersicht auf der folgenden Seite zeigt Ihnen, welche Aspekte und Inhalte wir in den folgenden Kapiteln bearbeiten werden.

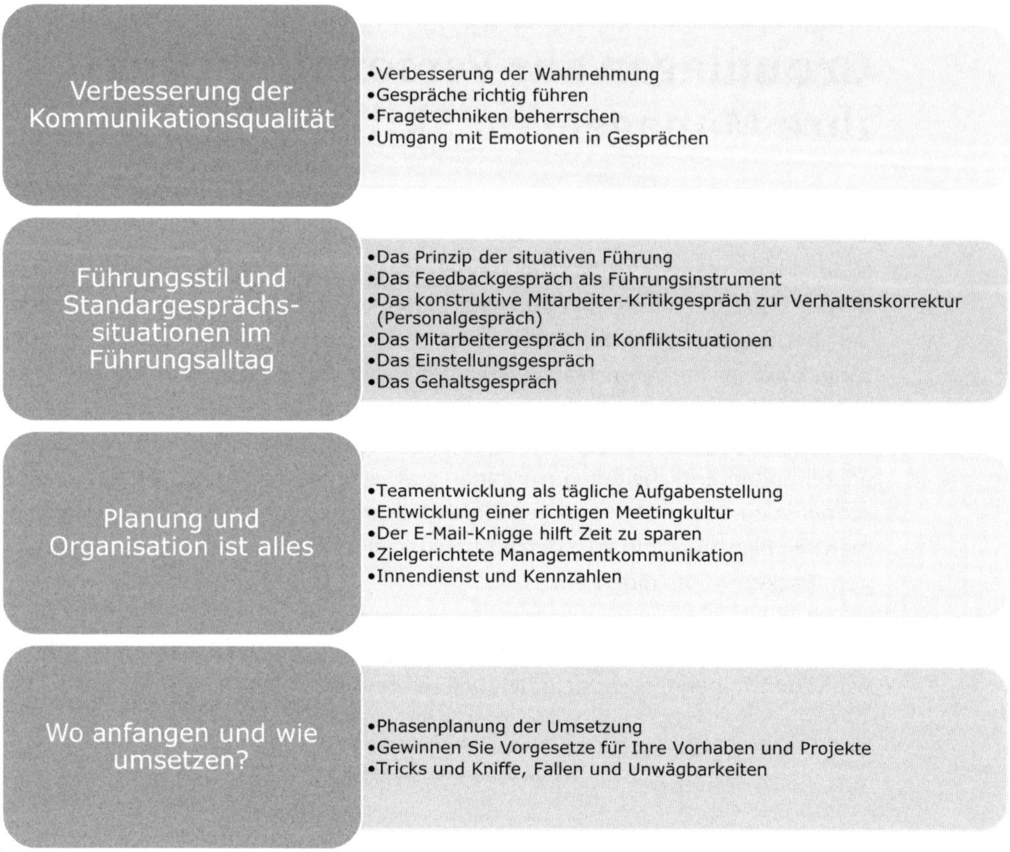

<table>
<tr>
<td>Verbesserung der Kommunikationsqualität</td>
<td>
• Verbesserung der Wahrnehmung
• Gespräche richtig führen
• Fragetechniken beherrschen
• Umgang mit Emotionen in Gesprächen
</td>
</tr>
<tr>
<td>Führungsstil und Standargesprächs-situationen im Führungsalltag</td>
<td>
• Das Prinzip der situativen Führung
• Das Feedbackgespräch als Führungsinstrument
• Das konstruktive Mitarbeiter-Kritikgespräch zur Verhaltenskorrektur (Personalgespräch)
• Das Mitarbeitergespräch in Konfliktsituationen
• Das Einstellungsgespräch
• Das Gehaltsgespräch
</td>
</tr>
<tr>
<td>Planung und Organisation ist alles</td>
<td>
• Teamentwicklung als tägliche Aufgabenstellung
• Entwicklung einer richtigen Meetingkultur
• Der E-Mail-Knigge hilft Zeit zu sparen
• Zielgerichtete Managementkommunikation
• Innendienst und Kennzahlen
</td>
</tr>
<tr>
<td>Wo anfangen und wie umsetzen?</td>
<td>
• Phasenplanung der Umsetzung
• Gewinnen Sie Vorgesetze für Ihre Vorhaben und Projekte
• Tricks und Kniffe, Fallen und Unwägbarkeiten
</td>
</tr>
</table>

Abb. 2: Management Skills und Grundlagen

1 Verbesserung der Kommunikationsqualität

1.1 Eigenwahrnehmung versus Fremdwahrnehmung

Im Laufe unseres Lebens entsteht aufgrund von Erfahrungen und Wissen ein Bild, das wir uns von uns selbst und von der Umwelt machen. Dabei nehmen wir unsere Umwelt „zentriert", also mit uns selbst als Mittelpunkt unseres „persönlichen" Universums wahr. Das gilt für uns und für alle anderen auch. Das Bild, das wir von uns selbst entwickeln, nennen wir **Eigenbild** oder Selbstbild. Das Bild, das sich andere von uns aus ihrer Perspektive machen, nennen wir **Fremdbild**.

Im Allgemeinen nehmen wir aufgrund dieser zentrierten Wahrnehmung unserer Umwelt an, dass unsere eigenen Vorstellungen zum Beispiel von Führung und Autorität „wahr" bzw. „richtig" sind. Viele Führungskräfte fragen sich darüber hinaus kaum, welches ihre individuellen Verhaltensweisen sind und wie ihr Verhalten auf andere Menschen, zum Beispiel auf Mitarbeiter, Kollegen und Vorgesetzte, wirkt. Sich besser zu verstehen ist deshalb die Grundlage jeglicher ordentlichen Führungsarbeit. Es ist sogar eine grundlegende Forderung, welche die griechischen Philosophen und Denker mit dem **„Erkenne dich selbst"** ja nicht nur für Führungskräfte auf ihren Tempel gemeißelt haben.

1.1.1 Das Johari-Fenster

Im folgenden Fremdbildmodell geht es um Informationen über Ihre eigene Person. In diesem Modell werden die Informationen über eine Person in vier verschiedene Gruppen eingeteilt.

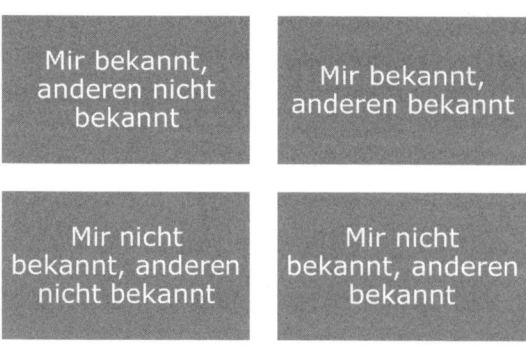

Abb. 3: Das Johari-Fenster (nach Joe Luft und Harry Ingham)

1. Informationen, die nur mir bekannt sind (Privatperson)

Hier geht es um Verhaltensweisen und Motive, die mir bekannt sind, aber nicht öffentlich bekannt gemacht werden. Dazu gehören zum Beispiel Geheimnisse, die ich in der Regel noch nicht einmal mit dem Ehepartner oder dem besten Freund teilen würde. Zu diesem Bereich der Zurückhaltung gehören jene Aspekte unseres Denkens und Handelns, die wir vor anderen bewusst verbergen — die „heimlichen Wünsche". Aber auch im Berufsleben gibt es Beispiele: Zum Beispiel hält sich eine Führungskraft selbst in einem bestimmten Wissensgebiet für nicht kompetent und möchte das insbesondere vor seinen Mitarbeitern verbergen.

2. Informationen, die mir und anderen bekannt sind (öffentliche Person)

Dies ist der Bereich der freien Aktivität, der öffentlichen Sachverhalte und Tatsachen. Verhalten und Motive sind mir bekannt und für andere wahrnehmbar. In diesem Buch wird in vielen Beispielen immer wieder auf diesen Bereich Bezug genommen, also das rechte obere Feld im Johari-Fenster (Abb. 3). Dieser Bereich umfasst den Teil des gemeinsamen Wissens, also jene Aspekte unseres Verhaltens, die uns selbst und den anderen Teilnehmern der Kommunikation bekannt sind und in denen uns unser Handeln frei, unbeeinträchtigt von Ängsten und Vorbehalten erscheint. Hier sind wir quasi eine „öffentliche Person". Zum Beispiel möchte ein Abteilungsleiter bei den Mitarbeitern gerne den Eindruck des kollegialen Vorgesetzten erwecken, der sie fördert und ihnen Handlungsfreiheiten einräumt. Zu diesem Bereich gehören aber auch eine ganze Reihe anderer Aspekte.

! **ACHTUNG**

Für eine sichere Kommunikation gilt: Je größer bei den beteiligten Kommunikationspartnern dieser öffentliche Bereich ausgebildet ist, desto abgesicherter läuft die Kommunikation. Dies bedeutet, dass das Risiko einer Fehlinterpretation in dem Maße abnimmt, in dem andere Gesprächspartner Informationen über einen selbst vorliegen haben.

Grenzverletzungen

Der Bereich der „öffentlichen Person" kann auch verletzt werden. Dann geht es darum, dem anderen deutlich aufzuzeigen, dass eine Grenze überschritten worden ist, wie es zum Beispiel bei einem persönlichen Angriff der Fall ist. Da diese Grenzverletzungen im täglichen Umgang auch ganz subtil geschehen können, ergeben sich Gesprächssituationen, bei denen man im ersten Moment nur ein „ungutes Bauchgefühl" hat. Wer das verspürt, sollte kurz innehalten und sich überlegen, ob eine Situation gegeben ist, in der dieser Bereich „Mir und anderen bekannt" nicht genügend berücksichtigt wurde. Dabei helfen Fragen wie die folgenden: „Kann der andere überhaupt verstehen, nachvollziehen, was ich hier meine?", „Weiß ich wirklich genau einzuordnen, was der andere mir gerade sagte?", „Kann ich das Verhalten des anderen akzeptieren?"

Abhängig von den Antworten auf diese Fragen ergibt sich gegebenenfalls sofort Handlungsbedarf, um durch gezieltes Nachfragen oder eine zusätzliche Erläuterung der eigenen Ausführungen oder dem Aufzeigen von Grenzen die Kommunikation durch Erweitern des Bereichs „Mir und anderen bekannt" wieder abgesichert möglich ist. Hier ein sehr einfaches Beispiel aus dem Alltag.

▶ **BEISPIEL**

Stellen Sie sich vor: Ihr Chef und die Kollegen warten bereits seit zehn Minuten im Besprechungsraum und wollen mit der Sitzung beginnen, während Sie eben noch ein wichtiges Telefonat mit einem Kunden hatten. Gerade als Sie endlich mit Ihrem Notebook zum Besprechungsraum eilen wollen, klingelt wieder das Telefon. Das Display verrät Ihnen, dass es sich erneut um einen besonders wichtigen Kunden handelt. Nun völlig unter Zeitstress nehmen Sie das Gespräch an. Sie haben nun zwei Möglichkeiten, das Gespräch zu beginnen: Möglichkeit 1: Sie versuchen, Ihren Gesprächspartner so schnell und gut wie möglich zu bedienen und ihn möglichst schnell wieder aus der Leitung zu haben, da die anderen Kollegen und Ihr Chef mittlerweile langsam ungeduldig werden.

Möglichkeit 2: Sie sagen Ihrem Gesprächspartner sofort nach der Begrüßung, dass Sie schon seit zehn Minuten in einer wichtigen Sitzung sein müssen, und fragen ihn, ob Sie ihn in eineinhalb Stunden zurückrufen können. Sie bitten ihn, kurz den Anlass des Anrufs zu nennen, damit Sie dann beim Rückruf bestens für ihn vorbereitet sind.

Im ersten Fall haben Sie zwar Ihrem Kunden geholfen, aber dieser wird sich nach dem Auflegen wahrscheinlich fragen, was denn heute mit Ihnen los gewesen sei — so kurz angebunden, fast schon unhöflich. Er wird zumindest irritiert sein.

Im zweiten Fall orientieren Sie sich an dem „rechten oberen Feld" im Johari-Fenster. Das bedeutet: Ihr Gesprächspartner ist sofort über Ihre aktuelle Situation informiert, kennt dies mit Sicherheit aus eigener Erfahrung, versteht also, warum Sie nur kurz angebunden mit ihm kommunizieren. Er wird nach dem Telefonat nicht irritiert sein, sondern ohne einen negativen Eindruck Ihren Rückruf abwarten.

TIPP

Sorgen Sie dafür, dass allen Gesprächspartnern die gleichen Informationen vorliegen. Das macht die Kommunikationssituation sicherer. Vermutungen oder gar Unstimmigkeiten können so vermieden werden.

3. Informationen, die nur anderen bekannt sind (blinder Fleck)

Der „blinde Fleck" beschreibt einen Bereich, der für andere sichtbar ist, mir selbst jedoch nicht bewusst. Hier geht es um verdrängte oder nicht bewusste Gewohnheiten. Dieser Bereich umfasst den Anteil unseres Verhaltens, den wir selbst wenig oder gar nicht, andere Personen dagegen recht deutlich wahrnehmen: unbewusste Gewohnheiten und Verhaltensweisen, Vorurteile, Zu- und Abneigungen. Hier können uns die anderen Hinweise auf uns selbst geben. Dieser „blinde" Bereich wird meist nonverbal, etwa durch Gesten, Kleidung, Klang der Stimme, Tonfall etc. anderen gegenüber kommuniziert und umfasst insgesamt das Auftreten. Wenn dieser Bereich sehr ausgeprägt ist, ist dies für eine effiziente Gesprächsführung oft hinderlich. Ein Beispiel ist der Tonfall und die Mimik, mit der die Führungskraft zu den Mitarbeitern spricht.

Wer kennt die Situation nicht? Man selbst hat sich seit Tagen vorbereitet, um auf der Abteilungsleitersitzung ein wichtiges Vorhaben vorzustellen. Die vorbereiteten Folien, der Vortragsleitfaden, alles passt und man geht konzentriert zu Werke. Bittet man aber nach dem Vortrag einen guten Kollegen um eine offene und ehrliche Rückmeldung, dann erfährt man meistens erst, wie der eigene Vortrag tatsächlich gewirkt hat. Man erfährt, wie viele Füllwörter man benutzt hat, ob man recht rege mit seinen Händen gesprochen hat oder gar die ganze Zeit am Stift gespielt hat.

▶ **BEISPIEL**

In einem meiner Seminare hat ein Abteilungsleiter durch gezieltes Einholen von Feedback bei seinen Mitarbeitern herausgefunden, dass er aus deren Sicht viel zu häufig das Wort „wichtig" in Besprechungen benutzt. Ihm selbst war das überhaupt nicht aufgefallen, dennoch wussten alle Mitarbeiter darüber Bescheid und warteten schon auf den Augenblick, wenn er das nächste Mal „wichtig" sagen wird. Die Absicht, mit dem Wort „wichtig" ihm wichtige Dinge hervorzuheben, verkehrte sich dabei geradezu ins Gegenteil: Da nun sehr, sehr viele Dinge immer wichtig waren, war keiner der Punkte besonders wichtig! Der unbewusst häufige Gebrauch des Worts „wichtig" hatte sich bei diesem Abteilungsleiter eindeutig zu einem blinden Fleck entwickelt.

Was ist so problematisch an blinden Flecken? Sie können einen selbst stark verunsichern. Dies geschieht aus folgendem Grund: Nehmen wir einmal an, Sie sind bei einem Vortrag angespannt und bemerken überhaupt nicht, wie Ihre Hände permanent mit einem Kugelschreiber spielen. Ihr Publikum hat aber sehr wohl amüsiert wahrgenommen, dass bereits die ersten Strichmännchen auf Ihrem Konzeptpapier entstehen. Diese Situation ist deswegen problematisch, weil Sie die amüsierte Reaktion Ihrer Zuhörer unbewusst registrieren. Da Ihre Ausführungen aber überhaupt nicht mit Humor in Zusammenhang zu bringen sind, sind Sie irritiert und verunsichert, ohne zu wissen, warum. Diese Verunsicherung geht häufig auf einen blinden Fleck zurück, also auf eigene Verhaltensweisen, die Sie selbst überhaupt nicht wahrgenommen haben.

Wie gehen Sie mit Ihren eigenen blinden Flecken um?

Zunächst einmal sollte jede Führungskraft bemüht sein, in regelmäßigen Abständen festzustellen, ob sich blinde Flecke eingeschlichen haben. Hierbei gilt: Blinde Flecken schleichen sich bei allen Menschen immer wieder ein, ohne dass man dagegen etwas machen kann! Sie bewusst zu machen und gegebenenfalls in Schach zu halten, ist somit eine permanente Aufgabe insbesondere von Führungskräften und Personen, die in der Öffentlichkeit stehen, von Personen also, die von ihrer Außenwirkung maßgeblich abhängig sind.

● TIPP

Sie kommen Ihren eigenen blinden Flecken bei, indem Sie sich einen Kollegen Ihres Vertrauens suchen und diesen vor einem öffentlichen Auftritt, zum Beispiel einem Managementmeeting oder einer Präsentation, bitten, einmal genau darauf zu achten, welche Eigenheiten in der Sprache, Gestik und Mimik ihm während Ihres öffentlichen Auftrittes auffallen. Entscheidend ist hierbei, dass Sie Ihren Kollegen **vor** Ihrem Auftritt darum bitten, denn nur dann wird diese Person die volle Aufmerksamkeit auf Ihr Verhalten richten und sich dazu Notizen machen.

Diesen Prozess sollten Sie mindestens zwei bis drei Mal pro Jahr durchlaufen, um permanent an Ihren blinden Flecken, also unerwünschten unbewussten Verhaltensweisen, zu arbeiten. Versuchen Sie es auch in Ihrer Familie und Partnerschaft. Sie werden erstaunt sein, wie viele unbewusste Verhaltensmuster und rhetorische Eigenarten Sie aus der Firma auch zu Hause verwenden, ohne es zu merken. Ihre Familie oder Ihr Partner nimmt diese Verhaltensmuster aber sehr wohl regelmäßig bei Ihnen wahr.

4. Informationen, die mir selbst und anderen unbekannt sind

Hier geht es um den Bereich, der in der Psychologie als „Unterbewusstsein" bezeichnet wird. Er wird in betrieblichen Trainingsgruppen nicht (bewusst) bearbeitet und soll auch hier nicht vertieft werden.

Dieser Bereich umfasst das Unbewusste, das weder uns noch anderen unmittelbar zugänglich ist. Zu diesem Bereich kann aber etwa ein Tiefenpsychologe Zugang finden. Verborgene Talente und ungenutzte Begabungen sind Beispiele hierfür. Möglicherweise ist ein Abteilungsleiter ein talentierter Verkäufer, hatte aber im Rahmen seiner bisherigen Tätigkeiten noch nie mit dem Vertrieb von Produkten zu tun und infolgedessen kennen weder er noch seine Vorgesetzten und Mitarbeiter seine Begabung.

Fazit und Zusammenfassung

In dem Johari-Fenster sind die Felder **„Mir und anderen bekannt"** und **„Nur anderen bekannt (blinder Fleck)"** für eine erfolgreiche Kommunikation von entscheidender Bedeutung. Je mehr Informationen den beteiligten Gesprächspartnern übereinander und über die gegebene Situation vorliegen, desto geringer ist das Risiko, dass die Kommunikation scheitert oder später Probleme erzeugt werden. Immer wenn sich während eines Gesprächs ein „spontanes ungutes

Bauchgefühl" einstellt, sollte eine erfahrene Führungskraft kurz innehalten und prüfen, ob der Bereich „Mir und anderen bekannt" nicht ein Defizit aufweist, was zunächst beseitigt werden muss. Vertrauen Sie auf Ihr „ungutes Gefühl". Wenn dieses Gefühl Sie häufiger heimsucht, schaffen Sie umgehend durch geeignetes Feedback Klarheit, ob vielleicht ein „blinder Fleck" die Ursache für Ihre Verunsicherung ist.

Wie Sie den Bereich „Mir und anderen bekannt" vergrößern

Es gibt einige Methoden und Techniken zur Vergrößerung des Bereichs „Mir und anderen bekannt", um mehr Transparenz und Sicherheit in der Kommunikation zu erhalten.

- Geben Sie Informationen über sich, Ihr Projekt und Ihre Situation.
- Geben und empfangen Sie Feedback.
- Akzeptieren Sie das Selbstbild des anderen und nehmen Sie ihn ernst.
- Kommunizieren Sie, wenn Ihre eigenen Grenzen erreicht sind.
- Sorgen Sie bereits vor einer Besprechung dafür, dass der andere Ihre Zielsetzung zu den einzelnen Punkten kennt. Eine einfache Agenda ist dafür nicht ausreichend!

Allerdings können wir eigene Verhaltensweisen, die uns bewusst geworden sind, begrenzt verändern. Verhaltensmuster sind oft tief in uns verwurzelt und entziehen sich einer schnellen Veränderung. Der blinde Fleck wird zwar aufgehellt, aber die Veränderung solcher Verhaltensweisen erfordert Zeit!

Das Eigenbild-Fremdbild-Modell — auch als Johari-Fenster bekannt — ist nicht nur auf Einzelpersonen anwendbar. In gleicher Weise gilt es auch für Beziehungen zwischen verschiedenen Personen oder Gruppen. Auch in der Kommunikation gibt es öffentliche Bereiche und blinde Flecken. Denken Sie in diesem Zusammenhang an die oft schwierige Kommunikation zwischen den Abteilungen Außendienst und Innendienst oder eben zwischen Innendienst und Produktion oder Logistik. In vielen Fällen sind sich die kommunizierenden Personen sicher, eine recht gute Vorstellung von der Arbeit und Situation der jeweils anderen Abteilung zu haben. Diese Vorstellung ist regelmäßig eine Quelle von Problemen im Umgang zwischen dem Vertretern der beiden Abteilungen. Spannungen sind damit vorbestimmt und belasten die Kommunikation.

1.1.2 Feedbackmethoden

Oben haben wir gesehen, dass das Selbstbild oft nicht oder nur teilweise mit dem Fremdbild, also dem Bild, das andere Personen von uns haben, übereinstimmt. Eine gute Führungskraft sollte daher in regelmäßigen Abständen dafür sorgen, dass sie eine verlässliche Rückmeldung darüber bekommt, wie andere, zum Beispiel die Mitarbeiter, Kollegen oder der Chef, sie sehen. Nur dann können Irritationen und Missverständnisse vermieden werden. Wenden Sie daher einfache Mittel an, um sich ein konstruktives Feedback von einer Person Ihres Vertrauens einzuholen. Wie Sie auf andere Menschen wirken, lässt sich mit dem folgenden, einfachen Feedbackbogen sehr effektiv ermitteln.

Eigenes Profil	sehr niedrig	niedrig	mittel	hoch	sehr hoch
Kreativität					
Selbstbewusstsein					
Anpassungsfähigkeit					
Entscheidungsfreudigkeit					
Teamwork					
Vitalität					
Selbstvertrauen					
Kritikfähigkeit					
Belastbarkeit					
Zielstrebigkeit					
Analytisches Denken					
Geistige Wendigkeit					
Risikobereitschaft					
Flexibilität					
Leistungswille					
Ausgeglichenheit					
Eigeninitiative					

Abb. 4: Feedbackbogen der Persönlichkeitsmerkmale

Legen Sie diesen Bogen einer Person ihres Vertrauens vor und bitte Sie diese, sich die Persönlichkeitsmerkmale (in der linken Spalte) anzuschauen und dann jeweils anzukreuzen, inwieweit die genannten Merkmale auf Sie zutreffen. Im Bogen ist die Ausprägung der Eigenschaften abgestuft von sehr niedrig bis hoch. Sie selbst sollten ebenfalls diesen Bogen ausfüllen und so einschätzen, wie Sie sich selbst sehen. Wenn beide den Bogen ausgefüllt haben, werden die Feedbackbögen nebeneinander gelegt und verglichen: Wo gibt es Abweichungen zwischen Ihrer Selbstbeurteilung und der Beurteilung durch die andere Person?

> **! ACHTUNG**
>
> Nach dem Vergleich der Feedbackbögen findet ein Gespräch statt. Dabei geht es nicht um Verteidigung oder Rechtfertigung, sondern ausschließlich um das gegenseitige Verstehen! Also nehmen Sie zunächst hin, dass in bestimmten Punkten der andere über Sie anders denkt als Sie, und fragen Sie ganz einfach nach: „Wie kommen Sie zu dieser Einschätzung? Haben Sie Beispiele aus der jüngeren Zeit, an denen Sie Ihre Eindrücke festmachen können?"

Weiter brauchen Sie nichts zu tun, außer aufmerksam zuzuhören! Kann der andere auf Anhieb einige Beispiele benennen, warum er Sie vielleicht als wenig anpassungsfähig oder wenig risikobereit wahrnimmt, dann unterbrechen Sie ihn nicht, sondern nehmen Sie einfach auf, was er sagt. Vermeiden Sie es, in dieser Phase des Gesprächs zu argumentieren oder zu diskutieren! Der andere hat Sie bisher so eingeschätzt, weil Ihr Handeln und Verhalten ihm so erschienen ist. Sind die Beispiele gut gewählt und belegen sie die Sicht des anderen umfassend, haben Sie nun eine gute Basis, um über sich selbst nachzudenken.

Haben Sie Abweichungen in verschiedenen Punkten und Ihr Feedbackpartner kann Ihnen auch auf Ihre Nachfrage hin keine konkreten Beispiele und Situationen nennen, zerbrechen Sie sich nicht den Kopf darüber und gehen Sie weiter zum nächsten Punkt. Hier waren die Wahrnehmungen des anderen vielleicht noch so unvollständig, dass dieser sich nun korrigiert und bekennt, das betreffende Persönlichkeitsmerkmal gar nicht so genau einschätzen zu können.

> **● TIPP**
>
> Stellen Sie ruhig eine gute Flasche Wein parat, wenn Sie dieses Feedback mit Ihrem besten Freund, Ihrer Freundin oder Ihrem Ehe- oder Lebenspartner durchführen. Oftmals bildet ein solches Feedback eine gute Startposition für ein langes und intensives Gespräch über die gemeinsame Beziehung, über Erwartungshaltungen und darüber, was man am anderen schätzt oder auch problematisch findet. Solche Gespräche können sehr lang gehen. Wenn Sie sich jedoch strikt an die Vorgabe halten — „keine Rechtfertigung, keine Verteidigung, keine Angriffe, sondern Informationen" — und Ihrem Gesprächspartner mitteilen, was Sie in den Beispielsituationen empfunden bzw. beabsichtigt haben, dann werden Sie das Gespräch stets mit einem guten Gefühl verlassen.

1.2 Schärfen und Verbessern der eigenen Wahrnehmung

In den folgenden Kapiteln dreht es sich ausschließlich darum, dass Sie in der nahen Zukunft in der Lage sein werden, viel mehr Details um sich herum wahrzunehmen, eine soziale Situation in Ihrem Team besser zu verstehen und vor allem bewusster in ihr agieren zu können. Alle Ausführungen werden immer aus dem Blickwinkel einer Führungskraft beschrieben, deren Ziel es sein muss, die Leistung eines Teams, einer Abteilung kontinuierlich zu verbessern.

1.2.1 Grundbedürfnisse des Menschen nach Abraham Maslow

Viele Leser haben während ihrer Studienzeit bereits mit der sogenannten Maslowschen Bedürfnispyramide Bekanntschaft gemacht. In Seminaren gibt es oft Teilnehmer, die sich noch gut an die einzelnen Stufen der Pyramide und deren Bedeutung erinnern können. Frage ich dann, wo und in welchen Situationen diese von Maslow entwickelte Sichtweise als Führungskraft nützlich einzusetzen ist, ernte ich stets tiefes Schweigen.

Überblick zur Bedürfnispyramide

Maslow stellte fest, dass der Mensch zuerst danach strebt, seine elementaren Bedürfnisse zu befriedigen, mit zunehmendem Lebensalter nimmt zugleich auch das Streben nach Selbstverwirklichung zu. Der bekannte amerikanische Psychologe Abraham Maslow (1908 — 1970) ging davon aus, dass nur wenige Menschen zur Selbstverwirklichung fähig sind. Das veranlasste ihn zu untersuchen, was Selbstverwirklichung eigentlich ist und wie man sie erreicht. Er erkannte dabei, dass man die menschlichen Bedürfnisse in hierarchische Stufen gliedern kann. In Form einer Pyramide stellte er sie auf fünf Ebenen grafisch dar. In Fachkreisen und darüber hinaus wurde dieses Modell als die **Maslowsche Bedürfnispyramide** bekannt.

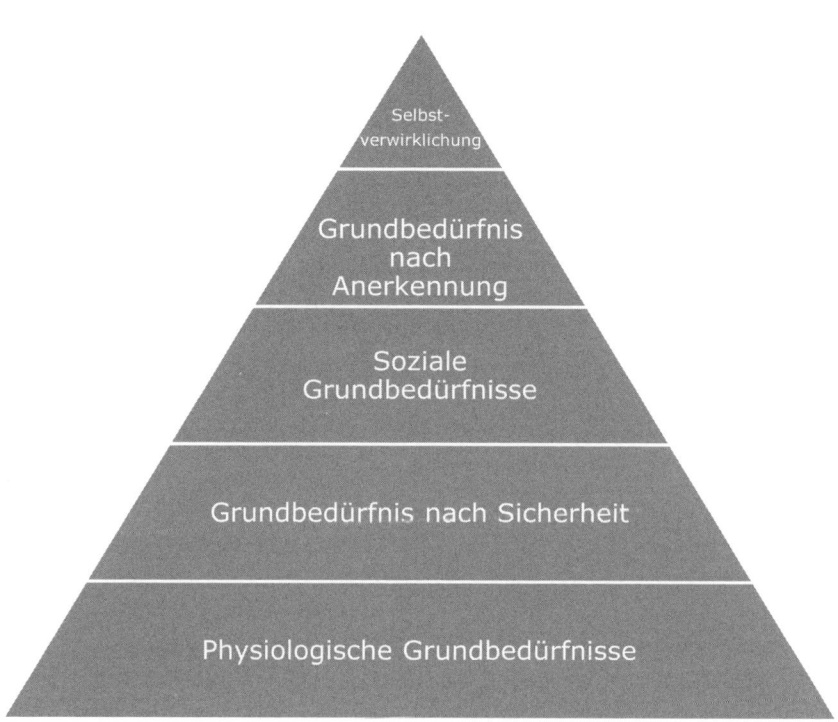

Abb. 5: Grundbedürfnisse des Menschen nach Maslow

Der Grundgedanke dieses Modells ist, dass bei unseren Bedürfnissen eine Rangordnung vorherrscht. So streben wir erst dann nach Sicherheit, wenn unsere physiologischen Bedürfnisse ausreichend befriedigt sind. Unser Verlangen nach sozialer Anerkennung wird dann besonders deutlich, wenn die sozialen Bedürfnisse zu unserer Zufriedenheit erfüllt sind usw. Für die Führungspraxis ist eine Einsicht von Maslow von besonderer praktischer Relevanz. Er hat festgestellt, dass ein **gestilltes** Bedürfnis das Verhalten des Menschen nicht mehr wesentlich beeinflusst. Das wird uns später noch beschäftigen.

Auf den einzelnen Stufen der Bedürfnispyramide lassen sich mit Maslow fünf Gruppen unterscheiden:

- **Selbstverwirklichung:** Erfüllen eigener Lebensziele, kreative Betätigungen, Entwicklung persönlicher Anlagen
- **Anerkennung:** Streben nach Macht, Kompetenz, Unabhängigkeit, Prestige, Achtung, Respekt
- **soziale Bedürfnisse:** soziale Zugehörigkeit, Kontakt zu Menschen, Zuneigung, Freundschaft, Liebe

- **Sicherheit:** soziale Sicherheit, wirtschaftliche Sicherheit, Schutz vor Gefahren, geordnete Lebensumstände
- **physiologische Bedürfnisse:** Befriedigen der elementaren Bedürfnisse des Überlebens wie Hunger und Durst, Verlangen nach Schlaf und Wärme

Für den Umgang mit anderen Menschen in betrieblichen Situationen bedeutet dies, dass Sie diese nur dann wirklich für sich gewinnen werden, wenn es Ihnen gelingt, in jene Bereiche vorzudringen, die nach ihren Vorstellungen unbefriedigt und deshalb für sie noch motivierend sind. Das erreichen Sie durch die Konzentration auf zwei besonders dominante Bedürfnisse, wie sie aus der „Skala der Sättigungen" hervorgehen. Weil es sich hierbei um Werte handelt, die auf Erfahrungen beruhen, werden sie naturgemäß von Mensch zu Mensch und von Gesellschaft zu Gesellschaft unterschiedlich sein.

Es ist unbestreitbar, dass die Menschen im Unternehmen ebenso wie in anderen sozialen Räumen meist am stärksten nach **Zuneigung** und **Anerkennung** verlangen. Erfolge im Umgang mit anderen Menschen werden in dem Maße programmiert, wie es Ihnen gelingt, den Hunger danach zu stillen. Das Bedürfnis nach **Sicherheit** ist (nur) dann motivierend, wenn sie gefährdet ist. **Selbstverwirklichung** im Sinne einer langfristigen Erfüllung von Lebenswünschen scheidet (im Mitarbeitergespräch) als Motivation aus, es sei denn, Sie haben die Möglichkeit, dem Gesprächspartner einen echten Lebenswunsch zu erfüllen.

Die Anwendung der Bedürfnispyramide in der Führungspraxis

Die Maslowsche Bedürfnispyramide wird von Menschen nicht linear von unten nach oben durchlaufen, sondern es entsteht häufig eine Dynamik zwischen den Bedürfnisstufen. Menschen, die bereits auf der Stufe **Anerkennung** angekommen sind, können durchaus wieder auf eine untere Stufe zurückfallen. Genau an diesem Punkt wird das Modell der Bedürfnispyramide für Führungskräfte interessant, wie die folgenden Beispiele zeigen.

► **BEISPIEL**

Nehmen wir an, Sie haben mit einem Kunden zu tun, den Sie regelmäßig anrufen. Bei diesem Kunden wird jetzt bekannt, dass eine einschneidende Personalreduktion oder sogar die Werkschließung droht. Bei vielen Menschen in diesem Unternehmen wird nun Folgendes passieren: Bevor diese neue Information als offizielle Nachricht die Runde machte, befanden sich diese Mitarbeiter auf der Bedürfnisstufe „Streben nach Anerkennung und Unabhängigkeit", der Einzelne legte großen Wert darauf, dass er selbst und seine Arbeit respektiert wird usw. Sobald die Information bekannt wird, ändert sich der Fokus und die Bedürfnisstruktur grundlegend. So treten zum Beispiel Gedanken wie die folgenden auf: „Wenn ich zu den entlassenen Personen gehöre, wie schnell und wo werde ich wieder einen Job bekommen? Kann ich mein Haus dann noch abbezahlen? Kann ich meinen Lebensstandard halten? Werde ich wieder so gute Kollegen, Chefs finden?"

Das sind zentrale, für viele Menschen existenzielle Fragen, die in der zweiten Stufe der Bedürfnispyramide beheimatet sind. Hier geht es eindeutig um Sicherheit. Das bisher so gut eingerichtete Leben gerät in Unordnung, gravierende Veränderungen deuten sich an. Das verunsichert den Einzelnen sehr stark. Viele der internen Gespräche im Büro oder in der Werkhalle drehen sich dann intensiv darum, inwieweit die neue Situation einen selbst betrifft und mit welchen Konsequenzen gerechnet werden muss.

Für eine Person (Ihr Kunde), für die eben noch die Suche nach Anerkennung und Respekt im Mittelpunkt stand, rücken nun ganz andere, existenzielle Themen in den Fokus. Der Kunde bzw. Ihr Ansprechpartner wird von Ihnen in dieser neuen Situation fast wie ein neuer Gesprächspartner wahrgenommen.

Kurz gesagt: Immer dann, wenn Sie mit jemanden sprechen und sich das Gespräch ganz **anders** anfühlt, als all die Gespräche, die Sie bisher mit derselben Person geführt hatten, liegt es nahe, dass eine Veränderung in der Bedürfnisordnung (Bedürfnispyramide) dieses Menschen stattgefunden hat.

▶ BEISPIEL

Wenn zum Beispiel eine neue Mitarbeiterin in Ihrer Abteilung gerade einen Umzug aus einer entfernten Stadt bewältigen musste, dann werden die ersten vier bis acht Wochen davon gekennzeichnet sein, dass sie zunächst ihre **sozialen Grundbedürfnisse** befriedigen muss. Also erst, wenn sie in der Firma und privat ihr neues Netzwerk mit Kontakten und Freundschaften geknüpft hat, wird ihre Kommunikation wieder einen anderen Fokus bzw. Schwerpunkt entwickeln. Gewähren Sie Ihrer Mitarbeiterin in einer solchen Situation bewusst mehr Smalltalk mit Kollegen, aber auch mit Ihnen. Lassen Sie sie ein wenig länger und öfter in der Abteilung oder im Haus unterwegs sein. Je schneller sie neue soziale Kontakte aufbaut, desto schneller wird sie diesen erhöhten Bedarf an Kommunikation auch wieder reduzieren und beginnen, sich am neuen Platz wohl zu fühlen und sich wieder ganz auf ihre Arbeit zu konzentrieren.

Hat eine Person, mit der Sie zu tun haben, zum Beispiel gerade das entscheidende Wochenende in der Diskussion mit dem Partner zugebracht und eine Ehescheidung steht bevor, dann gehen Sie davon aus, dass Gedanken an die zukünftigen finanziellen Möglichkeiten das ganze Denken dieser Person bestimmen. „Kann das Haus gehalten werden? Was wird als nächste kommen?" Diese und ähnliche Gedanken werden diese Person unweigerlich auf die Stufe **„Sicherheit"** in der Bedürfnispyramide zurückwerfen.

Wurde einem Ihrer Gesprächspartner in den letzten beiden Tagen etwa der Befund einer möglicherweise bösartigen Krebserkrankung gestellt, dann gehen Sie davon aus, dass dieser Mensch sogar auf die erste Stufe der **physiologischen Grundbedürfnisse** zurückgeworfen wurde und an geregelte Arbeit oft gar nicht mehr zu denken ist.

In all diesen Fällen werden selbst sehr gut bekannte und vertraute Gesprächspartner ein ganz anderes Verhalten an den Tag legen, als Sie es bisher von ihnen gewohnt waren. Das folgende Beispiel zeigt Ihnen, wie Sie mit einer solchen Situation professionell umgehen.

▶ BEISPIEL

Nachdem Sie in den ersten 20 bis 45 Sekunden des Gesprächs ein ganz eigentümliches Gefühl bekommen haben, da sich nichts so anfühlt, wie in all den Gesprächen mit dieser Person zuvor, fahren Sie in etwa wie folgt fort:

„Entschuldigen Sie bitte, nur ganz kurz. Bisher hatten wir stets sehr konstruktive, wenn auch manchmal in der Sache durchaus harte, aber stets harmonische Gespräche. Heute fühlt sich das für mich ganz anders an. Liegt es an mir?"

Und dann machen Sie eine Pause und warten, was Ihr Gegenüber sagt. Sie werde sehen, dass sich Ihr Gesprächspartner in 99 % der Fälle entschuldigen wird und Ihnen sogleich erste Informationen gibt, die Ihnen helfen, die Situation besser zu verstehen. Dadurch bleibt bei Ihnen nach dem Gespräch kein ungutes Gefühl mehr zurück, sondern Sie haben die Sicherheit, dass es nichts mit Ihnen zu tun hat.

Nur in seltenen Fällen wird die Antwort Ihres Gesprächspartners lauten: „Ja, es liegt an Ihnen!" Nun, auch dann haben Sie mehr Sicherheit. Sie haben nun einen Punkt, den Sie zuerst behandeln müssen, bevor Sie zu Ihrem eigentlichen Gesprächsinhalt zurückkehren, um diesen dann unbelastet besprechen zu können. In beiden Fällen wird Ihre Kommunikation sicherer.

● TIPP

Jedesmal, wenn sich eine vertraute Gesprächssituation für Sie plötzlich komplett anders anfühlt, stoppen Sie möglichst früh das Gespräch und stellen Sie sicher, dass Sie genügend Informationen bekommen, damit Sie abgesichert weiter kommunizieren können. Orientieren Sie sich hierbei an der oben beschriebenen Vorgehensweise. Formulieren Sie eine Ich-Botschaft, indem Sie sagen, dass es sich „für Sie heute anders anfühlt". Achten Sie aber darauf, dass Sie Ihrem eigenen Sprachstil treu bleiben, um authentisch zu wirken.

Achten Sie ebenfalls darauf, dass Ihr Gesprächspartner die Situation nicht ausnutzt, um Ihnen in epischer Breite sein Herz auszuschütten, denn auch das kommt mitunter vor und hilft in beruflichen Situation nicht weiter. Weisen Sie höflich, aber bestimmt darauf hin, dass es Ihnen nicht darum geht, persönliche Einzelheiten zu erfahren, sondern dass Sie ein Verständnis für die aktuelle Gesprächssituation gewinnen wollen.

Wie Sie sehen, kann es sehr nützlich sein, in solchen Situationen an die Bedürfnispyramide von Maslow zu denken und zu erkennen, dass Sie Ihr Gespräch absichern müssen und nach erfolgter Absicherung mit einem guten und sicheren Gefühl aus dem Gespräch herausgehen. Wenn Sie so vorgehen, machen Sie übrigens nichts anderes, als das rechte obere Feld im Johari-Fenster (Abb. 3) zu vergrößern.

1.2.2   Warum Typenmodelle uns weiterhelfen

Da Sie als Führungskraft darauf angewiesen sind, durch Kommunikation Ihre Absichten und Vorgaben mitzuteilen, spielt es für den Erfolg eine wesentliche Rolle, ob Sie den **Grundtypus des Gesprächspartners** erkennen und sich sensibel auf diesen einstellen können.

Typenmodelle, die die Einordnung von Personen erlauben, sind selbstverständlich keine Garantie für erfolgreiche Kommunikation. Wenn Sie diese Modelle jedoch einfach nur als ein wichtiges Werkzeug betrachten, welches Ihnen in vielen Situationen Orientierung gibt, dann sind Sie auf dem richtigen Weg. Primär sollen **Typenmodelle** dabei helfen, den anderen auf eine Art und Weise anzusprechen, die zu seinem Typ passt. Ist man routiniert im Umgang mit einem Modell, so kann man später auch sein eigenes Argumentationsverhalten ganz gezielt auf den jeweiligen Typ des Gesprächspartners abstimmen und damit sehr erfolgreich kommunizieren. Typenmodelle helfen, eine Kommunikationssituation und damit auch Ihren Mitarbeiter besser zu verstehen. Erst wenn diese beiden Faktoren gegeben sind, kann man selbst auch besser, gezielter, der Situation angepasster und vor allem bewusst reagieren.

Reagieren heißt nicht manipulieren!

Natürlich lässt sich das Typenmodell auch dazu benutzen, Menschen in Gesprächen zu manipulieren. Tun Sie das nie! Sie werden immer verlieren! Vor allem die Vertrauensbasis wird durch Manipulation nachhaltig zerstört und oft besteht keine Möglichkeit, diese jemals wieder aufzubauen, wenn Ihr Gesprächspartner erkannt hat, dass er durch Sie gezielt und bewusst manipuliert wurde.

Was ist der Unterschied zwischen Reagieren und Manipulieren?

Solange Sie Ihr gesamtes Wissen über Kommunikation und Psychologie dazu benutzen, um in Gesprächen eine sogenannte **Win-win-Situation** herzustellen, ist das völlig in Ordnung. Arbeiten Sie jedoch daran, nur auf Ihrer Seite einen Vorteil zu erzeugen, während Ihr Gesprächspartner außen vor bleibt, dann sprechen wir von Manipulation. Wenn es manchmal auch verlockend erscheinen mag, lassen Sie es sein! Ihr Gegenüber wird früher oder später immer merken, dass er übervorteilt bzw. manipuliert wurde. In diesem Moment ist die Vertrauensbasis zerstört und kann oft auch nicht wiederhergestellt werden. Die Erfahrung zeigt: Mittel- und langfristig ziehen Sie immer den Kürzeren, wenn Sie eine Win-loose-Situation anstreben.

Eiserne Grundregel: Typen sind nie zu werten!

Jeder, der bereits mit Typenmodellen gearbeitet hat, weiß, dass jede Wertung sofort zu falschen Einschätzungen und Interpretationen führt. Grundsätzlich gilt für alle Beispiele, die im Folgenden aufgeführt werden: Werten Sie diese nie. Tun Sie dies, werden Sie automatisch zu Fehleinschätzungen kommen.

Die Umsetzung von Modellen in die Führungspraxis muss einfach sein. Eine wesentliche Forderung an ein praxisorientiertes Typenmodell ist die einfache Umsetzung in die Praxis des betrieblichen Alltags.

In dem folgenden Kapitel 1.2.3 lernen Sie das **Riemann-Thomann-Modell** kennen, das sich in der Führungspraxis bewährt hat und sehr verbreitet ist. Da wir in diesem Buch noch viele andere Themen zu behandeln haben, sehen Sie die folgenden Seiten als Einführung in das Modell. Es gehört zur Grundausstattung, die Sie in die Lage versetzt, Ihr eigenes Verhalten in Kommunikationssituationen nachhaltig zu verbessern.

1.2.3   Das Riemann-Thomann-Modell: Grundbestrebungen des Menschen erkennen

Alle Menschen sind verschieden. Jeder weiß das und wird trotzdem immer wieder davon überrascht, dass der andere nicht so reagiert, wie man es erhofft oder erwartet. Daraus entsteht im zwischenmenschlichen Bereich etwas, das Grund genug zum Nachdenken gibt: Was dem einen gut tut, ist für den anderen unerträglich. Oft wird der andere nach dem eigenen „Strickmuster" behandelt. Dies kann in der einen Situation passend sein oder eben vollkommen falsch.

Die Prägungsphase des Menschen

Bis Mitte Zwanzig durchlebt jeder Mensch eine sogenannte **Prägungsphase**, in der er eine große Anzahl an Sozialkontakten und Erfahrungen sammelt. Diese Phase ist zwar nie ganz abgeschlossen, aber die eigentliche Grundprägung oder Grundausrichtung eines Menschen ist bis mit Mitte Zwanzig soweit abgeschlossen, dass er in seinem Verhalten weiß, in welchen Situationen er sich komfortabel fühlt und in welchen nicht. Das bedeutet: Den Grundtyp, zu dem man sich bis Mitte Zwanzig entwickelt hat, behält man sein Leben lang.

Grundsätzlich lassen sich nach Fritz Riemann vier verschiedene gegensätzliche Grundausrichtungen bzw. Grundprägungen des Menschen unterscheiden. Alle vier Grundausrichtungen kommen in jedem Menschen in unterschiedlicher Ausprägung vor. Aber meist sind ein oder zwei dieser Ausrichtungen stärker ausgeprägt als die anderen. Im Folgenden werden diese Grundprägungen im Einzelnen beschrieben.

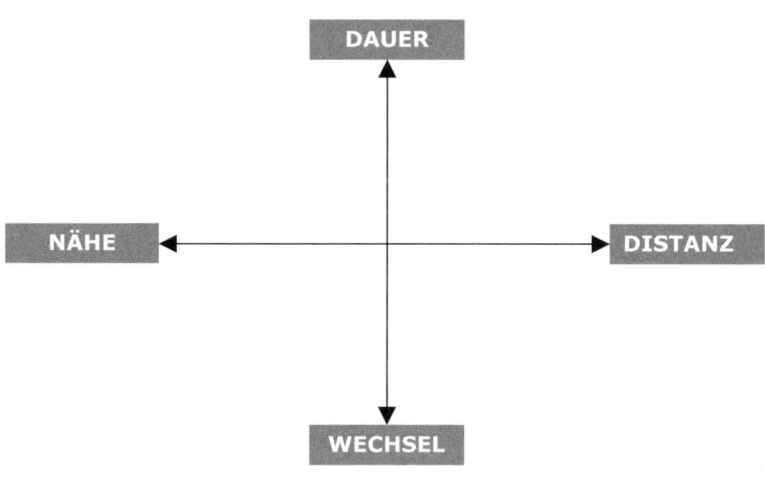

Abb. 6: Grundprägungen des Menschen (nach Fritz Riemann)

1.2.4   Die vier Grundprägungen des Menschen

1. Die Dauerprägung

Betreten Sie das Büro oder stehen vor dem Schreibtisch eines Mitarbeiters oder Kunden mit Dauerprägung, dann sollten Sie sich zunächst von Ihrem ersten Eindruck leiten lassen. Sie werden sofort den Eindruck gewinnen, eine gewisse Ordnung zu erkennen. Alle Unterlagen sind sauber eingestapelt, es ragen gleichförmige Tabs an den zu markierenden Stellen hervor und Sie sind sicher, egal was Sie gleich fragen werden, der Mensch Ihnen gegenüber wird mit einem Handgriff haben, was gesucht wird. Schauen Sie dann in das Regal hinter dem Kollegen, fällt Ihnen auf, dass alle Ordner sauber und gleichmäßig beschriftet sind. Im linken Regal stehen die Ordner, im rechten Regal sind die zu bearbeitenden Akten eingestapelt und alles sieht aufgeräumt und sofort zum Zugriff bereit aus.

Widmen wir uns der Kleidung des dauergeprägten Kollegen. Wenn es in der Abteilung üblich ist, in Jeans, lockerem Hemd, also leger zur Arbeit zu kommen, wird der dauergeprägte Mensch genau diese Kleidung bevorzugen. Er fühlt sich am wohlsten, wenn er sich passend zur Situation kleiden kann. Würden Sie als sein Vorgesetzter ihn anweisen, morgen früh in Lackschuhen, Anzug und „Snoopy-Krawatte" im Büro anzutreten, hätte er ein Problem! Im Ernstfall würde er die Zähne zusammenbeißen und unter Protest Folge leisten, aber insgesamt würde sich der dauergeprägte Mensch den ganzen Tag extrem unwohl fühlen, angesichts der Blicke und des Getuschels, das er auslöst.

Schauen wir uns einmal sein Kommunikationsverhalten an. Einen dauergeprägten Menschen können Sie am Telefon und auch im persönlichen Gespräch gut erkennen. Er spricht in der Regel etwas langsamer, macht Pausen in seinen Ausführungen. Sie haben das Gefühl, dass jeder Satz, ja manchmal jedes Wort mit Bedacht gewählt ist. Der dauergeprägte Mensch will es genau wissen, er fragt nach, stellt klar oder fordert Sie bei komplexeren Sachverhalten auf, ihm nach Ihrem Gespräch das eine oder andere als E-Mail zukommen zu lassen. Wenn Sie darauf achten, werden Sie feststellen, dass er sicherheitsorientiert ist und das Gespräch erst beendet, wenn alle Punkte wirklich geklärt sind. Bei Telefonaten werden Sie oft das Gefühl haben, dieser dauergeprägte Mensch hat eine Checkliste vor sich liegen. In Sitzungen packt er zuerst seine vorbereiteten Unterlagen und Notizen aus, bei Gesprächsbeginn ist er stets auch selbst startklar.

Soll der dauergeprägte Mitarbeiter für seinen Chef und die Abteilung eine Messe besuchen und Informationen einholen, geht er auch das sehr strukturiert an. Er macht sich eine Liste mit den offenen Fragen vom Chef und den Kollegen, schaut im Internet nach, in welchen Messehallen er die Aussteller findet. Danach arrangiert er seinen Zeitplan für Hin- und Rückreise und, glauben Sie mir: Wenn er sich vornimmt, um 16:30 Uhr den ICE für die Rückfahrt zu nehmen, wird ihm das aufgrund seiner guten Organisation auch gelingen.

Zusammenfassung: Der Typus des dauergeprägten Menschen

Folgende Werte sind für die Menschen mit einer Dauerausrichtung besonders wichtig: Zuverlässigkeit, Pünktlichkeit, Sparsamkeit, Wille, Verantwortung, Planung, Vorsicht, Kontrolle, Ziele, Gesetze, Kontinuität, Notwendigkeit, Verbindlichkeit, Treue, Grundsätze, Regeln, Analyse, Stabilität, Pflicht, Dauer, Konsequenzen.

Dauergeprägte Menschen sind sehr verlässlich, systematisch, gründlich, ordentlich, sie haben Organisationstalent und sind prinzipientreu. Sie können aber auch gelegentlich dazu neigen, langweilig, unflexibel, pedantisch und stur zu sein.

---

2. Die Wechselprägung

Schauen wir uns nun den Kollegen, Mitarbeiter oder Kunden mit genau der entgegengesetzten Prägung an: Was nehmen Sie wahr, wenn Sie es mit einem Mitarbeiter mit starker Wechselprägung zu tun haben? Viele von meinen Seminarteilnehmern antworten auf diese Frage impulsiv: Es herrscht das Chaos. Das trifft in gewisser Weise zu. Sie werden auf dem Schreibtisch eines wechselgeprägten Mitarbeiters die Ordnung nicht sogleich erkennen können. Der Schreibtisch ist ebenso vollgepackt wie der seines dauergeprägten Kollegen, aber die Unterlagen und Dinge liegen eben etwas durcheinander, mal gestapelt, mal gerade so, wie sie jemand in der Eile hingeworfen hat. Doch auch der wechselgeprägte Mensch verfügt über einen Ordnungssinn, über ein Koordinatensystem, mit dem er seine Sachen wiederfindet.

Schauen Sie einmal auf den Desktop Ihres wechselgeprägten Kollegen. Sie werden feststellen, dass Sie dort oftmals viele Spalten voll mit Icons finden werden. Auch der Schreiber dieser Zeilen bekennt sich hier zu seiner deutlichen Wechselprägung.

Telefonieren Sie mit einem Menschen diesen Typs oder sitzt er Ihnen in Besprechungen gegenüber, so werden Sie feststellen, dass er in der Regel etwas schneller spricht, manchmal ohne Punkt und Komma. Dieser wechselgeprägte Mensch assoziiert sehr stark. Sie haben einen Satz noch nicht beendet, dann hat der wechselgeprägte Mensch bereits so viel Schlüsselwörter gehört und dabei noch mehr spontane blitzartige Einfälle gehabt, dass er Sie früher oder später unterbricht. Er präsentiert Ihnen seine Idee zu einem Ihrer Begriffe und landet nicht selten bei einem ganz anderen Sachverhalt, man kann auch sagen, er springt von „Baustelle zu Baustelle". Sicher haben Sie bereits Erfahrungen gesammelt mit stark wechselgeprägten Menschen. Eine Unterhaltung mit ihnen kann mitunter recht anstrengend sein. Wie Sie einen wechselgeprägten Menschen im Gespräch sicher führen, erfahren Sie später im Einzelnen.

Der wechselgeprägte Mensch ist nicht selten deshalb im Gespräch sehr interessant, weil er ein „News-Mensch", im Extremfall ein „News-Junkie" ist. Das bedeutet im Normalfall, dass der wechselgeprägte Mensch sich dann komfortabel fühlt, wenn er am Morgen seine Tageszeitung oder eine Nachrichtensendung im Radio konsumiert hat und am Abend erneut das heute journal oder die Tagesthemen sehen kann. Er hat erst dann das Gefühl, dass er recht gut weiß, was heute in seinem Land, der Wirtschaft und der Welt los war.

Ebenso ist der wechselgeprägte Mensch sehr schnell für neue Dinge zu interessieren. Über die Jahre pflegt der wechselgeprägte Mensch meist viele Hobbys und Sportarten und kann sich für vieles begeistern und mitreißen lassen. Was er nicht kennt, muss er einfach einmal probieren. All das führt dazu, dass der wechselgeprägte Mensch vielfältige Interessen entwickelt und sich viele Dinge soweit aneignet, bis sie ihm irgendwann einmal langweilig sind oder von anderen Themen abgelöst werden.

Aus diesem Grund kann der wechselgeprägte Mensch sich auch in viele Gespräche einschalten, mitreden und oft spannende Ansichten und Erfahrungen beitragen. Dies macht ihn mit dieser Haltung nicht selten zum interessanten Gesprächspartner.

Schauen wir uns einmal die Kleidungsgewohnheiten des wechselgeprägten Menschen an. Hier müssen wir unterscheiden, ob in der Persönlichkeit eines Menschen die Wechselprägung mit einer Näheprägung oder einer Distanzprägung kombiniert ist (vgl. Abb. 6). Ist die Wechselprägung stark ausgeprägt und mit einer Näheprägung verbunden, werden Sie bei unserem wechselgeprägten Menschen eher einen Hang zur modischen, markenorientierten Kleidung finden. Auch der Mut zu außergewöhnlichen, auffallenden Farben nimmt beim wechselgeprägten Menschen deutlich zu. Das können auffallende Krawatten, aber auch außergewöhnliche Hemden und Schuhe sein. Ist die Wechselprägung mit einer Distanzprägung verbunden, dann finden wir häufiger einen eher individualistischen Kleidungsstil. Hier entscheidet der wechselgeprägte nicht selten in jungen Jahren, was und wie sein ganz eigener Stil aussehen soll.

Geben Sie einem wechselgeprägten Mitarbeiter die Anweisung, er soll sich Gedanken über die Schnittstelle zu Ihrer Logistikabteilung machen und innerhalb von drei Tagen einige Vorschläge zur Optimierung und Veränderung der Prozesse zwischen den beiden Abteilungen Innendienst und Logistik erarbeiten. Sie werden sehen,

Sie haben Ihren Satz noch nicht beendet und schon wartet der wechselgeprägte Mitarbeiter ganz spontan mit den ersten Vorschlägen auf. Er wird Ihnen auch in drei Tagen ein Papier mit zehn bis fünfzehn Vorschlägen liefern. Positiv dabei: Unter der Fülle von Vorschlägen befindet sich meist ein „ungeschliffener Diamant", an dem Sie zwar noch arbeiten müssen, der aber auch komplett neue und vielversprechende Ansätze enthält. Allerdings müssen Sie sich selbst durch den Wust von teils auch fraglichen Ideen und Ansätzen arbeiten, da der stark wechselgeprägte Mitarbeiter allen seinen Ideen etwas abgewinnen kann.

Stellen Sie einem dauergeprägten Mitarbeiter die gleiche Aufgabe, erhalten Sie einen, vielleicht sogar zwei Lösungsvorschläge. Diese sind aufbauend auf den bestehenden Prozessen, optimierend, wohl durchdacht, bereits in allen Grundelementen überprüft und sicherlich auch gut umzusetzen. Grundlegend neue Ansätze und umwälzende, stark modernisierende Aspekte werden Sie in diesen Vorschlägen jedoch oft vergeblich suchen.

Sie sehen an diesen Beispielen, wie bereits die gezielte Auswahl der Mitarbeiter nach ihrer Grundprägung Auswirkungen auf das spätere Ergebnis hat.

Zusammenfassung: Der Typus des wechselgeprägten Menschen

Für Menschen mit einer Wechselprägung steht alles Neue, die Abwechselung im Vordergrund. Sie sind das genaue Gegenteil der dauergeprägten Menschen. Alles, was mit Leidenschaft, Reiz, dem Rausch und der Fantasie zu tun hat, ist für sie sehr wichtig. Sie suchen den Genuss, Charme, Kreativität, Temperament, Suggestion, Spontaneität, Risiko, Ideenreichtum, Dramatik und Begehren. Diese Menschen sind neugierig, wünschen, suchen, lernen und leben gerne. Sie sind kreativ, einfallsreich, spontan und unterhaltsam. Sie können aber auch unzuverlässig, chaotisch, theatralisch, egozentrisch, geschwätzig und unsystematisch sein.

3. Die Näheprägung

Stellen wir uns nun das Büro eines nähegeprägten Menschen vor. Was wird Ihnen auffallen? Zunächst fallen Ihnen persönliche Gegenstände auf: Da sind die Bilder der Ehefrau oder des Ehemanns, der Kinder. Ebenfalls finden Sie erste künstlerische Entwürfe der eigenen Kinder aus dem Kindergarten an die Wand gepinnt. Sie könnten Sporttrophäen sehen vom letzten Firmenfußball- oder Firmentennisturnier. Vielleicht befindet sich auch das eine oder andere Foto vom letzten Firmenfest am Arbeitsplatz. Nicht selten wird der nähegeprägte Mitarbeiter auch eine Pflanze von zu Hause mitbringen, um seinen Arbeitsplatz etwas wohnlicher zu gestalten, getreu dem Motto: „An meinem Arbeitsplatz halte ich mich länger auf als zu Hause bei meiner Familie, also möchte ich es dort so wohnlich wie möglich haben."

Dieser nähegeprägte Mensch wird, wenn Sie mit ihm telefonieren, oftmals mehr als nur die Begrüßungsformel zu Beginn des Telefonats parat haben. Er beginnt das Gespräch mit Smalltalk. Sei es über das Wetter, den letzten Urlaub, das letzte Gespräch oder sonstige aktuelle Themen. Dieses erste Einschwingen auf den Gesprächspartner lässt den nähegeprägten Menschen erst komfortabel fühlen. Auch bei Besprechungen wird der nähegeprägte Mensch es sich nicht nehmen lassen, nach der Begrüßung ein paar Sätze mit Ihnen über belanglose Themen zu sprechen, bevor er zum eigentlichen Anlass übergeht.

Nähegeprägte Menschen haben in der Regel überhaupt kein Problem damit, recht schnell das Du anzubieten. Sie sind demzufolge auch mit vielen Menschen und Kollegen per Du. Nähegeprägte Menschen haben meist mehr als einen besten Freund. Auf Facebook sind Menschen mit Näheprägung mit 200 bis 300 oder sogar mehr „Freunden" verlinkt. Auch im realen Leben finden Sie bei nähegeprägten Menschen häufig ein ausgedehntes soziales Umfeld mit großem Freundes- und Bekanntenkreis, aktive Zugehörigkeit bei Vereinen sowie eine große Offenheit auch völlig fremden Personen gegenüber.

Beruflich sind nähegeprägte Menschen stets sehr gute „Kontakter", denn ihnen fällt es nicht schwer, auf andere, auch fremde Personen zuzugehen und diese schnell und direkt in ein Gespräch zu ziehen.

Nähegeprägte Menschen sind als Ansprechpartner für Kunden sehr beliebt. Wechselt der nähegeprägte Ansprechpartner auf die Kundenseite des Unternehmens, ruft er garantiert nach einigen Wochen an und versucht auch bei seinem neuen Arbeitgeber, mit Ihnen wieder eine Geschäftsbeziehung aufzubauen. Dieser nähegeprägte Mensch stellt damit die persönliche Beziehung zu Ihnen über die Beziehung, die die beiden Firmen zueinander haben.

Körpersprache bei nähegeprägten Menschen

Nähegeprägte Menschen können aber auch den Bogen überspannen und die Smalltalk-Phase in Gesprächen allzu sehr ausdehnen oder den Gesprächspartner häufig berühren. Direkter Körperkontakt stellt für den nähegeprägten Menschen oft kein Problem dar. Wir werden auf den folgenden Seiten noch erfahren, dass unsere Körpersprache ganz automatisch einiges über unsere Grundprägung verrät.

Telefonieren Sie mit einem nähegeprägten Menschen oder befinden Sie sich in einer Besprechung mit ihm, sollten Sie bewusst und gezielt Signale setzen, dass Sie diese Person schätzen. Sprechen Sie diese Person zum Beispiel gezielt mit ihrem Namen an. Jeder Mensch, insbesondere der nähegeprägte Mensch, hört seinen Namen gerne bzw. fühlt sich in einem Gespräch, in dem sein Gegenüber ihn beim Namen nennt, wesentlich wohler und komfortabler. Wenn Sie jedoch in jedem Satz Ihren Gesprächspartner beim Namen nennen, wie ungeschulte Telefonverkäufer es mitunter praktizieren, bewirken Sie jedoch genau das Gegenteil. Das wirkt aufgesetzt, unecht und schreckt jeden Gesprächspartner ab, weil es Misstrauen erweckt. Die richtige Dosierung zeigt hier den Meister. In einem Telefonat von zehn Minuten sollte es Ihnen möglich sein, zwei- bis dreimal den Namen Ihres Gegenübers beiläufig einfließen zu lassen.

Zusammenfassung: Der Typus des nähegeprägten Menschen

Folgende Aspekte sind für Menschen mit einer ausgeprägten Nähe-Ausrichtung wichtig: Nähe zu anderen Menschen, Bindung, Zuneigung, Vertrauen, Sympathie, Mitmenschlichkeit, Geborgenheit, Zärtlichkeit und Harmonie. Sie brauchen Wärme, Bestätigung, sind selbstlos bis zur Selbstaufgabe, haben soziale Interessen, können sich leicht mit anderen identifizieren und auch sich selbst vergessen. Sie sind kontaktfreudig, teamfähig, ausgleichend, tolerant und verständnisvoll.

Sie neigen aber auch zu Abhängigkeit, da sie ungern alleine sind. Sie sind mitunter aggressionsgehemmt und können eine Opfermentalität entwickeln. Entscheidungen treffen extrem nähegeprägte Menschen manchmal erst, wenn — etwa beim Autokauf — nahestehende Bezugspersonen einen positiven Kommentar abgegeben haben.

---

4. Die Distanzprägung

Wir schauen uns jetzt am Arbeitsplatz eines distanzgeprägten Mitarbeiters um. Was fällt Ihnen als Erstes auf? Der Schreibtisch kann einen sowohl sehr ordentlichen oder auch einen etwas unsortierten Eindruck machen. Aber es wird Ihnen schwer fallen, sehr persönliche Gegenstände am Arbeitsplatz des distanzgeprägten Kollegen zu finden. Alles wirkt eher nüchtern und neutral. Das liegt daran, dass für distanzgeprägte Menschen der Arbeitsplatz eben nur ein Platz ist, an dem sie ihre Arbeit erledigen. Der Arbeitsplatz muss funktional sein und darf nur aufweisen, was man zur Arbeit unbedingt braucht. Keinesfalls ist der Arbeitsplatz ein Ort, an dem man sich wie zu Hause fühlt. Er ist eben nur Mittel zum Zweck.

Verbesserung der Kommunikationsqualität

Am Telefon oder in einem Gespräch können Sie einen distanzgeprägten Mitarbeiter leicht identifizieren. Sie stellen eine offene Frage und erhalten nur eine knappe Antwort. Dann sind Sie schon wieder an der Reihe, den Gesprächsfaden weiterzuspinnen. Ein stark distanzgeprägter Mensch ist häufig kurz angebunden und oft wortkarg.

Zur Ehrenrettung der distanzgeprägten Menschen unter uns: Sie sind durchaus in der Lage, eine flüssige und angeregte, auch engagierte Unterhaltung zu führen, jedoch ohne dass sie dabei persönliche oder sogar private Informationen einfließen lassen. Er wählt dabei stets neutrale Themen, die die Firma oder das aktuelle Projekt betreffen, Themen technischer Art oder auch Politik, Wirtschaft oder das Wetter, wenn es sein muss, um das Gespräch in Gang zu bringen oder am Laufen zu halten.

Besonders deutlich wird die Distanzprägung, wenn diese Person sich unter völlig fremden Menschen aufhält. In solch einer Situation wird er oder sie zunächst einmal die anderen Personen genau unter die Lupe nehmen und versuchen, ein Gefühl für die Person und Situation zu gewinnen. Erst wenn er einen ersten Eindruck gewonnen hat und beginnt, sich komfortabel zu fühlen, wird er nach einiger Zeit beginnen, sich am Gespräch zu beteiligen.

In Telefonaten werden Sie beim Kontakt mit distanzgeprägten Menschen erleben, dass nach der Begrüßungsformel direkt der Sprung ins Thema erfolgt, ein Start ganz ohne einleitenden Smalltalk, ohne Einstimmung, die dem nähegeprägten Menschen so wichtig ist.

Ansprache eines distanzgeprägten Menschen

Eine weitere wichtige Eigenschaft von distanzgeprägten Personen ist ihr Hang zur Unabhängigkeit, dem Wunsch nach Freiheit in der eigenen Entscheidung. Bei der Ansprache eines distanzgeprägten Kunden sollten Sie darauf achten, ihn typgerecht anzusprechen. Die folgende Ansprache ist zum Beispiel falsch: „Ich habe Ihnen die Komponenten schon einmal so zusammengestellt, wie es bei Ihnen im Projekt am besten passt …" Der distanzgeprägte Gesprächspartner fühlt sich in einer solchen Situation herausgefordert, Ihnen zu widersprechen. Schon als Schüler konnte er es nicht leiden, wenn seine Lehrer oder Eltern ihm sagten, was er zu tun hat. Dies ist ihm auch als Erwachsener stets zuwider und oftmals wehrt er sich sofort. Typischerweise erhalten Sie von einem distanzgeprägten Kunden eine solche Antwort: „Lassen Sie mal gut sein! Ich werde schon selbst sehen, was für uns passt oder nicht …" Auf jeden Fall haben Sie es geschafft, dass er Sie als eher unangenehmen Gesprächspartner empfindet, wenn solche Situationen mehrmals vorkommen.

Sie sprechen einen distanzgeprägten Menschen richtig an, wenn Sie mit Optionen und Auswahlmöglichkeiten arbeiten. Der Schlüssel zu einem harmonischen Gespräch mit distanzgeprägten Menschen liegt in diesen Formulierungen: „Hier haben Sie folgende Möglichkeiten zur Auswahl …", „Hier bieten sich folgende Optionen für Sie …", „Entscheiden Sie selbst, welche Ausführung unseres Produkts Ihre Anforderungen am umfassendsten abdeckt." Mit all diesen Formulierungen lassen Sie dem Gesprächspartner die finale Auswahl und erzeugen dabei im Gespräch eine für ihn komfortable Situation.

Das mögen Kleinigkeiten sein. Wenn Sie in einem einstündigen Gespräch diesen Fehler aber acht bis zehn Mal unbewusst gemacht haben, sorgen Sie dafür, dass Ihr Gesprächspartner sich mit Ihnen unwohl fühlt oder sogar verärgert ist und sich keine solide Vertrauensbasis aufbauen kann. Und dies sind keine optimalen Gesprächsvoraussetzungen, um andere von Ihren Produkten und Dienstleistungen zu überzeugen.

Der distanzgeprägte Mensch hat meistens nur einen besten Freund und auch nur einen kleineren Kreis von guten Bekannten. Diesen kleinen Kreis pflegt er allerdings auch gut und intensiv. Grundsätzlich aber benötigt er nicht ständig Menschen um sich herum, damit er sich komfortabel fühlt. Er schätzt es durchaus, regelmäßig oder für längere Zeit allein zu sein und sich nur mit sich zu beschäftigen, ohne dabei gleich Einsamkeit zu empfinden.

Selbstverständlich lässt der distanzgeprägte Mensch auch Nähe zu, allerdings braucht er dafür deutlich länger als nähegeprägte Menschen. Dies bedeutet, dass er mit einem neuen Kollegen durchaus per Du kommunizieren kann, aber halt nicht in den ersten Tagen und Wochen, sondern vielleicht erst nach einigen Monaten.

Auf Facebook akzeptiert der distanzgeprägte Mensch vielleicht 50 bis 70 Freundschaftslinks, während der nähegeprägte Kollege es spielend auf 250 und mehr Kontakte bringt.

Beruflich werden Sie feststellen, dass sich Menschen mit einer Distanzprägung auch dann noch wohl fühlen können, wenn Sie sich für Stunden oder gar Tage alleine mit einem Problem beschäftigen und kaum Kommunikation stattfindet. Dies beginnt häufig ebenfalls bereits in der Schulzeit.

Zusammenfassung: Der Typus des distanzgeprägten Menschen

Menschen mit dieser Ausrichtung wollen und brauchen genau das Gegenteil von dem, was nähegeprägte Menschen brauchen: Abgrenzung, Unverwechselbarkeit, Freiheit, Individualität, Eigenständigkeit, rationales Denken und Handeln. Sie wollen nicht beeinflusst werden. Sie suchen den Abstand und scheinen niemanden zu brauchen. Sie wirken daher oft etwas kühl und unnahbar. Erst wenn ihnen in einer Beziehung zu anderen ein großes Maß an Freiheit und Rückzugsmöglichkeiten garantiert wird, lassen sie sich auf Gefühle und Nähe ein. Sie wollen nicht auf fremde Hilfe angewiesen sein und wirken oft bindungsängstlich oder unbeholfen im emotionalen Bereich.

1.2.5 Das Riemann-Thomann-Modell

Die Grundausrichtungen Nähe, Distanz, Dauer und Wechsel lassen sich in ein Koordinatenkreuz einbinden, das eine Raum- und eine Zeitachse enthält. Die Zeitachse ist die Vertikale mit den beiden Extremen **Dauer** und **Wechsel**. Die Raumachse ist die Horizontale mit den Extremen **Distanz** und **Nähe**. Die Kriterien Raum und Zeit spielen für die Wahrnehmung der Lebenssituation des Einzelnen eine wichtige Rolle.

Der Mensch hat nicht nur eine Grundausrichtung

Alle vier Grundprägungen sind bei allen Menschen vorhanden. Aber jeder Mensch besitzt pro Achse jeweils einen Schwerpunkt. So kann seine Prägung sich zum Beispiel aus 70 % Nähe und 20 % Distanz zusammensetzen. Auf der Zeitachse hat er vielleicht jeweils 80 % Dauer und 20 % Wechsel. Daraus setzt sich dann der Heimatquadrant zusammen.

Christoph Thomann hat dieses Modell in einem Koordinatenkreuz übersichtlich dargestellt. Für jeden Menschen ergibt sich dabei ein sogenannter **Heimatquadrant**, der wiederum einen bestimmten Namen erhält. Dieser Name sollte in der praktischen Anwendung leicht zu behalten sein und auch einen Bezug zu den jeweils kennzeichnenden Achsen ausdrücken.

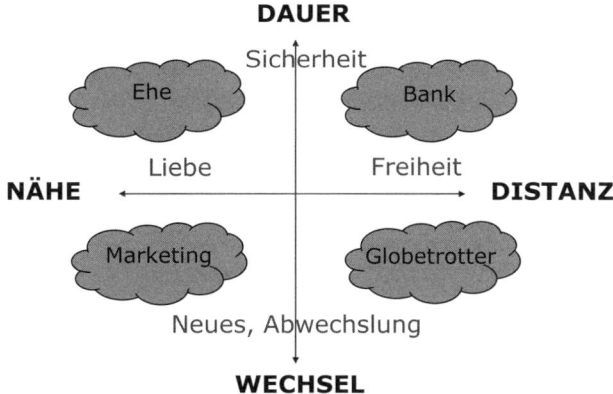

Abb. 7: Das Riemann-Thomann-Modell (nach Fritz Riemann und Christoph Thomann)

Dieses Heimatgebiet hat auch eine Mitte, den Persönlichkeitsschwerpunkt. Wenn man versucht, sich selbst anhand des Riemann-Thomann-Modells einzuordnen, sollte man sich vor Augen halten, dass es keine richtige oder falsche Ausprägung gibt. Alle Ausprägungen sind gleichwertig. Außerdem ist es wichtig, immer wieder zu hinterfragen, wie man selbst in einer bestimmten Situation agiert oder reagiert hätte. Nur wenn man ehrlich zu sich selbst ist, zeigt sich, wo die eigenen Schwerpunkte im Modell liegen. Für die Frage, ob ich selbst mehr Nähe- oder Distanz-Elemente besitze, hilft zum Beispiel die Fragestellung: „Wie verhalte ich mich, wenn ich mich unter völlig fremden Menschen bewegen muss?"

Bin ich eher zurückhaltend und vorsichtig, versuche zunächst die Personen und Situationen zu erkunden, und erst, wenn ich mir ein Bild machen konnte, gehe ich auch auf andere zu? Oder bin ich eher der „Vollkontakter" und wende mich sofort an den ersten, der mir über den Weg läuft? Im ersten Fall überwiegt klar eine Distanzprägung, im zweiten hat eine Näheprägung die Oberhand. Ein weiterer Hinweis ist ebenfalls, wie Sie sich fühlen, wenn Sie von anderen, vielleicht sogar völlig fremden Menschen, über den normalen Händedruck hinaus berührt werden. Wenn etwa eine Hand auf Ihrer Schulter ruht, während man Ihnen ein Kompliment macht oder Ihnen eine vertrauliche Information übermittelt. Fühlen Sie sich eher unkomfortabel bei diesen flüchtigen Berührungen, dann verfügen Sie hier über eine Distanzprägung. Machen Ihnen solche Berührungen nichts aus oder sind Sie Ihnen sogar willkommen, überwiegt bei Ihnen ganz gewiss die Näheprägung.

Bei der eigenen Bestimmung der Dauer- oder Wechselprägung schauen Sie sich an, wie Sie mit Situationen umgehen, in welchen Sie große Freiheit haben, ohne Vorgaben, Grenzen oder Regeln beachten zu müssen. Dies ist häufig bei Hobbys, in der Freizeit oder im Urlaub der Fall. Schauen Sie sich die möglichen Urlaubshotels besonders genau an? Klären Sie, wann und wo Sie den Mietwagen am günstigsten buchen, um vor Ort an einem oder zwei bestimmten Tagen auf der Insel mobil zu sein? Dann überwiegt bei Ihnen eher die Dauerprägung auf der Zeitachse. Sind Sie hingegen der Typ, der zusammen mit seinem Partner einfach mal den Trolley packt, nach Frankfurt zum Flughafen fährt und schaut, welche Maschinen heute Abend „last minute" noch rausgehen und entscheiden sich dann spontan für ein Angebot vor Ort und weg sind Sie? In diesem Fall haben Sie eindeutig eine Wechselprägung.

Wenn Sie sich dann komfortabel fühlen, wenn Sie Ihre Dinge geordnet haben und wissen, was auf Sie zukommt, dann ist Ihr Wert auf der Dauerachse etwas größer. Brauchen Sie hingegen das Gefühl, spontan entscheiden zu können und den gewissen Flair von Abenteuer, wie er sich nur bei plötzlichen und unerwarteten Lebenssituationen einstellt, befindet sich Ihr Fokus eher auf der Wechselprägung des Models.

Der Ehe-Typ

Wenn bei einer Person Nähe- und Dauerprägung zusammenkommen, wird dies im Riemann-Thomann-Modell als Ehe-Typ bezeichnet. Denn die Ehe ist eine soziale Beziehung, die auf lange Dauer und große Nähe ausgelegt ist.

Der Bank-Typ

Kommen bei einer Person Dauer- und Distanzprägung zusammen, wird im Riemann-Thomann-Modell die eine Typbezeichnung aus der Bankbranche gewählt: Der Bank-Typ. Denn Distanz im Umgang mit den Kunden und konservative, an Dauer und Tradition orientierte Verhaltensweisen sind typisch für diese Branche. Deswegen spricht das Riemann-Thomann-Modell hier von einem Bank-Typ. Unsere derzeitige Bundeskanzlerin ist eine typische Vertreterin dieses Riemann-Thomann-Typs. Über 35 Jahre ihres Lebens hat sie sich bewusst, später als promovierte Physikerin, mit Daten, Zahlen und Fakten befasst. Hat Beweise geführt und erst, wenn alle Fakten beisammen waren und alles ausgewertet war, entschieden, was als Nächstes zu tun ist. Als Kanzlerin muss sie häufig ohne gesicherte Daten Entscheidungen treffen. Solche gegen die eigene Grundprägung gelebten Arbeitssituationen können viel Kraft und Anstrengung kosten. Erinnern Sie sich selbst einmal an berufliche und private Situationen, bei denen Sie noch recht unsicher waren und zu schnellen Entscheidungen gezwungen wurden. Wenn Sie als dauergeprägter Mensch das machen mussten, fühlten Sie sich zumindest unwohl dabei und als anstrengend empfanden Sie solche Situationen auch.

Der Marketing-Typ

Verbinden sich in einer Person die Nähe- mit einer Wechselprägung, spricht das Riemann-Thomann-Modell von einem Marketing-Typ. Wenn Sie sich in einer größeren Firma einfach einmal um 08:00 Uhr morgens in eine ruhige Ecke dieser Abteilung (Großraumbüro) setzen und abwarten, was passiert, erleben Sie nicht selten Folgendes: Die Kolleginnen und Kollegen besetzen so zwischen 08:30 Uhr und 11:45 langsam ihre Schreibtische. Zuallererst wird dann die Kaffeemaschine ausgiebig in Beschlag genommen. Selbstredend sind alle per Du untereinander ohne Rücksicht auf Alter und Hierarchie. In dieser Beschreibung finden sich alle Klischees einer typischen Marketingabteilung. Jedoch nicht alle Mitarbeiter einer Marketingabteilung sind Marketing-Typen, ebenso wenig wie alle Mitarbeiter einer Bank Bank-Typen sind. Auffällig ist dennoch, dass beim Marketing-Typ, bedingt durch seine größere Näheprägung, offenbar kein Problem mit der Du-Ansprache besteht. Intensive Kommunikation scheint ebenso durch die Wechselprägung ganz natürlich das Element des Marketing-Typen zu sein wie spontane Kreativität und das nahezu gleichzeitige Tanzen auf vielen Hochzeiten (Themengebieten). Im Allgemeinen ist bei solchen Menschen nicht selten auch das Vokabular, der Sprachgebrauch sehr lebendig.

Der Globetrotter-Typ

Der vierte Typus bezeichnet eine Person, deren ausgeprägte Wechselprägung mit einer starken Distanzprägung kombiniert ist. Das Riemann-Thomann-Modell spricht hier von einem Globetrotter-Typ. Dieser Typ besitzt durch die Wechselprägung die Eigenschaft, sich vor allem dann wohlzufühlen, wenn Abwechslung herrscht. Neue unvorhergesehene Dinge, die sich spontan und plötzlich ereignen, schrecken ihn nicht ab, sondern sind eher das Salz in der Suppe. Unbekannte Lebenssituationen, in die er sich zum Beispiel beruflich begeben muss, sieht er als positive Herausforderung und kann diese genießen. Durch seine gleichzeitig stärkere Distanzprägung fühlt sich dieser Vertreter der Riemann-Thomann-Typen auch dann noch wohl, wenn er nur von wenigen Personen aus seinem vertrauten, privaten Umfeld umgeben ist. Er kann auch mal eine Zeit lang mit einem stark reduzierten sozialen Umfeld und stark eingeschränkter privater Kommunikation auskommen, ohne sich deshalb gleich unwohl zu fühlen.

1.2.6 Die Haupttriebfeder der einzelnen Personentypen

In dem Riemann-Thomann-Modell (Abb. 7) sind die jeweiligen **Haupttriebfedern der vier Grundprägungen** dargestellt: Sicherheit, Abwechslung, Liebe, Freiheit.

Haupttriebfeder: Sicherheit

Sowohl der Ehe-Typ als auch der Bank-Typ haben jeweils eine ausgeprägte Dauerprägung. Das wesentliche Element, das vorhanden sein muss, damit beide Typen sich im Gespräch und bei der Arbeit komfortabel fühlen, ist demnach „Sicherheit". Wann fühlt sich ein Mensch mit einer solchen Prägung sicher? Er fühlt sich sicher, wenn er das Gefühl hat, dass er genügend und vollständige Informationen in einer zu bearbeitenden Sache hat. Ebenso, wenn er weiß, was als Nächstes auf ihn zukommt und auf was er sich einstellen muss. Wenn er weiß oder glaubt, keinerlei Überraschungen erleben zu müssen und das Gefühl hat, jederzeit der Situation gewachsen zu sein. Diese Menschen empfinden Sicherheit, wenn sie alles durchdacht und geplant haben und Transparenz über ihr Umfeld besitzen. Aus all diesen Aussagen und Beobachtungen resultiert, dass Sie — sollte es sich um einen Kunden oder Mitarbeiter handeln — Ihren Ansprechpartner mit Informationen versorgen müssen. Fragen Sie zum Beispiel nach, ob ihm alles klar ist oder noch etwas fehlt. Sie tun gut daran, ihm anzubieten, alles nochmals in einer kurzen E-Mail zusammenzufassen und ihm zukommen zu lassen. Stellen Sie ihm in einem Angebot alles seinen Aussagen entsprechend als „Rundum-sorglos"-Paket zusammen und präsentieren Sie ihm dies als vollständige Lösung. Geben Sie ihm vielleicht auch ein „Management Summary", das er zur Information für seinen Chef eins-zu-eins verwenden kann. Alles, was Ihren Ansprechpartner sicher macht, hilft ihm unmittelbar, sich im Gespräch und in der Zusammenarbeit mit Ihnen wohl und sicher zu fühlen, und führt zu einer entspannten Gesprächsatmosphäre sowie zur Bildung einer festen Vertrauensbasis.

Haupttriebfeder: Abwechslung (Spannung)

Im unteren Abschnitt des Modells (Abb. 7) finden Sie den Marketing- und den Globetrotter-Typ. Beide haben durch ihre Wechselprägung die Haupttriebfeder „Abwechslung (Spannung)". Wenn Sie solche Menschen abschrecken wollen und dafür sorgen wollen, dass sie sich unkomfortabel fühlen, können Sie nichts Schädlicheres tun, als sich zu wiederholen, altbekannte Fakten erneut anzusprechen oder — wenn es sich um Ihre Mitarbeiter handelt — diese regelmäßig mit umfassenden Zahlenkolonnen in Excel zu traktieren. Verstehen Sie das nicht falsch: Natürlich werden auch diese beiden Riemann-Thomann-Typen als Mitarbeiter ihre Arbeiten weisungsgemäß erledigen. Wenn sie aber regelmäßig mit gleichförmigen Aufgaben konfrontiert werden, beginnen sie, sich zu langweilen.

Bei der finalen Kundenpräsentation zum zweiten oder dritten Mal die gleiche Firmenpräsentation aufzulegen, sorgt dafür, dass die wechselgeprägten Personen innerhalb von Sekunden abschalten und im Extremfall Sie als langweiligen Dilettanten abstempeln. Die Aufmerksamkeit und Konzentration solcher Personen dann wieder zurückzugewinnen, ist sehr schwierig.

Haupttriebfeder: Liebe

Sowohl der Ehe- als auch der Marketing-Typ haben als gemeinsame Ebene eine ausgeprägte **Näheprägung**. Im Modell finden Sie dort als Haupttriebfeder den Begriff „Liebe", der Sie auf den ersten Blick irritieren mag. Diese beiden Personentypen fühlen sich dann ganz besonders komfortabel und wohl im Umgang mit anderen Menschen, wenn Sie ihnen zeigen, dass Sie sie als Person wertschätzen. Wenn Menschen mit diesem Prägungsmuster erfahren, dass sie gemocht werden, man sich gerne mit ihnen unterhält, persönliche Aussagen zulässt und diese Wertschätzung und Zuneigung verbal als auch in der Körpersprache zum Ausdruck kommt, dann erlebt man mit diesen beiden Personentypen eine Punktlandung in der Kommunikation.

Dem anderen zu zeigen, dass man ihn schätzt, beginnt bereits damit, dass man den Gesprächspartner während eines 10- bis 30-minütigen Gesprächs mindestens drei bis acht Mal beim Namen nennt. Jeder Mensch hört seinen eigenen Namen gerne. Ganz besonders trifft dies auf nähegeprägte Menschen zu. Wenn Sie einen solchen Menschen in zwanzig Minuten nicht einmal mit Namen ansprechen, würden Sie bei ihm mit Sicherheit schlechte Gefühle hervorrufen.

Haupttriebfeder: Freiheit und Unabhängigkeit

Werfen wir nun einen Blick auf die gemeinsame Achse des Bank- und Globetrotter-Typs. Bei ihnen verbindet sich die Wechselprägung mit der Triebfeder „Freiheit und Unabhängigkeit". Gemeint ist damit die bereits im Schüleralter sich zeigende Eigenart, sich ungern von anderen dominieren zu lassen. Diese beiden Typen hatten bereits in der Schule oder auch zu Hause ein Problem damit, wenn Lehrer, Eltern oder Freunde „ohne Wenn und Aber" etwas vorgegeben haben. Komfortabel im Umgang mit anderen Menschen fühlen sich solche Menschen erst dann, wenn die Kommunikation offen und frei verläuft, wenn sie selbst entscheiden können, welchen Weg sie einschlagen werden, welchen Film sie anschauen wollen oder welche Produktoption für sie am besten geeignet ist.

Im Umkehrschluss heißt das für Sie: Wenn Sie mit solchen Mitarbeitern oder Kunden arbeiten, sollten Sie stets Optionen und Auswahlmöglichkeiten anbieten. Allein mit diesem kleinen Kniff schaffen Sie es, dass sich sowohl der Bank- als auch der Globetrotter-Typ sofort im Umgang mit Ihnen wohl fühlen wird. Verwenden Sie zum Beispiel Formulierungen wie: „Hier haben Sie die Auswahl …", „Sie können frei entscheiden …", „Was bevorzugen Sie an dieser Stelle?", „Haben Sie Vorschläge oder Wünsche, wie wir hier weitermachen sollten?" Solche und ähnliche Einstiegssequenzen im Gespräch werden von Bank-Typen und Globetrottern mit ausgeprägter Distanzprägung stets als sehr angenehm empfunden und aktivieren bei extremer Prägung selbst den wortkargen Gesprächspartner.

Wenn zwei Menschen aufeinandertreffen, die von ihrer Grundprägung keinerlei gemeinsame Basis, also keine gemeinsame Achse im Modell haben, kann sich die Kommunikation als sehr schwierig gestalten. Treffen dagegen zwei Bank-Typen, zwei Ehe-Typen oder zwei Marketing-Typen zusammen, entsteht schnell ein Gefühl der Seelenverwandtschaft. Bestimmt haben Sie schon einmal die Erfahrung gemacht, einen fremden Menschen zu treffen, mit dem Sie sich auf Anhieb perfekt unterhalten konnten. In einem solchen Fall liegt nahezu immer der Fall vor, dass beide Gesprächspartner eine ähnliche Grundprägung haben.

Für Sie als Führungskraft bedeutet dies, dass Sie versuchen sollten, alle Ihre Mitarbeiter nach ihrer jeweiligen Grundprägung einzuordnen, um jeweils den optimalen, typgerechten Umgang mit ihnen zu praktizieren. Dies wird von den meisten Führungskräften bereits intuitiv praktiziert. Das Typenmodell hilft Ihnen, Ihre Führungsarbeit im Umgang mit Ihren Mitarbeitern und Kunden bewusster zu gestalten. Es ist zunächst einfach ein Werkzeug, um in komplizierteren Fällen mehr Klarheit bei der Interpretation des Verhaltens anderer Menschen zu bekommen. Diese Klarheit führt regelmäßig zu besseren Entscheidungen.

Ferner empfiehlt es sich dringend — zum Beispiel auch bei der Besetzung neuer Stellen — ein solches Personentypenmodell zu Hilfe zu nehmen, ebenso beim Verteilen neuer Aufgaben. Denken Sie zum Beispiel an die heute im Innendienst so häufig diskutierte Fragen nach Telefonmarketing und Telefonverkauf, also der häufig geforderten Unterstützung des Außendiensts. Wählen Sie bei einer solchen Aufgabe einen Bank- oder Globetrotter-Typ aus, so ist der mäßige Erfolg oder gar Misserfolg vorprogrammiert. Aufgrund ihrer Distanzprägung ist ihnen das ständige Anrufen völlig unbekannter Personen ein Gräuel.

Wir werden im weiteren Verlauf des Buchs sehen, wie uns das Riemann-Thomann-Modell auch in vielen anderen Bereichen der Personalführung, Kundenbetreuung und natürlich auch im Umgang mit unserem Chef, unseren Kollegen und der Geschäftsleitung gute Dienste leisten wird. Wichtig hierbei ist nur eine Tatsache: Dieses Modell ist keine „Eier legende Wollmilchsau", sondern ein Werkzeug, das Ihnen neben anderen Werkzeugen helfen wird, **„Management im Blindflug"** zu beenden und in betrieblichen Situationen genau zu wissen, mit welchen Typen und Verhaltensweisen Sie es genau zu tun haben und welche Handlungsoptionen Ihnen zur Verfügung stehen. Wenn es um Zahlen, Daten und Fakten geht, fällt die Entscheidung oft leicht, bei Menschen mit ihrer Vielschichtigkeit und ihren unzähligen Verhaltensfacetten jedoch enorm schwierig.

1.2.7 Kunden und Mitarbeiter besser verstehen – Alle Personentypen im Überblick

Auf den folgenden Seiten finden Sie eine Übersicht, die Ihnen helfen soll, Ihre Kunden und Mitarbeiter besser zu verstehen und einzuordnen, damit Sie Ihr eigenes Verhalten auf den jeweiligen Personentyp ausrichten können. Die Gruppierungen sind eingeteilt in: „So erkennt man ihn", „Das schreckt ihn ab" und „Das überzeugt ihn". Nehmen Sie diese Kriterien als Anregung, um Ihre eigene Wahrnehmung etwas zu schärfen. Die folgende Abbildung zeigt eine Darstellung der Prägungsschwerpunkte.

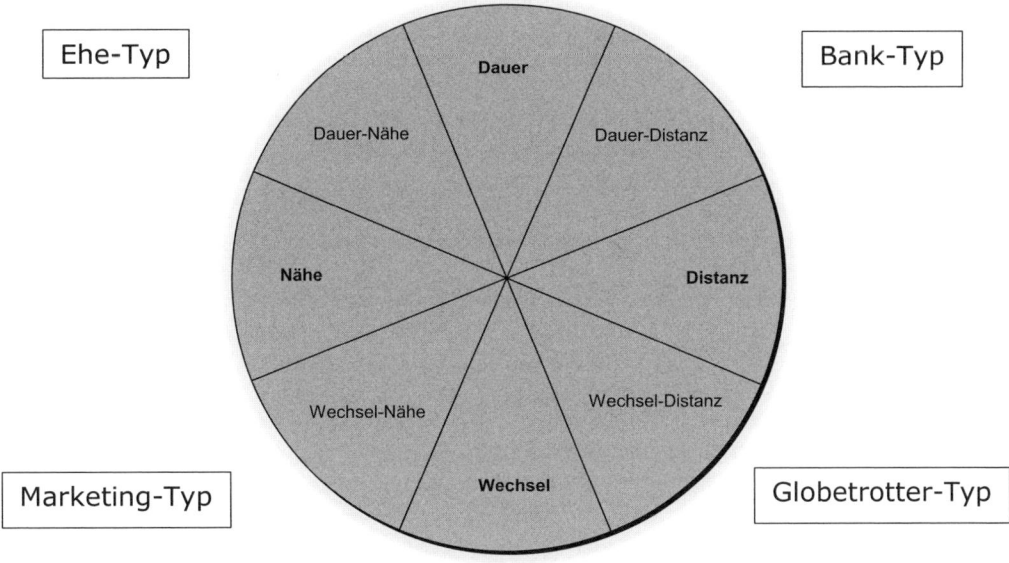

Abb. 8: Prägungsschwerpunkte innerhalb eines Personentyps

Die Abbildung zeigt, dass man im Riemann-Thomann-Modell noch feinere Unterscheidungen im jeweiligen Heimatquadranten machen kann. Bei jedem Personentyp lassen sich nochmals Schwerpunkte setzen. Möglich ist auch das ausgeglichene Vorhandensein zweier Grundprägungen. Diese verschiedenen Ausrichtungen oder Prägungen wollen wir im Folgenden auf Kunden beziehen. Nehmen Sie die folgenden Beispiele als Anregungen, um zu überprüfen, wie Sie in der Regel mit solchen Personen kommunizieren. Über die Beispiele hinaus gibt es in jedem Typenfeld eine große Anzahl von weiteren Kriterien und Charakterisierungen, die man sich durch Wahrnehmungsübungen selbst erschließen kann.

Dauerausrichtung: Der beständige Kunde

Der Beständige ist der Kundentyp mit einer eindeutigen Dauerausrichtung. Diese Grundbestrebung bestimmt ihn, seine inneren Bedürfnisse und äußeren Kaufwünsche. Bei allem, was er plant, ausführt und kauft, leitet ihn ein großes Bedürfnis nach Sicherheit, welches er beständig zu befriedigen sucht. Häufig besitzt er eine ausgeprägte Markentreue.

So erkennt man den Typus des beständigen Kunden

- Äußerlich ist er eher unauffällig und durchschnittlich gekleidet.
- Der Wohn- und Arbeitsbereich ist aufgeräumt.
- Die „Pantoffeln" stehen an ihrem angestammten Platz.
- In Gesprächen räumt der Beständige schon einmal Pausen ein. Er denkt nach, bevor er spricht. Denn alles, was er sagt, wird geprüft, ob es auch von Bestand ist.
- Er konzentriert sich auf eine Sache, nicht auf viele Dinge gleichzeitig.
- Am Telefon entsteht der Eindruck, dass er eine Checkliste vor sich liegen hat, die er abarbeitet.

Das überzeugt ihn

- Argumente von Bestand
- Sicherheit und Kontrolle
- Produktmerkmale, die Sicherheit und Kontrolle versprechen
- Zuverlässigkeit
- Alles soll bleiben, wie es ist. Und was so ist, wie es bisher war, ist gut.

Das schreckt ihn ab

- Veränderungen
- Unzuverlässigkeit
- aufgeregtes, unkontrolliertes Verhalten
- schnelle, häufige Themenwechsel im Gespräch

Dauer-Distanzausrichtung: Der berechenbare Kunde

Der Berechenbare liebt die beständigen Dinge, die gleichzeitig sachlich daher kommen. Er ist in seinem Verhalten und Erscheinungsbild der typische Banker. Alles wird auf Sicherheiten geprüft und möglichst sachlich behandelt.

So erkennt man den Typus des berechenbaren Kunden

- unauffällig sachlich
- äußerlich oft Grau in Grau
- kontrollierte Sprechweise
- ruhige, eher distanzierte Körpersprache

Das überzeugt ihn

- sachliches Verhalten
- kontrollierbare Vorgehensweisen
- Vorhaben, auch den Kauf, Schritt für Schritt angehen

Das schreckt ihn ab

- unberechenbares, unkontrolliertes Verhalten
- emotionale Aktionen und Reaktionen

Distanzausrichtung: Der sachlich-distanzierte Kunde

Der sachliche Personentyp geht sehr distanziert mit Menschen, Emotionen und auch mit Dingen um. So zieht er beim Kauf eine distanzierte Auseinandersetzung und Präsentation von Produkten vor. Berater oder Verkäufer sollten dies respektieren. Er kauft und entscheidet sich auf einer sachlichen Grundlage. Argumente sollten sich auf die Situation, das Unternehmen oder andere allgemeine Begründungen beziehen.

So erkennt man den Typus des sachlich-distanzierten Kunden

- ausgeprägt distanzierte Körpersprache
- unemotionale, kühle Sprache
- abstrakte Darstellungen ohne Emotion
- Er hält physischen Abstand ein, sowohl im Stehen als auch im Sitzen, z. B. bei Meetings.
- Er distanziert sich auch in seinen Kleidungsgewohnheiten von der Menge.

Das überzeugt ihn

- sachlich überzeugende Argumentationen
- Menschen, die seine (größeren) Distanzwünsche respektieren
- Gespräche ohne Gefühlsinhalte

Verbesserung der Kommunikationsqualität

Das schreckt ihn ab

- Menschen, die seiner Intimzone zu nahe kommen
- aufdringliche Fragen zu persönlichen Inhalten
- persönlich geäußerte Meinungen und stark persönliches Interesse

Wechsel-Distanzausrichtung: Der Typus des reisenden Kunden

Der Reisende ist genau der Typ Mensch, den man ziehen lassen muss, um ihn (zumindest ein wenig) halten zu können. Wird die Distanz nicht eingehalten, begibt er sich auf die Flucht.

So erkennt man den Typus des reisenden Kunden

- Er ist abwechslungsreich und gleichzeitig auf der Gefühlsebene eher kühl.
- Er erscheint einem „Familienmenschen" eher suspekt.
- bindungslos, distanziert
- rationale, abwechslungsreiche Sprache

Das überzeugt ihn

- Lösungen, Produkte, Verträge, Beziehungen, die ihn nicht einengen und binden
- Menschen, die ihm nicht zu nahe kommen
- Überraschungen und Abwechslung, sofern sich diese auf sachliche Aspekte beziehen
- das Gefühl, jederzeit frei in der Entscheidung zu sein

Das schreckt ihn ab

- enge Beziehungen, z. B. langfristig bindende Wartungsverträge
- langweilig erscheinende gleichförmige Argumentationen
- Langatmigkeit
- Einengung, Rahmenverträge

Wechselausrichtung: Der innovative Kunde

Der Innovative ist ein Kunde, der stets das Neue will. Ausgeprägte Sicherheits- und Kontrollbedürfnisse kennt er nicht. Er orientiert sich an den neuen, kreativen Angeboten im Markt und wechselt schon mal den Anbieter, wenn er ihm zu langweilig erscheint. Der Innovative lässt sich auch auf Produkte ein, die noch sehr neu und nicht ausgetestet sind. Ihn reizt vor allem die Abwechslung. Warum also etwas tun, was man bereits getan hat, und warum etwas kaufen, was man schon einmal gekauft hat?

So erkennt man den Typus des innovativen Kunden

- Die Kleidung ist auffallend, abwechslungsreich.
- Er liebt unkonventionelle Lösungen und gestaltet auch seine Umgebung so.
- Auf seinem Schreibtisch herrscht scheinbares Chaos, denn der Innovative bearbeitet gerne mehrere Vorgänge gleichzeitig.
- Er springt im Gespräch gerne von einem Thema zum nächsten und wieder zurück.

Das überzeugt ihn

- neue, innovative Lösungen, Dienstleistungen und Produkte
- Dinge, die sich vom konventionellen Einerlei unterscheiden
- spontane Entscheidungsmöglichkeiten
- abwechslungsreiche Produkte
- spannendes Design

Das schreckt ihn ab

- festgelegte Regeln, Rahmenverträge
- eingeengte Handlungsmöglichkeiten
- Wiederholungen

Wechsel-Nähe-Ausrichtung: Der chaotisch-emotionale Kunde

Der chaotisch-emotionale Kunde liebt die Abwechslung, sowohl in beruflichen Dingen als auch in Beziehungen. Auf einer Shoppingtour benötigt er beides, damit er sich in der Kaufentscheidung wohl fühlt. Verkäufer, die ihn auf emotionaler Ebene ansprechen, können ihn leicht von neuartigen, innovativen Angeboten überzeugen.

So erkennt man den Typus des chaotisch-emotionalen Kunden

- Er ist bunt und ausdrucksstark gekleidet. Alternativ ganz in Schwarz, denn diese einseitige Kombination symbolisiert das Besondere.
- Er ist chaotisch-emotional.
- Er knüpft schnell Beziehungen, auch zu Mitarbeitern oder Verkäufern.
- Er ist abwechslungsreich im Gespräch.
- Er drückt sich gefühlsorientiert aus.
- Er kann im Gespräch mehrmals seine Meinung wechseln und steht vielen Dingen offen gegenüber, gerade wenn sie neu sind.

Das überzeugt ihn

- Produkte und Dienstleistungen, die Abwechslung versprechen und gleichzeitig Emotionen wecken
- vielfältiges, spannendes Design
- Kreativität und Spontaneität
- Verkäufer, die sich auf seine besonderen Wünsche schnell einstellen

Das schreckt ihn ab

- Langeweile und Gefühlskälte
- Berater und Verkäufer, die sachlich und nicht emotional argumentieren
- Schlichtheit
- Vergleichbarkeit

Näheausrichtung: Der persönlich-emotionale Kunde

Der Persönliche wird seinem Namen gerecht — er nimmt alles persönlich. Er denkt, fühlt und handelt immer in Beziehungen. Sie sind das Salz in der Suppe, auch in beruflichen Zusammenhängen. Er entscheidet und kauft, weil er sein Gegenüber mag. Er verliert schnell das Interesse, wenn der Gesprächspartner keine Beziehungsebene in der Kommunikation anbietet. Seine Motive sind stets emotional geprägt. So möchte er mit dem, was er erwirbt, anderen und sich eine Freude machen, am besten beides zusammen. Für seine Liebsten tut er alles, im Zweifel investiert er auch etwas mehr Geld.

So erkennt man den Typus des persönlich-emotionalen Kunden

- Er kommt einem körperlich eher nah und kann schon mal die Distanzgrenzen verletzen.
- Er braucht und gibt körperliche Nähe ebenso wie seelische Nähe.
- Er gebraucht im Gespräch oft Ausdrücke, mit denen Beziehungen beschrieben werden: *Wir, Du, Sie, Ich, gemeinsam, zusammen.*
- Er argumentiert auf emotionaler Ebene und spricht fast ausschließlich auf diese an.

Das überzeugt ihn

- emotionale Argumente
- gute Beziehungen
- Produkte und Dienstleistungen, die Beziehungen fördern oder dies suggerieren
- Gesprächspartner, die er kennt und zu denen er bereits eine Beziehung aufgebaut hat

Das schreckt ihn ab

- kühle Sachlichkeit
- Technokraten
- Menschen, die auf Distanz zu ihm gehen
- Gesprächspartner, die nicht nach seinem persönlichen Befinden fragen oder darauf eingehen

Dauer-Nähe-Ausrichtung: Der familiäre Kunde

Der typische Familienmensch liebt Beziehungen von Bestand und langlebige Produkte. Geschäftsbeziehungen baut er auf und freut sich darüber, wenn sie lange andauern. Auf einer Shoppingtour kommt er immer wieder zu den gleichen Geschäften zurück. Nicht unbedingt, weil sie die besseren Angebote haben, sondern weil er den Verkäufer kennt und ihm vertraut.

So erkennt man den Typus des familiären Kunden

- Er ist eher unauffällig und weich gekleidet, nicht allzu modisch, dafür warme Farben und Stoffe.
- Er bietet in der Kommunikation gerne die Beziehungsebene an, auch in beruflichen Angelegenheiten.
- Er wechselt nicht gern, weder den Job noch den Wohnort noch den Partner oder den Freundeskreis.
- Er gibt sich in allem, was er macht, sehr menschlich.

Das überzeugt ihn

- beständige Geschäftspartner
- Mitarbeiter, die eine langfristige Beziehung mit ihm aufbauen
- zuverlässige, langlebige Produkte „mit Gefühl"
- emotionale Ansprache
- familientaugliche Situationen und Angebote

Das schreckt ihn ab

- kühle Sachlichkeit
- kurzlebiger Konsum
- Gesprächspartner, die sich keine Zeit für ihn nehmen und sich nicht für sein persönliches Befinden interessieren

1.3 Das Phasenmodell eines Gesprächs

In diesem Kapitel geht es um die Beherrschung von typischen betrieblichen **Gesprächssituationen.** Hier ist nicht die fachliche Komponente gemeint, sondern das Beherrschen von Methoden und Instrumenten zur Gesprächsführung. Vor allem geht es in diesem Kapitel um die Metaebene eines Gesprächs.

Zur Metaebene gehören alle methodischen, psychologischen und organisatorischen Fähigkeiten, die ein Profi im Führungsgeschäft sicher beherrschen sollte. Bestimmt haben Sie auch schon Besprechungen erlebt, in denen die Teilnehmer nach zwei oder drei Stunden unbefriedigt auseinandergegangen sind, mit dem Gefühl: viel Gerede, keine greifbaren Ergebnisse, nicht wirklich effizient. Wir werden uns anschauen, wie es dazu kommt, und vor allem, wie Sie in Ihrer Abteilung bei Gesprächen und Besprechungen solche Situationen vermeiden können.

Im ersten Abschnitt (Kapitel 1.3) behandeln wir zunächst das **Standardgespräch zwischen zwei Personen** sowie das **Meeting**. Dabei geht es nicht um die inhaltliche Gestaltung, sondern darum, diese Besprechung effizient und erfolgreich zu führen. Zunächst sehen wir uns die generellen Gesprächsphasen eines normalen Gesprächs an (Abb. 9). Anschließend gehen wir auf die einzelnen Phasen im Detail ein und definieren, was jeweils Ihre Aufgabe und Rolle als Führungskraft in den verschiedenen Gesprächsphasen ist.

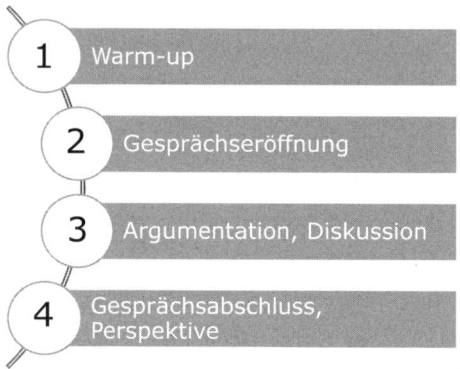

1 Warm-up

2 Gesprächseröffnung

3 Argumentation, Diskussion

4 Gesprächsabschluss, Perspektive

Abb. 9: Die vier Phasen eines Gesprächs

Das typische Personalgespräch besteht aus vier Phasen. Um im Detail zu analysieren, was in den einzelnen Phasen passiert und welche aktive Rolle Sie dabei spielen können, stellen wir die Gesprächsphasen anhand eines Beispiels vor.

▶ **BEISPIEL**

Stellen Sie sich vor, Sie als Innendienstleiterin bekommen von Ihrem Geschäftsführer gesagt, dass er morgen einen Termin mit einem neuen Kunden hat, der Sie im Unternehmen besucht. Ziel ist es, einen Rahmenvertrag unter Dach und Fach zu bringen und — wenn das gelingt — im Anschluss gleich den ersten Auftrag des Kunden entgegenzunehmen. Da Sie ebenso wie Ihr Chef einen vollen Terminkalender haben, stimmt er mit Ihnen ab, dass er Ihnen den Kunden am Empfang übergibt, sobald die Verhandlungen erfolgreich abgeschlossen sind. Anschließend sollen Sie in einem zweiten operativen Gespräch mit dem Kunden den ersten Auftrag besprechen und entgegennehmen. Sie wissen von Ihrem Chef, um welche Firma es sich handelt sowie den Namen des Besuchers, um den Sie sich morgen kümmern sollen. Am nächsten Tag warten Sie nach einem Anruf der Chefsekretärin wie vereinbart am Empfang, um den neuen Kunden von Ihrem Chef zu übernehmen.

1.3.1 Phase 1: Warm-up

Der Blickkontakt

Sie stehen am Empfang und wissen, Ihr Chef und der Kunde müssen gleich den Flur entlangkommen, da Sie mit Sicherheit den Fahrstuhl nehmen, um vom obersten Stockwerk ins Erdgeschoss zu gelangen. Also stehen Sie erwartungsvoll und mit Blick in diese Richtung beim Empfang. In dem Moment, in dem die beiden Herren den Fahrstuhl verlassen und in den Flur treten, passiert Folgendes: Der Kunde wird automatisch versuchen, mit Ihnen **Blickkontakt** aufzunehmen. Dasselbe werden auch Sie tun. Das geschieht unbewusst. Achten Sie darauf, ob dieser Blickkontakt zu Ihnen die ganze Zeit, während der Besucher auf Sie zuläuft, bestehen bleibt oder ob er nur sehr kurz ist und der Blick schnell abschweift, Sie dann wieder kurz fixiert und wieder woanders hin wandert, bis der Kunde vor Ihnen steht. Sie erinnern sich sicherlich an das Modell der Personentypen von Riemann-Thomann (Kapitel 1.2.3). Menschen mit stärkerer Näheprägung, also Ehe- oder Marketing-Typen, haben kein Problem, einen langen Blickkontakt zu Ihnen aufzubauen und zu halten, bis sie schließlich zur Begrüßung vor Ihnen stehen. Menschen mit einer Distanzprägung, also Bank- und Globetrotter-Typen, werden nur recht kurz einen Blickkontakt aufbauen, dann wandert der Blick ab, vielleicht zur Empfangsdame oder dem Chef, der neben ihm läuft, um für kurze Zeit wieder Ihren Blick zu treffen und abermals abzuwandern. Kurz bevor diese Person vor Ihnen steht, schaut sie Ihnen dann aber wieder direkt ins Gesicht und nimmt den Blickkontakt zur Begrüßung auf. Aus diesen unbewussten, körpersprachlichen Anzeichen erhalten Sie einen ersten Hinweis, mit welchem Personentyp Sie es gleich zu tun haben werden.

> **!** **WICHTIG**
>
> Ein körpersprachliches Zeichen allein sollte Ihnen nie genügen, um festzustellen, welchem Grundtyp Sie gegenüberstehen. Beobachten und bewerten Sie immer eine ganze Reihe von Anzeichen, bevor Sie sich festlegen!

Die Annäherungsphase

Der Blickkontakt ist in der ersten Phase des Gesprächs, dem Warm-up, immer das erste Element. Oben hatte ich aber bereits einen Hinweis auf das zweite Element gegeben. Zwei Menschen, die sich zum ersten Mal begegnen, gehen im Rahmen der Höflichkeitsregeln für die Begrüßung aufeinander zu. Diese sogenannte **„Annährungsphase"** kann je nach räumlichen Gegebenheiten mitunter nur aus einem Schritt bestehen. In unserem Beispiel kommt Ihr Chef mit dem Gast den Flur entlang und es empfiehlt sich, dass Sie mit zwei oder drei Schritten den beiden entgegengehen. Versuchen Sie sich anzugewöhnen, nie ganz auf Ihren zu begrüßenden Gesprächspartner zuzugehen. Bleiben Sie immer einen Schritt früher stehen, sodass die andere Person den letzten Schritt machen muss, um eine normale Begrüßung mit Handschlag zu ermöglichen. Nun achten Sie genau darauf, wie nahe Ihnen die andere Person kommt. Kommt der andere Ihnen so nahe, dass Sie sogar einen kleinen Schritt zurückweichen, um wieder einen komfortablen Abstand zu empfinden, dann handelt es sich mit großer Wahrscheinlichkeit um einen stark nähegeprägten Menschen. Nur diese Personentypen haben keinerlei Problem damit, auch unbekannten Menschen körperlich schon bei der ersten Begegnung recht nahe zu kommen. Bleibt der andere Gesprächspartner so weit von Ihnen entfernt stehen, dass Sie für einen Handschlag den Arm weit ausstrecken müssen, dann haben Sie es sehr wahrscheinlich mit einem eher distanzgeprägten Menschen zu tun. Aber Vorsicht, in vielen Fällen geht es um Nuancen. Sie brauchen ein paar Wochen Übung, um dieses körpersprachliche Anzeichen regelmäßig sicher zu deuten. Bei den extremen Fällen ist die Deutung sehr einfach, aber viel häufiger sind die weniger extremen Prägungen, und dafür benötigen Sie Ihre volle Konzentration auf den Moment, in dem Sie selbst stehen bleiben und abwarten, wie sich der andere verhalten wird.

Der Händedruck

In unserem westlichen Kulturkreis erfolgt nun als nächster Schritt in der Warm-up-Phase der **Händedruck**. Entgegen weit verbreiteter Ansicht können Sie an der Festigkeit des Händedrucks in der Regel nichts Konkretes hinsichtlich der Prägung Ihres Gegenübers ablesen. Sehr wohl jedoch gibt Ihnen die Dauer des Händedrucks ein weiteres Indiz auf die mögliche Grundprägung der Person, die Ihnen gegenübersteht.

Achten Sie bei Ihren nächsten Begrüßungen einmal darauf, wie lange die andere Person Ihre Hand gedrückt hält. Haben Sie das Gefühl, dass Ihr Gegenüber seine Hand sofort zurückziehen möchte, sobald Sie sich die Hand gegeben haben? Oder wollen Sie den Händedruck schon wieder lösen, spüren aber, dass der andere Ihre Hand noch festhält? Auch hier gilt wieder: es geht um Nuancen! Wer sich darauf nicht konzentriert, wird kaum einen Unterschied wahrnehmen. Wenn Sie darauf achten, spüren Sie jedoch, wenn der Händedruck etwas zu lange gehalten wird oder von Ihnen als flüchtig empfunden wird. Der etwas längere Hautkontakt, also Händedruck, zeigt hier wieder den nähegeprägten Personentyp an, während ein eher kurzer, als flüchtig empfundener Händedruck eher auf einen distanzgeprägten Menschen schließen lässt.

Bis zu dem Zeitpunkt, zu dem Sie „Guten Tag" sagen, können Sie bereits drei Anzeichen, mit welchem Personentyp Sie es im anschließenden Gespräch zu tun haben werden, wahrnehmen.

Der Smalltalk

Doch hier ist die Warm-up-Phase noch nicht zu Ende. Sie werden — um im Beispiel zu bleiben — natürlich nicht mit dem neuen Kunden am Empfang im Stehen den ersten Auftrag besprechen. Vielmehr fordern Sie Ihren Gast auf, Sie in ein ruhiges Besprechungszimmer zu begleiten. Bei diesem Gang in das Besprechungszimmer oder in Ihr Büro gibt es weitere Gelegenheiten und Ansatzpunkte, um zu erkennen, mit wem Sie gleich am Tisch sitzen werden und geschäftlich verhandeln müssen.

Innerhalb der Warm-up—Phase erfolgt nun der **Smalltalk**. In traditionellen Vertriebsschulungen wird immer darauf hingewiesen, dass es jetzt darum geht, Chemie mit dem neuen Ansprechpartner aufzubauen. Grundsätzlich stimmt das. Nur wie macht man das? Hierzu gibt es eine goldene Regel: Sie sollten ca. 30 % Redeanteil haben, Ihr Partner im besten Fall 70 %. An dieser Regel sehen Sie bereits, dass es mitnichten darum geht, dass Sie den Entertainer für Ihren Gast spielen, vielmehr wollen Sie im Rahmen eines entspannten Dialogs möglichst viel von Ihrem zukünftigen Gesprächspartner erfahren. Um dies sicherzustellen, sollten Sie sich standardmäßig vor solchen Situationen einige offene Fragen vorbereitet haben, die Sie in dieser Situation stellen können. In unserem Beispiel könnte das sein: „Ich hatte noch gar nicht mit Ihnen gerechnet! Wie kommt es, dass Sie so zügig mit Ihrem Gespräch fertig geworden sind?" Diese Frage ist zielführender als eine geschlossene Frage. „Haben Sie eine gute Vereinbarung mit meinem Chef treffen können?" Hier kann Ihr Gegenüber einfach mit „Ja" oder „Nein" antworten. Vielmehr sollten Sie eine Frage stellen, die dem anderen ermuntert, ein wenig mehr zu plaudern und so Informationen preiszugeben. Im Klartext bedeutet dies, dass Sie sich im Vorfeld immer mit mindestens drei bis vier solcher Fragen vorbereiten, um das Gespräch in Gang zu bringen.

Nun achten Sie darauf, wie der andere reagiert. Erhalten Sie Antworten ohne jegliche persönliche Komponente und eher kurz angebunden, dann haben Sie es hier mit einem distanzgeprägten Menschen zu tun. Antwortet Ihr Gast ausführlich und betont vielleicht sogar, dass es ihn richtig freut, einen kompetenten Gesprächspartner anzutreffen, so haben Sie es wahrscheinlich mit einem eher nähegeprägten Ansprechpartner zu tun. Je mehr der andere dann völlig selbstständig agiert und persönliche Gesprächsinhalte einstreut, desto eindeutiger zeigt er diese Grundprägung.

Auch in dieser Gesprächsphase, dem Smalltalk, offenbaren Menschen unbewusst ihre eigentliche Prägung, die sie von Hause aus besitzen, und machen es für uns als Profi damit wesentlich leichter, den Gesprächspartner individuell anzusprechen und abzuholen. Wie Sie sehen, gilt auch für den perfekten Smalltalk: Wenn ich einen eher distanzierten, wortkargen Menschen vor mir habe, sollte ich selbst, auch wenn ich ein Marketing-Typ bin, eher die Füße still und den Mund geschlossen halten und einfach vorausgehen, ohne dem anderen ein Gespräch aufzuzwingen. Allein durch diese angenehme Stille können Sie bei stark distanzierten Menschen bereits beim Gesprächseinstieg punkten und sich als sehr angenehmer Gesprächspartner empfehlen.

Dauer- und Wechselprägung im Kundengespräch

Bisher war immer nur von der Nähe- und der Distanzprägung die Rede. Was ist aber mit der Dauer- und Wechselprägung? Hier lohnt es sich auch, näher hinzusehen. Achten Sie in unserem Beispiel einmal darauf, wie sich Ihr Gast an den Besprechungstisch setzt und was er als Erstes tut. Legt er seine Unterlagen sofort auf den Tisch und positioniert sein Notebook? Beginnt er mit „Ich habe mir im Einzelnen notiert, was unser erster Auftrag alles umfassen soll und habe Ihnen auch gleich eine Kopie gemacht. Lassen Sie uns das einfach einmal komplett durchgehen." In diesem Fall ist Ihr Gegenüber sehr sachorientiert. Er möchte sofort in das Fachgespräch einsteigen. Dann deutet alles auf eine starke Dauerprägung hin. Um so zu agieren, muss man planen, sich vorher Gedanken machen usw. Oder möchte Ihr Gesprächspartner, während er den ersten Schluck Kaffee nimmt, noch im Smalltalk verweilen. Beginnt er dann vielleicht mit dem Satz „Gut, dann lassen Sie uns mal beginnen und schauen, wie weit wir kommen. Ich habe mir zwar auf der Fahrt hierher schon Gedanken gemacht, will dann aber doch abwarten, was Sie mir als Fachmann empfehlen." In diesem Fall sehen Sie Anzeichen für Spontaneität und Flexibilität. Der Gesprächspartner ist bereit, sich auf Sie einzulassen, ohne genau zu wissen, mit was Sie jetzt beginnen werden. All das deutet eher auf eine Wechselprägung hin.

! ACHTUNG

Verlassen Sie sich niemals auf ein einziges, isoliertes Anzeichen, das für eine bestimmte Prägung Ihres Gesprächspartners sprechen könnte. Wenn Sie erst einmal Ihre Wahrnehmung geschärft haben, bekommen Sie schon vor dem Gesprächseinstieg mindestens acht bis zehn Anzeichen, in welche Richtung Ihr Gegenüber geprägt ist. Sie haben dann einen guten Einstieg und die Chance, diese Person gleich richtig, also typgerecht, anzusprechen und Fehler zu vermeiden.

Übrigens: Tun Sie sich selbst einmal den Gefallen und gehen Sie bei Ihrem nächsten Managementmeeting so zeitig in den Besprechungsraum, dass Sie mit Sicherheit der oder die Erste sind. Platzieren Sie sich auf der türabgewandten Seite des Tischs und warten Sie ab. Nun beobachten Sie, wie Ihre Kollegen nach und nach die Runde füllen. Einige werden um den kompletten Besprechungstisch herumgehen, nur um Ihnen die Hand zu schütteln und intensiven Smalltalk mit Ihnen zu halten (Näheprägung). Wieder andere winken Ihnen nur ein kurzes Hallo zu, nehmen ihren Platz ein und beginnen mit den Vorbereitungen, um startklar zu sein, wenn der Chef eintrifft (Distanz- und Dauerprägung). Kaum hat der Chef das Meeting eröffnet und einem Teilnehmer eine Frage gestellt, reagiert dieser mit „Moment, Chef, ich muss noch meinen iPad starten" oder „Sekunde, das Arbeitsblatt habe ich irgendwo hier zwischen meinen Unterlagen". Dieses Verhalten deutet eher auf eine Wechselprägung hin. Sie sehen, es gibt viele gut sichtbare Anzeichen, welche Grundprägung ein Mensch hat, und Hinweise, wann sich dieser Mensch in einer Kommunikations- und Arbeitssituation am wohlsten fühlt und was ihn eher abschreckt. Ziehen Sie Ihren Nutzen daraus und ich garantiere Ihnen, viele Gespräche werden Ihnen besser gelingen, weil Sie wesentlich überzeugender auftreten können.

Worauf Sie in der Phase des Warm-up achten sollten

- Blickkontakt Ihres Gesprächspartners
- Annährungsverhalten Ihres Gesprächspartners
- Dauer des Händedrucks Ihres Gesprächspartners
- Auswahl der Themen und Gestaltung der Smalltalk-Phase durch Ihren Gesprächspartner

---

1.3.2 Phase 2: Gesprächseröffnung

Welche Aufgaben sollten Sie zu Beginn eines Fachgesprächs, in der Phase der Gesprächseröffnung, erledigen? Wenn Sie als Führungskraft zu einem Meeting eingeladen haben, wird von Ihnen die Gesprächsführung erwartet. Die erste Maßnahme, die Sie dazu ergreifen, ist die **Abstimmung der Agenda**. In unserem Beispiel wurde keine Agenda formell festgelegt. In diesem Fall liegt es an Ihnen, das Gespräch zu eröffnen, indem Sie mit einem Vorschlag für die Agenda beginnen.

▶ **BEISPIEL**

Führungskraft: „Ich habe hier die Punkte notiert, die wir zur Erteilung eines kompletten Auftrags gemeinsam durchgehen sollten. Das sind im Wesentlichen: 1. ..., 2. ..., 3. ... und 4. ... Ist das ok für Sie, wenn wir die Punkte jetzt der Reihe nach durchgehen?"

Mit diesen Worten haben Sie eine Agenda für das nun folgende Gespräch vorgegeben. Dieser Vorschlag zur Agenda gehört in die Einladung zu dem Meeting, die Sie vor dem Meeting per E-Mail verschickt haben sollten. Es empfiehlt sich, nicht nur die Stichpunkte der Agenda in der Einladung festzuhalten, sondern zu jedem einzelnen Punkt eine kurze Erläuterung zur Zielsetzung zu ergänzen. Das macht nicht viel Aufwand, versetzt Sie aber während der Besprechung in eine komfortable Gesprächssituation, sollten Ihre Partner nicht vorbereitet sein oder einen Punkt anders verstanden haben.

Im professionellen Bereich gibt es in der Regel nur drei grundsätzliche Zielsetzungen bei Besprechungen:

1. Besprechungspunkt mit dem Ziel, Informationen auszutauschen und sich gegenseitig auf den neuesten Stand zu bringen.
2. Besprechungspunkt, bei dem in der Besprechung eine Entscheidung zu entsprechenden Optionen oder grundsätzlich getroffen werden soll. (Führen Sie mögliche Optionen ebenfalls an Ihre Einladung an.)
3. Besprechungspunkt, bei dem gemeinsam etwas erarbeitet werden soll. (Je detaillierter Sie in der Einladung werden, um was es genau geht, desto mehr Beteiligung können Sie in der Besprechung einfordern.)

> **! WICHTIG**
>
> Beginnen Sie die Besprechung niemals ohne eine Agenda. Wenn keine Agenda vorbereitet ist, sollten Sie zu Beginn des Meetings immer selbst eine vorgeben und verbindlich machen. Je präziser eine Besprechung durch die Agenda strukturiert ist, desto besser können Sie später das Gespräch steuern.

Kommt jetzt ein Teilnehmer und konfrontiert Sie damit, dass er keine Zeit hatte, sich mit dem Thema zu beschäftigen, oder nicht damit gerechnet hat, dass heute darüber eine Entscheidung zu treffen sei, können Sie sofort kontern: „Ich habe jetzt ein Problem mit Ihrer Aussage. Erstens hatte ich in der Einladung die Agenda und das Ziel, heute eine Entscheidung zu treffen, klar vorgegeben, das war Ihnen bekannt. Und zweitens, warum haben Sie mich gestern oder vorgestern nicht einfach angerufen und mir Bescheid gesagt, dass Sie ein Zeitproblem mit der Vorbereitung haben? In dem Fall hätten wir in einem kurzen Telefonat das Meeting verschieben können! Nun sitzen wir hier, haben beide unsere Arbeiten unterbrochen, gehen unverrichteter Dinge auseinander und haben beide noch zusätzlich Zeit verloren. Erklären Sie mir das bitte, ich verstehe Ihre Handlungsweise gerade nicht?"

Sie sehen, Sie können sich jetzt in aller Ruhe in Ihrem Stuhl zurücklehnen und, ohne laut zu werden, ganz entspannt Druck auf Ihren Gesprächspartner aufbauen. Sie halten ihm jetzt quasi den Spiegel vor, wie unprofessionell er gerade gehandelt hat und wie respektlos er tatsächlich mit Ihrer Zeit umgeht. Es liegt nun an Ihnen, ob Sie ihn sich nun mit einer Ausrede herauswinden lassen oder ob Sie hart bleiben und immer wieder betonen, dass es hier um ein völlig unkollegiales und respektloses Verhalten geht und nicht um das Zeitproblem ihres Gesprächspartners, für das Sie ja schließlich nichts können.

Sollte Ihnen diese Handlungsweise zu schroff vorkommen, bedenken Sie bitte zwei Punkte: Erstens — Sie sind Führungskraft, als Geschäftsführer erwarte ich von Ihnen, dass Sie sowohl Ihre Vorgaben und Projekte als auch Ihre Abteilungsziele durchsetzen und keinen Kindergarten veranstalten. Zweitens und noch viel wichtiger: Nicht Sie reagieren in dem oben beschriebenen Fall respektlos oder unprofessionell oder gar unkollegial, ganz im Gegenteil, Ihr Kollege hat sich Ihnen gegenüber völlig respektlos und unkollegial verhalten. In dem Fall ist eine präzise Frage nach der Ursache für so ein Verhalten mehr als angebracht und sinnvoll. Die gute Nachricht: Aus meiner Erfahrung muss man das mit einem solchen Kollegen oder Mitarbeiter nur ein bis zwei Mal durchziehen, dann wird der Kollege die Zusammenarbeit mit Ihnen nicht mehr so handhaben und sich an die allgemein gültigen Spielregeln halten, was Ihre Zusammenarbeit nachhaltig vereinfacht und effizienter macht.

Wenn für das Meeting keine Agenda vorgegeben ist, müssen Sie diese selbst vorgeben, wie der Beispieldialog zeigt. Mit einer geschlossenen Frage schließen Sie diesen Vorgang ab und machen ihn so verbindlich: „Ist das ok für Sie, wenn wir die Punkte jetzt der Reihe nach durchgehen?" Erst wenn Ihr Gegenüber ein klares „Ja" oder „völlig in Ordnung" hören lässt, steigen Sie in die Besprechung ein. Bei einem „Ja, aber ..." können Sie noch nicht mit der eigentlichen Besprechung beginnen. Meist liegt es daran, dass die Teilnehmer nicht alle den gleichen Informationsstand zum Projekt oder zu den Aktivitäten haben und deswegen an dieser Stelle Bedenken geäußert werden. Auch dann gilt es, erst dafür zu sorgen, dass alle wieder auf dem gleichen Stand sind. Dieser letzte Fall kommt in der Praxis sehr häufig vor. In der Regel können zwischen der telefonischen Einladung oder der Einladung per E-Mail und dem Meeting einige Tage, manchmal Wochen liegen. In dieser Zeit laufen aber alle Aktivitäten und Projekte in der Firma weiter. Es gibt neue Informationen und Statusmeldungen und zu Besprechungsbeginn besteht die große Gefahr, dass nicht mehr alle den gleichen Sachstand haben. Stellen Sie zu Beginn des Meetings so eine Situation fest und können nicht *ad hoc* sicherstellen, dass das Informationsleck geschlossen werden kann, sollten Sie den kritischen Agenda-Punkt gleich zur Entscheidung stellen: Vielleicht ist es sinnvoll, den Punkt zu vertagen.

Solche Entscheidungen treffen Profis und geübte Führungskräfte immer zur Gesprächseröffnung bei der Abstimmung über die Agenda. Nur ungeübte Führungskräfte und Projektleiter halten sich eine halbe Stunde oder länger an einem Thema auf, um dann festzustellen, dass man nicht weiter kommt, weil Informationen fehlen. Dann gehen alle mit dem unguten Gefühl zurück an Ihren Arbeitsplatz, dass man wieder lange „gemeetet" hat und doch nicht weiter gekommen ist.

Zusammenfassung: Worauf Sie bei der Gesprächseröffnung achten sollten

Achten Sie darauf, ...

- dass eine Agenda vorliegt oder von Ihnen als roter Faden für das anstehende Gespräch vorgegeben wird.
- dass alle auf dem gleichen Sachstand sind oder, wenn das nicht gegeben ist, dass eine Entscheidung herbeigeführt wird, wann der betreffende Punkt im Nachgang zu behandeln ist.
- dass Sie mit geschlossenen Fragen Verbindlichkeit über die Agenda und damit über den Ablauf des Meetings herstellen. Nur mit einem klaren Ok aller Beteiligten starten Sie in das Gespräch, Einwände und Bedenken sind vorher abzuarbeiten.

1.3.3 Phase 3: Argumentation, Diskussion

In dieser Gesprächsphase findet die eigentliche Besprechung statt. Die Punkte werden gemäß der Reihenfolge in der Agenda besprochen. Sollten Sie jetzt in der Besprechungsrunde einem stark wechselgeprägten Kollegen gegenübersitzen, haben Sie leichtes Spiel. Sobald er auf ein anderes Thema springen will, holen Sie ihn so zurück: „Entschuldigung, Sie selbst hatten vorhin doch zugestimmt (bei der Agenda-Abstimmung), dass wir uns zunächst auf diesen Punkt konzentrieren. Ich habe Ihren Punkt hier vermerkt, nachher ist bestimmt noch Zeit. Dann behandeln wir das Thema." Allein dadurch, dass Sie wechselgeprägte Mitarbeiter immer wieder auf ihre eigenen Aussagen, ihre Zustimmung ansprechen können, verhindert, dass sich solche Menschen abgeblockt und überfahren fühlen. Sie sehen hier, wie wichtig es ist, verbindlich zu kommunizieren. Nur durch die Verbindlichkeit bei der Gesprächseröffnung (geschlossene Frage mit positiver Antwort) haben Sie jetzt ein komfortables Gerüst, um eine klare Richtung vorzugeben und andere wieder auf den zielorientierten Gesprächspfad zurückzuholen.

In Phase 3, der eigentlichen Besprechung, haben Sie neben der inhaltlichen Diskussion und Argumentation nun drei Aufgaben zu erfüllen, wenn Sie aktiv das Gespräch führen möchten:

- Timekeeping
- Ergebnisprotokoll
- Verbindlichkeit herstellen

Die erste Aufgabe, das Timekeeping, müssen Sie schon vorbereitet haben, bevor Sie Ihre Gesprächspartner treffen. Sobald die Agenda einer Besprechung feststeht, machen Sie sich zu jedem einzelnen Punkt Gedanken, wie lange Sie und Ihre Besprechungspartner für diesen Punkt in etwa brauchen könnten. Notieren Sie sich die erwartete Zeitdauer in Minuten hinter dem Punkt auf der Agenda. Dies machen Sie für alle Punkte der Agenda und vergleichen, ob die aufgelaufene Minutenzahl mit der für die Besprechung angesetzten Länge ungefähr vereinbar ist. Machen Sie sich diese Gedanken erst während der Besprechung, geraten Sie unter Druck, wenn Sie feststellen, dass Ihnen die Zeit davonläuft. Nur wenn Sie ganz spontan auf Ihrer Agenda ablesen können, dass Sie für einen Punkt zum Beispiel 15 Minuten veranschlagt haben, beim Blick auf die Uhr aber sehen, dass Sie bereits seit 25 Minuten über diesen Punkt diskutieren, ist eine schnelle und professionelle Entscheidung möglich.

Im vorliegenden Fall unterbrechen Sie die Besprechung, weisen kurz darauf hin, dass Sie befürchten, die zeitliche Dauer des Meetings deutlich zu überschreiten, und stellen zur Entscheidung, wie weiter verfahren werden soll. Es gibt je nach Thema und Situation immer mehrere Möglichkeiten. Bei einer größeren Runde kann der Punkt zum Beispiel später bilateral zwischen zwei Teilnehmern weiter besprochen werden und die anderen Teilnehmer werden vom Ergebnis per E-Mail unterrichtet. Wenn der Punkt so wichtig ist, dass sich alle einig sind, trotz deutlich größerem Zeitaufwand, alles auszudiskutieren, nimmt man zwei spätere Punkte von der Agenda. Man kann dann beschließen, diese am nächsten Tag in einer Telefonschaltung gemeinsam durchzugehen. Möglich ist auch, dass man feststellt, dass das Meeting auch länger dauern kann, und beschließt, statt in einer Stunde nun in eineinhalb Stunden die Besprechung durchzuführen.

Wichtig ist hierbei: Keine professionelle Führungskraft, die ihr Handwerk beherrscht, überzieht regelmäßig die angesetzten Besprechungszeiten! Dies kann in Ausnahmefällen ein oder zwei Mal im Jahr passieren. Es darf in keinem Fall aber häufig oder fast regelmäßig der Fall sein. Dies ist immer ein Zeichen von mangelhaftem Zeitmanagement und führt natürlich dazu, dass alle Teilnehmer der Besprechung ebenfalls ein Problem mit ihrem Zeitmanagement bekommen. Verschwendete Zeit, verschwendetes Geld und jede Menge Frust sind regelmäßig die Folgen. Wenn Sie selbst häufig Opfer solcher mangelhaften Professionalität im Zeitmanagement sind, weil einer Ihrer Kollegen oder gar Ihr Chef regelmäßig überzieht, finden Sie in Kapitel 3.6 Empfehlungen zum Zeit- und Selbstmanagement. Sorgen Sie dafür, dass Sie als Abteilungsleiter Ihre Besprechungen in der angesetzten Zeit durchführen oder rechtzeitig während der Besprechung mit allen Beteiligten einvernehmliche Entscheidungen treffen. Damit dies gelingt, handhaben Sie das **Timekeeping** wie eben beschrieben.

Grundsätzlich gilt im professionellen Managementbereich: Wer führt, schreibt das Protokoll. Hier ist nicht zwangsläufig das manuelle Eintippen in den Computer gemeint, sondern die inhaltliche Ausgestaltung. Sie erkennen in der Praxis immer den Führenden in einer Besprechung daran, dass er, sobald eine Vereinbarung erfolgt ist, sofort das ausdiskutierte Ergebnis in seinen Worten zusammenfasst. Juristen lernen bereits in den ersten Semestern, dass sie selbst einen Vertragsentwurf vorschlagen müssen, dies bedeutet für die gegnerische Partei regelmäßig, dass sie gegen einen Wortlaut, der ihr nicht passt, argumentieren muss. Dieser Prozess ist immer viel schwieriger und aufwendiger, als die eigene Position, die man ja sehr gut kennt, zu halten. Genau diesen Prozessschritt sollten Sie sich auch hier zunutze machen. In einem Meeting könnte die entsprechende Formulierung etwa so lauten:

► **BEISPIEL**

„Ok, ich halte dann mal fest, Sie schicken mir bis morgen früh 10:00 Uhr die technischen Spezifikationen per E-Mail. Wir arbeiten diese dann in unseren Projektvorschlag ein und bis übermorgen zur Mittagszeit erhalten Sie einen ersten Entwurf per E-Mail von uns zur Durchsicht zurück. Ist das ok für Sie, wenn wir so verfahren?"

In diesem Beispiel haben die Teilnehmer des Meetings in den letzten zehn Minuten einen Ablauf inhaltlich besprochen. Der Gesprächsleiter greift jetzt die im Gespräch genannten Daten, Zahlen und Zeiträume auf und bringt sie in einen Prozessschritt mit klaren Verantwortlichkeiten. Zum Abschluss fordert er mit einer verbindlich machenden Frage (geschlossene Frage) eine klare Zustimmung ein. Er versucht, Verbindlichkeit für das Ergebnis herzustellen. Antwortet ein Gesprächsteilnehmer jetzt mit „Ja, aber …" ist man mit diesem Punkt nicht fertig und muss weiter diskutieren und abstimmen. Sagt der andere gar nichts auf die Frage, ist dieser Punkt ebenfalls noch nicht zu Ende diskutiert. Setzen Sie dann sofort nach, zum Beispiel indem Sie sagen: „Ich höre nichts von Ihnen, erscheint Ihnen der Termin, morgen früh 10:00 Uhr, zu knapp für die Zusammenstellung der technischen Daten?" In vielen Fällen werden Sie durch diese Nachsteuerung eine leichte Verschiebung auf der Zeitachse bekommen, die aber die Umstände realistischer widerspiegelt. Da sich in den verschiedenen Bereichen und Organisationen Menschen auf einen solchen Ablauf verlassen, werden weniger Wartezeiten und Frust auftreten. Sie sehen, ein kurzes, bewusstes Nachsteuern bei unsicherer Verbindlichkeit kann Verzögerungen und Frust vermeiden helfen. Kommt ein klares „Ja", haben Sie damit einen Mosaikstein für Ihr Ergebnisprotokoll.

Selbst wenn Sie als Führungskraft das Protokoll nicht selbst schreiben oder eintippen, sondern dies durch einen Mitarbeiter erledigen lassen, geschrieben wird immer nur exakt Ihr Wortlaut! Sollte jemand beim „Verbindlichmachen" nicht einverstanden sein, muss er jetzt genau belegen, wo seine Bedenken sind und was er geändert haben möchte. Dies erzeugt Präzision und gemeinsame Interpretation der gerade vereinbarten Entscheidungen.

Aus Untersuchungen bei meinen eigenen Managern konnte ich feststellen, dass diese Vorgehensweise, wenn sie konsequent von allen befolgt wird, übers Jahr gesehen eine Zeitersparnis von 20 bis 30 % pro Führungskraft bewirkt. Sie sehen, es ist ungemein wertvoll, sich diese wenigen, aber extrem effektiven Prozessschritte anzutrainieren.

Lassen Sie sich im Gegenzug niemals abspeisen mit Äußerungen wie: „Ja, ich schau' dann mal, was ich heute Nachmittag machen kann ..." Bleiben Sie liebenswürdig und antworten Sie: „Vielen Dank, bis wann heute Nachmittag höre ich von Ihnen? Und was genau, denken Sie, können Sie mir zur Verfügung stellen?" Bleiben Sie liebenswürdig, aber auch hart an der Sache dran. Wenn Ihr eigener Kollege meint, sich beschweren zu müssen mit: „Jetzt machen Sie doch keinen Druck, ich kümmere mich schon ...", reagieren Sie ebenso abgeklärt: „Um Gottes Willen, ich will Sie doch nicht unter Druck setzen. Ich brauche nur eine genaue Uhrzeit, damit ich die weitere Bearbeitung planen kann und der Geschäftsleitung keine falschen Zeiten für die Fertigstellung nenne. Wenn Sie also noch nicht genau wissen, wann Sie daran arbeiten können, prüfen Sie es einfach nach und schicken Sie mir eine kurze E-Mail mit dem genauen Termin, den ich dann in meiner Abteilung weiter verwenden kann."

Mit dieser Reaktion geben Sie zum einen Ihrem Gesprächspartner die Information, dass es sich hier nicht um bloße Empfindlichkeiten handelt, und zum anderen erhöhen Sie den Druck, dass er verbindlich mit Ihnen die Arbeit abstimmt. Nur so kommt verlässliches Zeitmanagement zustande.

Ich muss Sie vorwarnen: Sie werden bei dieser Vorgehensweise nicht mehr „Everybody's Darling" sein können. Als Führungskraft dürfen Sie das auch nicht, sonst machen Sie in Ihrem Job einiges verkehrt. Wer Dinge bewegen und umsetzen will und muss, hat die Verpflichtung, auch Durchsetzungsvermögen zu zeigen. Dies fängt genau bei den hier beschriebenen Verhaltensmustern an.

TIPP: Führen Sie ein Ergebnisprotokoll

In vielen Unternehmen, mit denen ich in den letzten 30 Jahren zu tun hatte, gab es alle möglichen Formulararten für Ergebnisprotokolle. Die meisten waren in Spalten aufgeteilt, beginnend mit TOP (Tagesordnungspunkt), Thema,

Wer verantwortlich?, Bis wann? usw. In vielen Fällen fehlte jedoch die wichtige Spalte „Info". Wurde ein Punkt für das Ergebnisprotokoll festgehalten, dann hat der Gesprächsleiter sofort nachgefragt, wer im Unternehmen diese spezielle Information noch erhalten muss. Allein durch diese konkrete Frage kann man viel besser steuern, dass nicht wahllos viele Stellen diese Information später per E-Mail bekommen. Fragen Sie als verantwortliche Führungskraft ruhig einmal nach, wer die Information wirklich braucht und ob jemand weiß, was der andere, die andere Abteilung wirklich damit anfängt. Erhalten Sie keine schlüssige Antwort, dann schicken Sie keine Cc-E-Mails zu diesem Punkt heraus!

Ob Sie nun Ihrem Gesprächspartner gegenübersitzen oder mit jemanden am Telefon sprechen, es empfiehlt sich immer, das Ergebnisprotokoll mit Sätzen einzuleiten wie: „Gut, ich halte dann fest ..." oder „Ok, ich notiere mir dann Folgendes ..." Am Telefon könnten Sie sagen: „Gut, dann trage ich hier bei uns im System ein ..."

All diese Sätze erzeugen psychologisch bei Ihrem Gegenüber einen kleinen Druck, nochmals genau hinzuhören und nachzudenken, ob er oder sie auch wirklich damit einverstanden ist; ob die Zeiträume, die genannt werden, auch wirklich realistisch sind. Denn immerhin dokumentieren Sie Fakten, Sie halten Dinge fest, auf die man sich berufen kann.

Versuchen Sie diese Methode konsequent in Ihre Kommunikation einzubauen und Sie werden sehen, dass es nicht selten vorkommt, dass Ihr Gegenüber plötzlich Bedenken äußert oder nachbessert: „Nein, warten Sie bitte kurz, 10:00 Uhr früh ist mir doch etwas zu knapp, können wir uns auf 12:00 Uhr einigen?" Sie sehen, mit diesem kleinen rhetorischen Schachzug gelingt Ihnen ganz nebenbei eine Feinsteuerung und wieder haben Sie Wartezeiten und zeitaufwendige Nacharbeit gleich zu Beginn eines Prozesses vermieden.

1.3.4 Phase 4: Gesprächsabschluss, Perspektive

In der Schlussphase eines Gesprächs gibt es zwei Aktivitäten, die Sie auf der organisatorischen Ebene erfolgreich erledigen müssen. Mein früherer Chef und Coach hat mir schon sehr früh beigebracht, dass ich es halten soll wie beim Autofahren, wenn ich losfahren will. Er sagte immer: „Jetzt machst du Heckscheibe/Frontscheibe. Erst schaust du in den Rückspiegel und dann nach vorne, wo du lang fahren möchtest." Genau diesen Prozessschritt gilt es auch am Ende einer Besprechung zu tun. Diese Vorgehensweise schauen wir uns jetzt etwas genauer an.

Der Blick in den Rückspiegel

Beginnen wir mit dem Rückblick. Am Ende einer Besprechung fassen Sie nochmals das Besprechungsergebnis zusammen. Sie gehen nicht mehr in jedes Detail, sondern beschreiben entlang der Agenda jeden Punkt, wie Sie den Status für diesen einzelnen Punkt sehen. Die Details hatten Sie für das Ergebnisprotokoll bereits festgehalten. Jetzt werden Sie Einzelheiten und Details nur ansprechen, wenn Sie der Meinung sind, dass es erforderlich sei, oder wenn Sie Ihr Gegenüber gut kennen und sicherstellen wollen, dass hinterher keinerlei Missverständnisse auftreten können.

▶ **BEISPIEL**

„So, aus meiner Sicht sind wir jetzt durch mit unserer Agenda. Zu Punkt 1 haben wir meiner Meinung nach erreicht, was wir uns für heute vorgenommen hatten. Zu Punkt 2 fehlen jetzt nur noch bis morgen früh die technischen Daten von Ihrer Seite, dann können wir den Punkt bis übermorgen Mittag auch als erledigt ansehen. Punkt 3 mussten wir leider vertagen, da wir festgestellt haben, dass uns Informationen fehlen. Wir telefonieren deshalb morgen Nachmittag um 15:00 Uhr und schauen, wie wir zu einem Ergebnis kommen. Ist das aus Ihrer Sicht so richtig zusammengefasst?"

Sie sehen, pro Punkt wird das Besprechungsergebnis aus Sicht des Gesprächsleiters kurz festgehalten. Zum Schluss fordert er von den Teilnehmern des Meetings Verbindlichkeit ein. Auch hier gelten die gleichen Regeln wie oben beschrieben. Sie machen erst weiter, wenn Sie ein klares „Ja" von Ihrem Gesprächspartner bekommen oder vorher alle noch unklaren Punkte bereinigt haben und im zweiten Anlauf dann das „Ja" erhalten.

Der Blick nach vorne

Nun fehlt nur noch der Blick nach vorne. Mit ein, zwei weiteren Sätzen skizzieren Sie jetzt, was die nächsten Aktivitäten sind, wann das nächste Treffen ist, was als Nächstes passiert. Sie geben einen Ausblick auf die nahe Zukunft. Ist das erfolgt, dann waren diese letzten beiden Schritte das formale Ende einer Arbeitsbesprechung oder eines Meetings und Sie können zur Verabschiedung und zum Smalltalk übergehen.

Bei wichtigen Besprechungen — aus meiner Erfahrung sind das im Berufsleben über 90 % aller Besprechungen —, in denen man Prozesse bespricht und Festlegungen und Entscheidungen herbeiführt, empfehle ich, den Teilnehmern ein kurzes Ergebnisprotokoll kurz nach der Besprechung oder dem Telefonat per E-Mail zukommen zu lassen. Nennen Sie es nicht immer förmlich Ergebnisprotokoll. Bleiben Sie locker, aber in der Sache trotzdem hart und präzise. Formulieren Sie zum Beispiel:

► **BEISPIEL**

„Vielen Dank für das konstruktive Gespräch mit Ihnen. Ich habe mir erlaubt, unsere Ergebnisse hier kurz zusammenzutragen, und möchte Sie bitten, nochmals einen Blick darauf zu werfen. Wenn Sie einzelne Punkte ändern oder ergänzen möchten, lassen Sie mich das bitte bis morgen um 12:00 Uhr wissen. Ansonsten gebe ich das in meiner Abteilung so zur Bearbeitung weiter. Vielen Dank im Voraus!"

Der Vorteil der hier beschriebenen Vorgehensweise liegt klar auf der Hand: Wenn Sie diese Methoden und Verhaltensmuster konsequent trainieren und zwar so, dass Sie in Fleisch und Blut übergehen, d. h. von Ihnen unwillkürlich angewandt werden, dann befinden Sie sich in vielen Fällen in der Folge in einer sehr komfortablen Gesprächsposition. Wenn zum Beispiel drei Tage nach dem Gespräch Ihr Mitarbeiter zu Ihnen kommt und sagt: „Aber so hatte ich das in unserer Besprechung nicht verstanden …", dann können Sie sich ganz gelassen in Ihrem Stuhl zurücklehnen und kontern: „Sie bereiten mir jetzt ein Problem. Sie erinnern sich, als wir den Punkt besprochen haben, hatte ich anschließend die Details und unsere Entscheidung zusammengefasst und Sie hatten ganz klar zugestimmt. Ebenso hatte ich am Schluss unsere gesamte Besprechung nochmals von den Ergebnissen ausgehend zusammengefasst und wiederum Ihre volle Zustimmung erhalten. Zusätzlich ging bei Ihnen noch am gleichen Tag eine E-Mail von mir ein, in der die Details der Festlegungen genau beschrieben waren, verbunden mit der Bitte an Sie, sich in einer Frist mit Änderungswünschen zu melden. Auch hier haben Sie nicht reagiert. Jetzt sitzen Sie vor mir und sagen mir, Sie hätten Punkt 2 komplett anders verstanden. Das verstehe ich nicht, Sie sind mir da eine Erklärung schuldig! Was ist in der Zwischenzeit passiert?"

Wenn sich in Zukunft Ihre Gesprächspartner nicht an Vereinbarungen aus der Besprechung halten, vielleicht weil sie vergesslich oder einfach nur schlampig sind, sitzen Sie am längeren Hebel, weil Sie sich auf klare, schriftlich fixierte Absprachen berufen können. Wenn Sie einige Monate auf die beschriebene Weise konsequent und verbindlich kommuniziert haben, werden Ihre Mitarbeiter größeren Respekt vor Ihnen haben. Weisen Sie bei Einzelgesprächen und in Meetings immer darauf hin, dass Sie Ihre Vorgehensweise nicht als Schikane verstehen, sondern einfach als pure Notwendigkeit für eine bessere, reibungslosere Zusammenarbeit.

Abschließend erhalten Sie mit der folgenden Abbildung noch einmal einen Überblick über die Gesprächsphasen und die Aspekte, auf die Sie in Zukunft, neben der inhaltlichen Diskussion, gezielt achten sollten.

Warm-up	•Blickkontakt •Annährungsphase •Händedruck •Smalltalk •Feststellung des Personentyps
Gesprächseröffnung	•Agenda-Abstimmung (ggf. Einführen einer Agenda) •Sicherstellen eines gemeinsamen Informationsstandes •Verbindlichmachen der Agenda
Argumentation, Diskussion der Punkte	•Timekeeping •Ergebnisprotokoll (eigene Formulierung der Teilergebnisse) •Verbindlichkeit bei jedem einzelnem Punkt herstellen
Gesprächsabschluss, Perspektive	•Zusammenfassung und Darstellung des Gesamtgesprächsergebnisses pro Agendapunkt •Verbindlichkeit herstellen für das Gesamtergebnis •Ausblick auf die nächsten Aktivitäten, Besprechungstermine

Abb. 10: Phasen eines Gesprächs und Aufgaben des Gesprächsleiters

1.4 Fragen professionell einsetzen und konstruktiv reagieren

Um einen Dialog aktiv gestalten zu können, also im Gespräch zu führen, benötigen wir ein Werkzeug, mit dem wir intuitiv alle vertraut sind: die Fragetechnik. Wenn ich in meinen Seminaren nach bekannten Fragetechniken frage, werden maximal drei bis vier Frageformen genannt. Das Erstaunen ist groß, wenn ich dann ankündige, dass wir uns die dreizehn häufigsten Fragetechniken anschauen werden. Dieses subtile Sprachwerkzeug kann in vielen unterschiedlichen Gesprächssituationen in der betrieblichen Praxis eingesetzt werden.

Ziel in diesem Kapitel ist es, Sie mit den verschiedenen Frageformen vertraut zu machen, die Sie als Führungskraft regelmäßig und bewusst anwenden sollten, um Ihre Vorhaben und Pläne erfolgreich voranzutreiben. Ebenso erfahren Sie, wie Sie (auch unfaire) Fragen erfolgreich und professionell abwehren, ohne sich dabei im Gespräch einen Nachteil zu verschaffen. In diesem Kapitel geht es nicht nur um den professionellen Einsatz von Fragetechniken, sondern auch darum, auf Fragen Ihrer Gesprächspartner, seien es nun Kunden oder Mitarbeiter, geschickt zu reagieren.

Nutzen Sie die in diesem Kapitel behandelten Beispielreaktionen auf Fragen, die Ihnen gestellt werden, als Anregung, selbst Worte und sprachliche Wendungen zu finden und Ihre individuelle Rhetorik zu entwickeln, die Sie im Bedarfsfall nur abrufen und variieren müssen. Denken Sie immer daran: Wenn Sie im Fall des Falles schnell reagieren müssen, also eine Entscheidung treffen müssen und gleichzeitig nach den geeigneten Worten suchen, setzen Sie sich einem unnötigen Druck aus. Nur wer sich vorher bereits Gedanken gemacht hat, wie er in typischen Situationen reagieren kann, was er entgegnen würde, hat eine gute Chance, in solchen Situationen die so gewünschte „coole", d. h. ruhige und bedachte Top-Reaktion zu zeigen.

Auf den folgenden Seiten lernen Sie die dreizehn häufigsten Frageformen kennen.

1.4.1 Informationsfragen

Eine Frage, die zum Einholen von Informationen dient und typischerweise mit einem Fragewort, also mit einem „W" beginnt (wie, was, woher, warum, weshalb usw.).

> ▶ **BEISPIELE: W-Fragen**
>
> „Wie viel Uhr ist es?"
> „Was haben Sie in dem Meeting erfahren?"

Dieser Fragetyp ist absolut unproblematisch. Sie wenden ihn automatisch an, um gezielt Informationen zu gewinnen und das Gespräch in Gang zu halten. Wenn Ihr Gesprächspartner häufig diesen Fragetyp anwendet, ist dies ebenfalls unproblematisch. Der andere kann selbst entscheiden, welche Art von Informationen er preisgibt und welche Informationen er mitteilen möchte. Denn es geht hier primär um Informationsgewinnung. Wenn W-Fragen eingesetzt werden, sprechen wir von einer **offenen Fragetechnik**.

1.4.2   Alternativfragen

Diese Fragetechnik gilt als „Schweizer Messer" für Vertriebsprofis. Die Frage wird so gestellt, dass sie dem Angesprochenen zwei bis maximal drei Alternativen als Antwort vorgibt. Psychologisch gesehen ist es nun für den Antwortenden wesentlich schwieriger, sämtliche Vorschläge vom Tisch zu wischen und rundweg abzulehnen.

▶ **BEISPIEL: Alternativfragen**

„Wollen wir uns um 10:00 Uhr treffen oder um 14:00 Uhr?"

Wenn mein Gesprächspartner weder um 10:00 Uhr noch um 14:00 Uhr Zeit hat, dann kann ich als Fragender sofort eine weitere Alternativfrage nachschieben, zum Beispiel: „Wie wäre es morgen früh gleich um 09:00 Uhr oder, wenn das nicht passt, um 11:30 Uhr?" Durch die wiederholte Anwendung von mehreren Alternativfragen hintereinander kann sich der oben beschriebene Effekt deutlich verstärken.

In welchen Gesprächssituationen wenden Sie diese Fragetechnik an?

- Wenn Sie Termine abstimmen bzw. telefonisch erhalten wollen.
- Wenn Sie eine Entscheidung herbeiführen wollen.
- Wenn Ihr Gesprächspartner ganz bewusst eine Blockadehaltung einnimmt.

Gerade im letzten Fall, wenn Kunden, Mitarbeiter, Kollegen oder auch der eigene Chef permanent keine Zeit haben oder andere Hindernisse permanent im Raum stehen, sollten Sie sich **vor** dem Gespräch mehrere Alternativfragen zurechtlegen. Je mehr Vorschläge Sie Ihrem Gesprächspartner in dieser Frageform unterbreiten, desto stärker wird sich bei ihm der psychologische Druck aufbauen, sich wenigstens etwas zu bewegen und Ihnen entgegenzukommen. Dies liegt daran, dass er sich bereits nach der zweiten Alternativfrage, die er pauschal mit Nein beantwortet, unwohl und vielleicht als unhöflich empfindet. Dies bewirkt, dass er seine Blockadehaltung zumindest teilweise aufgibt. Damit haben Sie Ihr Ziel, einen Prozess in Gang zu bringen bzw. in Ihrem Anliegen vorwärts zu kommen, erreicht. Bereiten Sie einige Alternativfragen gedanklich vor, bevor Sie in das Gespräch gehen. Nur sehr geübte Menschen haben *ad hoc* in den meisten Situationen sechs bis acht Alternativen parat. Entscheidend ist, dass Sie diese Alternativen ganz entspannt und spontan aus Ihrem Kurzzeitgedächtnis abrufen können.

1.4.3 Geschlossene Fragen (Ja-/Nein-Fragen)

Diese Fragen können nur mit Ja oder Nein beantwortet werden. Meist werden mehrere dieser Fragen hintereinander gestellt. Sie enden dann häufig mit einer Suggestivfrage.

▶ **BEISPIELE: Geschlossene Fragen**

„Sind Sie mit Ihrer Tätigkeit zufrieden?"
„Möchten Sie noch weiterkommen?"
„Hat der Kunde Sie gestern noch angerufen?" etc.

Landläufig wird häufig argumentiert, dass die geschlossene Fragetechnik zu vermeiden ist, da sie den Fragenden häufig in eine Sackgasse führt und der Fragende sich damit auch selbst in Zugzwang setzt und das Gespräch selbst vorantreiben muss. Diese Aussage trifft zu, wenn es um Informationsgewinnung geht, also in Situationen, in denen der Gesprächsverlauf noch offen ist, in denen diskutiert wird und Informationen ausgetauscht werden. In genau dieser Phase gilt es, geschlossene Fragetechniken zu vermeiden.

Ganz anders jedoch sieht es aus, wenn Sie zum Beispiel auf Ihrer regelmäßigen Abteilungssitzung nach einer Diskussion feststellen wollen, ob ein Vorschlag auf die Zustimmung all Ihrer Mitarbeiter trifft. Hier müssen Sie bewusst geschlossene Fragetechniken anwenden! Nur so stellen Sie sicher, ob Sie mit dem aktuellen Punkt durch sind oder noch weiterer Gesprächsbedarf besteht. Hier fragen Sie zum Beispiel: „Herr Müller, sind Sie einverstanden, wenn wir das jetzt so machen?"

Herr Müller kann hier mit Ja antworten. Wenn er „Nein" oder „Ja, aber" antwortet, haben Sie als Chef den aktuellen Punkt nicht abgeschlossen und müssen nachfassen und bei Bedarf nacharbeiten.

Sie sehen, hier wird die geschlossene Fragetechnik bewusst angewendet, um ein Ergebnis oder Teilergebnis eines Gesprächs festzuzurren, indem man eine klare Zustimmung einholt oder feststellt, dass noch Punkte offen sind. Fragen Sie hier mit offenen Fragen nach, öffnen Sie Tür und Tor für sogenannte weiche und damit recht unverbindliche Aussagen. Solche Aussagen sind für den Antwortenden wesentlich unverbindlicher und führen später meist zu unterschiedlichen Interpretationen, deren Klarstellung in der Nacharbeit von Führungskräften viel Zeit verschlingt.

1.4.4   Suggestivfragen

Hier lernen Sie eine Fragetechnik kennen, die in bestimmten Situationen angewendet als **unfaire Fragetechnik** bezeichnet werden muss! Suggestivfragen stellen den Versuch dar, den Gesprächspartner zu beeinflussen. Um einen Vorteil zu gewinnen, verleiten Sie den anderen zu einer bestimmten Antwort oder provozieren ihn zum Widerspruch.

> **▶ BEISPIEL: Suggestivfragen**
>
> „Sie sind doch auch der Meinung, dass …?"

Wenn Ihr Gesprächspartner Suggestivfragen anwendet

Wenn Ihr Gesprächspartner in einem halbstündigen Gespräch einmal suggestiv nachfragt, brauchen Sie sich keine Gedanken zu machen. Antworten Sie so, wie Sie es für richtig halten, und führen Sie das Gespräch fort. Hat Ihr Gegenüber allerdings innerhalb von zehn Minuten bereits vier oder fünf Suggestivfragen auf Sie abgeschossen, sollten Sie als Führungskraft unbedingt eine bewusste Entscheidung treffen. Wollen Sie die Suggestivfragen weiter zulassen und es dem anderen überlassen, in welche Richtung sich das Gespräch entwickelt, auch wenn Sie damit gar nicht einverstanden sind? Besser ist es, Sie teilen Ihrem Gesprächspartner klar mit, dass Sie an dieser Stelle mit seiner Art der Gesprächsführung nicht einverstanden sind!

Bevor wir uns anschauen, wie Sie hier geschickt vorgehen können, sollten wir uns klar machen, warum es Menschen gibt, die häufig unbewusst Suggestivfragen einsetzen. Meist hat dies seinen Ursprung im Kindes- und Schulalter der jeweiligen Person. Hat ein Junge zum Beispiel auf dem Schulhof seinen Kumpel gefragt: „Na, meinst du nicht, wir sollten heute Mittag nach den Hausaufgaben Fußballspielen gehen?", meist gefolgt von einer Alternativfrage: „Gehen wir auf den großen Sportplatz oder runter auf den kleinen Bolzplatz?" Durch diese Fragestellung dreht sich das Gespräch dann nur noch ums Fußballspielen. Das heißt, der Fragende kam mit seinem Anliegen meist ohne Probleme durch, obwohl der Befragte an diesem Nachmittag vielleicht viel lieber Fahrrad gefahren wäre, was eine offene Fragestellung ans Licht gebracht hätte.

Da Personen, die häufig unbewusst Suggestivfragen verwenden, bereits im jungen Alter erfahren haben, dass sie mit dieser Fragetechnik ihr Anliegen leichter durchsetzen bzw. sich Gehör verschaffen können, behalten sie diese Kommunikationsform bis ins Erwachsenenalter bei und wenden sie dann auch beruflich bei

Gesprächen und Besprechungen meist unbewusst an. Nicht selten haben sie diese Fragetechnik unbewusst verfeinert, wie oben mit der folgenden Alternativfrage angedeutet. Sie haben sicher bemerkt, dass es in diesem Beispiel schon recht schwer ist, ein anderes Thema in das Gespräch einzuführen.

So reagieren Sie auf Suggestivfragen

Wenn Sie wiederholt mit Suggestivfragen konfrontiert werden, kann Ihre Reaktion wie folgt aussehen: Machen Sie sich zunächst klar, welche Ziele Sie mit Ihrer Reaktion auf eine Suggestivfrage erreichen wollen:

1. Der Fragende soll erkennen, dass Sie bemerkt haben, dass er mit einer bestimmten Absicht suggestiv, also unfair bzw. manipulativ kommuniziert. Er spielt mit Ihnen!
2. Er muss erfahren, dass Sie mit dieser Art der Fragestellung und unfairen Gesprächsführung nicht einverstanden sind. Sagen Sie Stopp und zeigen Sie Ihre Grenze auf.
3. Sie machen einen konstruktiven Vorschlag, wie das Gespräch weitergehen sollte.

Grundsätzlich gilt: Wenn Sie eine Suggestivfrage auch nur im Ansatz beantworten, sind Sie dem Fragenden auf den Leim gegangen. Sie werden aus dieser Situation nicht unbeschadet wieder herauskommen, weil Sie das Spiel des Fragenden mitgespielt haben. Wollen Sie das?

Die zwei folgenden Beispiele zeigen, wie Sie geschickt auf Suggestivfragen reagieren können.

▶ BEISPIEL: Reaktionsbeispiel 1

Der Gesprächspartner fragt wiederholt: „Sind Sie nicht auch der Meinung …?"
Ihre Reaktion: „Hören Sie, Frau Schulz, ich habe mir dazu noch keine abschließende Meinung gebildet. Lassen Sie uns doch einfach mit den verschiedenen Aspekten fortfahren und schauen, wie wir weiterkommen! Ich denke, wir sollten zunächst …"
Durch diese Reaktion können Sie ohne Probleme auf das Ihnen am Herzen liegende Thema schwenken, ohne unhöflich zu wirken. Der Fragende hat damit seine Absicht verfehlt. Meistens ist es ausreichend, ein- oder zweimal so zu reagieren, und der Gesprächspartner unterlässt die suggestiven Fragen.

> **BEISPIEL: Reaktionsbeispiel 2**
>
> Ihre Gesprächspartnerin, Frau Schulz, setzt unbeirrt weitere Suggestivfragen ein, obwohl Sie ihr bereits deutlich gemacht haben, dass Sie damit nicht einverstanden sind.
>
> **Ihre Reaktion:** „Frau Schulz, ich hatte Ihnen vorhin schon aufgezeigt, dass ich Ihre suggestive Art zu fragen nicht ok finde und auch nicht akzeptieren werde. Wenn Sie von mir etwas Konkretes wissen wollen, fragen Sie bitte ganz offen nach und unterstellen Sie mir bitte nicht von vornherein eine Meinung. Lassen Sie uns doch bitte dieses Gespräch in diesem Sinne offen, kooperativ und fair weiterführen, dann werden wir auch zu einem guten Ergebnis kommen."

In beiden Fällen wurden die drei oben genannten Ziele erreicht. Vielleicht mag dem einen oder anderen von Ihnen die zweite Reaktion zu heftig erscheinen und Sie haben Bedenken, so bei Kunden, Mitarbeitern oder Ihrem Chef zu reagieren. Diese Bedenken müssen Sie nicht haben, wenn Sie immer auch den dritten Punkt der Reaktionsziele umsetzen und insgesamt ruhig und wohl überlegt agieren. Auch hier gilt: Einmal in Ihrem Leben sollten Sie sich mit dieser Situation intensiv auseinandersetzen und sich Ihre eigenen Worte zurechtlegen. Fast alle Menschen, die sich solche Verhaltensmuster schon in ihrer Kindheit angeeignet haben, sind auch erfahren darin, zu erkennen, mit welchem Gesprächspartner sie so umgehen können und mit welchem nicht, da diese ihnen klar und deutlich Grenzen aufzeigen. Solche Menschen sind es gewohnt, immer wieder auf Personen zu treffen, die sie an diesem Punkt in die Schranken weist, und können oft gut damit umgehen.

Entscheidend ist, dass Sie gelassen mit ruhigem Ton, aber dennoch sehr bestimmt reagieren und zum Abschluss vorschlagen, dass Sie das Gespräch gerne fortführen wollen. Sie können beim ersten Mal mutig von Reaktionsbeispiel 1 nach Reaktionsbeispiel 2 eskalieren. Wenn Sie dabei wie beschrieben vorgehen, kann Ihnen nichts passieren.

1.4.5   Rück- oder Gegenfragen

Mit diesem Fragetyp kann man zusätzliche Informationen sammeln. Er wird aber auch als Abwehrform eingesetzt, um Zeit zu gewinnen.

> **BEISPIELE: Rück- oder Gegenfragen**
>
> „Wie ist das jetzt gemeint?"
> „Was verstehen Sie genau darunter?"

Mit Rück- oder Gegenfragen können Sie das Gesprächsergebnis zusätzlich absichern. Immer dann, wenn Sie unsicher sind, ob Sie den gerade angesprochenen Sachverhalt richtig verstanden haben, oder einen Fachbegriff in dem gegebenen Zusammenhang nicht richtig einordnen können, entscheiden Sie sich zu einer Rück- oder Gegenfrage. Waren Sie sich jedoch vorher schon sicher und benötigen Sie nur etwas Bedenkzeit, hilft Ihnen die Rück- und Gegenfrage ebenfalls, etwas Zeit zum Nachdenken zu gewinnen.

1.4.6 Motivationsfragen

Diese Frageform soll die Gesprächsbereitschaft Ihres Gesprächspartners erhöhen und zielt insbesondere auf die Beziehungsebene zwischen den beiden Gesprächsteilnehmern. Für Führungskräfte ist diese Art zu fragen eine unerlässliche Technik, da Motivationsfragen, richtig gestellt, viel zu einem guten Abteilungsklima beitragen.

▶ **BEISPIELE: Motivationsfragen**

„Was sagen Sie als Fachfrau dazu?"
„Was schlagen Sie mit Ihren stets kreativen Einfällen vor?"
„Was halten Sie aufgrund Ihrer großen Erfahrung davon?"

Die Motivationsfrage ist ihrer Natur nach eine einfache Informationsfrage, die aber mit einem motivierenden Moment angereichert ist. Dem so Angesprochenen wird signalisiert, dass man ihn aufgrund einer besonderen Eigenschaft schätzt. Da es jeder Mensch mag, wenn sein Gegenüber an ihm positive Eigenschaften erkennt und das auch zum Ausdruck bringt (insbesondere der Chef), ist seine Motivation besonders groß, auf die Frage einzugehen und zu kooperieren.

! **ACHTUNG**

Wenden Sie diese Frageform nur in homöopathischen Dosen an, da sonst die Gefahr besteht, dass Ihr Verhalten aufgesetzt wirkt und der Schuss nach hinten losgeht. Stellen Sie ferner sicher, dass die positive Eigenschaft, die Sie ansprechen, auch tatsächlich bei der angesprochenen Person vorhanden ist. Trifft es nämlich nicht zu, dass Ihr Gegenüber zum Beispiel eine langjährige Berufserfahrung hat, machen Sie sich ebenfalls lächerlich und wirken unglaubwürdig.

1.4.7 Schock- oder Angriffsfragen

Die Schock- oder Angriffsfrage bildet das Negativ zur Motivationsfrage. Auch hier steht die Beziehungsebene der Gesprächspartner stark im Vordergrund, jedoch mit dem Ziel, den anderen einzuschüchtern und zu verunsichern, ihn aus dem Konzept zu bringen. Um hier gleich Klarheit zu schaffen: Die Schock- und Angriffsfragen, von denen hier die Rede ist, finden nicht in einem Gespräch statt, das bereits von Beginn an hoch emotional geführt wurde, sondern in einem Gespräch, das zunächst in recht normalen Bahnen verlief. Dann stellt Ihr Gesprächspartner jedoch fest, dass er mit seinem Anliegen nicht durchkommt oder falsch liegt. Er überlegt nun, wie er wieder Boden gutmachen kann. Im Grunde genommen handelt es sich in dieser Situation um eine Verzweifelungsreaktion, da Ihr Gesprächspartner sehr wohl erkannt hat, dass er keine stichhaltigen Argumente hat oder möglicherweise ungenügend vorbereitet ist. Er versucht, Sie so gezielt aus der Balance zu bringen, um in der Folge wieder mit seinen Argumenten Fuß fassen zu können.

Im Hintergrund von solchen Verhaltensweisen stehen auch hier häufig Verhaltensmuster, die in der Kindheit ausgebildet wurden. Die betreffende Person hat gelernt: Wer etwas lauter schreit und massiv auftritt, kann sich besser durchsetzen, auch wenn die Mehrheit vielleicht anderer Ansicht ist oder die besseren Argumente hat. Als Erwachsene erliegen viele dieser Menschen, sobald sie in Bedrängnis geraten, der Versuchung, es mit diesem rhetorischen Befreiungsschlag zu versuchen. Auch hier gilt: Diese Menschen wissen, dass es gelegentlich Kommunikationspartner gibt, bei denen die Angriffsrhetorik versagt. Nach einem solchen Angriff reagieren diese Gesprächspartner oft wieder völlig normal oder sie entschuldigen sich sogar, was nicht selten vorkommt. Dies beruht vor allem darauf, dass sie insgeheim sehr genau wissen, dass sie dazu neigen, die Grenze des fairen Dialogs zu überschreiten. Allerdings werden sie das immer wieder tun, wenn man sie nur lässt. Grundsätzlich gilt auch hier: Eine Schock- oder Angriffsfrage auch nur im Ansatz zu beantworten, bedeutet, dass Sie dem Fragenden auf den Leim gegangen sind. Sie werden dann aus dieser Situation nicht unbeschadet herauskommen, weil Sie das Spiel des Fragenden mitspielen. Wollen Sie das?

▶ **BEISPIEL: Schock- oder Angriffsfrage**

„Ist das alles, was Ihnen dazu einfällt?"

Klar analysiert bedeutet diese Frage nur: „Was sind Sie doch für ein Dummkopf!"

So reagieren Sie auf Schock- oder Angriffsfragen

In Ihrer Reaktion sollten Sie drei Ziele verfolgen:

1. Der Fragende soll erkennen: Sie haben bemerkt, dass er unfair kommuniziert. Er spielt mit Ihnen!
2. Er muss erfahren, dass Sie mit dieser Art der Fragestellung und unfairen Gesprächsführung nicht einverstanden sind. Sie sagen: „Stopp! Ich lasse dieses Spiel nicht zu!", und zeigen klare Grenzen auf.
3. Sie machen einen konstruktiven Vorschlag, wie das Gespräch weitergehen sollte.

> ▶ **BEISPIEL: Reaktionsbeispiel 1**
>
> Führungskraft: „Herr Müller, wir haben bisher das Gespräch konstruktiv und fair geführt. Die Art, wie Sie mich eben angesprochen haben, war absolut nicht ok und ich werde das auf keinen Fall akzeptieren! Ich schlage Ihnen daher vor, wir machen entweder nun weiter wie zuvor, fair und konstruktiv, oder wir machen eine kurze Kaffeepause und sehen uns in zehn Minuten wieder, um normal weiterzuarbeiten. Oder wir unterbrechen das Gespräch und treffen uns morgen um 10:00 Uhr, um das Gespräch wieder aufzunehmen. Wählen Sie bitte aus!"

Was passiert, wenn Sie so auf Angriffsfragen Ihres Gesprächspartners reagieren?

1. Sie zeigen auf, dass das Gespräch bisher ok und konstruktiv verlaufen ist.
2. Sie machen deutlich: Sie haben erkannt, dass sich Ihr Gesprächspartner unfair verhält, um Sie aus dem Konzept zu bringen.
3. Sie zeigen, dass Sie absolut nicht gewillt sind, dieses Spiel mitzuspielen.
4. Sie machen einen konstruktiven Vorschlag, wie weiter verfahren werden soll. Dieser Vorschlag muss strikt und unmissverständlich sein. Lassen Sie keinen Zweifel daran, dass Sie keinerlei Spaß verstehen, wenn jemand psychologische Spiele mit Ihnen treiben will und versucht, Sie zu manipulieren.

Ist Ihr Gesprächspartner nach dieser Ansage immer noch nicht bereit, auf eine sachliche und faire Kommunikationsbasis einzuschwenken, hilft nur noch die Eskalation der Gesprächssituation (Reaktionsbeispiel 2): Sie stehen auf und verlassen das Gespräch. Oder am Telefon: Sie legen den Hörer auf.

> **! WICHTIG**
>
> Sollten Sie diese Eskalationsstufe erreichen, dann müssen Sie umgehend Ihren Chef und/oder das betroffene Umfeld in Ihrer Firma informieren. Dies ist deswegen so wichtig, da Sie sich zwar absolut professionell und richtig verhalten haben, diejenigen Personen aber, die bei einer Eskalation indirekt involviert sein könnten, jedoch keinerlei Informationen über die Situation haben. Kurz gesagt: Lassen Sie nicht Ihren Chef oder Kollegen ins Messer laufen, sondern informieren Sie die (indirekt) betroffenen Personen umfassend über die Situation. Dann werden es alle Betroffenen einfach haben, sich bei einer möglichen Beschwerde auf Ihre Seite zu stellen.
>
> Wenn Sie bisher Skrupel hatten, so ein Vorgehen jemals gegenüber einem Ihrer Kunden oder gar Ihrem Chef in Erwägung zu ziehen, so kann ich aus über zwanzigjähriger Erfahrung berichten, dass in nahezu allen Fällen bei mir oder meinen Mitarbeitern sofort eine Entschuldigung des Gesprächspartners anstand. Dieser hat in der Regel sehr wohl gemerkt, dass er eine Grenze überschritten hat. Wenn er jedoch die Erfahrung gemacht hat, dass Sie sich dieses Verhalten gefallen lassen, dürfen Sie sich nicht wundern, wenn er immer wieder so mit Ihnen umgeht. Zeigen Sie Ihre Grenzen auf! Sie sind Führungskraft, und nun heißt es, Führung auch zu zeigen und zu leben!

Sie werden es sicher oft erleben, dass Personen, denen Sie einmal absolut professionell und hart die Grenzen aufgezeigt haben, durchaus noch jahrelang gute Geschäftspartner und Chefs sein können. Oftmals nimmt insgeheim sogar die Achtung vor Ihrer Person zu, wenn Sie sich konsequent gegen unfaire Verhaltensweisen abgegrenzt haben, was die Grundlage einer guten und fruchtbaren Beziehung bildet.

1.4.8 Provokatorische Fragen

Provokatorische Fragen haben das Ziel, den anderen aus der Reserve zu locken. Ähnlich wie bei der Schock- und Angriffsfrage zielt diese Frage auf die Beziehungsebene des Angesprochenen. Der Fragende will erreichen, dass der Angesprochene sich verteidigt oder rechtfertigt und somit Informationen preisgibt, die er bei kühler Überlegung so nicht offenbart hätte. Die provokatorische Frage ist oft weniger schroff als die Schock- und Angriffsfrage, sie bewegt sich allerdings ebenfalls immer auf dem schmalen Grat zwischen fairem und unfairem Gesprächsverhalten. Besonders gut geschulte Einkäufer beherrschen diesen Fragetyp so gut, dass sie dabei den Boden der Fairness nur selten verlassen.

> **BEISPIEL: Provokatorische Fragen**
>
> „Muss ich annehmen, dass …?"
> „Gibt es keine preiswertere Möglichkeiten, als …?"
> Nach einer schweren, aber erfolgreichen Verhandlung stehen Sie bereits an der Tür, um sich zu verabschieden. In entspannter Stimmung und froh über den Erfolg werden Sie mit einer provokativen Frage Ihres Verhandlungspartners überrascht: „Und das war jetzt wirklich Ihr bester Preis, der möglich war?" Dabei blickt Ihnen der Einkäufer fest ins Auge. Und wehe, Sie machen auch nur eine falsche Äußerung in diesem Moment! Dann werden Sie eine E-Mail Ihres Geschäftspartners mit dem nächsten Verhandlungstermin haben, noch bevor Sie den Parkplatz Ihres Kunden verlassen konnten.

Es ist in so einer Situation ebenfalls richtig, diese Frage nicht zu beantworten. Wenn Sie auch nur im Ansatz eine Antwort geben, die nicht ein klares einfaches Nein enthält, und wenn Sie ins Plaudern kommen, weiß die Gegenseite, dass sie noch nicht zu Ende verhandelt hat. Der Versuch, Sie aus der Reserve zu locken, ist somit voll gelungen.

Am besten, Sie antworten gar nicht und geben der Gegenseite, die ja die Verhandlung bereits offiziell beendet hat, mit einem breiten Lächeln zu verstehen: „Guter Versuch!" und drücken Ihrem Gesprächspartner zum Abschluss die Hand und verabschieden sich.

In den anderen Fällen empfiehlt es sich, nicht auf die Frage einzugehen, da der Gesprächspartner sonst erreicht hat, was er will. Die Schwierigkeit für den Angesprochenen ist hier stets, dass die Provokation in der Regel auf die Beziehungsebene abzielt, also ein Angriff auf das Selbstwertgefühl des Befragten darstellt. Hier kann man kaum widerstehen, dem anderen die passende Antwort zu geben! Wenn Sie in so einem Moment sich nur eine Sekunde an diese Ausführungen erinnern, haben Sie eine gute Chance, in einer solchen Situation kontrolliert zu reagieren, also die provokatorische Frage bewusst zu ignorieren. Damit haben Sie bereits eine gute Basis, um im weiteren Gespräch keinen weiteren provokanten Fragen mehr ausgesetzt zu sein. Richten Sie sich dennoch darauf ein, dass der Fragende mehrmals versucht, Sie mit solchen Fragen aus der Reserve zu locken. Stellt er jedoch fest, dass er mit dieser Rhetorik bei Ihnen nicht durchkommt, wird er es in der Regel schnell unterlassen. Ansonsten gilt: Grenzen aufzeigen und ein Angebot machen, dass man das Gespräch ohne rhetorische Spielchen fortsetzen möchte.

1.4.9 Kontrollfragen

Diese Frage dient zur „Kontrolle" des Gesprächsklimas (Beziehungsebene) und des Sachverhalts.

> ▶ **BEISPIEL: Kontrollfrage**
>
> „Sind Sie soweit damit einverstanden?"

Dieser Fragetyp gehört zum Repertoire der Fragen, die Sie in der Praxis häufig bewusst anwenden sollten. Ob es während eines Abteilungsmeetings ist, um den eben behandelten Punkt abzuschließen und die Zustimmung der Betroffenen sicherzustellen, oder während einer Diskussion, wenn Sie sicher gehen wollen, ob Sie einen komplexen Sachverhalt auch richtig verstanden haben. Häufig haben wir hier eine geschlossene Frage vor uns, die mit einem klaren Ja oder Nein beantwortet werden sollte. Geschieht dies nicht, ist dies ein eindeutiges Signal, dass der eben behandelte Sachverhalt nicht wirklich klar ist.

In der Praxis kennt sicher jeder die berühmten „Ja, aber"-Antworten. Gerade Sie als Führungskraft sollten sich mit dieser unbestimmten Antwort nie zufriedengeben und zum nächsten Tagesordnungspunkt (TOP) der Agenda übergehen. Machen Sie das trotzdem, werden Sie mit Sicherheit zu einem späteren Zeitpunkt wesentlich mehr Zeit aufwenden müssen, um entstandene Unklarheiten oder Fehlinterpretationen zu korrigieren. Denken Sie stets daran: Eine verbindliche Kommunikation in der täglichen Führungsarbeit hilft Ihnen, viel Zeit einzusparen.

1.4.10 Konter- bzw. Gegenfragen

Wenn Sie Gegenfragen stellen, gewinnen Sie bei schwierigen Fragen Ihres Gesprächspartners Zeit und erhalten gegebenenfalls genauere Informationen und Erläuterungen.

> ▶ **BEISPIEL: Gegenfragen**
>
> „Habe ich Sie richtig verstanden, wenn ich …?"
> „Sagten Sie nicht vorhin, dass …?"

Ähnlich wie bei der eben behandelten Kontrollfrage gelingt es Ihnen, mit diesem Fragetyp einerseits mehr Sicherheit in das Gespräch zu bringen, andererseits gewinnen Sie Zeit, um selbst nachzudenken. Diese wertvolle Zeit hilft Ihnen, sich in schwierigen Gesprächssituationen wieder zu sammeln und neu zu positionieren, da der andere Gesprächspartner als höflicher Mensch mit Sicherheit gerne das zuvor Gesagte wiederholt und genauer ausführt. Auch hier gilt: Wenden Sie diesen Fragetyp bewusst an! In den ersten Gesprächen zu einem Sachverhalt oder Projekt hilft die Gegenfrage, Zeit zum Nachdenken zu gewinnen.

1.4.11 Fangfragen

Die Fangfrage stellt den Versuch dar, Informationen auf indirektem Weg zu erhalten und Rückschlüsse über Sachverhalte zu ziehen, die gar nicht zur Sprache kamen oder die der Befragte unter normalen Umständen nie freiwillig preisgeben würde. Insofern haben wir es hier häufig mit einer unfairen Fragemethode zu tun.

> **BEISPIEL: Fangfrage**
>
> „Wie hoch ist denn Ihr Beitrag zur Krankenversicherung?" (Ziel: Der Fragesteller möchte erfahren, wie viel der andere verdient.)

Stellen Sie sich vor, Sie haben einen langen Tag mit Besprechungen hinter sich und beschließen, zusammen mit Kollegen oder dem Kunden Essen zu gehen. Alle sind entspannt und freuen sich auf einen netten, unverfänglichen Smalltalk. Sie sitzen mit einem Kollegen, mit dem Sie nur relativ selten Kontakt haben, nach dem Essen an der Bar und die Unterhaltung dreht sich um die momentane Wirtschaftssituation. Dann wird auch das Thema Gesundheitssystem berührt und nach dem dritten, vierten Bier in entspannter Stimmung fragt Ihr Kollege plötzlich: „Was zahlen Sie denn jeden Monat an die Krankenkasse?" Wenn Sie jetzt unbedacht antworten, dann weiß Ihr Gesprächspartner sofort relativ genau, was Sie im Monat und Jahr verdienen. Hätte er das eine Stunde früher ganz offen gefragt, dann wäre Ihre Antwort wahrscheinlich so ausgefallen: „Hören Sie, was ich verdiene, geht Sie gar nichts an!" Eine Fangfrage, das zeigt dieses Beispiel, wird meist in Situationen angewendet, in denen man unkonzentriert ist und nicht mit schwieriger und trickreicher Kommunikation rechnet. Sie dient stets dazu, Informationen zu erlangen, welche Sie unter normalen Umständen niemals preisgegeben hätten.

So reagieren Sie auf Fangfragen

Da die Fangfrage eine äußerst unfaire Methode ist, sein Gegenüber zu übervorteilen bzw. hereinzulegen, wird es auch immer eine sehr persönliche Entscheidung sein, wie Sie damit umgehen. Sie sollten Ihrem Gesprächspartner hier unbedingt eine klare Grenze aufzeigen. In vielen Fällen habe ich es so gehalten, dass ich, sofern ich nicht beruflichen Zwängen unterlegen war, jeglichen Kontakt mit Personen, die solche Spielchen versucht haben, abgebrochen habe. Das mag hart klingen, aber fragen Sie sich einmal, was bei einer Fangfrage tatsächlich geschieht. In jedem Fall handelt es sich um einen bewussten, oft sogar über einen längeren Zeitraum vorbereiteten verdeckten Angriff, um sich einen Vorteil zu verschaffen. Aus meiner Sicht ist dies schwerwiegender als der spontane emotionale Ausbruch im Gespräch. Machen Sie sich am besten heute schon klar, wie Sie in einem solchen Fall reagieren werden, wenn Sie den Angriff erkennen. Dies hilft, im entscheidenden Moment abgeklärt und kühl zu reagieren.

1.4.12 Rhetorische Fragen

▶ **BEISPIEL: Rhetorische Fragen**

„Wissen Sie, was ich heute erlebt habe?"

Rhetorische Fragen werden vom Fragenden selbst beantwortet und bedürfen keiner Antwort. Bei rhetorischen Fragen ist es häufig sogar unmöglich, eine Antwort zu geben, da man häufig bei dem nachgefragten Vorfall gar nicht beteiligt war. Grundsätzlich gibt es zwei Absichten, die der Fragende mit dieser Fragetechnik verfolgt.

Möglichkeit 1: Der Fragende will selbst auf die Bühne

Der Fragesteller will sich selbst auf die Bühne heben, d. h. er will eine Situation schaffen, in der er aufgefordert wird, zu sprechen und Informationen preiszugeben. In der beruflichen Praxis geschieht das recht häufig. Sicher erinnern Sie sich sofort daran, wie Kollegen immer wieder vor Ihrem Schreibtisch stehen und ganz beiläufig fallen lassen: „Was glaubst du, was ich gestern Abend noch gehört habe?" Mit einer solchen rhetorischen Frage gelingt es dem Fragesteller, Sie in ein Gespräch zu verwickeln. Wenn Sie nicht in ein Gespräch eintreten wollen, sollten Sie in Zukunft bei einer solchen Situation eine bewusste Entscheidung treffen.

So reagieren Sie auf rhetorische Fragen

Entweder Sie lassen die rhetorische Frage zu und steigen in das Gespräch ein oder Sie grenzen sich ab und wehren die Gesprächseinladung ab. Solch eine Abwehr könnte zum Beispiel so aussehen: „Nein, nicht jetzt bitte!" oder in hartnäckigen Fällen: „Bitte, das interessiert mich im Moment überhaupt nicht!" Damit sorgen Sie in der entsprechenden Situation dafür, dass niemand Ihre wertvolle Zeit stiehlt.

Möglichkeit 2: Der Fragende will Druck erzeugen

Möglicherweise will der Fragende durch das Abfeuern von zwei oder mehr rhetorischen Fragen Druck erzeugen, um seinen Gesprächspartner dadurch in eine defensive und damit ungünstige Gesprächssituation zu bringen. Erinnern Sie sich zum Beispiel an die vielen Kundenbegegnungen in Ihrem Berufsalltag. Immer dann, wenn etwas schief gelaufen und der Kunde verärgert ist, werden Sie mit Fragen wie den folgenden konfrontiert: „Was glauben Sie, was mein Chef mir heute schon alles erzählt hat?", „Können Sie sich vorstellen, was bei uns in der Produktion heute morgen los war?, „Haben Sie überhaupt eine Ahnung, was das für mich bedeutet?"

In all diesen Fällen können und dürfen Sie nicht antworten! Erstens können Sie die Antwort in vielen Fällen tatsächlich nicht wissen und zweitens erwartet Ihr Gegenüber auch keine Reaktion. Vielmehr will er, dass Sie die Kanonade von vielleicht vier bis fünf solcher Fragen über sich ergehen lassen und damit in der (für Ihren Gesprächspartner) richtigen, d. h. ängstlichen Stimmungslage für das weitere Gespräch sind.

Meist werden diese Fragen mit erhobener Stimme gestellt und eine große emotionale Energie schwingt mit, weil Ihr Gesprächspartner verärgert ist oder einfach unter Stress steht. Mit den rhetorischen Fragen will er vor der eigentlichen Klärung seinem Unmut, seinen negativen Emotionen erst einmal ein Ventil verschaffen. Wenn Sie vorzeitig versuchen, auf diese (rhetorischen) Fragen zu antworten, gießen Sie unmittelbar Öl ins Feuer, Sie motivieren Ihren Gesprächspartner geradezu, sich noch mehr aufzuregen und weiteren Druck zu erzeugen.

So reagieren Sie auf rhetorische Fragen in emotionalen Situationen

Rhetorische Fragen, die in emotionalen Situationen vorgetragen werden, sollten Sie **nie** beantworten. Warten Sie stets ab, bis Ihr Gesprächspartner alles gesagt hat, was er auf dem Herzen hat, und steigen Sie erst dann in das Gespräch ein! Weitere Informationen hierzu finden Sie in Kapitel 1.5.

1.4.13 Unvollendete Fragen

▶ **BEISPIEL: Unvollendete Fragen**

„Was das Projekt angeht, das Sie da gestern angesprochen haben …?"

Diese Fragetechnik bezweckt genau das Gegenteil wie die Technik der rhetorischen Frage. Während die rhetorische Frage dazu dienen kann, sich selbst zum Reden einzuladen, hat die unvollendete Frage den Zweck, den Gesprächspartner in den Ring zu locken. Er will, dass der Befragte die halb gestellte Frage zu Ende formuliert und weitere Informationen hinzufügt, also den Gesprächsfaden weiterspinnt. Meist schaut der Fragende den Befragten dabei direkt in die Augen. Er stellt einen intensiven Augenkontakt her, der motivierend, aber manchmal auch als Provokation empfunden wird. Oft sind es unsichere Gesprächspartner, die sich auf diese Weise sehr einfach zum Reden verführen lassen.

So reagieren Sie auf unvollendete Fragen

Wird eine unvollendete Frage einmal von Ihrem Gesprächspartner verwendet, sollten Sie dem Ganzen keine Bedeutung zumessen. Passiert dies jedoch dreimal in einer Viertelstunde, sollten Sie bewusst entscheiden, wie Sie sich verhalten. Lautet Ihre Entscheidung „Stopp, ich will das nicht!", dann könnte Ihre Reaktion wie folgt aussehen: Sagen Sie einfach „Ja." — nur dieses eine Wort. Schauen Sie dem anderen dabei in die Augen und verhalten Sie sich weiterhin ruhig. Je länger Sie nach dem „Ja" eine Pause machen, desto mehr wird sich alle Aufmerksamkeit auf den Fragenden konzentrieren, und er wird mit jeder Sekunde, die verstreicht, mehr unter Druck geraten, seine unvollendete Frage selbst zu Ende zu formulieren. Wenn Sie diese Technik mehrmals im Gespräch anwenden, verstehen selbst hartnäckige Zeitgenossen, dass solche Spiele mit Ihnen nicht funktionieren, und Sie werden in Zukunft von solchen rhetorischen Tricks verschont bleiben.

Eine der größten Unsitten im heutigen Berufsalltag besteht darin, dass die Antwort häufig gar nicht abgewartet wird. Noch während der eine antwortet, greift der Fragende erste Schlüsselworte aus der noch laufenden Antwort auf und führt damit den Dialog weiter. Er unterbricht den Antwortenden und bricht die Antwort damit ab. Das ist nicht nur schlechter Stil, sondern führt auch zu Unschärfen im Informationsaustausch, die häufig später mit nicht geringem Zeitaufwand nachgearbeitet werden müssen! Auch hier gilt: Gehen Sie effizient mit Ihrer Zeit um und kommunizieren Sie verbindlich und genau!

Fragen schaffen stets mehr und besseren Kontakt. Doch Vorsicht! Man verfällt allzu leicht in eine „Fragekonversation". Führen Sie am Anfang Ihrer Trainingsphase möglichst kein Gespräch nur nach diesem Muster, sondern teilen Sie auch Dinge mit, die Sie (spontan) fühlen und denken. Vermeiden Sie ein Ausfragen des Partners und beziehen Sie auch selbst Stellung. Und wenn Sie bemerken, dass Sie gleich wieder eine Frage stellen wollen, sollten Sie sich über Ihre Absichten klar werden und diese unter Umständen äußern, anstatt Sie in einer Frage zu verbergen.

1.5 Umgang mit Emotionen im Gespräch – Das RICARD-Modell

In diesem Kapitel befassen wir uns mit einer nicht alltäglichen Gesprächssituation, die dennoch relativ häufig auftritt. Wir schauen uns an, mit welchen Mitteln und Methoden wir am besten agieren, wenn unser Gesprächspartner im Gespräch emotional reagiert, insbesondere, wenn er verärgert ist. Die Situation, dass ein verärgerter Kunde bei Ihnen im Innendienst anruft, gehört sicherlich zu den Standardsituationen für Ihre Mitarbeiter und für Sie. Deswegen werden Sie in diesem Kapitel viele praktische Hinweise finden, um emotionale Gesprächssituationen besser zu verstehen und konstruktiv zu agieren. Dabei stehen drei Ziele im Vordergrund:

1. Sie erfahren, was im Detail bei einem Menschen passiert, wenn er emotional reagiert.
2. Sie lernen ein langjährig erprobtes und bewährtes Vorgehensmodell kennen, wie Sie selbst am besten und sichersten mit solch einer Situation umgehen.
3. Sie werden in die Lage versetzt, Ihre eigenen Mitarbeiter zu coachen und zu trainieren, damit Ihre gesamte Abteilung in solchen Situationen professionell und ruhig reagieren kann. Damit verbessern Sie zudem die Kundenbindung und das Image Ihres Unternehmens. Zu diesem Zweck werden wir uns als Erstes anschauen, welche Emotionen es grundsätzlich gibt und was bei negativen Emotionen in uns passiert.

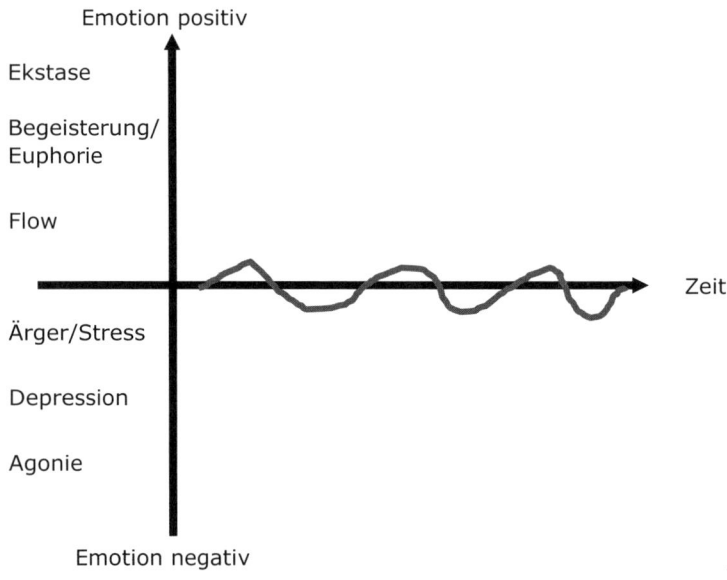

Abb. 11: Skala der Emotionen

Schauen wir uns einen ganz normalen Arbeitstag an. Sie kommen morgens um 08:30 Uhr ins Büro und sind weder besonders gut gelaunt noch sind Sie in einer schlechten Stimmung. Ein ganz normaler Tag. Dann öffnen Sie Ihren E-Mail-Account und stellen fest, dass ein Kunde Ihnen gestern Abend endlich die fehlenden Daten für einen anstehenden Auftrag geschickt hat. Ihre Stimmung geht ein wenig ins Positive. Um etwa 09:30 Uhr steht der Chef vor Ihrem Schreibtisch und erklärt Ihnen unter Vorlage einer Akte, dass dieser Fall jetzt absolute Priorität bekommen muss, da sonst Probleme entstehen. Sie müssen den eigenen Tagesplan umwerfen und den Fall bearbeiten. Ihre Stimmung fällt also wieder ein wenig ins Negative (unter die x-Achse). So verläuft Ihr normaler Arbeitstag und abends gehen Sie nach Hause, ohne besonders erschöpft und verärgert zu sein, aber auch nicht in besonders guter Stimmung. Ein ganz normaler Arbeitstag eben.

Positive Emotionen in der Arbeitswelt

Läuft ein Tag richtig gut und reibungslos, gelingen Ihnen alle Vorhaben, schlägt sich dies auch positiv in Ihren Emotionen nieder. Außerdem hatten Sie heute beim Arbeiten den Eindruck, die Zeit verfliegt im Nu und als Sie das erste Mal auf Ihre Uhr gesehen haben, war schon fast Mittagspause und beim zweiten Blick auf die Uhr schon Feierabend. Wenn Ihnen alles leicht von der Hand geht und nichts Sie ausbremst, sprechen wir von einem **Flow**. Damit wird der erste emotionale Gefühlszustand im positiven Bereich benannt. Bringt einer Ihrer Außendienstmitarbeiter den größten Auftrag seit fünfzehn Jahren in die Firma, dann wird er sicherlich den Rest des Tages in einem emotionalen Zustand der **Euphorie** verbringen. Auf der Skala der positiven Emotionen gibt es auch den Gefühlszustand der **Ekstase**, in dem eine Person nicht mehr richtig ansprechbar ist und sich deswegen auch nicht mehr führen lässt.

Negative Emotionen in der Arbeitswelt

Im negativen Bereich haben wir es ebenfalls mit drei emotionalen Gefühlszuständen zu tun. Der emotionale Zustand, den wir in der Arbeitswelt recht häufig antreffen, ist der **Ärger** oder manchmal auch **Stress**. Doch was ist nun der Unterschied zwischen Ärger und Stress? Ärger entsteht durch ein punktuelles Ereignis, das plötzlich einen negativen emotionalen Zustand hervorruft. Treffen nun viele solcher Ereignisse fortwährend ein, sodass Sie über einen längeren Zeitraum gar nicht mehr in einen emotional ausgeglichenen Zustand kommen, geschweige denn in den positiven emotionalen Bereich, spricht man von Stress. In der Forschung wird vielfach die These vertreten, dass es auch positiven Stress gibt (Eustress). Diesem

Ansatz kann ich jedoch nur bedingt folgen. Aus meiner Erfahrung ist Stress immer mit negativen emotionalen Gefühlszuständen verbunden, die auf Dauer belastend wirken und auch zu Krankheiten führen können.

Als Führungskraft sind wir weder Psychologen noch Mediziner. Das folgende Beispiel gibt eine einfache, aber recht anschauliche Erklärung, was genau bei einem Ärger-Impuls oder auch bei fortwährendem Stress passiert.

► BEISPIEL

Es ist 10:30 Uhr und Sie sitzen an einem komplizierten Fall, den Sie heute noch abschließen möchten. Das Telefon klingelt und einer Ihrer Mitarbeiter bittet Sie, einen verärgerten Kunden zu übernehmen. Es stellt sich heraus, dass der Kunde seit einer Stunde auf Ihre Lieferung wartet, die für heute Morgen, 08:00 Uhr, fest zugesagt war. Erreicht die Lieferung nicht in Kürze das Werk des Kunden, droht dort ein Produktionsstillstand mit Umrüstzeiten. Der Kunde macht Ihnen unmissverständlich klar, dass in diesem Fall sämtliche anfallenden Kosten zu Lasten Ihrer Firma gehen werden. Der Kunde bringt sehr laut und entrüstet sein Anliegen vor, er droht und provoziert Sie sogar.

Versetzen wir uns nun in die Lage des verärgerten Kunden. Genau wie Sie war er vor dem Vorfall weder besonders positiv noch negativ gestimmt. Auch bei ihm klingelte das Telefon unangekündigt und sein Produktionsleiter erklärte ihm mit stark erregter Stimme, dass sein Material nur noch für zwei Stunden Produktion reicht, dann muss er abstellen. In dieser Sekunde, in der unser Kunde davon erfährt, weiß er augenblicklich, dass eine Eskalation bis zur Geschäftsleitung unausweichlich ist. Da es in letzter Zeit mit mehreren Lieferanten zu solchen Lieferverzögerungen kam und er für die Beschaffung zuständig ist, bedeutet das für ihn weiteren Druck, verbunden mit dem Zweifel, ob er seinen Aufgaben gewachsen ist. Zusätzlich bedeutet dies, dass sein Arbeitstag so gut wie gelaufen ist, da er sich jetzt ausschließlich und mit vollem Einsatz um diesen Fall kümmern muss. Innerhalb von zwei, drei Sekunden stürzt, befeuert von all diesen negativen Gedanken, seine Stimmung ins Negative ab. Dieses Ereignis, der Anruf seines Produktionsleiters, hat bei ihm großen Ärger hervorgerufen.

In aller Regel hat Ihr Kunde nicht sofort Sie als Lieferanten angerufen, sondern erst sichergestellt, dass die Lieferung nicht versehentlich an einer anderen Rampe abgeladen wurde. Ihr Kunde hat sich auch im IT-System alle Auftragsdaten auf den Bildschirm geholt, um zu sehen, was genau vereinbart war. Er hat also alles unternommen, um sicherzustellen, dass er im Recht ist, Ihnen am Telefon die Meinung zu sagen. Während dieser Zeit hat sein Organismus längst begonnen, die vorhandenen Botenstoffe abzubauen. Das ist unsere Chance!

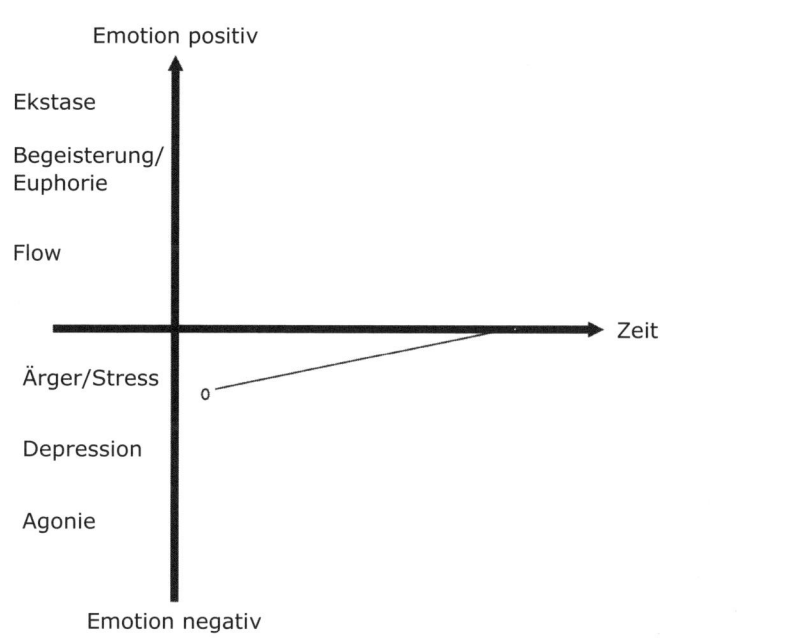

Abb. 12: Skala der Emotionen im Gespräch

Wie Abbildung 12 zeigt, treffen wir einen Gesprächspartner, unseren Kunden, im negativen, emotionalen Bereich an, er ist also verärgert und wir müssen im folgenden Gespräch eine Reihe von Impulsen setzen, damit dieser Gesprächspartner nach einer gewissen Zeit in einem mehr oder weniger neutralen emotionalen Zustand das Gespräch mit uns führen kann. In dem RICARD-Modell, das Sie in diesem Kapitel kennenlernen, geht es genau um diese Impulse, die Sie innerhalb der ersten zwei bis drei Gesprächsminuten setzen müssen. Schaffen Sie das nicht oder nur unzureichend, steht Ihnen ein sehr anstrengendes und risikoreiches Gespräch mit ungewissem Ausgang bevor. Gelingt Ihnen das auf professionelle Weise, dann wird, auch wenn Ihnen als Lieferantenfirma ein Fehler unterlaufen ist, der Kunde schon nach kurzer Zeit vor allem Ihr professionelles Beschwerdemanagement in positiver Erinnerung behalten. Dies bedeutet einen Vertrauens- und Imagezuwachs für Ihr Unternehmen. Als Leiter einer Innendienstabteilung haben Sie daher auch immer die Verantwortung, dass Ihr Team hervorragend in dieser Disziplin ausgebildet ist.

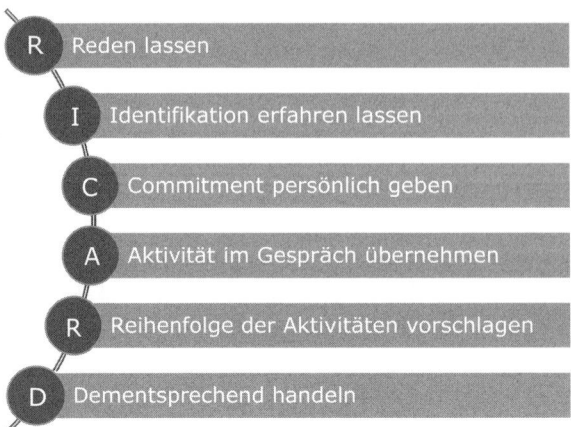

R Reden lassen

I Identifikation erfahren lassen

C Commitment persönlich geben

A Aktivität im Gespräch übernehmen

R Reihenfolge der Aktivitäten vorschlagen

D Dementsprechend handeln

Abb. 13: Das RICARD-Modell – Verhalten bei emotionalen Gesprächspartnern

Auf den folgenden Seiten werden die einzelnen Gesprächsphasen des RICARD-Modells vorgestellt. Als Leitfaden und zur Veranschaulichung dient weiterhin das Beispiel eines Kunden, der sich bei Ihnen wegen einer fehlenden Lieferung beschwert.

1.5.1 Phase 1: Reden lassen!

Viele von Ihnen wissen, so Sie schon einige Zeit in Vertriebsorganisationen oder Serviceabteilungen arbeiten, dass man einen verärgerten Kunden auf jeden Fall ausreden lassen muss. Wir sollten uns jedoch diese Phase etwas genauer anschauen. Schließlich kann es ebenso gut sein, dass plötzlich ein aufgebrachter Mitarbeiter oder Kollege vor unserem Schreibtisch steht. Unabhängig davon, ob es sich um einen Kunden, Mitarbeiter, Kollegen oder sogar den Chef handelt, am Grundprinzip und am Ablauf der Gesprächsphasen, die Sie auf den folgenden Seiten kennenlernen, ändert sich nichts. Sehr wohl aber unterscheidet sich der Inhalt, über den man spricht.

Wie Sie im letzten Kapitel zu den Fragetypen bereits erfahren haben, benutzen verärgerte Kunden ganz unbewusst zum Beispiel eine Reihe rhetorischer Fragen oder mischen diese mit provokativen Fragen, um Druck auf Sie auszuüben. Eine typische Gesprächseröffnung hört sich oftmals so an:

Kunde: „Haben Sie überhaupt eine Vorstellung, was vor einer Stunde bei uns in der Produktion los war? Können Sie sich ausmalen, was der Produktionsleiter alles zu mir gesagt hat? Und mein Chef, was glauben Sie, musste ich mir von dem anhören? Das ist dieses Jahr schon das zweite Mal passiert! Wissen Sie überhaupt, wie Logistik buchstabiert wird?"

In dem Beispiel handelt es sich ausnahmslos um rhetorische Fragen. Der Fragesteller erwartet hier gar keine Antwort von Ihnen. Die letzte Frage im Beispiel ist (auch) eine provokative Frage. Hier lautet die goldene Regel: Beantworten Sie diese Fragen nie direkt, sonst ist man dem Fragenden auf den Leim gegangen. Da in unserem Beispiel zusätzlich noch negative Emotionen (Gereiztheit und Verärgerung) im Spiel sind, würden Sie mit einer Antwort nur Öl ins Feuer gießen. Wenn Sie den Fehler in der Vergangenheit schon einmal gemacht haben, erinnern Sie sich bestimmt, wie Ihr Gesprächspartner Sie sofort rüde unterbrochen hat: „Gar nichts wissen Sie! Sie waren nicht hier vor fünf Minuten …"

Solange Ihr Gesprächspartner Vorwürfe macht und sein Leid klagt, lassen Sie ihn reden und unterbrechen ihn nicht. Haben Sie immer einen Block Papier parat für solche Zwecke, damit Sie sich Stichworte notieren können, auf die Sie etwas später, wenn sich die Emotionen gelegt haben, zurückkommen können. Dies gilt auch, wenn der Gesprächspartner Sie sogar eindeutig belügt („Ich versuche schon eine geschlagene Stunde, Sie telefonisch zu erreichen!") und Sie genau wissen, dass Sie Ihren Platz in den letzten zwei Stunden nicht verlassen haben. Lassen Sie ihn reden, klären Sie das am Ende, wenn erforderlich!

Das **„Redenlassen"** ist die schwierigste Phase in einer emotionalen Gesprächssituation. Jede Unterbrechung Ihres aufgebrachten Gesprächspartners verlängert nur das Gespräch und macht es schwieriger, da Sie ihm so neue Anlässe zur Verärgerung geben.

Auch wenn Ihnen die 40 bis 60 Sekunden recht lang vorkommen, in denen der andere seine Munition verschießt, halten Sie durch. Testen Sie es selbst einmal: In 45 Sekunden kann man problemlos 20 bis 30 Vorhaltungen und Vorwürfe loswerden. Denken Sie immer daran: Sie sind ein Profi, der sich nicht persönlich angegriffen fühlt. Der Fall liegt anders, wenn es zu direkten Beleidigungen kommt. Dazu erfahren Sie später mehr.

● TIPP

Wenn Sie einem verärgerten, emotional aufgebrachten Gesprächspartner direkt gegenübersitzen, achten Sie auf seine Körpersprache. An der Stelle im Gespräch, wo Ihr Gesprächspartner den für ihn schmerzhaftesten Augenblick beschreibt, wird auch seine Gestik und Mimik dies deutlich unterstreichen. Achten Sie deshalb am besten auf die Hände und Arme Ihres Gegenübers. Während er Ihnen seine Vorwürfe und Provokationen entgegenschmettert, werden die Hände und Arme rhythmisch mitgehen, aber zunächst immer auf ein und demselben Niveau. Kommt nun der (subjektiv) schmerzhafte Punkt — sein Chef hat ihn stark kritisiert und seine Kompetenz, mit Lieferanten umzugehen, angezweifelt —, werden plötzlich beide Arme hochgerissen. Alternativ kann auch die Faust hörbar auf dem Tisch landen, was bisher im Gespräch nie so intensiv geschehen ist.

Wenn Sie sich nun genau diesen Punkt mit einem Stichwort notieren, hier also das Stichwort „Chef" und dann später in zehn oder zwanzig Minuten, wenn Sie in einem Lösungsprozess sind, noch einmal darauf zurückkommen, haben Sie eine große Chance, den jetzt noch verärgerten Ansprechpartner mit der folgenden Gesprächsstrategie für sich zu gewinnen. Sie können am Ende des Gesprächs etwa sagen: „Sie erwähnten vorhin Ihren Chef. Soll ich unsere Lösungsansätze nochmals zusammenfassen und ihm direkt mailen?" Oder alternativ: „Soll ich Sie bei dem Gespräch mit Ihrem Chef begleiten und Rede und Antwort stehen zu den Maßnahmen, die wir gerade besprochen haben?" Glauben Sie mir, dies wird sich ein unter Druck stehender Verantwortlicher auf Kundenseite manchmal jahrelang sehr positiv merken!

Am Telefon ist dieser Punkt sehr schwer zu erkennen, und man braucht eine gewisse Routine. Hören Sie sehr genau hin und Sie werden feststellen, dass exakt an der Stelle im Gespräch, wo Ihr Gesprächspartner das schmerzhafteste Erlebnis benennt, auch seine Stimme ein wenig in die Höhe geht und er etwas lauter, exaltierter wird. Sie können den Punkt, wo der Schuh am meisten drückt, auch in Telefonaten genau daran erkennen.

Aktiv zuhören

Noch einen Hinweis sollten Sie beherzigen und auch Ihren Mitarbeitern im Rahmen der Ausbildung näherbringen: Wenn ein emotionaler Gesprächspartner bei Ihnen am Telefon ist, sieht er Sie nicht. In dem Fall hat er absolut keine Rückmeldung, ob Sie ihm konzentriert zuhören. Aus diesem Grund ist es in einer RICARD-Situation besonders wichtig, dass Sie **aktiv zuhören**. Aktiv zuhören bedeutet, dass Sie den anderen nicht unterbrechen, aber immer wieder durch kurze Einwürfe wie „ok", „verstehe", „aha" dem anderen zeigen, dass Sie noch konzentriert zuhören. Wenn

Ihr Gesprächspartner dagegen den Eindruck bekommt, Sie haben den Hörer auf die Seite gelegt, bis er sich abgeregt hat, dann erreichen Sie genau das Gegenteil. Seine negativen Emotionen werden sich verstärken.

1.5.2 Phase 2: Identifikation erfahren lassen!

In Phase 2 haben wir durch das passive Verhalten erreicht, dass unser Gesprächspartner bereits etwas Druck ablassen konnte. Aber erwarten Sie nicht, dass er nach diesem ersten Durchgang schon wieder in einem emotional neutralen Fahrwasser angekommen ist. Dafür braucht er noch weitere Impulse, die wir gezielt setzen müssen. Rein psychologisch gesehen will ein Mensch, der Ihnen in großer emotionaler Erregung gesagt hat, was ihn verärgert, nun einfach im nächsten Schritt hören, dass Sie ihn verstanden haben. Er muss jetzt erfahren, dass Sie sich mit seiner Situation identifizieren, und wissen, um was es geht und wie ernst die Sache für ihn ist. Das folgende Beispiel zeigt, mit welchen Worten Sie auf Ihren Gesprächspartner reagieren könnten.

▶ **BEISPIEL**

„Meine Güte, ich kann Ihren Ärger über die gerade von Ihnen geschilderte Situation sehr gut verstehen!"
Oder: „Nachdem, was Sie mir eben alles gesagt haben, verstehe ich Ihren Ärger nur zu gut!"

Sie sehen, in der zweiten Gesprächsphase „Identifikation erfahren lassen" sollten Sie kurz und knapp formulieren. Jeder weitere Satz birgt das Risiko, dass sich Ihr Gesprächspartner provoziert fühlt. Wichtig hierbei ist vor allem Ihre Wortwahl. Am wenigsten Angriffsfläche bieten Sie, wenn Sie seine Gefühle mit ihm teilen. Ärger hat jeder Mensch schon einmal empfunden, und daher ist es auch für den anderen nachvollziehbar, dass Sie dieses Gefühl auch kennen. Hüten Sie sich aber, in das Gespräch mit Sätzen einzusteigen wie: „Ich kann mich sehr gut in Ihre Lage versetzen ..." oder „Das kann ich mir sehr gut vorstellen ..." In beiden Fällen machen Sie sich wieder angreifbar. Wenn der andere noch immer stark verärgert ist, wird er sofort kontern: „Gar nichts können Sie verstehen, Sie sitzen nicht auf meinem Stuhl!" oder „Gar nichts wissen Sie, Ihr Chef stand vor fünf Minuten ja nicht vor Ihrem Schreibtisch ..."

1.5.3 Phase 3: Commitment persönlich geben!

Bisher haben Sie zwei Impulse gesetzt, um die Emotionen Ihres Gesprächspartners zu dämpfen. Sie haben ihn ruhig und ohne zu unterbrechen ausreden lassen, also zugelassen, dass er Ihnen alles sagt, was er sich vorgenommen hat, und Sie haben ihm gesagt: „Ich verstehe Sie!"

In der dritten Phase nutzen Sie jetzt Ihre psychologisch stärkste Waffe, um Vertrauen zurückzugewinnen. Eigentlich ist das auch ganz logisch, wenn man nüchtern darüber nachdenkt. Was will denn Ihr Gesprächspartner, wenn Dinge schief gegangen sind und er unter dem Druck von Kollegen und seinem Chef steht? Er braucht natürlich Hilfe! Er benötigt jemanden, der sich um die Angelegenheit kümmert.

Genau an dieser Stelle läuft in der Praxis das Gespräch häufig aus dem Ruder. Innendienstmitarbeiter, aber auch gestandene Außendienstler meistern die Phase 1 („reden lassen") und vermitteln dem Kunden, dass sie seinen Ärger verstehen (Phase 2), aber dann — da sie kein Fachmann auf dem Gebiet sind oder nicht zuständig sind — sagen sie Folgendes: „Ich muss Sie leider weiter verbinden, da ich Ihnen hier nicht helfen kann ..."

Rein faktisch gesehen mag das stimmen, aber wir befinden uns (immer noch) in einer emotionalen Gesprächsphase, in der andere Regeln gelten. Selbst wenn Sie wissen, dass Sie den verärgerten Anrufer in zwei Minuten weiterverbunden haben und nichts mehr mit dem Fall zu tun haben werden, dürfen Sie auf keinen Fall dieses Thema so ansprechen. Der verärgerte Kunde braucht jetzt ein **persönliches Commitment**. Er muss glaubhaft erfahren, dass er jemanden am Telefon hat, der sich seines Problems annimmt! Versprechen Sie nicht, dass Sie das Problem lösen. In vielen Fällen werden Sie oder Ihre Mitarbeiter das nicht selbstständig tun können. **Aber versprechen Sie verbindlich, dass Sie sich persönlich um das Problem kümmern.**

▶ **BEISPIEL**

„Sie haben mein Wort, ich kümmere mich persönlich direkt nach unserem Gespräch darum, dass ..."
Oder: „Ich verspreche Ihnen, ich selbst werde sofort nach unserem Gespräch sicherstellen, dass ..."

Durch diese verbindliche Aussage bauen Sie bei einem nervösen und angespannten Kunden großes Vertrauen auf. Er wird denken „Gott sei Dank, ich bin beim richtigen Ansprechpartner gelandet, der sich um mein Problem kümmert!"

Damit der gesamte psychologische Zusammenhang aber sichtbar wird, schauen wir uns nun die beiden nächsten Phasen an.

1.5.4 Phase 4: Aktivität im Gespräch übernehmen!

Die Phasen 4 und 5 gehören inhaltlich zusammen und sollen deswegen auf den folgenden Seiten auch gemeinsam erläutert werden.

1.5.5 Phase 5: Reihenfolge der Aktivitäten vorschlagen!

Bis jetzt haben Sie in dem Gespräch nur auf die andere, verärgerte Person reagiert. Sie haben ihn reden lassen (Phase 1), haben ihm auf seine Vorwürfe und Beschwerden hin gesagt, „Ich verstehe Sie!" (Phase 2) und Ihrem Gesprächspartner verbindlich versichert „Ich kümmere mich darum!" (Phase 3). Ihr Gesprächspartner ist sicherlich noch immer in einer negativen emotionalen Stimmung, trotzdem können Sie in Phase 4 das erste Mal versuchen, **selbst aktiv zu werden**, indem Sie die nächsten Impulse setzen, um Vertrauen aufzubauen und die ersten Lösungsansätze zu entwickeln. Zur Erinnerung: Wir befinden uns noch immer in den ersten 120 Sekunden eines solchen Gesprächs. Jetzt müssen Sie aus der Deckung kommen und versuchen, das Gespräch zu übernehmen!

Sie machen in dieser Phase Vorschläge für das weitere Vorgehen. Inhaltlich hängen diese Vorschläge natürlich eng mit dem vom Kunden geschilderten Problem zusammen. Eine erfahrener Innendienstmitarbeiter wird damit in der Regel keine Probleme haben, da er die typischen Prozesse in solchen Fällen recht gut kennt.

Das folgende Dialogbeispiel umfasst den gesamten Ablauf des Gesprächs von Phase 3 bis Phase 5.

▶ **BEISPIEL**

Führungskraft: „Sie haben mein Wort, **ich kümmere mich persönlich** direkt nach unserem Telefonat darum, dass meine Kollegin, Frau Müller, die Ihre Firma bei uns betreut, involviert wird und den Fall überprüft. **Ich stelle sicher**, dass sofort unser Logistikpartner angerufen wird, um festzustellen, wo sich in dieser Minute der Lkw mit der Ladung befindet. Außerdem **garantiere ich Ihnen**, sofort meinen Chef zu informieren und zu veranlassen, dass die Möglichkeit einer Ersatzlieferung parallel für den schlimmsten Fall geprüft wird.
Herr Meyer, es ist jetzt 10:33 Uhr, ich rufe Sie um 11:15 Uhr zurück und gebe Ihnen den Status durch, wo wir stehen und was bisher alles veranlasst wurde, um das Problem zu lösen! Ist das so ok für sie?"

Dieses Beispiel schließt mit einer **vertrauensbildenden Maßnahme**. Am Ende einer solchen Gesprächssequenz muss zwingend immer ein sogenannter „Feedback Loop" stehen — also ein Rückruf an den verärgerten Kunden mit einer ersten Statusmeldung. Der Ansprechpartner auf Kundenseite steht schließlich unter Druck und wird von seinen Kollegen und dem Chef beobachtet, ob er das Problem in den Griff bekommt. Dieser Druck erhöht sich sofort, wenn er nach dem ersten Kontakt mit Ihnen nichts mehr vom Lieferanten hört und dann vielleicht noch sagen muss, dass er den entscheidenden Ansprechpartner im Moment nicht erreichen kann. Dies wäre in einem solchen kritischen Prozess der schlimmste Fall, der eintreten kann. Aus diesem Grund sollten Sie immer einen Rückruf vorschlagen. Wann der Rückruf erfolgen soll, hängt natürlich immer vom einzelnen Fall ab. Hier sind wenige Minuten bis mehrere Tage denkbar. Ihr Rückruf sollte immer so schnell wie möglich erfolgen, also sobald Sie wissen, dass die vorgeschlagenen Aktivitäten begonnen haben und möglicherweise auch erste Erkenntnisse vorliegen.

Wenn Sie bis zu dieser Gesprächsphase alles richtig gemacht haben, ist es sehr wahrscheinlich, dass zum ersten Mal in diesem schwierigen Gespräch ein echter Dialog zustande kommt. Der Kunde könnte auf Ihre Vorschläge wie folgt reagieren:

► **BEISPIEL**

Kunde: „Das ist soweit ok, aber 11:15 Uhr ist mir etwas zu spät. Ich muss um 11:05 Uhr bei meinem Chef erscheinen und dann will er bestimmt von mir wissen, wie die Sache steht. Könnten Sie mich bitte bis spätestens 11:00 Uhr zurückrufen?"
Führungskraft: „Selbstverständlich, das mache ich gerne. Punkt 11:00 Uhr erfolgt unser Rückruf."

Sie sehen: zum ersten Mal reden die Gesprächspartner miteinander und reagieren nicht nur! Ein Dialog hat begonnen und das ist die Basis, um dann wirklich in ein Lösungsgespräch einzusteigen. Wenn Sie soweit mit einem ursprünglich stark emotionalen Gesprächspartner gekommen sind — erst jetzt und keinesfalls früher —, können Sie auch Ihre Informationen im Gespräch vermitteln. Hier ein Beispiel, was damit gemeint ist.

► **BEISPIEL**

Führungskraft: „Ok, damit jetzt keine Zeit mehr verloren geht und meine Kollegen auch sofort mit dem richtigen Stand beginnen, können wir jetzt schnell abgleichen. Welche Informationen (Fehlercodes, Fehlermeldungen etc.) liegen Ihnen vor, damit ich ein komplettes Bild habe und alle Schritte nun richtig und erfolgreich einleiten kann?"

In vielen Fällen hat man fast keine oder nur lückenhafte Informationen und der emotionale Kunde wird am Anfang manchmal auch übertreiben oder einen Sachverhalt unvollständig schildern. Fragen Sie jetzt zu früh nach, also bevor Sie im Dialogmodus sind, kann dies wieder für einen verbalen Angriff auf Sie genutzt werden. Dies ist eine der häufigsten Kommunikationsfehler bei ungeübten Innendienstmitarbeitern in emotionalen Kundengesprächen.

TIPP

Sorgen Sie unbedingt dafür, dass zumindest in Ihrer Abteilung, besser im gesamten Unternehmen, die Regel gilt: Wer den Anruf eines verärgerten Kunden entgegennimmt (Ausnahme ist möglicherweise die Telefonzentrale), der ist verantwortlich, sich im Kundengespräch durch die RICARD-Phasen zu arbeiten und sicherzustellen, dass der erste Rückruf, der dem Kunden zugesagt wurde, auch erfolgt. Dieser Rückruf muss nicht zwingend von einem Innendienstmitarbeiter gemacht werden, wenn es um fachspezifische Belange geht. Haben Ihre Mitarbeiter jedoch Bedenken, dass ein Fachmann, der gerade zwei Stunden erfolglos nach einer Lösung für ein Problem gesucht hat, nicht die geeignete Person für den Rückruf ist, sollte dies der Innendienstmitarbeiter tun. Er kann seinen Fachmann bitten, ihn mit Informationen auszustatten: Was habt Ihr alles untersucht? Mit wem habt Ihr Kontakt aufgenommen? Was wird als Nächstes unternommen? Wann haben wir erste Ergebnisse für den Kunden? Ausgestattet mit diesen Informationen ruft der Innendienstmitarbeiter den Kunden beim ersten vereinbarten Rückruf an.

Nach dem Kundenrückruf folgt die letzte Phase im RICARD-Modell: D wie „Dementsprechend handeln".

1.5.6 Phase 6: Dementsprechend handeln!

Eine der Hauptaufgaben einer Vertriebsorganisation ist es, das mühsam aufgebaute Image und Vertrauen, das zur Kundenbindung führt, zu bewahren und stets zu verbessern. In einem Krisenfall ist diese Investition gefährdet. Ein verärgerter Kunde, der im Beschwerdefall überforderte und inkompetente Mitarbeiter erst nach sechsmaligem Verbinden ans Telefon bekommt, kann sich monatelang über Sie als Lieferanten aufregen und von Ihnen abraten. Hier zählt dann nicht mehr, was in den letzten Jahren alles gut gelaufen ist, sondern nur, dass der Lieferant Mist gebaut hat und sich in Ihrem Unternehmen niemand zuständig fühlte.

Aus diesem Grund war für mich das Beherrschen des RICARD-Modells für jeden Innen- und Außendienstmitarbeiter absolute Pflicht! Erst wenn die Phasen 1 bis 5 erfolgreich durchlaufen wurden, durfte der Fall — sofern man nicht selbst zuständig war — an den zuständigen Mitarbeiter übergeben werden. Die Verantwortung, dass der Rückruf erfolgt (von wem auch immer), darf man nicht abgeben. Die tiefere psychologische Kenntnis, was für Impulse notwendig sind und welche Bedeutung sie in dem Gesprächsablauf haben, führt dazu, dass sich die Innendienstmitarbeiter als Team verantwortlich fühlen. Kunden sollen im Beschwerdefall professionell abgeholt werden. Und ist das Problem gelöst, ist manchmal sogar ein Imagezuwachs zu verbuchen. Was kann es Besseres geben, als wenn Sie von Kunden nach Monaten hören: „Das war schon stressig damals mit dem Lieferproblem, aber Ihre Mannschaft hat das hochprofessionell und vor allem schnell und verbindlich in den Griff bekommen. Da passte alles."

Die folgende Abbildung fasst die RICARD-Phasen nochmals zusammen und zeigt die jeweilige inhaltliche Aufgabenstellung für den Mitarbeiter im Überblick.

TIPP

Das folgende Schaubild finden Sie auch auf www.haufe.de/arbeitshilfen. Es hat sich in der Vergangenheit bewährt, das Bild verkleinert auszudrucken und bei den Innendienstmitarbeitern entweder unter der transparenten Schreibtischunterlage zu positionieren oder neben dem Bildschirm, sodass sie, wenn ein verärgerter Kunde anruft, den Ablauf sofort vor Augen haben. Dies erleichtert die professionelle Reaktion vor allem bei den ängstlicheren Mitarbeitern im Team enorm und sorgt für mehr Sicherheit und schnellere Integration der Methode in das eigene Verhalten.

Reden lassen
- Nicht auf rhetorische Fragen und Provokationen reagieren
- Aktiv zuhören
- Körpersprache, große Gesten erkennen; wo ist die Stimme extremer?
- Stichpunkte notieren, auf die Sie später eingehen möchten

Identifikation zeigen
- Sagen, dass Sie seinen Ärger verstehen
- Nur Gefühle wie Ärger, Angst oder Irritation teilen
- Nie sagen, dass Sie sich in seine Lage versetzen können

Commitment pers. geben
- Versprechen Sie als Person, dass Sie sich um den Fall kümmern
- Verbindliche Formulierungen benutzen wie z. B. ich garantiere, stelle sicher, trage selbst Sorge dafür, dass...

Aktivität übernehmen
- Bewusst versuchen, nun die Führung des Gesprächs zu übernehmen

Reihenfolge der Akt. vorschlagen
- Vorschlag, wer einzuschalten ist, wer informiert werden muss, wer sofort angerufen werden muss, zu welchen Chefs eskaliert werden soll
- Immer Feedback Loop anwenden, Rückruf zum Kunden mit erster Statusmeldung
- Bis hierher verantwortlich handeln, auch wenn der Fall gar nicht für Sie ist!

Dementsprechend handeln
- Verantwortung ausüben und sicherstellen, dass der Rückruf durch Fachleute oder Kollegen erfolgt
- Ggf. selbst zurückrufen und sich vorher die notwendigen Informationen aus dem Fachbereich holen

Abb. 14: Das RICARD-Modell – Gesprächsphasen mit Handlungsempfehlungen

2 Typische Gesprächssituationen im Führungsalltag

2.1 Das Prinzip der situativen Führung

Seit einigen Jahren machen Sie einen sehr guten Job, kennen nahezu alle Prozesse Ihrer Abteilung auswendig und gehören zu den Leistungsträgern im Unternehmen. In dieser Situation werden Sie nun von Ihrem Vorgesetzten oder der Geschäftsleitung gefragt, ob Sie nicht die Leitung des Innendienstes übernehmen möchten. Klar wollen Sie! Zum einen ist das eine große Anerkennung Ihrer bisher geleisteten Arbeit und zum anderen ist diese Führungsposition auch mit mehr Ansehen und Geld verbunden. Sie haben es endlich geschafft, sind zum Abteilungsleiter ernannt worden oder durch einen Wechsel in diese Position gelangt. Sie haben den Schritt von der Fachkraft bzw. dem Spezialisten zur Führungskraft gemacht. War es bisher noch recht einfach, beim eigenen Chef zu erkennen, was an seinem Verhalten gut und motivierend oder eben demotivierend war, stehen Sie nun selbst vor Mitarbeitern, die genau diese Messlatte täglich an Sie anlegen. Nicht selten sind es die ehemaligen Kollegen, mit denen Sie jahrelang zusammengearbeitet haben, die Sie nun als Chef akzeptieren müssen und beurteilen werden.

Fachlich fühlen Sie sich absolut fit und den täglichen Fragen gewachsen, dennoch beunruhigt es Sie, dass Sie nicht genau wissen, wie Sie nun Ihren Mitarbeitern gegenüber auftreten sollen, wie Sie diese motivierend führen sollen. Aber einige gute Chefs haben Sie auch erlebt, vielleicht taugen die als Vorbild?

Vorbilder kopieren?

Dies ist schon die erste Falle, in die eine Führungskraft hineintappen kann: Das Verhalten eines anderen Menschen einfach zu kopieren, weil man es selbst als richtig empfunden hat, führt nur in ganz seltenen Fällen zu eigenem erfolgreichen Agieren als Führungskraft. Da Sie mehr als die Hälfte Ihrer Zeit als Führungskraft darauf verwenden, Ihr Personal motivierend zu führen, wird es sehr entscheidend sein, in welcher Art und Weise Sie das tun. Die Anforderung an Sie besteht darin, dass Sie einen **eigenen Führungsstil entwickeln** müssen, sozusagen Ihre eigene

Handschrift. Nur so sind Sie für Ihre Mitarbeiter, Kollegen und Chefs überzeugend und können nachhaltig erfolgreich agieren.

Ein eigener Führungsstil ist aber nichts, was man sich mal eben abschauen kann, sondern er setzt sich aus einer großen Anzahl bewusster Entscheidungen zusammen. Dabei handelt es sich um Entscheidungen in vielen alltäglichen Situationen, in denen Sie bisher einfach agiert haben.

Bei vielen dieser Entscheidungen reichen oft eine oder mehrere Sekunden des Nachdenkens, um bewusst einen Weg einzuschlagen und ihn dann auch konsequent zu gehen. Konzeptionelles und methodisches Wissen kann hier Ihre Führungsarbeit wesentlich vereinfachen. Denn auch im täglichen **Umgang mit den Mitarbeitern** gibt es ein Modell, das es einer Führungskraft erleichtert, richtige Entscheidungen im Umgang mit ihren Mitarbeitern zu treffen.

2.1.1 Regeln der Persönlichkeitsentfaltung einer Führungskraft

Bevor wir uns jedoch dem Prinzip der situativen Führung zuwenden, möchte ich Sie auf ein paar grundsätzliche Regeln aufmerksam machen, die es bei der eigenen Persönlichkeitsentfaltung als Führungskraft zu berücksichtigen gilt. Sehen Sie diese Regeln nicht als unumstößliches Gesetz, sondern als Leit- und Orientierungsfaden für Ihr eigenes Handeln. Gemeint ist damit, dass Sie sich in den unterschiedlichsten Situationen regelmäßig kurz vor Augen führen, ob Sie noch grundsätzlich im Rahmen dieser Regeln handeln. Je nachdem, wie Ihre Prüfung ausfällt, können Sie dann bewusst entscheiden, Ihr Verhalten zu ändern oder aber die Situation laufen zu lassen. In jedem Fall reduzieren Sie damit die Anzahl der Situationen, aus denen Sie mit einem unguten Bauchgefühl herausgehen, weil etwas nicht optimal gelaufen ist, ohne genau zu wissen, woran es lag.

Regeln der Persönlichkeitsentfaltung einer Führungskraft	
1.	Die anderen sollten Ihnen folgen, nicht umgekehrt.
2.	Seien Sie höflich, ignorieren Sie (in Grenzen) die Unhöflichkeit anderer.
3.	Lassen Sie nie jemanden auf sich herunterschauen! Sorgen Sie immer für gleiche Augenhöhe.
4.	Erkennen Sie Ihren Partner bewusst in seinem Grundtyp als Person.
5.	Nehmen Sie keine Ratschläge entgegen und erteilen Sie auch keine.

Regeln der Persönlichkeitsentfaltung einer Führungskraft	
6.	Sprechen Sie deutlich und überlegt, nie hastig.
7.	Agieren Sie präzise und direkt, ohne zu verletzen.
8.	Seien Sie der Urheber eines Gedankens und vermeiden Sie häufige Zitate.
9.	Sammeln Sie zündende Formulierungen, jeden Tag ein neuer Slogan.
10.	Akzeptieren Sie die Meinung des Partners und beginnen Sie, von den bestehenden Übereinstimmungen aus Ihre Argumentation aufzubauen.
11.	Vermeiden Sie jeden aggressiven Tonfall und sprechen Sie von Ihren eigenen Wahrnehmungen und Feststellungen.
12.	Verstärken Sie Ihre Persönlichkeit durch ständige, eigene Reflektion.
13.	Bieten Sie Mitmenschen die Chance, Ihnen gefällig zu sein.
14.	Beobachten Sie wach und kritisch Ihre Umwelt.
15.	Kämpfen Sie nie mit den Waffen Ihres Gegners, setzen Sie immer auf die eigene Taktik und Strategie.
16.	Seien Sie besonders dann ruhig und sachlich, wenn Sie sich in einer lauten und emotional aufgeladenen Situation befinden.
17.	Streben Sie unermüdlich nach der Entwicklung Ihrer Persönlichkeit.

2.1.2   Das Konzept des situativen Führungsstils

Seit es Führungskräfte und Mitarbeiter gibt, sind psychologisch geschulte Experten und Pragmatiker auf der Suche nach dem einen, „besten" Führungsstil. Und das, obwohl die Forschung recht unmissverständlich darauf hinweist, dass es keinen allgemeinen Führungsstil gibt, der für alle Situationen passt. So herrscht heute die Meinung: Erfolgreiche Führungskräfte sind in der Lage, ihr Führungsverhalten den Erfordernissen der jeweils vorliegenden Situation anzupassen. Sie können sich — im Bewusstsein ihrer Voraussetzungen und Möglichkeiten — auf die individuellen Voraussetzungen und Anforderungen der Mitarbeiter einstellen.

2.1.3   Aufgabenbezogenes und mitarbeiterbezogenes Verhalten

Als Resultat intensiver Forschung wurde das Modell des situativen Führens („Situational Leadership") von Paul Hersey und Kenneth H. Blanchard entwickelt

(Abb. 15). Dieses Modell unterstützt die Führungskräfte dabei, die **Erfordernisse einer spezifischen Führungssituation** zu diagnostizieren. Ausgangspunkt ist das Maß an direktiver Führung (aufgabenbezogenes Verhalten), das eine Führungskraft in einer gegebenen Situation bezogen auf das Reifeniveau der Mitarbeiter oder der Gruppe aufbringen muss. Schauen wir uns einmal an, was die Begriffe „aufgabenbezogenes" bzw. „mitarbeiterbezogenes" Verhalten sowie „Reifeniveau" bzw. „Reifegrad" bedeuten.

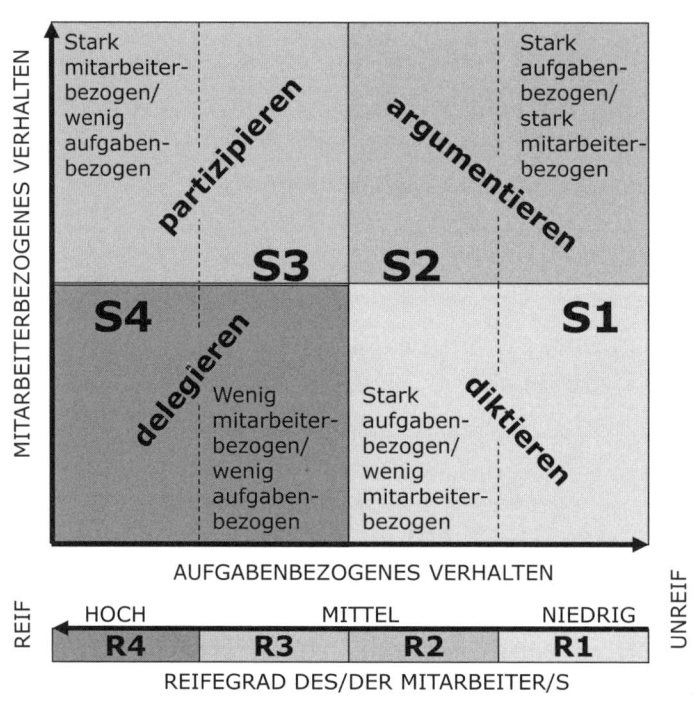

Abb. 15: Das Modell der situativen Führung

Aufgabenbezogenes und mitarbeiterbezogenes Verhalten sind zwei entscheidende Kriterien für die Beurteilung eines Führungsstils. Beiden Kriterien sind mit den verschiedensten Etikettierungen wie „autokratisch und demokratisch" oder „mitarbeiterorientiert und produktionsorientiert" versehen worden. Lange Zeit dachte man, dass aufgaben- und mitarbeiterbezogenes Verhalten sich gegenseitig ausschließen und als gegensätzliche Endpunkte eines Kontinuums aufgefasst werden müssen, das von autoritärem (aufgabenbezogenem) Führungsverhalten am einen Ende bis zum demokratischen, kollegialen (mitarbeiterbezogenen) Führungsverhalten am anderen Ende reicht. In den letzten Jahren wurde die Annahme, dass Aufgaben- und Mitarbeiterbezogenheit Führungsstile seien, die sich gegenseitig ausschließen, aufgegeben. Besonders durch die intensiven Forschungsarbeiten an der Ohio State University (USA) ist diese theoretische Annahme aufgrund von empirischen Studien in den Bereich der Fabeln verwiesen worden. Durch sorgfältige Beobachtung des tatsächlichen Verhaltens von Führungskräften in vielen verschiedenen Situationen fanden die Arbeitsforscher heraus, dass sich alle Aktivitäten der Führungskräfte prinzipiell in zwei verschiedene und damit relativ leicht verständliche Verhaltenskategorien einordnen lassen: die Kategorien **„Strukturieren"** (aufgabenbezogenes Verhalten) und **„Rücksicht nehmen"** (mitarbeiterbezogenes Verhalten).

Aufgabenbezogenes und mitarbeiterbezogenes Verhalten

Aufgabenbezogenes Verhalten bezeichnet das Ausmaß, mit dem die Führungskraft Einwegkommunikation betreibt, indem sie jedem Mitarbeiter erklärt, was er wann, wo und wie zu tun hat.
Mitarbeiterbezogenes Verhalten bezeichnet das Ausmaß, mit dem die Führungskraft das Gespräch sucht, sozio-emotionale Unterstützung anbietet, „psychologische Streicheleinheiten" verteilt und Erleichterungen gewährt.

In den erwähnten Studien fanden die Wissenschaftler der Ohio State University heraus, dass die Führungsstile sehr unterschiedlich sind und teilweise stark schwanken. Das Verhalten einiger Führungskräfte in der Studie war hauptsächlich durch direktive Maßnahmen gegenüber ihren Mitarbeitern in Bezug auf die Erledigung von Aufgaben gekennzeichnet, während andere Führungskräfte sozio-emotionale Unterstützung durch den Aufbau persönlicher Beziehungen zwischen sich und den Mitarbeitern offerierten. Wieder andere bevorzugten einen Führungsstil, der durch starke Aufgabenorientierung gekennzeichnet war. Es gab sogar einige Führungskräfte, die insgesamt einen geringen Grad an Führungstätigkeit ausübten und deren Verhalten zu geringer Aufgabenorientierung und ebenso geringer Mitarbeiterorientierung neigte.

Fazit: Es kristallisierte sich kein dominierender Führungsstil heraus. Stattdessen gab es augenscheinlich vielfältige Kombinationen. Daraus resultierte die Erkenntnis: Aufgabenorientierung und Mitarbeiterorientierung sind keine Entweder-Oder-Stile. Vielmehr können diese Formen von Führungsverhalten auf zwei unterschiedlichen Achsen (mitarbeiterbezogenes Verhalten, aufgabenbezogenes Verhalten) eingetragen werden (siehe Abb. 15).

Da die Forschung in den letzten Jahrzehnten eindeutig die Behauptung gestützt hat, dass es den einen, besten Führungsstil nicht gibt, kann sich jeder der vier Grundstile, je nach Situation, als effektiv oder ineffektiv erweisen.

Das Konzept des situativen Führens basiert auf dem Zusammenspiel von direktivem Verhalten (aufgabenorientiert) und sozio-emotionaler Unterstützung (mitarbeiterbezogen) durch die Führungskraft sowie dem Reifegrad, den die Mitarbeiter in Bezug auf eine bestimmte Aufgabe, Funktion oder ein bestimmtes Ziel zeigen, das die Führungskraft mit ihrer (des Einzelnen oder der Gruppe) Hilfe erreichen will.

Reife und Reifegrad

Das Konzept des situativen Führens definiert **Reife** (engl.: maturity) als die Fähigkeit, sich hohe, jedoch erreichbare Ziele zu setzen (Erfolgsmotivation), die Bereitschaft und Fähigkeit, Verantwortung zu übernehmen, sowie die Ausbildung bzw. die Erfahrung eines Einzelnen oder einer Gruppe. Die Reife bezieht sich in diesem Kontext ausschließlich auf bestimmte auszuführende Aufgaben und nicht auf Reifedimensionen wie Lebensalter oder Berufsalter. Daraus lässt sich eine ganz entscheidende Schlussfolgerung ziehen: Ein Individuum oder eine Gruppe ist an sich nicht reif oder unreif. Menschen verschiedenen Alters zeigen vielmehr verschiedene Reifegrade, je nachdem, wie Ziel, Funktion oder Aufgabe beschaffen sind, die die Führungskraft durch ihren Einsatz erreichen will.

So ist es durchaus möglich, dass ein Verkäufer, der bei seinen Kundenbesuchen durch eine hohe Reife besticht, beim Ausarbeiten und Formulieren von Angeboten ein weitaus geringeres Maß davon zeigt. Daraus ergibt sich für die Führungskraft, dass sie dem Verkäufer in Bezug auf dessen Kundenbesuche nur wenige Direktiven und Hilfen zu geben braucht, für den Bereich der Angebotserstellung jedoch muss sie dem Verkäufer klare Vorschriften machen und genau nachprüfen, ob sich der Mitarbeiter auch daran hält.

Das Grundkonzept des situativen Führens

Das Modell der situativen Führung („Situational Leadership") besagt Folgendes: In dem Maß, in dem die Reife eines Mitarbeiters im Hinblick auf die Bewältigung bestimmter Aufgaben zunimmt, sollte die Führungskraft ihr aufgabenbezogenes, direktives Verhalten reduzieren und ihr mitarbeiterbezogenes, unterstützendes Verhalten verstärken bis zu dem Zeitpunkt, an dem das Individuum (oder eine Gruppe) eine mittlere Reife erreicht hat. Sobald sich der Mitarbeiter auf einen höheren Reifegrad zubewegt, sollte die Führungskraft sowohl ihr direktives als auch ihr unterstützendes Verhalten verringern. Denn nun ist der Mitarbeiter nicht nur in Bezug auf seine beruflichen Ziele, sondern auch psychologisch als reif anzusehen.

Da sich der Mitarbeiter jetzt selbst psychologische „Streicheleinheiten" und Verstärkung geben kann, braucht er weniger sozio-emotionale Unterstützung von seiner Führungskraft. Menschen dieses Reifegrads betrachten eine Reduzierung von Kontrolle bei gleichzeitiger Zunahme der Delegation von Aufgaben und Verantwortung als positives Zeichen von Vertrauen und Zuversicht. Das Modell der situativen Führung ist somit auf die Angemessenheit und Effektivität von Führungsstilen entsprechend der aufgabenrelevanten Reife der Mitarbeiter ausgerichtet.

2.1.4   Führungsstil und Reifegrad der Mitarbeiter

In Abbildung 15 wird die Beziehung zwischen aufgabenbezogener Reife und angemessenem Führungsstil deutlich. Wenn wir von den vier Führungsstilen (S1 bis S4) sprechen, benutzen wir folgende Kurzbezeichnungen:

Führungsstil S1: Diktieren	stark aufgabenbezogen/wenig mitarbeiterbezogen
Führungsstil S2: Argumentieren	stark aufgabenbezogen/stark mitarbeiterbezogen
Führungsstil S3: Partizipieren	stark mitarbeiterbezogen/wenig aufgabenbezogen
Führungsstil S4: Delegieren	wenig mitarbeiterbezogen/wenig aufgabenbezogen

Was die Reife des Mitarbeiters betrifft, so handelt es sich hier nicht um die pauschale Frage, ob der Mitarbeiter reif oder unreif ist, sondern um die Frage nach dem Grad der Reife bezogen auf eine bestimmte Aufgabenstellung. Wie dem Modell der situativen Führung (Abb. 15) zu entnehmen ist, entsprechen die vier Führungsstile den vier zugrunde liegenden Reifegraden. Ein niedriges Niveau aufgabenbezogener Reife wird als Reifegrad R1 bezeichnet; niedrig bis mittel als R2; mittel bis hoch als R3 und ein hohes Reife-Niveau bezogen auf eine Aufgabe als Reifegrad R4.

Die Anwendung des situativen Führungsstils in der Praxis

Was bedeuten diese theoretischen Überlegungen für die Praxis einer kontinuierlichen Mitarbeiterentwicklung? Mit der Entwicklung des Mitarbeiters von unreif bis reif entlang des Reifekontinuums verändert sich auch der Führungsstil von S1 bis S4. Ferner bedeutet es: Je mehr Mitarbeiter Sie in Ihrer Abteilung einsetzen, die, bezogen auf viele Aufgabenstellungen, einen hohen Reifegrad erreicht haben, desto flexibler sind Sie in der Organisation und Führung der Abteilung. Daraus folgt, dass es eine der Hauptaufgaben in der Personalführung und -entwicklung ist, dafür zu sorgen, dass immer mehr Mitarbeiter bezogen auf eine Vielzahl von Aufgaben einen höheren Reifegrad erreichen.

Welcher Führungsstil ist wann geeignet?

Um festzustellen, welcher Führungsstil in einer bestimmten Situation angemessen ist, muss zunächst die Reife des Mitarbeiters in Bezug auf die Aufgabe, die die Führungskraft durch ihn erledigt wissen möchte, bestimmt werden. Sobald die Reife bestimmt ist, kann der dazu passende Führungsstil angewandt werden.

Eine Führungskraft hat festgestellt, dass der Reifegrad eines Mitarbeiters in Bezug auf die Erledigung schriftlicher Verwaltungsarbeiten niedrig ist: Wendet sie die Methode des situativen Führens an, so zeigt sie gegenüber dem Mitarbeiter den Führungsstil S1 oder S2, je nachdem, ob ein Mangel an Motivation oder ein Mangel an fachlichem Wissen bzw. Können vorliegt.

Wenn wir in diesem Beispiel von „wenig mitarbeiterbezogenem Verhalten" sprechen, dann meine ich nicht, dass die Führungskraft unfreundlich und unpersönlich gegenüber den betreffenden Mitarbeitern sein soll. Ich schlage vor, dass die Führungsperson bei der Beaufsichtigung der schriftlichen Arbeiten des Mitarbeiters mehr Zeit für die direktive Führung dieses Mitarbeiters aufbringen sollte, indem sie ihm sagt, welche Aufgabe er auf welche Weise wann und wo zu erledigen hat, statt sozio-emotionale Unterstützung und Verstärkung zu bieten. Ein verstärkt mitarbeiterbezogenes Verhalten soll dann angewendet werden, wenn der Mitarbeiter Anzeichen der Fähigkeit an den Tag legt, notwendige schriftliche Verwaltungsarbeiten zu erledigen, jedoch einen Mangel an Motivation aufweist. Zu diesem Zeitpunkt ist dann ein Wechsel von Führungsstil S1 zu Führungsstil S2 angebracht.

Bestimmung des geeigneten Führungsstils

Die Theorie des situativen Führens besagt also, dass bei der Arbeit mit Personen, deren Reifegrad bezüglich der Erfüllung einer bestimmten Aufgabe niedrig (R1) ist, ein Führungsstil mit stark aufgabenbezogenem und wenig mitarbeiterbezogenem Verhalten (S1) mit hoher Wahrscheinlichkeit am erfolgreichsten ist. Bei der Arbeit mit Personen mittleren Reifegrads (R2) scheint ein gemäßigt direktiver Stil mit sozio-emotionaler Unterstützung (S2) der am besten geeignete zu sein. Bei der Arbeit mit Personen von mittlerem bis hohem Reifegrad (R3) bezüglich der Erfüllung einer bestimmten Aufgabe hat ein Führungsstil mit stark mitarbeiterbezogenem und wenig aufgabenbezogenem Verhalten (S3) die größte Aussicht auf Erfolg. Schließlich hat ein Führungsstil mit wenig mitarbeiterbezogenem und wenig aufgabenbezogenem Verhalten (S4) bei der Arbeit mit Personen, die einen hohen aufgabenbezogenen Reifegrad haben (R4), die höchste Wahrscheinlichkeit auf Erfolg.

Es ist wichtig, die zuvor gegebenen Definitionen des aufgabenbezogenen und mitarbeiterbezogenen Verhaltens zu kennen, die Kurzbezeichnungen für die vier Stile des situativen Führens S1 bis S4 haben sich für die schnelle Diagnose aber als sehr praktikabel erwiesen.

Diktieren, Argumentieren, Partizipieren, Delegieren

Das Führungsverhalten stark aufgabenbezogen/wenig mitarbeiterbezogen (S1) wird als **„Diktieren"** („unterweisen") bezeichnet. Dieser Stil ist durch einseitige Verständigung charakterisiert, wobei die Führungskraft die einzelnen Rollen der Mitarbeiter definiert und ihnen genau vorgibt, was sie wie, wann und wo zu tun haben.

Das Führungsverhalten stark aufgabenbezogen/stark mitarbeiterbezogen (S2) wird als **„Argumentieren"** („verkaufen") bezeichnet, da dieser Stil immer noch sehr direktiv ist. Die Führungskraft wird hierbei allerdings anstreben, die Mitarbeiter durch eine zweiseitige Verständigung und sozio-emotionale Unterstützung auf psychologische Weise dazu zu bringen, dass sie ihr eine Entscheidung „abkaufen".

Das Führungsverhalten stark mitarbeiterbezogen/wenig aufgabenbezogen (S3) wird als **„Partizipieren"** bezeichnet, da bei diesem Stil die Führungskraft und die Mitarbeiter zusammen die Entscheidungen treffen. Dies tun sie durch zweiseitige Verständigung und viel förderndes Verhalten der Führungskraft, denn die Mitarbeiter des entsprechenden Reifegrads R3 besitzen die Fähigkeiten und die Kenntnisse, um ihre Aufgabe selbstständig zu erfüllen.

Das Führungsverhalten wenig mitarbeiterbezogen/wenig aufgabenbezogen (S4) wird als **„Delegieren"** bezeichnet, da bei diesem Stil die Mitarbeiter „unter eigener Regie" arbeiten. Die Führungskraft delegiert, da die Mitarbeiter ein hohes Reifeniveau aufweisen und sowohl willens als auch in der Lage sind, die Verantwortung für die Steuerung ihres eigenen Verhaltens zu übernehmen.

Wie sich der Reifegrad verändern lässt

Bei dem Versuch, das Reifeniveau eines Mitarbeiters, der bislang wenig Verantwortung übernommen hat, zu verbessern, muss eine Führungskraft sorgsam darauf achten, die sozio-emotionale Unterstützung (mitarbeiterbezogenes Verhalten) nicht zu abrupt zu verstärken, da dieses Verhalten von den Mitarbeitern als Führungsschwäche empfunden werden kann. Die Führungskraft muss also das Verhältnis zu den Mitarbeitern langsam aufbauen, indem bei zunehmendem Reife-niveau der Mitarbeiter etwas weniger aufgabenbezogenes Verhalten und etwas mehr mitarbeiterbezogenes Verhalten praktiziert wird. Dies geschieht in der Regel in einem eher fließenden Prozess.

> ### BEISPIELE aus der Führungspraxis

Beispiel 1: Reifegrad R1, Führungsstil S1

Ist die Leistung eines Mitarbeiters schwach, kann man nicht über Nacht mit einer drastischen Verbesserung des Zustands rechnen. Um ein erwünschtes Verhalten zu erreichen, muss die Führungsperson auch kleine Schritte in die gewünschte Richtung sofort belohnen und mit diesem Prozess fortfahren, bis das Verhalten mehr und mehr ihren Erwartungen entspricht. Dieses Kon-zept wird als „**Verhaltensmodifikation**" bezeichnet. Wenn eine Führungskraft zum Beispiel das Reifeniveau eines Mitarbeiters so verbessern möchte, dass dieser entschieden mehr Verantwortung übernehmen kann, so besteht der beste Weg, den die Führungskraft gehen kann, darin, die direktive Führung (aufgabenbezogenes Verhalten) etwas zu reduzieren und dem Mitarbeiter Ge-legenheit zu geben, mehr Verantwortung zu übernehmen. Wird diese Verant-wortung sinnvoll genutzt, muss die Führungskraft dieses Verhalten durch ein Mehr an mitarbeiterbezogenem Verhalten verstärken. Dieser Prozess erfolgt in zwei Schritten: Im ersten Schritt erfolgt die Verringerung der direktiven Führung und im zweiten, sofern die entsprechende Leistung erbracht wird, die Steigerung der sozio-emotionalen Unterstützung als Verstärkung.

Dieser Prozess muss so lange fortgeführt werden, bis der Mitarbeiter in wesentlichen Bereichen Verantwortung übernimmt und Leistungen erbringt, die einer Person mit mittlerem Reifegrad entsprechen. Der Mitarbeiter braucht jetzt allerdings nicht weniger Führung; vielmehr fordert er selbst, geführt zu werden, anstatt dass die Führungskraft ihm die Führung aufzwingt. Ist die Entwicklung so weit fortgeschritten, dann sind die Mitarbeiter nicht nur in der Lage, viele ihrer Tätigkeiten selbst zu steuern, sondern sie beginnen auch damit, sich selbst Befriedigung in Bezug auf ihre sozialen und emotionalen Bedürfnisse zu verschaffen. In diesem Stadium wird der Erfolg der Mitarbeiter dadurch positiv verstärkt, dass ihnen die Führungskraft nicht über die Schulter guckt und sie zunehmend selbstständiger arbeiten lässt. Das heißt nicht, dass jetzt weniger Vertrauen und gegenseitige Freundlichkeit herrschen (tatsäch-lich ist das Verhältnis zueinander jetzt besser), sondern dass die Führungskraft weniger direkte Anstrengungen unternehmen muss, dies gegenüber (den jetzt reiferen) Mitarbeitern zu zeigen.

Beispiel 2: Reifegrad R4, Führungsstil S4

Nehmen wir als zweites Beispiel einen Gruppenleiter, der in höchstem Maße motiviert und leistungsfähig gewesen ist (R4) und deshalb selbstständig arbeiten konnte: Angenommen, dieser Gruppenleiter wird zum Abteilungsleiter befördert. Obwohl es durchaus angemessen war, ihn als Gruppenleiter selbstständig arbeiten zu lassen (S4), wird es seinem Vorgesetzten wohl angebracht erscheinen, jetzt, da er Abteilungsleiter ist und eine neue Aufgabe erfüllen muss, in der er wenig erfahren ist, die entsprechenden Führungsstile nacheinander anzuwenden. Dies geschieht, indem er zunächst mehr sozio-emotionale Unterstützung bietet und dann die direktive Führung und Beaufsichtigung seiner Tätigkeiten verstärkt (von Stil 4 über Stil 3 nach Stil 2).

Dieser stark aufgaben- und mitarbeiterbezogene Führungsstil muss so lange beibehalten werden, bis der Mitarbeiter fähig ist, das neue Verantwortungsgebiet zu bewältigen. Zu diesem Zeitpunkt ist dann ein Rückgang von Stil 2 über Stil 3 nach Stil 4 angebracht. Wird zu Anfang der gleiche Führungsstil angewendet, der sich während seiner Tätigkeit als Gruppenleiter als erfolgreich erwiesen hat, ist es durchaus möglich, dass dieser sich jetzt als ineffektiv erweist, da er den Erfordernissen der Situation und ihren veränderten Rahmenbedingungen nicht mehr entspricht.

Fazit und Zusammenfassung

Zusammenfassend lässt sich festhalten, dass erfolgreiche Führungskräfte ihre Mitarbeiter ausreichend gut kennen müssen, damit sie ihren Führungsstil fortwährend den sich verändernden Anforderungen anpassen können. Man darf nicht vergessen, dass die Mitarbeiter als Einzelpersonen wie auch in der Gruppe mit der Zeit ihre spezifischen Verhaltensmuster und ihre eigene Arbeitsweise (Normen, Gepflogenheiten usw.) entwickeln. Während eine Führungskraft einen bestimmten Stil für die Arbeitsgruppe insgesamt anwendet, kann es angebracht sein, sich einzelnen Mitarbeitern gegenüber völlig anders zu verhalten, da diese unterschiedliche individuelle Reifegrade aufweisen. In jedem Fall muss der Übergang von einem Führungsstil zum anderen, S1 nach S2, S3 nach S4, unabhängig, ob man mit einer Gruppe oder mit einer Einzelperson arbeitet, in kleinen, fließenden Schritten erfolgen! Dieser Prozess darf nicht revolutionär (sprunghaft), sondern muss evolutionär angegangen werden: allmähliche Entwicklungsveränderungen als Resultat geplanten Wachstums und der Schaffung von gegenseitigem Vertrauen und Respekt. Reife, die mit einer hohen Arbeitsqualität und Arbeitsleistung einhergeht, lässt sich nicht erzwingen. Erfolgreiche Führungsarbeit braucht eben auch das entsprechende Maß an Zeit und Geduld.

Werfen Sie dumme und vor allem falsche Sprüche über Bord!

Wer hatte nicht schon die Situation: Man lässt gegenüber dem eigenen Vorgesetzten anklingen, dass man aufgrund eines enormen Arbeitsanfalls permanent mit Zeitproblemen zu kämpfen hat, und schon lautet die Reaktion: „Ja, Sie müssen einfach mehr delegieren!" Dieser an sich schon dumme Spruch hat nur in einer einzigen Situation eine Daseinsberechtigung, nämlich in dem Fall, wo Sie vorher Sachbearbeiter waren und jetzt aufgestiegen sind zum Abteilungsleiter und immer noch einen großen Teil Ihrer Zeit mit Ihren früheren Aufgaben verbringen. Dort und nur dort trifft diese Aussage zu.

In allen anderen Situationen sollten Sie sich selbst fragen, wie viel Ihrer täglichen Aufgaben als Führungskraft sich überhaupt im Sinne des situativen Führungsstils delegieren lassen? Wenn Sie nicht einen sehr gut ausgebildeten Stellvertreter und potenziellen Nachfolger gecoached und herangeführt haben, dann werden Sie feststellen, dass Sie kaum Tätigkeiten haben, die Sie ohne weiteres an Mitarbeiter delegieren können. Sie sehen also, der oben genannte Spruch dient einzig und allein dazu, sich nicht Ihrer Situation zu stellen, sondern Ihnen sogar noch ein ungutes Gefühl zu verschaffen nach dem Motto „Selbst schuld!" Ihre Reaktion bei solchen demotivierenden Sprüchen sollte professionell vorbereitet sein und könnte zum Beispiel lauten:

▶ **BEISPIEL**

„Sehen sie, ich habe meine sämtlichen regelmäßigen Arbeiten in A-, B- und C-Prioritäten eingeteilt und dabei genau analysiert wo noch Potenzial zum Delegieren vorhanden ist. Basierend auf diesem Resultat habe ich bereits Arbeiten von meinem Schreibtisch an andere Mitarbeiter delegiert. Was von diesen Arbeiten regelmäßig ansteht, kann derzeit nicht delegiert werden, es muss gegebenenfalls ausgelagert werden oder es bleibt liegen. Das ist die Situation, und ich würde gerne präzise mit Ihnen mögliche Vorschläge zur Verbesserung der Situation diskutieren und gemeinsam zu einer Entscheidung bringen."

In diesem Fall hat Ihr Vorgesetzter keine Wahl, als sich auf ein sachliches Gespräch mit Ihnen einzulassen und Ihre Vorschläge zumindest anzuhören und seine Meinung zu sagen. Tut er das nicht, hat er nicht nur zur Demotivation bei Ihnen beigetragen, sondern sich auch direkt als schlechte Führungskraft entlarvt.

Abschließend sei bemerkt: Auch dieses Konzept, diese Methode ist am Ende nichts weiter, als ein einfaches Werkzeug, das uns als Führungskraft im Alltag helfen kann, bewusst zu entscheiden und zu kontrollieren, ob man bestimmte Mitarbeiter auch angemessen anspricht, wenn man ihnen Aufgaben überträgt. Nutzen Sie dieses Modell auch zur Einteilung Ihrer Mitarbeiter, um festzustellen, bei welchen Aufgabenstellungen sie bereits einen mittleren oder gar hohen Reifegrad erreicht haben und wo noch Entwicklungsbedarf ist. Auch hier geht es wieder zunächst um Klarheit und Transparenz, damit Maßnahmen und Entscheidungen davon abgeleitet werden können.

2.2 Das Feedbackgespräch als Führungsinstrument

Wie wir im vorhergehenden Kapitel gesehen haben, hat eine Führungskraft in jeder Situation die Wahl zwischen verschiedenen Führungsstilen. Mit der Arbeitsanweisung an den Mitarbeiter ist es mit der Führungsarbeit jedoch noch nicht vorbei. Da wir als Führungskraft auch eine Kontrollpflicht haben, werden wir uns immer wieder einen Eindruck verschaffen, wie die von uns angewiesene Arbeit erledigt wird. Dies zu tun und entsprechend zu reagieren, gehört zu den Grundpflichten einer Führungskraft. Wird diese Pflicht versäumt oder nur unzulänglich wahrgenommen, trägt bei möglichen Fehlern des Mitarbeiters zunächst die für diesen Mitarbeiter verantwortliche Führungskraft die Verantwortung. Sie und nur sie hat dafür zu sorgen, dass Fehler oder Fehlverhalten abgestellt werden. Ebenso sollte bei guter Leistung oder gutem Verhalten der Mitarbeiter eine entsprechende positive Rückmeldung erhalten. Die einfachste Form, dies im Rahmen der Mitarbeiterführung zu tun, besteht darin, dem Mitarbeiter ein Feedback zu geben. Je nach Situation ist es sehr wichtig, die richtige Form des Feedbacks auszuwählen, damit sich der damit bezweckte Erfolg (Änderung eines Verhaltens, Korrektur eines Fehlers) auch wirklich einstellt. Wer als Chef denkt, es reiche doch völlig aus, am Schreibtisch seines Mitarbeiters vorbeizugehen und ein paar Worte fallenzulassen, der betreibt auch hier wieder „Management im Blindflug".

Ziele eines Feedbacks

Ein Feedback im Rahmen der Personalführung verfolgt immer einen ganz konkreten Zweck. Dieser kann sein:

- Bestätigung einer guten, überdurchschnittlichen Leistung
- Einleitung einer Verhaltenskorrektur bei Fehlverhalten des Mitarbeiters
- Abstellen von Fehlern bei der Ausführung von Aufgaben, die dem Mitarbeiter übertragen wurden

Bei diesen drei Punkten handelt es sich um grundsätzlich unterschiedliche Situationen. Entsprechend unterscheidet sich auch die Art des ausgewählten Feedbacks.

Hinweis für besonders schwierige Fälle

Wenn alle Feedbackformen, die auf den folgenden Seiten vorgestellt werden, versagt haben, greift eine routinierte Führungskraft zu der nächsthöheren Stufe, dem Kritikgespräch zur Einleitung einer Verhaltenskorrektur (vgl. Kapitel 2.3). In der Praxis gibt es in der Regel nur alle paar Jahre einen Fall, der so gravierend ist, dass am Ende tatsächlich die fristgerechte oder gar fristlose Kündigung steht. Hat man als Führungskraft Pech, dann nimmt sich der ehemalige Mitarbeiter einen findigen Anwalt und klagt auf Wiedereinstellung vor einem Arbeitsgericht. Ziel dieser Klage ist in der Regel nicht die Wiedereinstellung, sondern ein Vergleich mit dem Ziel, die Kündigung in eine Vertragsauflösung im gegenseitigen Einvernehmen umzuwandeln und eine finanzielle Abfindung für den Mitarbeiter herauszuholen.

Jeder Abteilungsleiter, der über Jahre einen guten Job macht, wird früher oder später als Zeuge in einem Arbeitsgerichtsverfahren geladen. Ziel der folgenden Zeilen ist es, Sie zu sensibilisieren. Denn bei einer solchen Auseinandersetzung vor Gericht ist es entscheidend, wie strukturiert und dokumentiert Sie Ihre Führungsaufgaben nachweisen können.

In der Praxis kommt es nur selten vor, dass eine Situation eskaliert. Der Mitarbeiter reagiert uneinsichtig, wird möglicherweise von außen (z. B. durch Freunde) bestärkt, weiter entgegen Ihren Anweisungen zu agieren, oder fügt sich in irgendeiner Weise nicht in die Ordnung der Abteilung oder des Unternehmens. Aus meiner jahrelangen Praxis weiß ich genau, dass ein erfahrener Abteilungsleiter seine Mitarbeiter sehr gut kennt und genau weiß, mit welchen Personen es häufig zu Meinungsverschiedenheiten und Auseinandersetzungen kommen kann. Einen typischen Ablauf für einen solchen Fall zeigt die folgende Abbildung:

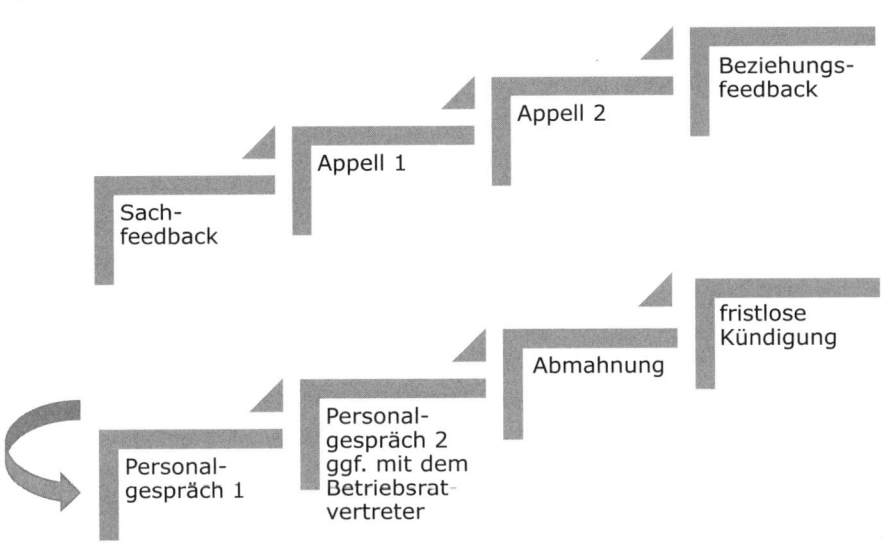

Abb. 16: Eskalation der Personalansprache

In der ersten Instanz wird das Verhalten des Mitarbeiters durch verschiedene Formen des Feedbacks angesprochen. Erst wenn sich auch durch mehrmalige Ansprache das Verhalten des Mitarbeiters nicht nachhaltig verändert, greifen Sie zum Personalgespräch, um sich intensiv mit dem Mitarbeiter und seinem Verhalten auseinanderzusetzen. Erreichen Sie mit diesem Mittel in mindestens zwei Gesprächen keinerlei Besserung oder Veränderung der Situation, bleibt Ihnen im Extremfall nur noch die Abmahnung. Verstößt nach einer Abmahnung der Mitarbeiter erneut und wiederholt gegen Ihre Anordnungen, ist die Kündigung das letzte Mittel, zu dem Sie greifen können. Ein solcher Prozess kann sich über Wochen, manchmal sogar über mehrere Monate hinziehen.

● **TIPP**

Sollten Sie in der Praxis den Verdacht haben, dass sich Ihr „Problemfall" über einen langen Zeitraum hinziehen könnte, dann empfehle ich Ihnen, sich bereits in Ihrem Outlook-Kalender oder vergleichbaren Übersichten einen kleinen Vermerk zu machen, wann Sie mit wem in Ihrer Abteilung ein Feedback zu einer bestimmten Sache durchgeführt haben. Spätestens ab dem ersten Personalgespräch verfügen Sie über eine schriftliche Dokumentation. Vor einem Arbeitsgericht ist es jedoch immer zweckdienlich, den gesamten Fall lückenlos dokumentieren zu können, die bloße Versicherung, Sie hätten den Mitarbeiter ein paar Mal auf sein Verhalten angesprochen, ist vor Gericht nicht ausreichend. Weisen Sie nach, wann Sie den Mitarbeiter mit welcher Feedbackform konkret angesprochen haben, und betonen Sie, dass Sie sich bei schwierigen Fällen grundsätzlich Notizen machen.

Die gute Nachricht: In weitaus mehr als 90 % der Fälle reichen ein bis zwei Feedbackgespräche völlig aus, um den Mitarbeiter wieder „auf Spur" zu bringen, d. h. ein Fehlverhalten abzustellen, einen Leistungsabfall oder eine Fehlersituation zu korrigieren.

Die konstruktiven Ziele eines Feedbacks

Worauf zielt ein Feedback, das ein Vorgesetzter seinem Mitarbeiter gibt?

- Klärung von Beziehungen zwischen Personen
- besseres Verstehen der kritischen Situation
- der Feedbackempfänger soll die Wirkung seines Verhaltens auf andere kennenlernen
- Verringern der Diskrepanz zwischen Selbst- und Fremdwahrnehmung
- Einleitung von Verhaltensänderungen
- positive Verhaltensweisen verstärken und fördern
- Schaffen von gegenseitigem Vertrauen
- Einleiten und Unterstützen von Lernprozessen

An diesen Zielsetzungen eines Feedbacks wird deutlich, dass hier ein **konstruktiver Ansatz** die Grundlage bildet. Der Feedbackempfänger soll verstehen, was er richtig oder falsch gemacht hat, er soll im Optimalfall aus eigener Einsicht sein Verhalten überdenken und sein Handeln, wo erforderlich, korrigieren. Erreicht ein Feedback diesen Zweck, so spricht man von einem erfolgreichen Feedback. So betrachtet gehört das bewusste und korrekte Anwenden eines Feedbacks zu der im täglichen Alltag einer Führungskraft am meisten angewendeten Führungstechnik. Schauen wir uns nun die verschiedenen Feedbackformen an.

Welche Arten von Feedback gibt es in der Praxis?

Es lassen sich vier mögliche Feedbackformen unterscheiden, die in der folgenden Abbildung dargestellt sind.

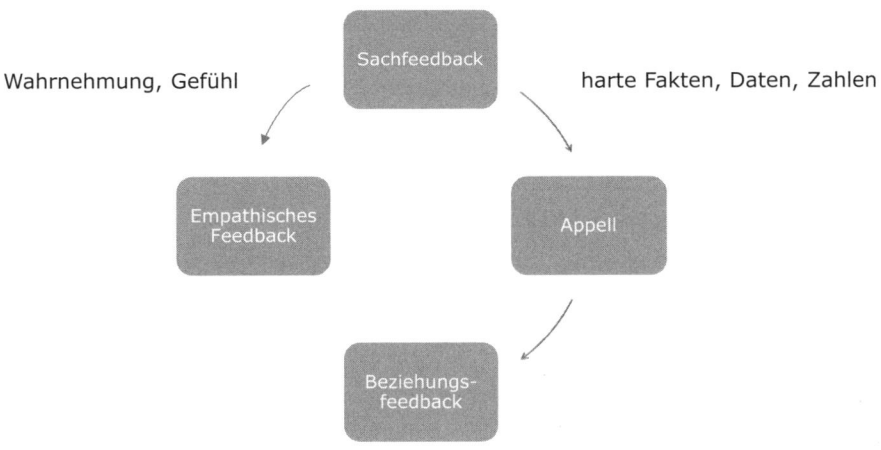

Abb. 17: Arten eines Feedbacks in der Führungspraxis

Grundsätzlich gilt: Liegen mir als Anlass zu einem Feedback klare Fakten vor, wie etwa ein Ausführungsfehler, der zu bestimmten Konsequenzen geführt hat, dann beginnt das Feedback immer mit einem Sachkommentar (vgl. Abb. 17). Mit dem Feedback will die Führungskraft dafür sorgen, dass der Mitarbeiter weiß, was vorgefallen ist, welchen Anteil er daran hat und welche Konsequenzen dies hat oder haben kann. Tritt der gleiche oder ein ähnlicher Fehler nochmals auf, greift die Führungskraft im Uhrzeigersinn im nächsten Schritt zu der Appellform des Feedbacks, um bei wiederholtem Vorkommen nun deutliche Botschaften auf der Beziehungsebene zu senden.

Wenn Sie als Führungskraft nur über vage Informationen verfügen, die Auswirkung seines Verhaltens nicht genau kennen oder sich über den Verursacher nicht sicher sind, dann gehen Sie in unserem Schaubild (Abb. 17) links herum und greifen zu einer Feedbackform, die als „Selbstoffenbarung" oder empathisches Feedback bezeichnet wird (vgl. Kapitel 2.2.4).

2.2.1 Feedback in Form eines Sachkommentars (Sach-Feedback)

Nehmen wir an, unser Mitarbeiter hat zum zweiten Mal beim Ausfüllen von wichtigen Lieferdokumenten einen wichtigen Eintrag vergessen. Diesmal haben die Kollegen in der Logistik nicht erneut den Fehler korrigieren wollen, stattdessen melden sie den Fehler bei Ihnen. Da der Mitarbeiter seine Aufgaben bisher gewissenhaft ausgeführt hat, entscheiden Sie sich für ein **Feedback in Form eines Sachkommentars**, das wie folgt aussehen könnte:

▶ **BEISPIEL: Sach-Feedback**

Führungskraft: „Herr Huber, diese Woche sind bereits zweimal die Lieferdokumente ohne den erforderlichen und wichtigen Eintrag in unserer Logistik angekommen und haben dort zu manuellem Mehraufwand geführt. Der verantwortliche Kollege hat bei mir angerufen und gebeten, darauf zu achten, dass dies nicht wieder vorkommt, da die Zeit für eine manuelle Korrektur normalerweise nicht vorhanden ist. Ich möchte Sie bitten, Herr Huber, dass Sie in den nächsten Tagen verstärkt darauf achten, dass unsere Papiere, wenn sie die Abteilung verlassen, in Ordnung sind. Kann ich mich darauf verlassen, Herr Huber?"

Die Führungskraft spricht in ganz ruhigem, sachlichen Ton mit dem Mitarbeiter, gibt ihm alle Informationen und macht ihm die Auswirkungen seines Fehlers verständlich. Ferner drückt der Vorgesetzte in einer kurzen Anweisung klar aus, um was es ihm geht. Ebenfalls wichtig ist die Einholung einer Zustimmung des Mitarbeiters am Ende dieser kurzen Gesprächssequenz. Durch den letzten Satz schafft dieses einfache sachliche Feedback eine Verbindlichkeit, die in den meisten Fällen auch zur Beseitigung der Fehlersituation führt.

2.2.2 Feedback in Form eines Appells

Herr Huber, der Mitarbeiter aus unserem Beispiel, hat zwei Wochen fehlerfrei und konzentriert gearbeitet. In der folgenden Woche erfahren Sie jedoch, dass die Logistikabteilung einen Mitarbeiter vorbeigeschickt hat, der zusammen mit Herrn Huber die fehlenden Informationen ergänzt. Sie nehmen sich vor, Herrn Huber ein weiteres Feedback zu geben, sobald der Kollege aus der Logistik gegangen ist. Da nun der Sachverhalt und die damit verbundenen Konsequenzen klar sind, entscheiden Sie sich für den Appell als Feedbackform.

▶ **BEISPIEL: Feedback in Form eines Appells**

Führungskraft: „Mensch, Herr Huber, vorletzte Woche erst haben wir darüber gesprochen. Schauen Sie bitte, dass Sie diese Situation ab jetzt wirklich vermeiden. Das darf nicht mehr vorkommen, ok?"

Ein Feedback muss nicht immer ausführlich sein, es kann dem Mitarbeiter auch „im Vorbeigehen" zeigen, dass sein Chef sehr wohl erkannt hat, dass ein bereits besprochener Fehler wiederholt aufgetaucht ist und jetzt endlich Schluss damit sein muss. Der Mitarbeiter kennt die Situation und die Fakten und weiß, was Sie als

Chef von ihm erwarten. Aus diesem Grund gilt es, nicht viele Worte zu machen. Es ist in der beschriebenen Situation angebracht, ein wenig die Stimme zu heben und Emotionen mitschwingen zu lassen. Denn Sie wollen dem Mitarbeiter signalisieren, dass Sie nicht bereit sind, sein Verhalten zu akzeptieren. Ebenso sollte dem Feedback als Verstärkung eine klare Ansage folgen, um zu zeigen, was Sie erwarten. Schauen Sie den Mitarbeiter dabei an und warten Sie seine Antwort ab. Nur so schaffen Sie wieder die Verbindlichkeit, die zu einer nachhaltigen Verhaltensänderung beiträgt. Der Mitarbeiter wird diesen emotionalen Appell gut akzeptieren können, da Sie ja bereits über dieselbe Sache ein ruhiges und sachliches Gespräch geführt haben. Er wird im Normalfall ein schlechtes Gewissen entwickeln, weil ihm zum wiederholten Mal ein *Fauxpas* unterlaufen ist. In der Regel ist dies eine gute Motivation für den Mitarbeiter, um in Zukunft noch aufmerksamer zu sein. Viele der alltäglichen Probleme können so, durch ein oder zwei Appelle, korrigiert bzw. abgestellt werden. Allerdings ist es nicht in jedem Fall mit einem Appell getan. Bei besonders hartnäckigen Fällen muss in der Feedback-Eskalation noch eine Stufe weiter gegangen werden.

2.2.3 Feedback in Form einer Beziehungsbotschaft (Beziehungs-Feedback)

Herr Huber hat, um im Beispiel zu bleiben, trotz ruhiger Erklärung und zweier engagierter Feedbacks nach einigen Tagen wieder an derselben Stelle unvollständig, schlampig gearbeitet. Sie beschließen jetzt, sich Ihren Mitarbeiter etwas strenger vorzunehmen und Klartext zu reden. Dafür wählen Sie eine Beziehungsbotschaft als Feedbackform. In unserem Beispiel könnte das so ausschauen:

> ▶ **BEISPIEL: Beziehungs-Feedback**
>
> Führungskraft: „Herr Huber, trotz genauer Erklärung und mehrerer Appelle von mir haben Sie nun zum wiederholten Mal den gleichen Fehler gemacht. Mittlerweile bin ich aufgrund der ständigen Beschwerden der Kollegen aus der Logistik wirklich verärgert über diese Situation. Sie sollten dieses Problem ab sofort hundertprozentig in den Griff bekommen, sonst werden wir beide uns wegen dieses Problems massiv auseinandersetzen müssen! Schaffen Sie das allein oder sollen wir uns nochmals zusammensetzen und im Einzelnen festlegen, wie Sie das jetzt bewältigen?"

In dieser Ansprache kommt schon deutlich der Zeigefinger hervor. „Herr Huber, Sie haben wiederholt, trotz unserer Besprechungen und Ihrer Zusage, den Fehler gemacht!" Das Feedback zeigt ebenfalls, dass Sie mittlerweile sehr unzufrieden sind. Der Mitarbeiter kann das akzeptieren und nachvollziehen, weil er die Vorgeschichte genau kennt und weiß, dass er für die Konsequenzen selbst verantwortlich ist. Die Situation ist also unangenehm für ihn, aber auch nachvollziehbar. Es empfiehlt sich, dem Mitarbeiter klarzumachen, dass es jetzt fünf vor zwölf ist und er eine letzte Chance erhält, das Problem eigenständig zu lösen. Sagen Sie Ihrem Mitarbeiter, dass Sie ihm helfen können, sollte er das Problem nicht selbstständig lösen können. Mit solch einem Vorgehen gelingt es nicht selten, auch in einem schwierigen Fall noch die Kurve zu kriegen.

Haben Sie alle drei Feedbackformen in einem konkreten Fall über einen längeren Zeitraum ausgeschöpft und konnten Sie die Situation trotzdem nicht befriedigend auflösen, dann greifen Sie als Führungskraft zu einem wirkungsvollen Führungsinstrument. Sie führen ein sogenanntes **„Kritikgespräch zur Verhaltenskorrektur"**. Dieses Gespräch ist ein Personalgespräch, das durch die Führungskraft gut vorbereitet sein sollte. Ebenso sollten die Ergebnisse und Vereinbarungen mit dem Mitarbeiter immer schriftlich festgehalten werden. In Kapitel 2.3 erfahren Sie, wie ein solches Kritikgespräch im Einzelnen abläuft.

2.2.4 Feedback in Form einer Selbstoffenbarung (empathisches Feedback)

Was im ersten Moment etwas seltsam klingen mag, erschließt sich bei genauerem Hinsehen. Bei dieser Art des Feedbacks geht es um Situationen, in denen der Vorgesetzte zwar seine eigene Wahrnehmung von der kritischen Situation hat, oft vielleicht nur ein unbestimmtes Gefühl, dies aber nicht mit harten Fakten unterlegen kann. Oft werde ich bei Seminaren gefragt, ob man in solchen Situationen überhaupt reagieren sollte. Meine Antwort lautet stets: Wenn Sie irgendetwas stört in der Beziehung zu Ihrem Mitarbeiter oder Sie eine Störung der Kommunikation in der Beziehung zwischen dem Mitarbeiter und anderen Kollegen befürchten, so ist es Ihr Job als Chef, zum **frühestmöglichen Zeitpunkt** zu reagieren und für Klarheit bei allen Betroffenen zu sorgen. Nur diese Klarheit vermeidet Unsicherheiten und Missverständnisse, welche dann mit erheblichem Zeitaufwand nachgearbeitet werden müssen. Aber wann ist der „frühestmögliche Zeitpunkt"? Diesen zu bestimmen ist in der Regel mit Fingerspitzengefühl verbunden, denn hier gibt es keine festen Kriterien. Nur weil in einer Abteilungssitzung Herr Huber einmal eine schnippische Bemerkung gemacht hat, müssen Sie nicht sofort darüber nachdenken, ob Sie ihn darauf ansprechen sollten. Wohl aber, wenn Sie feststellen, dass

Herr Huber seit einigen Wochen vermehrt ein solches Verhalten an den Tag legt. Im ersten Fall war Herr Huber vielleicht bereits morgens schon genervt von einem Streit mit einem schwierigen Kunden. Im zweiten Fall jedoch kann durch sein permanentes, schlecht gelauntes Auftreten das Abteilungsklima insgesamt leiden und Sie müssen eingreifen. Sie sehen: Harte Grenzen, die zeigen, wann Sie agieren sollten, gibt es hier nicht.

Eine Reaktion Ihrerseits könnte wie folgt aussehen:

▶ BEISPIEL: Empathisches Feedback

Führungskraft: „Herr Huber, seit einigen Wochen habe ich zunehmend den Eindruck, dass bei Ihren Beiträgen auf unseren Sitzungen ein deutlich emotionaler Ton mitschwingt, der nach meinem Gefühl die Kommunikation mit mir und Ihren Kollegen eher behindert und stört als befördert. Ich bitte Sie, das selbst einmal zu überprüfen und darüber nachzudenken, ob bestimmte, nicht sachgerechte Bemerkungen notwendig sind oder ob Sie diese unterlassen können. Wissen Sie, was ich meine?"

Durch dieses Feedback erfährt der Mitarbeiter etwas über die Wirkung seines Verhaltens. Sie sprechen nicht über mögliche Ursachen, sondern nur über Ihre Wahrnehmung und wie Sie dazu stehen. Sie befürchten eine Verschlechterung des Kommunikationsklimas in der Abteilung, wenn Herr Huber fortfährt, in dieser Weise zu kommunizieren. Ebenso geben Sie ihm zu verstehen, dass Sie von ihm eine Verhaltensänderung wünschen. Das Ganze wird abgeschlossen mit einer weiteren Frage am Ende des Feedbacks. Diese Frage ist sehr wichtig, denn sie gibt Ihrem Mitarbeiter die Chance, bei möglichen Unklarheiten oder für den Fall, dass er sich ungerecht behandelt fühlt, direkt einen Dialog mit Ihnen aufzunehmen.

Recht oft habe ich in der Praxis erlebt, dass der Mitarbeiter sehr wohl wusste, dass er seit einiger Zeit gereizt ist und sich nicht ganz korrekt verhält. Er hat an dieser Stelle dann die Chance, sich Ihnen zu öffnen und selbst über die Gründe zu sprechen, vielleicht sogar Hilfe einzufordern, wenn es sich zum Beispiel um Probleme im beruflichen Umfeld handelt. Er kann aber auch ganz im Stillen für sich entscheiden, sich in Zukunft zusammenzureißen. Wichtig ist auf jeden Fall, dass der Mitarbeiter eine Chance erhält, Ihre Wahrnehmung zu korrigieren, zu ergänzen oder sein Verhalten verständlich zu machen, falls er die Situation komplett anders einschätzt. Aus langjähriger Praxis weiß ich jedoch, dass die meisten Führungskräfte mit ihrer Wahrnehmung oft richtig liegen und der Mitarbeiter in der Regel genau weiß, worum es geht. Wenn Ihrem Mitarbeiter klar ist, dass er wiederholt negativ auffällt, reicht ein Feedback meist völlig aus, um sein Verhalten zu überprüfen und zu verändern.

Auch hier gilt: Stellen Sie den positiven Willen und aktiven Versuch einer Verhaltensänderung bei einem Mitarbeiter fest, die jedoch im Tagesgeschehen noch nicht immer erfolgreich verläuft, zeigen Sie Ihrem Mitarbeiter, dass Sie seine Anstrengungen sehr wohl wahrnehmen und schätzen. Gegebenenfalls bieten Sie ihm weitere Hilfe an. Diese Hilfe kann durch ein Vier-Augen-Gespräch erfolgen oder auch durch weitere Feedback-Aktionen, die dem Mitarbeiter klare Rückmeldung und somit Sicherheit geben.

2.2.5 Checkliste: So geben Sie Ihrem Mitarbeiter richtig Feedback

- Überprüfen Sie, ob Sie harte Fakten haben oder aufgrund eines Gefühls oder einer unscharfen Wahrnehmung Ihrem Mitarbeiter ein Feedback geben wollen. Entscheiden Sie sich dann anhand des Feedback-Zirkels (Abb. 17), im Uhrzeigersinn schrittweise zu eskalieren oder ein empathisches Feedback zu gehen („Selbstoffenbarung").
- Handelt es sich um ein erstes Feedback zu einem Sachverhalt, beginnen Sie stets mit dem Sach-Feedback, nur dann kann der Mitarbeiter spätere strengere Ansprachen Ihrerseits auch konstruktiv aufnehmen, und Sie dringen mit Ihrer Ansage (psychologisch) besser durch!
- Sprechen Sie kurz, präzise und je nach Feedbackmethode mit ruhiger und gelassener Stimme. Nur bei einem Appell-Feedback können Sie auch emotionaler und engagierter sprechen. Schreien Sie jedoch nie!
- Ergibt sich keine nachhaltige Änderung der Situation nach angemessener Zeit, gehen Sie rechtzeitig in ein gut vorbereitetes Personalgespräch (Kritikgespräch zur Verhaltensänderung), sonst verpufft die Wirkung des Feedbacks.
- Besonders wichtig: Geben Sie häufig, wo immer möglich, auch positives Feedback in Appellform, um Ihren Mitarbeitern zu zeigen, dass Sie ihre Anstrengungen und Leistungsbereitschaft schätzen. Dies verbessert nicht nur das Abteilungsklima, sondern gibt dem einzelnen Mitarbeiter auch mehr Sicherheit und stärkt damit seine Motivation.
- Geben Sie Feedback stets bewusst, damit Sie nicht nach einiger Zeit unglaubwürdig werden und man Ihre Äußerungen als leere Floskeln abtut.

Fazit und Zusammenfassung

Das bewusste und korrekte Anwenden eines Feedbacks gehört zu den am häufigsten angewendeten Techniken in der Führungsarbeit. Die eingangs aufgeführten Zielsetzungen für ein Feedback haben bereits deutlich gemacht, dass ein konstruktiver Ansatz die Grundlage für diese Ausführungen bildet. Der Feedbackempfänger soll verstehen, was er richtig oder falsch gemacht hat, er soll im Optimalfall aus eigener Einsicht sein Verhalten überdenken und sein Handeln, wo nötig, korrigieren. Wenn ein Feedback diesen Zweck erreicht, nachdem der Chef gegebenenfalls zwei- oder dreimal dieses Führungsmittel gezielt eingesetzt hat, war das Feedback erfolgreich.

2.3 Das konstruktive Kritikgespräch zur Einleitung einer Verhaltenskorrektur

Anhand des Modells der situativen Mitarbeiterführung haben wir gelernt, wie der Mitarbeiter richtig angesprochen wird (Kapitel 2.1). Im folgenden Kapitel 2.2 wurde gezeigt, wie einfache Korrekturen oder Bestätigungen durch gezielte Feedback-Ansprachen eingeleitet werden. Wir wollen uns jetzt anschauen, wie eine Führungskraft zu reagieren hat, wenn **hartnäckige Probleme** vorliegen. Probleme, die durch ein Feedback nicht zu bereinigen waren, oder auch Vorkommnisse, die in ihren Auswirkungen und Konsequenzen so drastisch sind, dass Sie als Führungskraft gezwungen sind, schnell und sofort eine Änderung vorzunehmen. In einem solchen Fall kommt die Führungskraft nicht um ein gut vorbereitetes Personalgespräch zur Einleitung einer Verhaltenskorrektur herum.

Ein solches Gespräch, ob es nur zwanzig Minuten dauert oder eineinhalb Stunden, gliedert sich in der Regel in folgende acht Phasen:

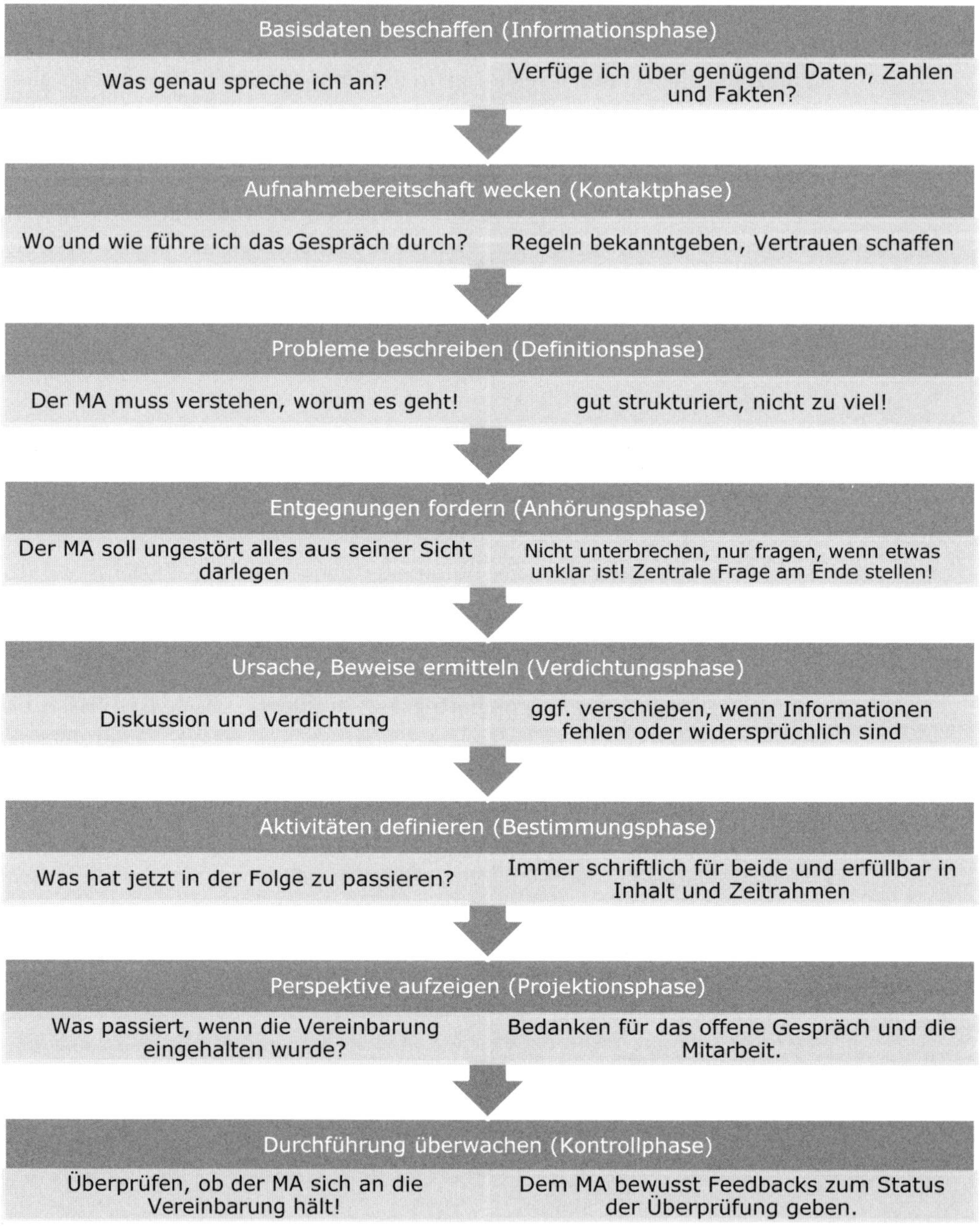

Basisdaten beschaffen (Informationsphase)	
Was genau spreche ich an?	Verfüge ich über genügend Daten, Zahlen und Fakten?

Aufnahmebereitschaft wecken (Kontaktphase)	
Wo und wie führe ich das Gespräch durch?	Regeln bekanntgeben, Vertrauen schaffen

Probleme beschreiben (Definitionsphase)	
Der MA muss verstehen, worum es geht!	gut strukturiert, nicht zu viel!

Entgegnungen fordern (Anhörungsphase)	
Der MA soll ungestört alles aus seiner Sicht darlegen	Nicht unterbrechen, nur fragen, wenn etwas unklar ist! Zentrale Frage am Ende stellen!

Ursache, Beweise ermitteln (Verdichtungsphase)	
Diskussion und Verdichtung	ggf. verschieben, wenn Informationen fehlen oder widersprüchlich sind

Aktivitäten definieren (Bestimmungsphase)	
Was hat jetzt in der Folge zu passieren?	Immer schriftlich für beide und erfüllbar in Inhalt und Zeitrahmen

Perspektive aufzeigen (Projektionsphase)	
Was passiert, wenn die Vereinbarung eingehalten wurde?	Bedanken für das offene Gespräch und die Mitarbeit.

Durchführung überwachen (Kontrollphase)	
Überprüfen, ob der MA sich an die Vereinbarung hält!	Dem MA bewusst Feedbacks zum Status der Überprüfung geben.

Abb. 18: Acht Phasen des Kritikgesprächs zur Verhaltenskorrektur

Auf den ersten Blick mag Ihnen dieses Phasenmodell recht statisch erscheinen und vielleicht zu aufwendig, um sich mit einem Mitarbeiter wegen eines Problems kurzfristig zusammenzusetzen. Bedenken Sie jedoch, dass es Ihr Job als Führungskraft ist, mit vertretbarem Aufwand auf schnellstem Wege Missstände oder Fehlverhalten **nachhaltig** abzustellen. Diese Nachhaltigkeit werden Sie in vielen Fällen beim Mitarbeiter nur erreichen, wenn dieser aus eigener Einsicht und mit eigener Motivation nach Ihrem gemeinsamen Gespräch ans Werk geht. Fühlt er sich hingegen nicht korrekt oder sogar ungerecht behandelt, geht er stark verunsichert oder gar im Zorn aus dem Gespräch. Dann dürfen Sie alles Mögliche erwarten, nur nicht eine wirkliche Verbesserung der Situation.

Aus diesem Grund ist es bei einem komplexen Mitarbeitergespräch notwendig, bestimmte **psychologische Grundregeln** einzuhalten, um sicherzugehen, dass Sie eine gute Chance haben, Ihre Ziele als Führungskraft zu erreichen. Wie Sie gleich sehen werden, geht es mir hier nicht um die Anhäufung möglichst vieler psychologischer Kenntnisse, sondern ich appelliere in vielen Fällen nur an Ihren gesunden Menschenverstand, ergänzt um den einen oder anderen Hinweis, warum dieses strukturierte Vorgehen von Bedeutung ist.

Vom Grundsatz her geht es in diesem Gespräch darum, fachliche Fehler des Mitarbeiters oder ein Fehlverhalten zu kritisieren und Maßnahmen zu treffen, damit diese Situationen in Zukunft vermieden werden.

! **WICHTIG**

Auf www.haufe.de/arbeitshilfen finden Sie eine Checkliste, die alle Punkte zu den einzelnen Gesprächsphasen enthält, die auf den folgenden Seiten vorgestellt werden. Die einzelnen Phasen gliedern sich nochmals in bis zu zwölf Unterpunkte, die Checkliste ist damit recht umfangreich. Bedenken Sie jedoch, dass ich Ihnen hier eine „S-Klasse-Version" an die Hand geben möchte, die auch in schwierigen Fällen ihren Zweck hervorragend erfüllt. Im normalen Alltagsgeschehen jedoch wird es oft reichen, einen Blick auf die oben genannten Phasen zu werfen, um gut vorbereitet zu sein. Gehen Sie die nun folgenden Erläuterungen und Empfehlungen bewusst und aufmerksam durch. Sie werden sehen, dass die Anwendung in der Praxis wesentlich einfacher ist, als der Umfang vermuten lässt.

2.3.1 Informationsphase: Basisdaten beschaffen

In der Informationsphase sollten Sie zur Vorbereitung des Kritikgesprächs folgende Frage für sich beantworten, um festzulegen, wo Ihr Fokus liegen soll:

Was wollen Sie besprechen?

- Einen konkreten Fehler?
- Einen bestimmten Leistungsabfall?
- Ein offensichtliches Fehlverhalten?

Diese einfache Fragestellung ist hilfreich, weil es in der Praxis häufig vorkommt, dass mehrere Sachverhalte gleichzeitig vorliegen. Für die Führungskraft ist es entscheidend, mit Blick auf diese drei Fragen zu entscheiden, wo der **Fokus** liegen soll. Diesen Fokus gilt es über das gesamte Gespräch beizubehalten und gegebenenfalls ein weiteres Gespräch anzuberaumen, um die noch offenen Punkte dann zu bearbeiten. Springen Sie im Gespräch zwischen allen drei Aspekten stets hin und her oder lassen Sie es zu, dass Ihr Mitarbeiter gerade, wie es passt, den Schauplatz ändert, reduzieren Sie die Chance auf einen positiven und produktiven Ausgang dieses Kritikgesprächs enorm. Wählen Sie Ihren Gesprächfokus deswegen aus und bleiben Sie beim Thema! Dies reduziert die Komplexität des Gesprächs und vereinfacht es, mit möglichen Rechtfertigungen und Ausflüchten des Mitarbeiters umzugehen.

Verfügen Sie über gesicherte Informationen?

- Wissen Sie, was wirklich passiert ist?
- Kennen Sie die Ursachen, die zu dem Sachverhalt geführt haben?
- Sind negative Auswirkungen bereits bekannt?

In der Regel werden Sie sich für ein solches Gespräch „harte" Informationen beschaffen. Handelt es sich um ein Fehlverhalten, dann ist es stets das Beste, wenn Sie sich mit eigenen Augen, wenn möglich mehrmals, von dem Sachverhalt überzeugt haben (z. B. Zuspätkommen, unangemessenes Verhalten in Besprechungen oder gegenüber Kunden). In jedem Fall sollte man alles dafür tun, harte Fakten, die überprüfbar sind, vor dem Gespräch zusammengetragen zu haben. Reine Vermutungen bzw. Ahnungen sollten in der Regel nicht zu einem solch wichtigen Mitarbeitergespräch führen. Ferner sollten Sie nie Informationen aus dem sogenannten „Flurfunk", also Gerüchte oder Äußerungen anderer Mitarbeiter als Basisinformationen für ein solch wichtiges Gespräch nehmen: „Man sagt, dass …" oder: „Ich habe gehört, dass …" Wenn Sie solche Äußerungen hören, sollten Sie sich immer die Mühe machen, sofort für Klarheit zu sorgen. Fragen Sie direkt und ganz konkret nach: „Wer bitte ist *man*?", „Wo und wann hat dieser *man* was genau gesagt?" Dadurch signalisieren Sie Ihren Mitarbeitern, dass Sie für irgendwelche Gerüchte nicht empfänglich sind und nur Informationen akzeptieren, die konkret und verbindlich weitergegeben werden. Sollte sich der so angesprochene Mitarbeiter weigern, konkret zu werden, etwa mit dem Hinweis, er wolle „niemanden anschwärzen", dann machen Sie ihm ganz unmissverständlich klar, dass er das bereits getan hat und Sie darauf bestehen, genau zu wissen, auf was und wen sich seine Aussagen beziehen. Teilen Sie ihm ferner mit, dass Sie, wenn er seine Informationen nicht preisgeben möchte, Sie niemals mehr eine derartige Äußerung von ihm hören wollen. Wenn Sie sich hier konsequent verhalten, beugen Sie der Gerüchteküche vor.

Wenn Sie zum Handeln gezwungen sind

- Was ist im eigenen Bereich umgehend zu tun?
- Welche Informationen gehen an die Betroffenen?
- Sind weitere Personen/Stellen einzuschalten?
- Welches sind die ersten wichtigen Maßnahmen?

Nicht selten wird ein solches Kritikgespräch notwendig, nachdem ein Mitarbeiter einmalig oder wiederholt einen schweren Fehler gemacht hat. Oder ein Fehlverhalten hat für Unruhe in der Abteilung oder beim Kunden gesorgt. In diesem Fall sollten die Fragen unbedingt schon zu Beginn des Gesprächs kurz beleuchtet werden und, wenn notwendig, zu entsprechenden Aktivitäten führen. Beachten Sie auch hier wieder: Diese Checkliste stellt eine Zusammenstellung auch für besonders gravierende Fälle dar und ist praktisch eine „S-Klasse-Version", die Sie im Alltag so eher selten in ihrem ganzen Umfang benötigen.

2.3.2 Kontaktphase: Aufnahmebereitschaft wecken

Das Kritikgespräch hat zum Ziel, dem betroffenen Mitarbeiter ein Feedback über seinen Fehler bzw. sein Fehlverhalten zu geben. Dabei soll auch die Eigenmotivation des Mitarbeiters geweckt werden, seinen Fehler einzusehen und abzustellen. Dies wird Ihnen als Chef allerdings nur gelingen, wenn das Gespräch in einer vertrauensvollen Atmosphäre und in einem fairen Rahmen abläuft. Auf den folgenden Seiten geht es darum, wie Sie die optimalen Bedingungen für ein erfolgreiches Kritikgespräch schaffen.

Wählen Sie ein situationsbedingtes Umfeld

- dominierendes Umfeld (z. B. Büro, vor Ihrem Schreibtisch)
- aktivierendes Umfeld (z. B. Spaziergang)
- stimulierendes Umfeld (z. B. Café, Restaurant)

Je nach Personentyp des Mitarbeiters kann die Wahl eines geeigneten Umfelds für das Gespräch einen großen Anteil daran haben, ob in entspannter Atmosphäre gemeinsam und konstruktiv eine Lösung erarbeitet oder die Konfrontation mit dem Mitarbeiter verschärft wird.

> **BEISPIEL**
>
> Eine Seminarteilnehmerin, die schon seit einigen Jahren als Innendienstleiterin für über zwanzig Mitarbeiterinnen Verantwortung trug, berichtete von ihren Erfahrungen: „Seit ich dem Besprechungsort mehr Bedeutung beimesse, laufen meine Mitarbeitergespräche wesentlich ruhiger und erfolgreicher ab." Sie berichtete weiter, dass sie viele der leichteren Gespräche bei einem Spaziergang durch ein kleines Waldstück in der Nähe des Unternehmens durchführt. Zu diesem Zweck hatte sie die feste Wendung etabliert „Morgen bitte Wanderschuhe mitbringen …" Ihre Mitarbeiterinnen wussten dann genau, dass die Chefin etwas Ernstes und Wichtiges mit ihnen zu besprechen hatte. Ebenso wurde mit dieser Formulierung deutlich, dass kein bedrohliches oder gar strafendes Gespräch zu erwarten ist, sondern einfach nur ein Problem gelöst werden sollte. Auf diese elegante Art ist es der Vorgesetzten gelungen, einen entspannten Gesprächseinstieg zu schaffen, was dem Gesprächsverlauf und der Atmosphäre sehr entgegen kam.

Schaffen Sie eine freundliche Gesprächsatmosphäre

- Nehmen Sie keine negative Körperhaltung ein.
- Beginnen Sie mit dem Lob für eine gute Leistung bzw. ein gutes Verhalten.
- Vermeiden Sie Reizworte, destruktive Aussagen.

Wenn Sie den Mitarbeiter hinter Ihrem Schreibtisch mit verschränkten Armen empfangen, machen Sie körpersprachlich damit keine offene Aussage. Wenn Sie das Gespräch anschließend mit den Worten eröffnen, „Sie können sich bestimmt denken, was Ihnen gleich blüht?", dann dürfen Sie sich nicht wundern, wenn das folgende Gespräch schwierig verläuft. Denken Sie vor einem wichtigen Personalgespräch daran, dass Sie offen und freundlich beginnen, und wählen Sie einen positiven Einstieg, um Spannung abzubauen und im gleichen Zug eine Vertrauensbasis herzustellen.

Erzeugen Sie beim Gesprächspartner eine positive Einstellung

- Nennen Sie kurz und präzise den Anlass des Gesprächs.
- Nennen Sie die Regeln für das Gespräch und versichern Sie Ihrem Mitarbeiter, dass er Zeit haben wird, seinen Standpunkt darzulegen.
- Steigen Sie zügig in die nächste Phase ein, ohne weiteren Smalltalk.

Bekanntgabe der Regeln für den Gesprächsablauf

1. Zunächst sagen Sie dem Mitarbeiter, um was es Ihnen genau geht. Der Mitarbeiter hört zu und darf Fragen stellen, wenn ihm Punkte unklar sind. Es wird in dieser Gesprächsphase nicht diskutiert (keine Rechtfertigungen oder Dementi). Der Mitarbeiter hört nur zu. Verständnisprobleme werden sofort geklärt.
2. Dann hat der Mitarbeiter ausreichend Zeit, die Situation, um die es geht, aus seiner Sicht darzustellen. Sie hören nur zu oder fragen, wenn etwas unklar ist. Es wird nicht diskutiert (keine Rechtfertigungen oder Dementi). Die Führungskraft hört nur zu. Verständnisprobleme werden sofort geklärt.
3. Nachdem alle Fakten und Informationen auf dem Tisch liegen, wird sortiert, möglicherweise zugeordnet, diskutiert, rekapituliert, nach Ursachen und Auswirkungen geforscht und die Situation verdichtet.
4. Gemeinsam treffen Sie mit Ihrem Mitarbeiter eine schriftliche Vereinbarung, wie das Problem gelöst werden soll. Diese Vereinbarung enthält Maßnahmen, was in den nächsten Stunden, Tagen oder Wochen erfolgen soll und durch den Mitarbeiter umgesetzt wird. Ebenso kann festgelegt werden, in welcher Form der Mitarbeiter durch Sie oder andere Personen Unterstützung erhält.

Nachdem Sie die Gesprächsregeln bekanntgegeben haben, denken Sie immer daran, diese mit einer geschlossenen Frage verbindlich zu machen. „Ist das in Ordnung für Sie, wenn wir das Gespräch jetzt so durchführen?" Nur wenn Ihr Mitarbeiter dies mit einem klaren „Ja" beantwortet, können Sie in das Gespräch einsteigen. An diese „Einverständniserklärung" des Mitarbeiters können Sie ihn stets erinnern, wenn er in der ersten Gesprächsphase eine unproduktive Diskussion beginnen will. Ohne dieses „Ja" Ihres Mitarbeiters fehlt Ihnen ein entscheidendes Element, um das Personalgespräch erfolgreich zu führen.

Diese Regeln für den Gesprächsablauf geben dem Mitarbeiter gleich zu Beginn die Sicherheit, dass er zu Wort kommt, seine Sicht der Dinge umfassend gehört wird und gemeinsam eine Lösung erarbeitet wird. Zum anderen dienen die Regeln dazu, unproduktive Diskussionen und Rechtfertigungen in der ersten Gesprächsphase zu vermeiden. Ein Großteil der Personalgespräche scheitert bei ungeübten Chefs bereits in der ersten Phase daran, dass beide Parteien sich in engagierte Diskussionen verwickeln oder die Fronten sich bereits durch Rechtfertigungen, Ausflüchte und Widerreden verhärtet haben. Diesen Zustand gilt es mit allen Mitteln zu vermeiden!

2.3.3 Definitionsphase: Problem beschreiben

Nachdem Sie den Anlass und die Regeln für den Gesprächsablauf genannt und somit einen klaren Rahmen vorgegeben haben, beginnen Sie nun, dem Mitarbeiter genau zu erläutern, um was es Ihnen geht.

- Belegen Sie anhand Ihrer Daten und Fakten lückenlos, was bisher im Einzelnen konkret geschehen ist.
- Weisen Sie ausdrücklich nur auf die Ihnen bekannten Ursachen oder auf die allgemeinen Tatsachen hin.
- Schildern Sie die bisher erkennbaren Auswirkungen und die schon eingetretenen (Schadens-)Fälle.

In dieser Phase geht es darum, dem Mitarbeiter kurz, aber vollständig und ohne Bewertungen oder Vermutungen den Sachverhalt darzulegen. Ebenso muss der Mitarbeiter die Konsequenzen und Auswirkungen seines Verhaltens oder seiner Fehler klar erkennen können. Weiterhin ist es in dieser Phase empfehlenswert, in einem Nebensatz anklingen zu lassen, dass Sie aufgrund der Ihnen von der Geschäftsleitung übertragenen Aufgabenstellung die Pflicht haben, diesen Fall anzusprechen und zu handeln. Viele Mitarbeiter glauben, dass ein Vorgesetzter einen wesentlich größeren Ermessensspielraum hat. Sagen Sie in schwerwiegenden Fällen, dass Sie aufgrund Ihres Arbeitsvertrags zum Handeln gezwungen sind. Diese Hinweise dienen der Klarheit und reduzieren die Gefahr, dass der Mitarbeiter insgeheim denkt, Sie übertreiben oder wollen ihn schikanieren.

Auch hier gilt: Je besser Sie sich mit konkreten Daten, Zahlen und Fakten vorbereitet haben und diese nicht nur nennen, sondern ausgedruckt auf den Tisch legen können, desto weniger wird Ihr Mitarbeiter zu Widerrede und Rechtfertigung geneigt sein. Je mehr Sie im Vagen bleiben oder gar vermuten, desto mehr reizen Sie förmlich Ihren Zuhörer zum Widerspruch.

- Sprechen Sie nur das an, was Sie beweisen können, persönliche Ansichten gehören nicht in das Gespräch.
- Gehen Sie dabei aber nur auf das Wesentliche ein, verlieren Sie sich nicht in Details.
- Drücken Sie sich präzise aus und geben Sie Ihren Worten gegebenenfalls klare Definitionen, auch wenn Ihnen alles klar erscheint.

Bei komplexen Sachverhalten strukturieren Sie Ihre Ausführungen. Wenn Sie vermuten, dass Ihrem Mitarbeiter das Hintergrundwissen fehlt, geben Sie zusätzliche Informationen, die dem Verständnis dienen. Bleiben Sie dennoch knapp und konzentrieren Sie sich auf das Wesentliche. Jeglicher Plauderton oder gar ausschmückende und vermutende Äußerungen würden der Wirkung, die Sie in dieser Phase erzielen müssen, entgegen wirken.

2.3.4 Anhörungsphase: Stellungnahme des Mitarbeiters einfordern

Nachdem Sie in Phase 3 genau beschrieben haben, um was es Ihnen geht und wie sich der Fall aus Ihrer Sicht darstellt, fordern Sie nun Ihren Mitarbeiter auf, zu Ihrer Schilderung Stellung zu nehmen. Sagen Sie ganz klar:

▶ **BEISPIEL**

Führungskraft: „So, nun haben Sie gehört, um was es mir geht, sagen Sie einmal, wie sich das Ganze aus Ihrer Sicht darstellt? Was haben Sie dazu zu sagen? Sie haben alle Zeit, die Sie brauchen, und ich höre nur zu bzw. frage, wenn ich etwas nicht verstanden habe."

Indem Sie die Anhörungsphase des Gesprächs so einleiten, erinnern Sie nochmals daran, dass Sie sich an die gemeinsamen Regeln halten und nun Ihr Mitarbeiter an der Reihe ist, seine Sicht der Ding zu schildern. Beachten Sie dabei folgende Regeln:

- Drücken Sie sich präzise aus und geben Sie Ihren Worten gegebenenfalls klare Definitionen, auch wenn Ihnen alles klar erscheint.
- Bremsen Sie die Ausführungen Ihres Mitarbeiters nicht, auch wenn sie Ihren Ansichten widersprechen!
- Provozieren Sie Aussagen oder Begründungen, falls sich Ihr Gesprächspartner sehr passiv verhält und keine Stellungnahme abgeben will!

Die Schwierigkeit in dieser Phase besteht darin, dass der Mitarbeiter möglicherweise Aussagen trifft, die Sie provozieren könnten oder von denen Sie wissen, dass sie nicht den Tatsachen entsprechen. Halten Sie sich trotzdem streng an die Regeln und unterbrechen Sie nicht. Notieren Sie sich Stichworte, wenn Sie anderer Meinung sind oder später darauf eingehen wollen. Nur wenn Sie berücksichtigen, dass dies ein Gespräch ist, welches auf einer klaren psychologischen Grundlage ablaufen muss, haben Sie eine Chance, am Ende einen Gesprächserfolg zu verbuchen. Wenn der Mitarbeiter versucht, Sie in eine Diskussion zu verwickeln, gehen Sie nicht direkt darauf ein. Sagen Sie ihm stattdessen, er soll seine Sicht der Dinge zunächst vollständig darlegen. Das strikte Einhalten der Regeln in dieser Gesprächsphase soll verhindern, dass beide Gesprächspartner sich in unproduktive Diskussionen verheddern und es zu einer Angriffs- und Abwehrhaltung bzw. zu Rechtfertigungen im ersten Gesprächsabschnitt kommt.

In dieser Phase kann es aber auch passieren, dass der Mitarbeiter Sie mit stichhaltigen Informationen konfrontiert, die Ihnen so vorher nicht bekannt waren, wie das folgende Beispiel zeigt:

> **BEISPIEL**
>
> Mitarbeiter: „Es ist schon richtig, was Sie sagen, dass ich immer zu spät mit diesem Typ von Aufträgen fertig werde bzw. diese dann auch noch fehlerhaft sind. Allerdings hat sich in den letzten beiden Jahren die Anzahl der Auftragspapiere, die von der Produktion nach 15:00 Uhr zu uns in den Innendienst kommen, mehr als vervierfacht. Davon bekomme ich fast 80 % auf meinen Schreibtisch und es ist manchmal nicht möglich, diese bis 17:00 Uhr zu bearbeiten und in die Logistikabteilung weiterzuleiten."

Wenn Ihnen die Umstände, die Ihr Mitarbeiter in diesem Beispiel schildert, nicht vorher bekannt waren, weil Ihr Mitarbeiter den Arbeitsanstieg lange Zeit kompensieren konnte, ist für Sie das Kritikgespräch hier zu Ende. Der Fehleranstieg und vermeintliche Leistungsabfall ist, sofern die Fakten des Mitarbeiters stimmen, ganz klar die Folge eines Strukturproblems in der Abteilung und ihren Prozessen. Sagen Sie dies dem Mitarbeiter deutlich, weisen Sie ihn darauf hin, dass Sie jetzt ein ganz normales Fachgespräch mit ihm führen werden, in dem gemeinsam nach Lösungen gesucht werden muss, wie diese zeitliche Ballung von Aufträgen entschärft werden kann.

Hat Ihr Mitarbeiter seine Ausführungen abgeschlossen, erreichen Sie in dieser Phase einen wichtigen Dreh- und Angelpunkt des Gesprächs. Genau auf diesen Punkt steuert das ganze Gespräch zu.

- Wie beurteilt Ihr Mitarbeiter den Sachverhalt aus seiner Sicht?
- Wo liegen nach Ansicht Ihres Mitarbeiters die maßgeblichen Gründe für sein Verhalten?
- Wie beurteilt Ihr Mitarbeiter die bisherigen Auswirkungen?

Mit diesen drei Fragestellungen konfrontieren Sie jetzt Ihren Mitarbeiter und geben ihm die Möglichkeit zu antworten. Schweigt Ihr Mitarbeiter, dürfen Sie ruhig ein wenig „rütteln", ihn also etwas provozieren.

> **BEISPIEL:**
>
> Führungskraft: „Sie haben doch genau gehört, was alles vorgefallen ist und in welche Situation wir jetzt geraten sind. Dazu haben Sie doch bestimmt eine eigene Meinung oder Einschätzung? Sagen Sie doch mal?"

Wenn Sie bei der Steuerung Ihres Personalgesprächs bis hierhin alles richtig gemacht (gute Vorbereitung mit konkreten Daten, Zahlen und Fakten, bei Fehlverhalten eine Reihe eindeutiger Beispiele) und sich nicht in eine heftige Diskussionen verheddert haben, dann erleben Sie häufig folgende Situation: Der Mitarbeiter wird von sich aus beginnen einzusehen, dass er an seinem Verhalten, seiner Arbeitseinstellung, etwas ändern muss. An der Reaktion Ihres Mitarbeiters erkennen Sie, dass eine erste innere Bereitschaft entsteht, an der Lösung des Problems mitzuwirken.

> **BEISPIEL**
>
> Mitarbeiter: „Ich denke, Sie haben da schon recht. Ich habe mir auch schon gedacht, dass ich ...; Ja, es ist mir auch peinlich, dass das jetzt schon so oft passiert ist, aber ich schaffe das einfach nicht ..."

Ist dies der Fall, haben Sie den entscheidenden Punkt gemeistert. Im nächsten Schritt geht es nun darum, dem Mitarbeiter „die Hand zur Unterstützung" zu reichen. Sollte der Mitarbeiter in dieser Gesprächsphase dennoch Ihrer Darstellung oder Interpretation widersprechen, werden Sie in der nächsten Phase nacharbeiten müssen.

2.3.5 Verdichtungsphase: Ursachen verstehen, Beweise diskutieren und Übereinstimmung schaffen

Hat Ihr Mitarbeiter am Ende seiner Entgegnung selbst gesagt, dass sich an der Situation etwas ändern muss, dann geht es in dieser Phase darum, der Sache auf den Grund zu gehen. Sie dient dazu, noch offene Punkte zu klären, Aussagen zu erhärten oder zu entkräften, bloßes Hörensagen von tatsächlichen Fakten zu trennen. Hier nun dürfen Sie hart an der Sache diskutieren. Weisen Sie immer darauf hin, dass es in Ihrem Gespräch nicht um Schuld oder Bestrafung geht, sondern ausschließlich darum, Prozesse und die Zusammenarbeit zu verbessern. Lassen Sie hier auf keinen Fall Aussagen zu wie: „Man hat gesagt, dass ...", „Ich habe mir schon oft anhören müssen ..." oder „Da müssen erst einmal andere etwas dazu sagen …" Setzen Sie bei all diesen Gemeinplätzen sofort nach, auch wenn Sie unterbrechen müssen: „Einen Moment, wer hat wann was genau zu wem gesagt?", „Von wem haben Sie sich was genau anhören müssen?", „Wer muss sich zu was erst einmal äußern?" In all diesen Fällen müssen Sie verhindern, dass Ihr Mitarbeiter vom eigentlichen Fall ablenkt. Wenn es tatsächlich weitere Problemzonen gibt, müssen Sie dafür sorgen, dass Ihnen diese jetzt bekannt werden.

TIPP

Wenn Ihr Mitarbeiter nicht Ross und Reiter nennen will, erklären Sie ihm, dass Sie das Gespräch auf einer solchen Basis nicht führen können. Wenn also der Mitarbeiter Andeutungen macht, muss er wissen, dass er auch ganz konkret und im Detail dazu Stellung nehmen muss. Andernfalls ist das von ihm Gesagte in Ihren Ohren nichtig. Bitten Sie ihn im ruhigen Ton, aber bestimmt, auf Andeutungen zu verzichten. Handhaben Sie ein solches Verhalten nicht in dieser stringenten Weise, öffnen Sie Tür und Tor für „politische Spielchen".

Dieser Tipp gilt für jedes Meeting ebenso wie für Fachgespräche. Als Führungskraft zeigen Sie ein klares Profil, wenn Sie allen Andeutungen sofort nachgehen und für Klarheit sorgen. So erarbeiten Sie sich weiteren Respekt und sorgen dafür, dass Ihre Mitarbeiter und Kollegen nach einiger Zeit gar nicht mehr versuchen, auf diese Art mit Ihnen zu kommunizieren.

- Was ist wirklich passiert? Was sind die wahren Gründe, die zu dem problematischen Sachverhalt geführt haben?
- Wer muss für welche Vorgänge zur Verantwortung gezogen werden?
- Welche — vor allem negativen — Auswirkungen sind mit hoher Wahrscheinlichkeit zu erwarten?
- Welche ersten wichtigen Maßnahmen könnten Abhilfe schaffen?

Wenn Sie und Ihr Mitarbeiter alle noch offenen Punkte besprochen und damit einen gemeinsamen Faktenstand erzielt haben, achten Sie darauf, die Dinge nicht zu zerreden, und steuern Sie gezielt die nächste Gesprächsphase an.

2.3.6 Bestimmungsphase: Aktivitäten definieren

In dieser Phase besteht das Ziel darin, mit Ihrem Mitarbeiter eine **schriftliche Vereinbarung** zu treffen. Zu diesem Thema habe ich immer wieder erlebt, dass manche Betriebsratsmitglieder oder auch Fachkräfte aus der Personalabteilung der irrigen Meinung sind, sie dürften keine schriftlichen Vereinbarungen mit Ihren Mitarbeitern treffen. Das trifft aber nur für wenige, besondere Fälle zu.

! ACHTUNG

Sie dürfen keine schriftlichen Vereinbarungen mit Ihrem Mitarbeiter treffen, die entweder Inhalte eines Tarifvertrags, einer Betriebsvereinbarung oder grundsätzliche Aspekte des Arbeitsvertrags wie Regelarbeitszeit und Vergütung betreffen und verändern würden. In allen anderen Gebieten, die ein Fehlverhalten, eine Fehlerhäufigkeit oder einen Leistungsabfall Ihres Mitarbeiters betreffen, kann ich Ihnen nur empfehlen, auf einer DIN-A4-Seite festzuhalten, mit welchen Maßnahmen und in welchem Zeitraum Sie gemeinsam mit Ihrem Mitarbeiter die Situation verbessern wollen. Hierzu gehören auch unterstützende Maßnahmen für den Mitarbeiter.

▶ BEISPIEL

Kommt Ihr Mitarbeiter seit einigen Wochen häufig zu spät zur Arbeit, könnte in einem Personalgespräch folgende Vereinbarung schriftlich fixiert werden:
„In unserem Gespräch haben wir heute gemeinsam festgelegt, dass Sie die nächsten acht Wochen nicht einen Tag weiterhin zu spät zum Dienst erscheinen. Sie stellen sicher, dass Ihre telefonische Verfügbarkeit an jedem Arbeitstag ab 09:00 Uhr gewährleistet ist. Ich werde dies in den kommenden Wochen stichprobenartig überprüfen. Läuft das Ganze in den acht Wochen, wie hier vereinbart, ist der Fall „Zuspätkommen" für mich damit erledigt und dieses Schreiben kann vernichtet werden."
[Datum und Unterschrift des Mitarbeiters und der Führungskraft]

Eine solche Vereinbarung kann auf eine viertel DIN-A4-Seite passen. Wichtig ist, dass Ihr Mitarbeiter in vollem Umfang zugestimmt und die Vereinbarung ebenfalls unterschrieben hat. Außerdem sollte er eine Kopie der Vereinbarung erhalten. All diese Maßnahmen sind psychologisch wesentlich wirkungsvoller als ein bloßes Mitarbeitergespräch.

Wichtig ist ebenso, dass Sie in dieser Vereinbarung konkret werden und viele Daten, Zahlen und Fakten integrieren.

- Was soll ab wann, durch wen und mit welcher Hilfe geschehen (Rang- bzw. Reihenfolge)?
- Was soll bis wann und in welchem Ausmaß erledigt sein (Zeitplanung)?
- Welche Eckwerte müssen unbedingt eingehalten werden?
- Sind die Verantwortungsbereiche genau festgelegt?
- Gliedern Sie die Ziele in einzelne Teilziele auf, damit Ihnen Ihr Partner leichter zustimmen kann!
- Beziehen Sie in diese Teilziele alternative Maßnahmen mit ein!
- Bewerten Sie die Zielvereinbarungen gegenüber den alternativen Maßnahmen!
- Entscheiden Sie sich für diejenigen Maßnahmen, die die besten Lösungen erzielen (Beseitigung der Ursachen).

Denken Sie aber daran: Die Vereinbarung ist kein Projektplan! Sie dient Ihrem Mitarbeiter als roter Faden, den er in der Zeit, in der er an einer Verhaltensänderung oder Fehlerkorrektur arbeitet, als Orientierung nutzen kann. Er soll wissen: Wenn er sich an die Festlegungen aus der Vereinbarung hält, ist für ihn alles in Ordnung. Sagen Sie Ihrem Mitarbeiter, dass er sofort das Gespräch mit Ihnen suchen soll, wenn sich Probleme andeuten. Tut er das, muss er wissen, dass er alles richtig gemacht hat und keine Sanktionen zu befürchten braucht.

All diese Aussagen dienen dazu, Vertrauen zu schaffen, und helfen Ihrem Mitarbeiter, mit größerer Eigenmotivation an seinem Problem zu arbeiten. Genau dieses Ziel gilt es in einem solchen Personalgespräch zu erreichen.

2.3.7   Projektionsphase: Perspektiven aufzeigen

In nahezu allen Fällen reichen ein oder zwei professionell geführte Kritikgespräche völlig aus, um beim Mitarbeiter die notwendige Motivation zur Verhaltensänderung zu erzeugen. Damit bei solchen Gesprächen der Mitarbeiter den Besprechungsraum nicht mit belastenden und negativen Gefühlen verlässt, sollte das Gespräch immer mit einer positiven Perspektive beendet werden.

Wenn ein zweites Kritikgespräch nötig ist

Bei dem zweiten Kritikgespräch zum gleichen Anlass sagen Sie dem Mitarbeiter, mit welchen Konsequenzen er rechnen muss, wenn sich die Situation nicht zum Besseren verändert. In besonders kritischen Fällen ist es für Sie als Chef immer ratsam, für das zweite Gespräch einen Betriebsratsvertreter und gegebenenfalls den eigenen Chef hinzuzuziehen. Dann sollten Sie die Konsequenzen besprechen, falls auch das zweite Kritikgespräch erfolglos bleibt.

Dies mag in Ihren Ohren vielleicht rabiat klingen. Doch erinnern Sie sich: Zum gleichen Sachverhalt haben Sie Ihrem Mitarbeiter zuerst ein ruhiges Sach-Feedback gegeben. Ohne Erfolg! Sie haben an ihn mindestens zweimal appelliert. Ohne Erfolg! Danach haben Sie Ihrem Mitarbeiter im Rahmen eines Beziehungsfeedbacks zu verstehen gegeben, dass Ihre Geduld nun am Ende ist und Sie verärgert sind, wenn die Dinge jetzt nicht korrekt laufen. Ohne Erfolg! Danach hatten Sie ein erstes Personalgespräch mit dem Ergebnis einer klaren schriftlichen Vereinbarung zur Verhaltenskorrektur. Bis hierhin haben Sie alle Gespräche sehr konstruktiv geführt und Ihrem Mitarbeiter stets Unterstützung angeboten. Wenn es zu einem zweiten Kritikgespräch kommt, muss dem Mitarbeiter ohne Wenn und Aber vor Augen geführt werden, dass dies seine letzte Chance ist, das anstehende Problem aus der Welt zu schaffen. Wenn das zweite Kritikgespräch scheitert, muss er mit deutlichen Konsequenzen rechnen.

- Sprechen Sie die Folgen an, mit denen Ihr Mitarbeiter rechnen muss, wenn sich nichts grundlegend ändert.
- Sichern Sie andererseits zu, dass der gesamte Vorgang bei prompter Erledigung „gelöscht" wird.
- Fordern Sie Ihren Mitarbeiter zu abschließenden Fragen und/oder zur Stellungnahme auf.
- Erwähnen Sie die positiven Beiträge, die Ihr Mitarbeiter zur Klärung der Lage geleistet hat.
- Bieten Sie Ihre Unterstützung an, wenn es bei der Umsetzung der Verhaltensänderung Schwierigkeiten geben sollte.
- Zeigen Sie erste Wege zu Lösungen auf, wobei Sie allerdings nicht zuviel vorgeben sollten.

Hat der Mitarbeiter der Vereinbarung zugestimmt und versichert, dass er aktiv an der Umsetzung arbeiten wird, ist es an Ihnen, ihm für die Offenheit und konstruktive Zusammenarbeit zu danken. Außerdem sollten Sie ihm klar sagen, dass mit der Umsetzung der Vereinbarung der Fall für Sie erledigt ist. Sagen Sie ihm auch, dass er nicht befürchten muss, dass Sie im Jahresgespräch nochmals darauf zurückkommen. Der Mitarbeiter sollte wissen, dass kein Makel an ihm haften bleibt, wenn er sich jetzt anstrengt und die Dinge tut, die von ihm erwartet werden.

- Sagen Sie Ihrem Gesprächspartner, was Sie an ihm besonders schätzen.
- Zeigen Sie die Chancen auf, die in einer zügigen Korrektur liegen.
- Danken Sie aufrichtig für die konstruktiven Gesprächsinhalte, die Ihr Mitarbeiter zum Gespräch beigetragen hat.

Unterschätzen Sie diese Gesprächsphase nicht. Wenn Sie dabei aufrichtig und authentisch bleiben und der Mitarbeiter mit einem Gefühl hinausgeht, dass es Ihnen wirklich nur um eine gute Zusammenarbeit und den reibungslosen Ablauf in der Abteilung geht, dann haben Sie einen weiteren Baustein zur Eigenmotivation des Mitarbeiters gesetzt. Die normalen Reflexe zur Verteidigung und die Befürchtung, bestraft zu werden und sich wehren zu müssen, entfallen im Optimalfall vollständig.

2.3.8 Kontrollphase: Durchführung überwachen

Wer bereits mit der Erziehung von Kindern zu tun hatte, verfügt über die Erfahrung, dass Motivation über einen längeren Zeitraum nur dann wirklich gewährleistet ist, wenn das Kind sieht, dass Sie als Erziehungsberechtigter auch überprüfen, ob die Vereinbarung oder Absprache auch eingehalten wurde. Unterbleibt die Überprüfung, führt dies unweigerlich zu einer Verhaltensänderung und zu einer nachlassenden Selbstmotivation der betroffenen Person. Deswegen sollten Sie bei Ihrem Mitarbeiter darauf achten, dass die Vereinbarung aus dem Kritikgespräch auch umgesetzt wurde. Dies bedeutet im Einzelnen:

- Vergleichen Sie die Ergebnisse anhand der festgelegten Kontrollstandards.
- Ermitteln Sie die Gründe für Verhaltens- und Leistungsabweichungen.
- Überprüfen Sie, ob die Einzelvereinbarungen gegebenenfalls angepasst werden müssen, wenn sich herausstellt, dass Zeitvorgaben oder Lernfortschritte nicht wie angenommen eingehalten oder erzielt werden können.
- Gehen Sie auf geringfügige negative Auswirkungen nicht weiter ein.
- Halten Sie auch kleinere Teilerfolge in einer Ergebnisbesprechung bewusst fest.

Ist ein Mitarbeiter zum Beispiel des Öfteren zu spät gekommen und sind nach dem ersten Kritikgespräch die ersten beiden Wochen innerhalb der Sechs-Wochen-Frist ohne jegliche Beanstandung verlaufen, reicht oft ein kurzes Feedback (Appellform), das Sie auch im Vorbeigehen am Schreibtisch Ihres Mitarbeiters geben können: „Herr Meier, klappt doch jetzt schon zwei Wochen wunderbar, weiter so!" Der Mitarbeiter bekommt zunächst eine positive Rückmeldung und weiß gleichzeitig, dass Sie überprüfen, ob Ihre Vereinbarung mit dem Mitarbeiter eingehalten wurde.

- Sagen Sie, mit welchen Resultaten Sie besonders zufrieden sind.
- Besprechen Sie die positiven Auswirkungen seiner Verhaltensänderung detailliert.
- Ermuntern Sie Ihren Partner zum Weitermachen und lassen Sie ihn am Erfolg teilhaben.

Fazit und Zusammenfassung

Eine gründliche Vorbereitung ist das A und O eines Kritikgesprächs. Wenn Sie ein solches Gespräch führen, und sei es nur für fünfzehn Minuten, haben Sie die besten Erfolgsaussichten, wenn Sie nach den oben beschriebenen klaren Regeln vorgehen. Dabei lautet die wichtigste Regel: Keine Diskussion oder Rechtfertigung, bevor nicht beide Gesprächspartner ihren Standpunkt komplett und ungestört vorgetragen haben.

Nach einiger Zeit wird Ihnen das richtige Gesprächsverhalten in Fleisch und Blut übergehen und Sie können dann Ihren ganz persönlichen Stil stärker ins Spiel bringen. Sind Sie noch neu im Führungsgeschäft und fühlen sich noch nicht so sicher, dann beherzigen Sie die Ausführungen in diesem Kapitel als Leitfaden und Sie werden feststellen, dass Ihre Gespräche wesentlich besser laufen als bisher.

Wenn Sie mehrere „Problemfälle" haben

Wenn Sie nicht nur einen schwierigen Mitarbeiter, sondern gleich mehrere „Problemfälle" haben, bleiben die hier beschriebenen Methoden und Regeln eins-zu-eins bestehen. Der einzige Unterschied besteht darin, dass Sie mehr Zeit für die Vorbereitung und Durchführung einplanen müssen.

Sollte sich eine Mitarbeiterin über zwei andere Kollegen beschwert haben, dann kommen Sie nicht umhin, sich selbst Daten zu beschaffen und das Verhalten selbst zu analysieren. Im zweiten Schritt führen Sie ein solches Kritikgespräch dann zuerst mit jedem der betroffenen Mitarbeiter einzeln und zwar entlang der hier aufgezeigten Regeln. Achten Sie darauf, dass Namen, Vorfälle, Uhrzeiten und Datum genannt werden. Lassen Sie nie Worte wie „man", „immer" usw. zu. Erst wenn Sie einen klaren und detaillierten Überblick über die Situation gewonnen haben und über genügend konkrete Daten, Zahlen und Fakten verfügen, bitten Sie alle Beteiligten zum finalen Gespräch und konfrontieren Sie sie mit Ihrer Sicht auf den Sachverhalt. Dann hat jeder der Beteiligten die Möglichkeit, nochmals seinen Standpunkt klarzumachen. Wenn alle drei Einzelgespräche bereits gut und strukturiert verlaufen sind, werden Sie feststellen, dass es gar nicht mehr so schwer ist, alle drei zur gemeinsamen Mitarbeit an einer Lösung zu motivieren.

!   **WICHTIG**

Alle Methoden und Regeln, die in diesem Kapitel vorgestellt wurden, beziehen sich auf den normalen Fall, in dem Sie ein Fehlverhalten, eine Fehlersituation oder einen Leistungsabfall behandeln. Sie gelten nicht für den typischen **Konfliktfall**, in dem häufig starke Emotionen eine Rolle spielen.
Die Besonderheit einer Konfliktsituation und wie Sie als Führungskraft damit umgehen, behandeln wir im folgenden Kapitel.

2.4   Das Mitarbeitergespräch in Konfliktsituationen

Wie Sie in den vorangegangenen Seiten lesen konnten, hat eine Führungskraft für die alltägliche Steuerung der Mitarbeiter mit der Feedbackmethode und dem Kritikgespräch zur Verhaltenskorrektur bereits einige wirksame Führungswerkzeuge in der Hand. Dennoch sind damit nicht alle Situationen, die im Alltag eines Abteilungsleiters vorkommen, abgedeckt. In diesem Kapitel werden wir uns deshalb eine Situation anschauen, die wesentlich emotionsgeladener als ein normales Kritik- oder Feedbackgespräch ist. Die folgenden Inhalte sind nicht gedacht, um aus Ihnen einen versierten Konfliktmanager und Konfliktmoderator zu machen, sondern um Sie in die Lage zu versetzen, mit Konflikten in Ihrem Team professionell umzugehen. Ich rate Ihnen jedoch, wenn Sie einem ernsten und komplexen Konfliktfall gegenüberstehen, immer einen externen, gut ausgebildeten Fachmann hinzuzuziehen und ihm die Gesprächsführung und Moderation zu übertragen. Dies führt wesentlich schneller und nachhaltiger zu einer für alle tragbaren Lösung — und betriebswirtschaftlich rechnet es sich allemal.

2.4.1   Welche Konfliktarten gibt es?

Bevor wir uns damit beschäftigen, wie ein Konfliktgespräch im Einzelnen abläuft, sollen zunächst die verschiedenen Konfliktarten anhand von Beispielen vorgestellt werden.

Abb. 19: Konfliktarten

Zwischenmenschliche Konflikte

Das folgende Beispiel zeigt einen offenen, zwischenmenschlichen Konflikt im Unternehmen, der uns auf den folgenden Seiten weiter beschäftigen wird. Hier liegt eine Situation vor, in der die Führungskraft sofort konsequent eingreifen muss.

▶ **BEISPIEL**

In Ihrer Innendienstabteilung (Großraumbüro) führen Sie elf Mitarbeiter. An einem Arbeitsplatz stehen je zwei Schreibtische so, dass sich immer zwei Kollegen gegenübersitzen. An einem dieser Arbeitsplätze sitzen zwei Mitarbeiterinnen, beide Mitte vierzig und jede bereits mehr als acht Jahre in dieser Abteilung. Sie sind gut befreundet werden, von allen Kolleginnen und Kollegen geschätzt — ein eingespieltes, gut funktionierendes Team. Kurz gesagt, Sie als Chef können sich an dem Platz derzeit keine bessere Besetzung vorstellen und sehen die beiden als einen Teil des Rückgrats der Abteilung an.

Gestern mussten Sie jedoch plötzlich und völlig unerwartet Folgendes wahrnehmen. Aus Ihrem verglasten Büro sehen und hören Sie, wie eine der Mitarbeiterinnen vor ihrem Schreibtisch steht, wild gestikuliert und die andere über die Tische anschreit: „Das lass ich mir von dir blöde Kuh nicht länger gefallen!", gefolgt von einem Ordner, den sie direkt auf den Tisch vor die Kollegin wirft. Nun schreien beide stehen und gestikulieren wild mit den Armen. Augenscheinlich ist hier ein handfester Streit im Gang.

Was nun? Was ist Ihr Job als Führungskraft in dieser Situation?

Das erste, was eine Führungskraft hier feststellen muss, ist, dass Sie es hier nicht mit einem normalen Fehlverhalten zu tun haben, sondern offensichtlich mit einem akuten Konflikt! Erkennen kann man dies daran, dass Sie als Chef zuvor überhaupt nicht mitbekommen haben, dass es gleich kracht. Wie aus dem Nichts sind plötzlich viele Emotionen im Spiel. Dies sind meist untrügliche Kennzeichen, dass Sie es mit einem Konflikt zu tun haben.

Innere Konflikte

Im Unterschied zu dem offenen, zwischenmenschlichen Konflikt der Mitarbeiterinnen geht es bei den folgenden Beispielen um **innere Konflikte**, um widerstreitende Gefühle in bestimmten Arbeitssituationen. Der Konflikt tritt nicht offen oder aggressiv zutage, dennoch muss ein emotionales Problem gelöst werden. Lösen Sie es nicht, wird es Ihnen zusetzen und über kurz oder lang Ihre Leistung beeinflussen.

> **BEISPIELE**

- Soll ich heute noch länger in der Arbeit bleiben, meine Zeit in die beruflichen Zielen investieren oder lieber nach Hause gehen, um mit meiner Frau endlich mal wieder auszugehen?
- Soll ich meinen besten Mitarbeiter am Wochenende zu Überstunden in einem sehr wichtigen Projekt motivieren, obwohl ich weiß, dass er einen Ausflug mit seinem Sohn geplant hat, der Geburtstag hat?
- Soll ich meinen Leistungsträger im Team auf eine Weiterbildung schicken (die dem Abteilungserfolg später nützen wird), auch wenn ich das Gefühl habe, dass er dann noch intensiver an meinem Stuhl sägen wird?
- Wie soll ich damit zu Recht kommen, einen Teil meiner Mitarbeiter aus unternehmensbedingten Gründen zu entlassen, auch wenn ich glaube, dass einige davon in einer längeren Arbeitslosigkeit landen und vielleicht sogar einen sozialen Absturz erleben?
- Wie soll ich meine jüngste Kraft zur morgendlichen Pünktlichkeit erziehen, auch wenn ich selbst kaum aus den Federn komme?

Beim ersten Beispiel in diesem Kapitel handelt es sich ganz klar um einen **zwischenmenschlichen Konflikt** zwischen zwei langjährigen Mitarbeiterinnen. Die darauffolgenden fünf Beispiele beschreiben dagegen **innere Konflikte**, die Sie mit sich selbst austragen.

Strukturelle Konflikte

Strukturelle Konflikte finden Sie in der Organisation von Unternehmen, Abteilungen und in Prozessen. Da ein Unternehmen ein dynamischer Organismus ist, kommt es vor, dass ab und zu an einigen Stellen die Prozesse nicht mehr sauber ineinander greifen oder zueinander passen.

Ein Beispiel dafür sind Innendienstleiter, die eine umfassende Führungsverantwortung, aber überhaupt keine eigene Budgetverantwortung haben. Dies bedeutet: Für jeden noch so kleinen Gegenstand, der angeschafft werden soll, müssen sie zu ihrem Chef laufen und betteln gehen. Gravierender ist der strukturelle Konflikt, wenn ein Innendienstleiter eine Abteilung mit über zehn Mitarbeitern führen soll, die Gehaltsgespräche am Jahresende aber nicht führen darf. Dies ist, als würden Sie in einem Auto sitzen und Ihr Lenkrad ist nur zu 60 bis 70 % greifbar. Sie greifen beim Steuern immer mal wieder ins Leere. All dies sind strukturelle Konflikte.

2.4.2 Der typische Konfliktverlauf

1.Phase	• Latenter Konflikt, der unterschwellig und für die Parteien noch nicht erkennbar ist.
2.Phase	• Durch ein Ereignis wird die latente Phase beendet und der Konflikt offenkundig. Konfliktauslöser können sowohl innere als auch äußere Faktoren wie enttäuschte Erwartungen, Anordnungen oder Stress sein.
3.Phase	• Der bewusst gewordene Konflikt löst bei den Beteiligten Aktivitäten, Handlungen und Verhalten aus. Bei den Kontrahenten setzen gedankliche und gefühlsmäßige Prozesse ein und es kommt zu körperlichen Reaktionen. Dies löst wiederum fünf typische Verhaltensstile aus: 1) durchsetzen, 2) nachgeben, 3) vermeiden, 4) Kompromisse schließen, 5) kooperativ und problemzentriert lösen.
4.Phase	• Es kommt zur Auseinandersetzung zwischen den Konfliktparteien, wobei die jeweiligen Haltungen wirksam werden und das Verhalten der Kontrahenten bestimmen.
5.Phase	• Es erfolgt eine (Konflikt-)Lösung, indem z. B. Spielregeln festgelegt oder andere Regelungen gefunden werden. Empfindet eine Partei diese Regelungen als ungerecht, ist die Wahrscheinlichkeit hoch, dass der Konflikt erneut ausbricht.

Abb. 20: Phasen eines Konflikts

Sie sehen an diesem Modell (Abb. 20) sehr klar, dass im ersten Beispiel mit den beiden Frauen in der Abteilung das Problem sicher schon viel länger bestanden haben muss. Aber es war zumindest für Sie als Führungskraft nicht sichtbar. Die beiden Mitarbeiterinnen arbeiteten zusammen, waren freundlich zu Ihnen und erledigten Ihre Arbeit fehlerfrei und gewissenhaft. War das wirklich so? Um es gleich vorweg zu nehmen: Nein, in den letzten Tagen und Wochen hatte sich etwas verändert zwischen den beiden, wahrnehmen konnte man dies nur, wenn man sehr genau hinschaute. Sie benötigen ein gutes Gespür für Veränderungen bei Menschen und viel Erfahrung als Führungskraft, um einen Konflikt in seiner frühen, latenten Phase aufzuspüren und entgegenzuwirken. Selbst Vorgesetzten mit zwanzig und mehr Jahren Führungserfahrung gelingt das nicht immer. Aus diesem Grund müssen wir uns anschauen, wie Sie als junge, vielleicht weniger erfahrene Führungskraft damit umgehen können.

Wie sollten Sie als Führungskraft reagieren?

Selbstverständlich müssen Sie in einen akuten Konflikt eingreifen; im wahrsten Sinne des Wortes dazwischengehen. Die beiden Mitarbeiterinnen haben mittlerweile solch eine Lautstärke in der Auseinandersetzung entwickelt, dass alle anderen Kollegen nun auch die Arbeit eingestellt haben und gespannt schauen, wie sich der Streit entwickelt. Da im gleichen Moment auch Kundengespräche geführt werden könnten, ist es für Sie zwingend notwendig, wieder eine normale Arbeitsatmosphäre herzustellen.

Phase 1: Erregung kontrollieren

Gehen Sie zu den beiden Kontrahentinnen, und zwar aufrecht und mit festem Schritt, schauen Sie beiden abwechselnd fest ins Gesicht, und wenn beide sehr laut sind, dürfen Sie ausnahmsweise ebenfalls eine laute Anweisung geben:

▶ **BEISPIEL**

Führungskraft: „Ruhe hier und zwar sofort! Ich will jetzt kein Wort mehr hören und schon gar kein Geschrei und keine Beleidigungen! Haben Sie mich beide verstanden?" Mehr nicht! Und warten Sie nun ab, bis von beiden ein klares „Ja" kommt. „Sie setzen sich jetzt wieder an Ihren Platz und fahren bitte normal mit Ihrer Arbeit fort!"

In meinem Beispiel hatten die beiden Mitarbeiterinnen sich in einem sehr emotionalen Zustand befunden. Dies bedeutet: Wenn Sie die beiden sofort zu einem Gespräch in Ihr Büro bitten, haben Sie nur geringe Chancen, ein erfolgreiches Konfliktgespräch zu führen. Im Blutkreislauf der Streitenden befinden sich noch zu viele Botenstoffe, vor allem Adrenalin, was es den Beteiligten unmöglich macht, ruhig das Verhalten zu reflektieren und ohne Verteidigungs- oder Angriffshaltung nüchtern mit Ihnen zu sprechen. Sie müssen also Zeit gewinnen und damit arbeiten, dass nach einer Stunde oder am nächsten Tag der Zugang zu den Konfliktbeteiligten viel einfacher herzustellen ist.

▶ **BEISPIEL**

Führungskraft: „Sie, Frau Müller, kommen bitte um 09:00 Uhr morgen früh direkt zu mir ins Büro, und Sie, Frau Huber, möchte ich um 10:30 Uhr bei mir sehen. Haben Sie mich verstanden?" Dann drehen Sie sich um und gehen wieder in Ihr Büro, überwachen trotzdem die Situation aus den Augenwinkeln.

Diese erste Phase in einem Konfliktgespräch nennt man **„Erregung kontrollieren"**. Ich habe die Erfahrung gemacht, dass es nie ratsam ist, bei hoch emotionalen Gesprächspartnern direkt mit einem Konfliktgespräch zu beginnen. Sagen Sie, dass Sie nicht sofort Zeit für ein Gespräch haben, aber erwarten, dass erst der eine, dann der andere Konfliktbeteiligte bei Ihnen erscheint. Nennen Sie die exakte Uhrzeit und den genauen Ort. Das wirkt wesentlich zwingender als die unverbindliche Formulierung „Sie kommen bitte nachher bei mir vorbei."

2.4.3 Gesprächsphasen im Konfliktgespräch

Wie unterscheiden sich die Gesprächsphasen in einem Konfliktgespräch von den Phasen eines Kritikgesprächs zur Einleitung einer Verhaltenskorrektur, die Sie in Kapitel 2.3 kennengelernt haben?

Phase 1	• Erregung kontrollieren
Phase 2	• Vertrauen bilden
Phase 3	• Offen kommunizieren
Phase 4	• Problem lösen
Phase 5	• Vereinbarung treffen
Phase 6	• Persönlich verarbeiten

Abb. 21: Gesprächsphasen im Konfliktgespräch

Wenn Sie am nächsten Morgen die erste Mitarbeiterin in Ihrem Büro empfangen, gilt mit wenigen kleinen, aber wesentlichen Änderungen das gleiche Prozedere, wie beim zuvor beschriebenen Kritikgespräch. Ich gehe hier nur auf die wichtigen Unterschiede bzw. Sonderheiten ein, damit Sie in einem solchen Gespräch souverän und sicher führen können.

Phase 2: Vertrauen bilden

Nachdem Sie am Vortag die **Phase 1 „Erregung kontrollieren"** erledigt haben, beginnt nun die **Phase 2 „Vertrauen bilden"**. Hier gilt es zu berücksichtigen, dass die Themen, die zu besprechen sind, für die Konfliktbeteiligten sehr sensibel sind. Die kleinste Unachtsamkeit von Ihnen kann sofort wieder neue (negative) Emotionen auslösen. Also gehen Sie behutsam vor, sagen Sie der Mitarbeiterin, dass Sie sich alle Zeit nehmen, um mit ihr jetzt über gestern zu sprechen. Auch wenn es offensichtlich ist: Sprechen Sie an, dass Sie um vollständige Offenheit bitten, und versprechen Sie, dass Sie alles in ihrer Macht stehende tun werden, um gemeinsam eine Lösung für die Situation zu finden. All diese Ansagen zum Beginn des Gesprächs zielen darauf ab, dem anderen die Angst zu nehmen, dass er jetzt für sein unprofessionelles und ungehöriges Benehmen am Vortag die Quittung bekommt.

Ein Empfang der Mitarbeiterin mit „Was haben Sie sich eigentlich gestern in aller Welt dabei gedacht, hm?" oder „Was sollte eigentlich das ganze unnötige Gezeter gestern Nachmittag? wäre also die völlig falsche Eröffnung, wenn Sie das Gespräch möglichst einfach und professionell führen und zu einem Ergebnis bringen wollen.

Denken Sie daran, sich die Spielregeln für ein Personalgespräch ins Gedächtnis zu rufen (vgl. Kapitel 1.3). Sie sagen im ersten Schritt der Mitarbeiterin, was Sie gestern wahrgenommen haben und zwar mit kurzen Worten und ohne jegliche Wertungen. Ebenso sagen Sie der Mitarbeiterin, warum das aus Ihrer Sicht so nicht geht und von Ihnen sofort abgestellt werden musste. Fassen Sie sich kurz und bringen Sie die Sachlage in zwei bis drei Sätzen auf den Punkt, dann laufen Sie nicht Gefahr, sich zu verheddern oder neue Emotionen bei Ihrer Gesprächspartnerin zu schüren. In der nun folgenden Gesprächsphase darf die Mitarbeiterin ausführlich darstellen, warum es aus ihrer Sicht zu dem Streit kam.

Phase 3: Offen Kommunizieren

Da bei unserem Beispiel zwei Mitarbeiterinnen beteiligt waren, wird hier das Gespräch mit der ersten Dame unterbrochen und Sie gehen die ersten beiden Schritte mit der zweiten Dame genauso durch. Nur wenn es Ihnen gelungen ist, in der

Phase 3 bis auf den Grund der Probleme vorzustoßen, gehen Sie in einem dritten Gespräch nun mit beiden Damen gemeinsam in die **Phasen 4 und 5** des Konfliktgesprächs. Der Ablauf dieser letzten beiden Phasen ist wieder nahezu identisch mit dem normalen Personalgespräch.

Der Dreh- und Angelpunkt bei einem Konfliktgespräch ist jedoch die Phase 3, die offene Kommunikation. Aus diesem Grund schauen wir uns diese Phase etwas genauer an.

In dieser Phase haben Sie Ihrer Mitarbeiterin zuerst kurz gesagt, was Sie gestern wahrgenommen haben und dass Sie ein solches Verhalten nicht akzeptieren können, da es negative Auswirkungen auf die Arbeit und das Abteilungsklima hat. Im nächsten Schritt fordern Sie nun die Mitarbeiterin auf, völlig offen und ohne jegliche Scheu zu berichten, was eigentlich los war. In unserem Beispiel könnte die erste Mitarbeiterin vielleicht so antworten.

▶ **BEISPIEL**

Mitarbeiterin: „Mein Gott, die Elke, ich meine Frau Huber natürlich, knallt mir fast jeden Mittag völlig wortlos die Aufträge, die sie von unserer Produktion um 15:30 Uhr bekommt, einfach auf den Tisch und ich muss dann schauen, wie ich damit bis 16:30 Uhr klarkomme, damit die später noch rausgehen. Ich werde das so nicht mehr akzeptieren, soll sie doch ihren Sch ... alleine machen!"

Hätten wir es nicht mit einem Konfliktgespräch zu tun, könnten Sie jetzt darauf eingehen und alles Weitere auf der Sachebene zu klären versuchen. In diesem Konfliktfall haben wir es jedoch mit einer völlig anderen Situation zu tun. Erinnern Sie sich an die oben beschriebenen Phasen des Konfliktablaufs. Dort steht in Phase 2, dass die latente Phase des Konflikts durch ein äußeres Ereignis beendet wird und der Konflikt ausbricht. In Phase 3 geht es darum, dass die Konfliktbeteiligten aktiv werden. Hier sind tiefer sitzende Emotionen mit im Spiel. Ihre Mitarbeiterinnen sind gestern Nachmittag recht laut geworden. Sie sind aufgestanden, haben geschrien, sich Vorwürfe gemacht und sich sogar beleidigt.

! **WICHTIG**

Das Ereignis, an dem sich ein Konflikt entzündet und ausbricht, ist in den seltensten Fällen die Ursache für den tatsächlich zugrunde liegenden Konflikt. Denn dieser hat sich in der Regel über eine längere Zeit aufgebaut. Der offen ausgebrochene Konflikt ist meistens nur der Auslöser, der den Konflikt für alle sichtbar macht.

Weil die Konfliktursache verborgen bzw. latent ist, müssen Sie sich etwas anders verhalten als in einem normalen Personalgespräch. Stellen Sie sich vor, Sie seien ein Staatsanwalt in einem amerikanischen Gerichtsthriller. Ein Staatsanwalt, der es versteht, im Kreuzverhör immer weiter zu fragen und tiefer zu bohren, bis der Zeuge endlich auch die letzten Geheimnisse preisgibt. Die Kunst im Konfliktgespräch ist es, das Gespräch nicht in ein Verhör ausarten zu lassen und stets Signale zu senden, dass es Ihnen in der Hauptsache um das Verstehen der Situation geht, bevor Sie überhaupt beurteilen können, was nun zu tun ist. In unserer Situation könnte das Konfliktgespräch wie folgt weitergegangen sein.

▶ **BEISPIEL**

Führungskraft: „Frau Müller, ich kann verstehen, dass Sie darüber verärgert sind, wenn Ihre Kollegin Ihnen die Aufträge auf diese Art und Weise auf den Tisch gibt. Haben Sie eine Vorstellung, warum sie dies tut? Bisher hatten Sie doch seit Jahren ein gutes Verhältnis. Ich hatte sogar den Eindruck, Sie sind gut befreundet, und als Team hat ja auch alles immer sehr gut geklappt bei Ihnen beiden. Also, warum, glauben Sie, macht sie das?"

Mitarbeiterin: „Ach, ich weiß nicht, das müssen Sie sie selbst fragen. Auf jeden Fall bin ich nicht bereit, immer ihre Arbeit mit zu erledigen, soll sie sich halt vorher etwas schneller an ihre Aufträge machen."

Führungskraft: „Frau Müller, unsere Anzahl an Aufträgen hat in den letzten zwölf Monaten nicht spürbar zugenommen, wie haben Sie beide denn das die letzten Monate gemacht?"

Sie sehen, die Führungskraft hat begonnen, mit offenen W-Fragen immer wieder nachzuhaken. Dabei nimmt sie bei keiner Antwort an, dass sie schon die Ursache des Konflikts gefunden hat, sondern nur die Konsequenzen aus der verdeckten Konfliktursache sucht.

Nachdem eine halbe Stunde auf diese Weise nachgefragt wurde, kam die folgende tatsächliche Konfliktursache zum Vorschein: Zunächst waren Frau Huber und Frau Müller seit Jahren ein Herz und eine Seele und arbeitsmäßig ein Rückgrat der Abteilung. Für beide war es normal, dass man sich bei Engpässen gegenseitig Arbeit abnimmt. So kollegial ging das seit Jahren, ohne dass ein Vorgesetzter eingreifen musste. Vor fast sechs Monaten geschah nun aber Folgendes:

Frau Müllers Sohn, der seit drei Jahren auf das örtliche Gymnasium ging, hatte seine Versetzung in die nächste Klasse zum zweiten Mal nicht erreicht. Da nutzte auch die Eins in Sport nichts mehr. Er musste das Gymnasium verlassen und auf eine andere Schule gehen. Als Frau Müller dann am nächsten Morgen im Zuge dieser Information völlig niedergeschlagen ihrer Kollegin davon berichtete, entgegnete ihr diese: „Ach, das war ja klar, dass der das nicht packt. Der verbrachte ja ohnehin mehr Stunden auf dem Fußballplatz als in der Schule. Das habe ich dir ja schon vor Längerem gesagt."

Frau Müller hatte von ihrer besten Kollegin Mitgefühl und Zuspruch erwartet. Deshalb traf sie diese Aussage wie ein Hammer. In ihren Augen wurde ihr eigenes Kind kritisiert und angegriffen. Frau Müller war dadurch so schockiert und blockiert, dass sie in dem Moment gar nicht reagieren konnte. Aber in ihrem Verhältnis hatte sich etwas gravierend geändert. Seit diesem Vorfall legte sie jedes Wort ihrer Kollegin Huber auf die Goldwaage. So kam es auch, dass das früher selbstverständliche gegenseitige Abnehmen von Arbeit nun einen völlig anderen Charakter in ihrer Wahrnehmung hatte. Plötzlich empfand sie das als unfair. Und von jemandem, der ihr eigenes Kind angreift und für einen kleinen, dummen Menschen hält, will sie sich so etwas erst recht nicht bieten lassen.

Der Konflikt schwelte, er befand sich in der sogenannten **latenten Phase**. Diesen (verborgenen) Ursprung des Konflikts gilt es mit einer Kaskade von Fragen herauszuarbeiten. Hören Sie zu früh auf nachzufragen, kratzen Sie nur an der Oberfläche und alle Maßnahmen, die Sie einleiten, und Vereinbarungen, die Sie treffen, werden den Konfliktherd, die Ursache, nicht wirklich beseitigen. Es wird wieder krachen.

Während der latenten Phase eines Konflikts können Sie mit etwas Erfahrung manchmal erkennen, dass etwas im Busch ist, und vorbeugend ein solches Gespräch führen, in dem Sie mit Fragen auf den Kern hinarbeiten. Wie wir in unserem Personentypenmodell (Kapitel 1.2.3) gesehen haben, reagieren Menschen in Konflikten unterschiedlich. Dies ist auch in der latenten Konfliktphase so.

2.4.4 Personentypen in der latenten Konfliktphase

Die folgende Abbildung zeigt noch einmal das Personentypenmodell. Dort sehen Sie, wie die vier unterschiedlichen Personentypen in der latenten Konfliktphase typischerweise reagieren könnten.

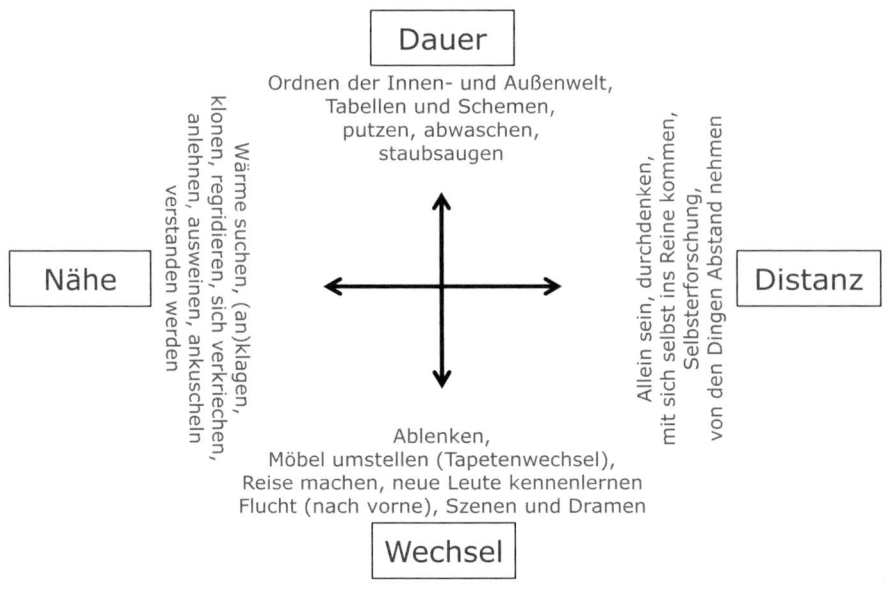

Abb. 22: Personentypen in der latenten Konfliktphase

Jeder Personentyp etabliert, entsprechend seiner Prägung, einen individuellen Umgang mit einem (inneren) Konflikt. Für Sie als Führungskraft, die nach ein bis zwei Jahren die Verhaltensmuster ihrer Mitarbeiter genau kennen sollte, gilt es also, genau hinzuschauen und zu erkennen, ob sich einer Ihrer Mitarbeiter in seinen täglichen Gewohnheiten und seinem Auftreten sichtbar verändert hat. Wenn Sie die Ursache für die Veränderung kennen, brauchen Sie nicht zu reagieren. Haben Sie dagegen keine Erklärung, sollten Sie genauer hinschauen und Ihrem Mitarbeiter gegebenenfalls ein Gespräch anbieten. Jeder Konflikt, den Sie bereits in der latenten Phase entschärfen und lösen können, spart Zeit und Nerven und verhindert Störungen im Arbeitsablauf.

Wenn Sie es in Phase 3 des Konfliktgesprächs geschafft haben, mit offener und vertrauensvoller Kommunikation auf die tatsächliche Konfliktursache vorzustoßen, dann können Sie zur Phase 4 übergehen und sich Gedanken machen, was im Einzelnen zu tun ist. Es gibt hier keinerlei Patentlösungen. Bei zwischenmenschlichen Konflikten hat jeder Fall seine individuelle Ausprägung. Dabei ist Ihr gesunder Menschenverstand, eine Portion Einfühlungsvermögen, aber auch konsequentes Vorgehen gefragt.

Als ich in dem oben dargestellten Konfliktgespräch erfuhr, was die eine Mitarbeiterin so verletzt hatte, war mir schlagartig klar, dass die andere Konfliktbeteiligte,

Frau Huber, gar nicht bewusst war, was sie mit ihrer unbedachten Äußerung vor Monaten angerichtet hatte. In der gleichen Sekunde war mir klar, dass ich beide zu einem klärenden Gespräch unter meiner Moderation zusammenbringen musste. Um Überraschungen auszuschließen, lud ich die zweite Konfliktbeteiligte ebenfalls zu einem Gespräch und durchlief mit ihr die Gesprächsphasen 1 bis 3. Dies gab mir die Gewissheit, dass Frau Huber nicht ahnte, was sie mit ihrer Bemerkung bei Frau Müller angerichtet hatte.

Mit beiden Mitarbeiterinnen stieg ich anschließend in die Phase 4 des Gesprächs ein und forderte Frau Müller nochmals direkt auf, mit ihren eigenen Worten der Kollegin zu sagen, was sie vor sechs Monaten so verletzt hatte. Entschuldigungen erfolgten und Frau Huber zeigte ehrliche Betroffenheit, aber es dauerte trotz der Konfliktschlichtung noch Monate, bis die Atmosphäre zwischen beiden wieder so war wie vor diesem Vorfall.

In diesem Beispiel für einen Konflikt zwischen Mitarbeitern waren keine konkreten Vereinbarungen erforderlich, weil Arbeitsablauf und -umfang für beide ohne Probleme zu bewältigen waren. In anderen Konfliktfällen geht es in der Phase 5 des Konfliktgesprächs darum, mit den betroffenen Mitarbeitern eine schriftliche Vereinbarung zu treffen, was und von wem genau zu tun ist.

> **WICHTIG**
>
> Wenn Sie einen Konflikt zwischen verschiedenen Parteien vermuten, suchen Sie — nachdem Sie mögliche Emotionen kontrolliert haben — das Konfliktgespräch. Konzentrieren Sie sich auf die Phase 3 des Konfliktgesprächs, der Diskussionsphase, und arbeiten Sie in einem offenen Dialog mit möglichst vielen „offenen Fragen" heraus, was die wirkliche Ursache für den Konflikt ist. Erst wenn Sie völlig überzeugt sind, dass Sie auf den Kern des Konflikts gestoßen sind, beginnen Sie über eine mögliche Lösung nachzudenken und entsprechende Schritte einzuleiten. Beteiligen Sie die Konfliktparteien an der Lösungsfindung und Umsetzung. Vereinbaren Sie schriftlich, was von allen Beteiligten zu tun ist, und legen Sie Zeitachsen und Meilensteine der Überprüfung fest.

Diese kleine Einführung in das Wesen eines Konflikts macht Sie noch nicht zum professionellen Konfliktmanager, aber Sie lernen, typische Fehler von Führungskräften zu vermeiden. Denken Sie daran: Bei komplexen Situationen, in denen strukturelle Konflikte zu zwischenmenschlichen Konflikten führen, sollten Sie den (abgeleiteten) zwischenmenschlichen Konflikt und den strukturellen Konflikt separat behandeln. Denn so mancher strukturelle Konflikt kann nicht *ad hoc* beseitigt werden, weil mit ihm oft weitreichende organisatorische Konsequenzen verbunden sind und viele Entscheidungen außerhalb Ihres Verantwortungsbereichs liegen.

2.5   Das Einstellungsgespräch

Eine weitere sehr wichtige Gesprächsform, die jede Führungskraft beherrschen sollte, bildet das Einstellungsgespräch. Grundsätzlich gehört es zu den elementaren Aufgaben einer Führungskraft, neue Mitarbeiter auszuwählen. Je nach Firmengröße steht der Führungskraft dabei als Dienstleister und Berater ein Personalfachmann zur Verfügung. Um hier jedoch gleich für Klarheit zu sorgen: Sie als Führungskraft führen das Gespräch und Sie allein entscheiden am Ende des Prozesses, ob die Person aus dem Gespräch eingestellt wird oder nicht. Der Personalfachmann hat lediglich beratende Funktion. Sollte das bei Ihnen im Unternehmen anders sein, haben Sie ein Thema für ein Personalgespräch mit Ihrem Chef. Denn wenn Sie die disziplinarische Verantwortung für einen Mitarbeiter übernehmen sollen, müssen Sie auch die Kompetenz haben, vorher ja oder nein zum Bewerber zu sagen. Dies gilt für Mitarbeiter, die neu in das Unternehmen einzustellen sind. Bei Mitarbeitern, die versetzt werden sollen, oder bei größeren Umstrukturierungen gibt es sicherlich auch übergeordnete Aspekte, bei denen Ihr Chef oder die Geschäftsleitung ein Mitspracherecht haben. Dabei geht es dann aber immer um individuelle Personalentscheidungen, die nicht mit einem normalen Einstellungsprozess verglichen werden können, bei dem Sie die freie Wahl zwischen mehreren Bewerbern haben.

Über welche Dimension von Entscheidung reden wir hier überhaupt? Diese Frage können Sie sich ganz leicht beantworten. Schauen Sie einmal, was eine normale Sachbearbeiterin im Innendienst, die einige Jahre in Ihrer Abteilung ist, im Jahr verdient. Soll eine neue Stelle geschaffen werden, kommen die Kosten für den Arbeitsplatz dazu, ebenso die Personalnebenkosten, Positionen für Aus- und Weiterbildung usw. Das bedeutet: Im ersten Jahr treffen Sie — abhängig von Firmengröße und Standort — eine Investitionsentscheidung in Höhe von 32.000 bis 45.000 Euro. Das lässt sich mit der Anschaffung eines Mittelklassewagens vergleichen. Sollten Sie einen Fehlgriff bei dem neuen Mitarbeiter machen und ihm innerhalb der Probezeit kündigen müssen, musste Ihr Unternehmen für einige Monate Gehalt und Sozialabgaben zahlen, von dem Aufwand für die Einarbeitung des neuen Kollegen ganz abgesehen.

Aus diesen Gründen schauen wir uns die folgenden Punkte genauer an, nämlich:

- die Prozessbeteiligten, die Rollenverteilung und Ihre Aufgaben als Führungskraft im Bewerbungsgespräch
- die Organisation rund um das Bewerbungsgespräch
- die Struktur des Bewerbungsgesprächs

2.5.1 Die Prozessbeteiligten, die Rollenverteilung und die Aufgaben der Führungskraft

An dem Einstellungsprozess sind neben dem Bewerber vor allem zwei Parteien beteiligt:

- die Führungskraft (z. B. der Innendienstleiter)
- die Personalabteilung

Input für die Personalabteilung

Als Führungskraft sind Sie der Inputgeber für die Personalabteilung. Ihre Aufgabe ist es, ein **Skill- oder Anforderungsprofil** zu entwickeln, dem der Bewerber entsprechen sollte. Darüber hinaus, auch wenn dies in der Stellenanzeige aus gesetzlichen Gründen nicht offen stehen darf, informieren Sie die Personalfachleute darüber, ob Sie zur Verstärkung Ihres Team eher eine jüngere Kraft haben möchten oder eine ältere mit größerer Berufserfahrung. Beides kann eine gute Wahl sein, je nachdem, wie Ihr Team zusammengesetzt ist und was die Kernaufgaben des neuen Mitarbeiters sein sollen. Der Personalfachmann braucht diese Angabe. Versteht er sein Handwerk, kann er einen Anzeigentext so formulieren, dass sich entweder junge Menschen oder eben ältere, erfahrene Personen angesprochen fühlen.

In Kapitel 1.2.4 haben wir gesehen, dass jeder Mensch über eine sogenannte Grundprägung verfügt, die ihn für sein ganzes Leben prägt. Analysieren Sie, wie heute Ihr Team besetzt ist, schauen Sie auch, wem der neue Mitarbeiter gegenübersitzen wird oder mit wem er oder sie das Büro teilt. Das muss später im Team funktionieren. Wenn Sie sich für einen Mitarbeiter mit der „falschen" Prägung entscheiden, lässt sich das nicht mehr korrigieren. Nennen Sie der Personalfachkraft deswegen auch die gewünschte **Prägung** des gesuchten Mitarbeiters. Auch Anzeigentexte lassen sich so formulieren, dass sich vor allem Bewerber mit der gewünschten **Grundprägung** angesprochen fühlen. Wenn Sie und Ihre Personalfachkraft hier bewusst arbeiten, wird sich dies positiv auf den Bewerberpool auswirken.

Des Weiteren sollten Sie der Personalabteilung auch mitteilen, über welche Berufserfahrung der Bewerber verfügen sollte. Auch hier gilt wieder: Sie dürfen zwar kein Wunschalter Ihres Bewerbers in der Anzeige nennen, wenn aber die Sachbearbeitung langjährige Erfahrung im Außenhandel erforderlich macht, dann wird sich ein 23-Jähriger wahrscheinlich gar nicht erst bei Ihnen bewerben.

Beschreiben Sie das **Aufgabengebiet** der zu besetzenden Stelle so, dass auch Außenstehende eine Vorstellung entwickeln können. Sie verlieren Zeit, wenn Sie und der Kandidat erst im Bewerbungsgespräch feststellen, dass die inhaltliche Vorstellung von der Tätigkeit nicht zusammenpasst.

Ein weiterer und letzter Aspekt, den Sie der Personalabteilung als Input anbieten können, ist die **Perspektive**, die weitere berufliche Entwicklung, die in Ihrer Abteilung für die neue Kraft in den nächsten drei bis vier Jahren möglich ist. Hier geht es um die Möglichkeiten für den Bewerber, sich inhaltlich weiterzuentwickeln. Vielleicht fallen Ihnen Aspekte ein, die gerade für junge und ehrgeizige Mitarbeiter attraktiv sind.

Die Rolle der Personalfachabteilung ist primär die eines Dienstleisters für das Management, eine klassische Stabsabteilungsfunktion. Sie hat Sie bei der Einstellung einer neuen Kraft zu unterstützen und Ihnen zuzuarbeiten. So funktioniert eine gut organisierte Firma. Nur so ist später eine Verantwortungsübernahme durch Sie für den neuen Mitarbeiter möglich. In kleinen, familiengeführten Unternehmen möchte der Geschäftsführer und Inhaber diese Entscheidungen häufig am liebsten allein treffen. Das ist zwar verständlich, aber unternehmerisch absolut falsch. Wir werden uns beim Thema Gehalt noch im Detail damit beschäftigen.

Im Rahmen ihrer Fachkompetenz unterstützt die Personalfachkraft Sie, indem sie den **Anzeigentext** auf der Grundlage Ihrer Angaben entwirft. Besonders wichtig ist, dass Sie als Führungskraft dadurch die Gewissheit haben, dass der Text und die Form der Anzeige allen gesetzlichen Vorschriften entsprechen. Gerade in den letzten Jahren sind zahlreiche Vorgaben, die alle erfüllt sein müssen, im Rahmen der Gleichbehandlungsgesetzgebung dazugekommen. Hier können nur regelmäßig geschulte Fachleute sicher agieren.

Im nächsten Schritt hat die Personalfachkraft Sie zu beraten, in welchen Medien die Anzeige platziert werden soll. Klassische Printmedien wie regionale Tageszeitungen etc. sprechen vor allem den erfahrenen Bewerber im mittleren Alter an. Wenn Sie moderne Portale wie Monster.de nutzen oder die Stellenanzeige auf der Facebook-Seite Ihres Unternehmens veröffentlichen, stellen Sie sicher, dass auch der jüngere Bewerber angesprochen wird. Abhängig von der Plattform können und sollten sich auch die textliche Gestaltung und das Format der Anzeige unterscheiden. Nutzen Sie auch dafür Ihre Personalfachkraft. Es ist nicht Ihr Job, auf diesen Gebieten Erfahrung und Routine zu haben, zumal Sie diesen Vorgang ohnehin nicht jeden Monat durchführen müssen. Beschränken Sie sich also darauf, der Personalfachkraft Input zu geben. Diese legt Ihnen daraufhin Entwürfe vor. Auf Basis dieser Vorschläge treffen Sie nach Ihren Kriterien eine Entscheidung. Die Personalfachkraft ist für die Umsetzung da: Sie schaltet die Anzeigen, organisiert den Eingang der Bewerbungen und leitet diese nach einer ersten Sichtung an Sie weiter.

Diese beiden Partner — Führungskraft und Personalabteilung — sind ein Team. Und so funktioniert eine perfekte Rollenverteilung, wenn es um Neueinstellungen geht. Muss bei Ihnen im Haus jede Stelle auch intern ausgeschrieben werden, kann sich ein Vertreter des Betriebsrats ebenfalls in beratender und kontrollierender Form an dem Prozess beteiligen. Auch hier gilt: Nur Sie alleine treffen die Entscheidungen, alle anderen haben rein beratende Funktion, der Betriebsrat hat zusätzlich sicherzustellen, dass gemäß der bestehenden Absprachen und Regelungen interne Mitarbeiter die gleichen Bewerberchancen bekommen müssen wie der externe Kandidat.

2.5.2 Die Organisation rund um das Gespräch

Ein Einstellungsgespräch sollte grundsätzlich am Vormittag stattfinden, wenn alle Beteiligten noch ihre volle Konzentrations- und Aufnahmefähigkeit haben. Es ist zum einen für den Bewerber eine Zumutung, ihn den ganzen Tag über auf das für ihn so wichtige Gespräch warten zu lassen und dann noch von ihm zu erwarten, dass er locker und normal auftritt. Zum anderen wollen Sie doch auch von Ihren Bewerbern möglichst viele Facetten ihrer Person aufnehmen und ein Gefühl für den Menschen, der vor Ihnen sitzt, gewinnen. Nun, dieses Gefühl, das bei Ihnen besteht, hängt sehr stark von Ihrer Wahrnehmung ab. Ist diese durch Konzentrationsmangel und Müdigkeit eingeschränkt, kann es gut sein, dass sich gar kein konkretes Gefühl entwickeln konnte, weil Ihnen viele Wahrnehmungen zum Beispiel in der Mimik und Gestik und der gesamten Körpersprache des Kandidaten entgangen sind. Außerdem führen Sie das Gespräch und sollen nach Abschluss gleich noch eine einheitliche Bewertung bei jedem Kandidaten festhalten. Dazu braucht es Ihre ganz Aufmerksamkeit, die aber am Abend nachweislich schwächer ausgeprägt ist als in den vier ersten Arbeitsstunden.

Die Teilnehmer des Bewerbungsgesprächs

Folgende Personen nehmen an dem Bewerbungsgespräch teil: der Bewerber, Sie als Abteilungsleiter und die Personalfachkraft. Wenn Sie zum ersten Mal ein Einstellungsgespräch führen, möchte möglicherweise auch Ihr Chef daran teilnehmen und die Bewerber der engeren Auswahl sehen. Bieten Sie Ihrem Chef an, im Anschluss eines sehr guten Bewerbungsgesprächs den Kandidaten kurz vorzustellen. Im Gespräch selbst hat Ihr Chef nichts zu suchen. Versetzen Sie sich in die Lage des Bewerbers, der dann drei Personen, davon zwei Chefs, gegenübersitzt. Das Gespräch ist für den Bewerber schon anstrengend und aufregend genug. Bei Bewerbungsgesprächen mit normalen Sachbearbeitern sollten maximal drei Personen anwesend sein. Verzichten Sie jedoch nie auf eine Personalfachkraft. Da Sie nach jedem Gespräch den Teilnehmer bewerten müssen, ist es für Sie enorm wichtig, eine zweite Meinung zu hören. Gerade weil Sie selbst aktiv das Gespräch führen, kann der Beisitzer oft genauer beobachten, wie sich der Bewerber in bestimmten Situationen verhält. Außerdem können Sie sich mit der Personalfachkraft im Vorfeld abstimmen, wer welche Fragen aus Ihrem Fragenkatalog stellt. Ein Muster finden Sie auf www.haufe.de/Arbeitshilfen.

Der Ort des Bewerbungsgesprächs

Ausschlaggebend ist bei einem Einstellungsgespräch immer, ob es Ihnen gelingt, die Anspannung beim Bewerber abzubauen, sodass er so normal wie möglich in dem Gespräch agieren kann. Nur so erhalten Sie einen möglichst unverzerrten Eindruck, wie die Person sich später auch in Ihrer Abteilung verhalten wird. Wenn einzelne Kenntnisse und Fertigkeiten auf Ihrer Liste der Voraussetzungen fehlen, können Sie diese durch Einarbeitung, Ausbildung und Coaching beheben. Ein aktiver und pfiffiger neuer Mitarbeiter wird selbst darum bemüht sein, seine Lücken zu schließen, um möglichst schnell als vollwertige Kraft mitzuarbeiten. Gefällt Ihnen jedoch im Verhalten und an der Einstellung des Bewerbers etwas nicht, dann haben Sie nahezu keine Chance, eine wirkliche Verhaltensänderung im normalen Arbeitsprozess anzustoßen. Die Grundprägung des Bewerbers, seine Einstellung zum Job und die Art zu kommunizieren sollte zu Ihren Vorstellungen und dem Klima Ihrer Abteilung passen.

Wählen Sie deswegen einen Besprechungsort für das Einstellungsgespräch, an dem Sie ungestört sind. In Großraumbüros, wo jeder durch eine Glasscheibe in Ihr Büro schauen kann, sind Sie das nicht. Sämtliche Mitarbeiter recken dann Ihre Hälse, um mal zu schauen, ob das wohl der Neue sein wird. Das bleibt auch dem Bewerber nicht verborgen und er wird dadurch nicht lockerer. Außerdem sind telefonische Störungen ein absolutes No Go. Gut eignet sich ein normaler Besprechungsraum Ihrer Firma, der nicht einsehbar ist. Da Sie zu dritt sind, sollten Sie darauf achten, dass Sie und die Personalfachkraft ihm gegenübersitzen, sodass er Sie gemeinsam im Blickfeld hat. Bieten Sie dem Bewerber Kaffee oder Wasser an. Gerade wenn Sie junge Menschen vor sich haben, für die eine solche Situation ungewohnt ist, trägt ein Schluck Wasser auch zur Entkrampfung bei.

Der zeitliche Rahmen des Bewerbungsgesprächs

Bleibt uns jetzt noch der Blick auf den zeitlichen Umfang des Gesprächs. Da wir es hier mit der Einstellung eines neuen Sachbearbeiters zu tun haben und der Umfang an Ausbildung und Berufserfahrungen in der Regel überschaubar ist, sollten Sie zwischen 45 bis 60 Minuten pro Gespräch ansetzen. Bei Teamleitern und Abteilungsleiter geht man von 90 bis 120 Minuten pro Gespräch aus, da hier natürlich auch eine ganze Reihe von Fragen zu Führungsthemen eine Rolle spielt. Das bedeutet auch, dass die Struktur des Bewerbungsgesprächs (Kapitel 2.5.3) auf diese Gesamtzeit ausgerichtet sein muss.

Die Bewerbungsunterlagen

Im Laufe der Jahre und aufgrund von vielen hundert Bewerbungsunterlagen, die über meinen Schreibtisch liefen, habe ich meine Einstellung zum Anschreiben geändert. Während ich vor vielen Jahren noch mit großem Interesse die Anschreiben der Bewerber gelesen habe und daraus erste Schlüsse auf den Bewerber ziehen konnte, wollte ich später das Anschreiben gar nicht mehr vorgelegt bekommen. Dies hat einen sehr triftigen Grund. Im Internetzeitalter sind Sie nur ein paar Klicks von Tausenden von Musteranschreiben entfernt, die Sie nur kopieren und an die Anzeige anpassen müssen. Die Agentur für Arbeit bietet Bewerbertrainings mit Mustervorlagen für Anschreiben an und auch die Schulen sind in den letzten Jahren im Rahmen ihrer berufsvorbereitenden Praktika nicht untätig gewesen. Nachdem ich vor Jahren festgestellt habe, dass von vielleicht zwanzig Bewerbungen nur noch ein Schreiben Individualität erkennen ließ, habe ich entschieden, dass ich meine Zeit nicht mehr mit dem Lesen von stereotypen Anschreiben vergeude und schaue mir seitdem nur noch tabellarische Lebensläufe und Zeugnisse an. Um Postlaufzeiten zu reduzieren und bei Fragen oder Rückmeldungen schnell agieren zu können, akzeptiere ich seit einigen Jahren nur noch Bewerbungen per E-Mail, was im Computerzeitalter kein Problem sein dürfte. Dies sind meine Erfahrungen der letzten Jahre, aber vielleicht helfen Sie Ihnen, über Ihren eigenen Umgang mit Bewerbungsunterlagen nachzudenken.

Dokumentation des Bewerbungsgesprächs

Die Dokumentation des Bewerbungsgesprächs ist von nicht unerheblicher Bedeutung. Zum einen müssen Sie aufgrund gesetzlicher Bestimmungen nachweisen können, dass Sie bei allen Bewerbern mit den gleichen Fragen und nach der gleichen Methodik agiert haben, und zum anderen brauchen Sie eine verlässliche Informationsbasis, aufgrund der Sie am Ende die Entscheidung treffen. Viele Personalfachabteilungen unterstützen Ihre Manager dabei mit einem Formular, das alle Fragen auflistet und in vielen Fällen zum Ankreuzen oder Eintragen entsprechende Felder für die Ergebnisse oder Wahrnehmungen und allgemeinen Informationen aufweist. Auf www.haufe.de/arbeitshilfen befindet sich ebenfalls ein Musterformular für die Dokumentation von Bewerbungsgesprächen. Dieses Musterformular können Sie Ihren Bedürfnissen anpassen, kürzen oder ergänzen. Damit haben Sie eine durchgängige Dokumentation, die Ihnen auch bei zehn und mehr Gesprächen eine einheitliche Sicht auf die Kandidaten ermöglicht. Dieser Bewertungsbogen für Bewerbungsgespräche spiegelt exakt die Struktur eines typischen Bewerbungsgesprächs wider, die Sie in Kapitel 2.5.3 näher kennenlernen.

Warum eine Dokumentation wichtig ist

Sollten Sie einmal einem Bewerber abgesagt haben und dieser droht Ihnen mit Anwalt und Klage auf Einstellung, bleiben Sie ruhig. Er muss zunächst beweisen, dass Sie ihn benachteiligt haben. In diesem Fall ziehen Sie die eben genannte Dokumentation, die sowohl von Ihnen als auch von der Personalfachkraft direkt nach dem Gespräch ausgefüllt wurde, aus der Tasche und geben Sie diese Ihrem Firmenanwalt. Darüber hinaus informieren Sie ihn, dass alle Gespräche exakt zwischen 45 bis 60 Minuten dauern und nach derselben Struktur durchgeführt werden. Ferner statten Sie Ihren Firmenanwalt mit allen Informationen aus, welche belegen, in welchen Belangen der erfolgreiche Bewerber dem abgelehnten deutlich überlegen war. Wenn Sie das lückenlos dokumentiert vorbereitet haben, können Sie einem Arbeitsgerichtsverfahren gelassen entgegensehen. Entscheidend ist, dass man Ihnen nicht nachweisen kann, dass Sie die Bewerber unterschiedlich behandeln.

Bewerbungsunterlagen ohne Foto des Bewerbers?

Derzeit gibt es den weltweiten Trend, dass sogar auf das Foto in den Bewerbungsunterlagen verzichtet werden soll. Der Ansatz hat, losgelöst betrachtet, sicherlich seine Gründe, aber in der Praxis ist er nicht leicht umzusetzen. Stellen Sie sich vor, Ihre Teammitglieder sind durchschnittlich zwischen 35 und 48 Jahren alt und zu 100 % weiblich. Ihre Mitarbeiterinnen sind alle bodenständig und froh, als zusätzliche Verdiener in der Familie in Ihrem Unternehmen einen Job zu haben. Wenn Sie sich nun ausschließlich auf Grundlage der Bewerbungsunterlagen für einen Kandidaten entscheiden, ohne ein Foto von ihm gesehen zu haben, stellen Sie möglicherweise eine junge Dame ein, die eine gute kaufmännische Ausbildung hat und drei Sprachen in Wort und Schrift beherrscht. Meine Erfahrung ist, egal wie gut diese Mitarbeiterin am Telefon mit Ihren französischen und spanischen Kunden zurechtkommt und egal wie engagiert Sie arbeitet, Sie wird nur sehr schwer in das

Team zu integrieren sein. Eine gewaltige Arbeit steht Ihnen bevor. Der Bewerber muss auch von seiner Persönlichkeit und seinem Auftreten ins Team passen, wenn gewährleistet sein soll, dass er möglichst schnell in die Abteilung integriert wird.

Da Sie im Innendienst selbst bei kleineren Unternehmen heute eine immer globalere, internationale Situation beachten müssen, tun Sie gut daran, nach und nach Ihre Mannschaft mit Fachkräften zu besetzen, die aus dem Land oder der Region stammen, aus der auch die Kunden stammen, die sie telefonisch betreuen sollen. Dies hat sich weltweit als Best Practice bewährt. Sie lösen so nicht nur das Sprachproblem, sondern vor allem das viel schwerer wiegende Problem der kulturellen und regionalen Eigenheiten.

2.5.3 Ablauf und Struktur des Bewerbungsgesprächs

Kommen wir zur Struktur eines Bewerbungsgesprächs. In diesem Abschnitt möchte ich sämtliche Phasen des Bewerbungsgesprächs mit Ihnen durchgehen und die Hintergründe der jeweiligen Fragen erörtern. Ferner geht es mir darum, Ihre Aufmerksamkeit auf die wichtigen Inhalte zu richten.

Die Struktur eines Bewerbungsgesprächs verfolgt nicht nur das Ziel, einen einheitlichen Ablauf für alle Bewerber zu gewährleisten, sondern sie soll Ihnen auch helfen, zielgerichtet alle wesentlichen Punkte, die Ihnen einen Überblick über Fähigkeiten und Kenntnisse Ihres Bewerbers verschaffen können, nacheinander abzuarbeiten. Außerdem sind die Fragenkomplexe so gewählt, dass Sie über die Fakten hinaus auch Einblick in die persönliche Einstellung des Bewerbers und die Art und Weise seines Umgangs mit Aufgabenstellungen und Problemen erhalten.

Eine Aussage für sich genommen darf nie zu einem Ausschluss eines geeigneten Bewerbers führen. In 45 bis 60 Minuten kann man in einem professionell geführten Gespräch jedoch so viele Eindrücke sammeln, dass ein recht gutes und abgerundetes Bild von dem Kandidaten entsteht. Nicht zuletzt ermöglicht eine straff eingehaltene Struktur erst die Vergleichbarkeit von Kandidaten. Eine Dokumentation des Bewerbungsgesprächs, die sich an dem strukturierten Ablauf orientiert, ist zudem eine hervorragende Gedächtnisstütze, da in der Regel eine Zeitspanne von bis zu zwei Wochen vergehen kann, in der man zehn oder mehr Bewerbungsgespräche zu führen hat.

Der folgende Überblick über die **Struktur eines Bewerbungsgesprächs** veranschaulicht die einzelnen Phasen und deren inhaltliche Schwerpunkte bei der Durchführung. Auf www.haufe.de/arbeitshilfen finden Sie ein Formular, das sehr detaillierte Fragen und Zielsetzungen abbildet. Nehmen Sie dieses Formular als Gesprächsleitfaden, ergänzen Sie es oder passen Sie es Ihren spezifischen Bedürfnissen an.

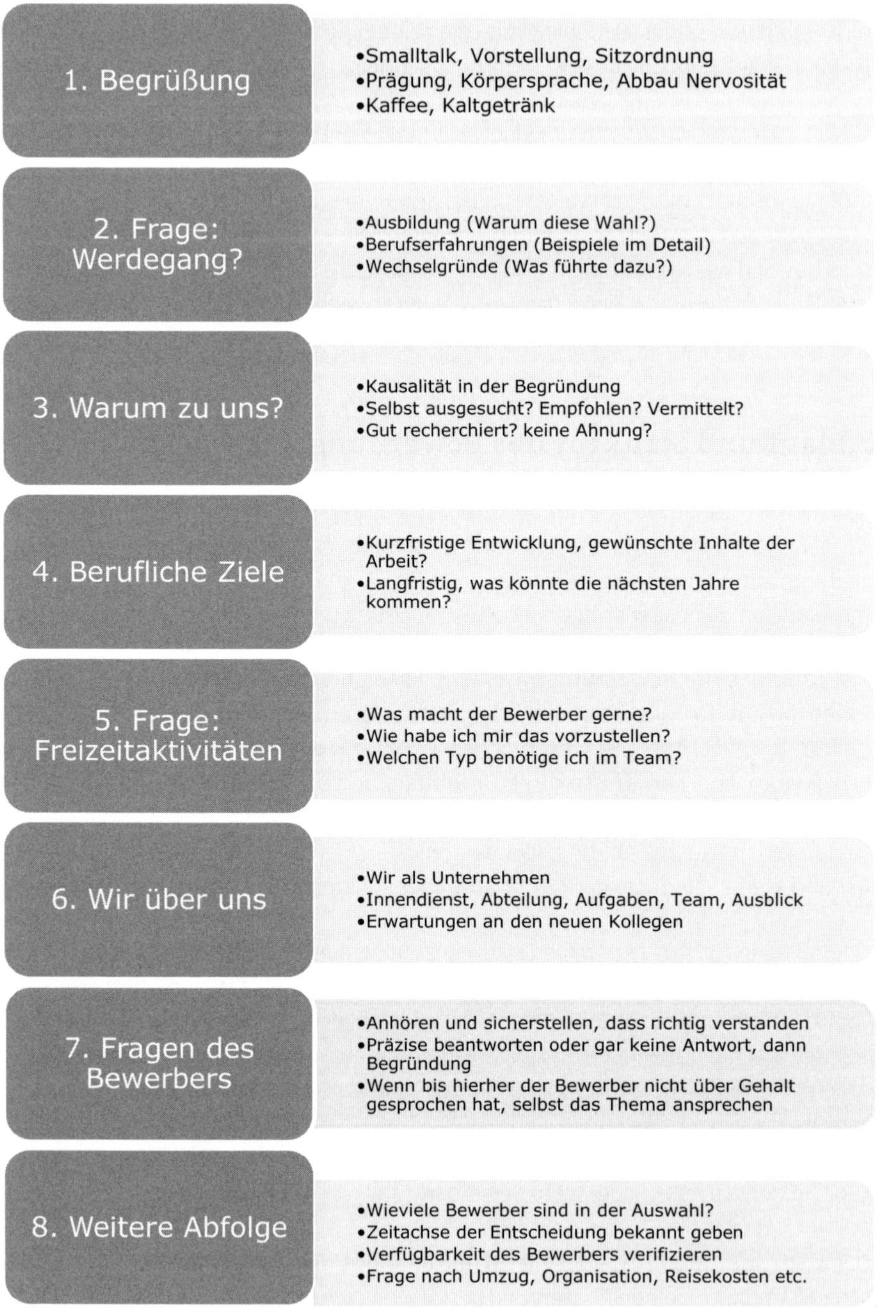

1. Begrüßung	•Smalltalk, Vorstellung, Sitzordnung •Prägung, Körpersprache, Abbau Nervosität •Kaffee, Kaltgetränk
2. Frage: Werdegang?	•Ausbildung (Warum diese Wahl?) •Berufserfahrungen (Beispiele im Detail) •Wechselgründe (Was führte dazu?)
3. Warum zu uns?	•Kausalität in der Begründung •Selbst ausgesucht? Empfohlen? Vermittelt? •Gut recherchiert? keine Ahnung?
4. Berufliche Ziele	•Kurzfristige Entwicklung, gewünschte Inhalte der Arbeit? •Langfristig, was könnte die nächsten Jahre kommen?
5. Frage: Freizeitaktivitäten	•Was macht der Bewerber gerne? •Wie habe ich mir das vorzustellen? •Welchen Typ benötige ich im Team?
6. Wir über uns	•Wir als Unternehmen •Innendienst, Abteilung, Aufgaben, Team, Ausblick •Erwartungen an den neuen Kollegen
7. Fragen des Bewerbers	•Anhören und sicherstellen, dass richtig verstanden •Präzise beantworten oder gar keine Antwort, dann Begründung •Wenn bis hierher der Bewerber nicht über Gehalt gesprochen hat, selbst das Thema ansprechen
8. Weitere Abfolge	•Wieviele Bewerber sind in der Auswahl? •Zeitachse der Entscheidung bekannt geben •Verfügbarkeit des Bewerbers verifizieren •Frage nach Umzug, Organisation, Reisekosten etc.

Abb. 23: Strukturr eines Bewerbungsgesprächs

Schritt 1: Begrüßung

Für die Begrüßungsphase gelten die gleichen Rahmenbedingungen, wie sie bereits in Kapitel 1.3.1 erläutert wurden. Sie müssen die weitreichende Entscheidung treffen, einen Bewerber auszuwählen, mit dem Sie mitunter jahrelang täglich zu tun haben werden. Deswegen sollte schon in der Begrüßungsphase eines Bewerbungsgesprächs Ihr besonderer Fokus darauf liegen, die **Grundprägung des Bewerbers**, der zum ersten Mal vor Ihnen steht, zu erkennen. Der zweite Schwerpunkt muss auf dem Abbau von Nervosität des Bewerbers liegen. Menschen in hoher Anspannung können nicht ihre wirkliche Natur zeigen, sondern neigen dazu, „kopfgesteuert" die anstehende Stunde zu überstehen.

Achten Sie darauf, dass Sie im Sinne des **rechten oberen Felds im Johari-Fenster** (Abb. 3) dem Bewerber transparent mitteilen, was das Ziel des Gesprächs ist. Beide Gesprächspartner sollen sich gegenseitig kennenlernen und ein erstes, möglichst realistisches Bild voneinander erhalten. Sagen Sie dem Bewerber ganz offen, dass das nur geht, wenn er ganz entspannt zusammen mit Ihnen in das Gespräch einsteigt. Lassen Sie ihn wissen, dass es keine taktischen Fragen geben wird und keine Tests, sondern Sie einfach etwas mehr über ihn erfahren wollen, als der tabellarische Lebenslauf an Informationen erhält. Außerdem sagen Sie ihm, dass er ebenfalls seinen Part im Gespräch bekommen wird, wo Sie ihm gerne Rede und Antwort stehen werden. Je deutlicher Sie Ihrem Bewerber schon in dieser ersten Phase des Gesprächs darlegen, wie die nächste Stunde ablaufen wird, desto größer ist die Chance, dass die Nervosität beim Bewerber sinkt. Und beginnen Sie mit dem eigentlichen Gespräch erst, wenn der Bewerber mit Getränken versorgt ist. Darüber hinaus gelten alle Regeln für den Umgang mit Personen eines bestimmten Personentyps, die Sie in Kapitel 1.2.5 zum Riemann-Thomann-Modell bereits kennengelernt haben.

Zu Beginn der Begrüßungsphase stellen Sie sich mit Namen vor, ebenso die Personalfachkraft, die ebenfalls an dem Gespräch teilnimmt. Wenn Ihr Unternehmen keine eigene Personalabteilung hat, bitten Sie Ihren Stellvertreter oder einen Managementkollegen, an dem Gespräch teilzunehmen, damit Sie danach eine zweite unabhängige Meinung bekommen. Achten Sie darauf, dass Sie nicht in dieser Phase schon lange und ausführlich die Firma und die Abteilung vorstellen. Dafür ist im Gesprächsablauf bewusst ein eigener Punkt an späterer Stelle vorgesehen. Unmittelbar nach der Vorstellungsrunde beginnen Sie mit Schritt 2.

Schritt 2: Fragen zum Werdegang

Im Prinzip haben Sie mit einem vollständigen, tabellarischen Lebenslauf eines Bewerbers bereits einen guten Überblick über seine schulische und berufliche Entwicklung. Im Bewerbungsgespräch selbst sollte es deshalb in der Hauptsache darum gehen, zu verstehen, warum der Bewerber sich für die entsprechenden Schritte in seiner Entwicklung entschieden hat. Bei der Berufswahl ist es spannend zu erfahren, wie, nach welchen Kriterien und Erwägungen es zu der Berufswahl kam. Lassen Sie sich im Detail erklären, warum sich ein Bewerber für einen bestimmten Arbeitgeber entschieden hat. Wie kam die Auswahl zustande? Welche Überlegungen und Schlüsselpersonen spielten dabei eine Rolle? Diese Fragen zielen darauf ab, festzustellen, ob der Bewerber schon sehr früh **selbstständig Entscheidungen getroffen** hat und sich für die nächsten Schritte in seinem Leben Klarheit verschafft hat, oder ob er sich eher von der Familie, Freunden, Modetrends und anderen äußeren Einflüssen leiten ließ. Nach meiner Erfahrung lässt sich aus den Antworten des Bewerbers zuverlässig ableiten, dass ein Bewerber, der sich schon als junger Mensch in der Schule und bei seiner Berufsausbildung aktiv orientiert hat, auch bei seiner Arbeit im Innendienst diese Prägung an den Tag legt. Vielleicht hat er sogar seine Entscheidung ein- oder zweimal korrigiert, nachdem er in der Praxis Erfahrung sammeln konnte, und wenn er Ihnen dies alles logisch und plausibel erzählen konnte, dann werden Sie diesen Menschen auch in Ihrem Team als einen Macher erleben. Dieser Personentyp mag für Sie nicht immer ganz einfach sein, aber wenn es um die Erreichung von Abteilungszielen geht, sind solche Personen für mich immer die erste Wahl gewesen, um später Player im Team zu haben, die andere auch mitziehen können.

Auch die andere Fraktion, also jene Bewerber, die Ihnen nicht genau erklären konnten, wie es zu ihren (beruflichen) Entscheidungen kam, können Sie durchaus als wertvolle Mitarbeiter in Ihr Team holen. Wenn der Bewerber bei der Frage nach der Berufsentscheidung antwortet: „Meine Großmutter arbeitete schon im Büro, mein Vater war kaufmännischer Angestellter und hat den Ausbildungsplatz für mich klar gemacht. Darum hab ich das ausprobiert und bin dabei geblieben …", dann sollte Ihnen klar sein: Sie werden einen Mitarbeiter bekommen, der möglicherweise langjährige Erfahrung gesammelt hat, die er wertvoll einbringen kann. Aber der Motor dieses Menschen müssen Sie sein. Sie müssen anregen, anweisen, an die Hand nehmen. Dann klappt das auch hervorragend mit einem Mitarbeiter dieses Typs.

Wie überall im Leben macht die ausgewogene Mischung von verschiedenen Charakteren den Unterschied. Nur sollten Sie sich **vorher** darüber bewusst sein, welcher Personentyp und Charakter Ihrer Wunschbesetzung entspricht. Achten Sie bei der Beantwortung der Fragen nach dem Werdegang genau darauf, wie selbstständig und motiviert und auch selbstbewusst jemand diese doch recht weittragenden Entscheidungen für den eigenen Lebensweg begründet. Damit haben Sie weitere Indikatoren, welcher Typ Mensch Ihnen da gerade gegenübersitzt.

Wenn Sie nach der bisherigen Tätigkeit im Innendienst fragen oder nach der Vorgängerfirma, haken Sie präzise nach. Fragen Sie beim Stichwort Auftragsabwicklung, wie das im Detail ablief. Wenn der Bewerber vom Kundenkontakt am Telefon spricht, lassen Sie sich im Einzelnen beschreiben, wie das normalerweise vonstatten ging. Nur so erhalten Sie ein präzises Bild, worin der Kandidat wirklich Erfahrungen sammeln konnte. Nur durch das genaue Nachfragen beugen Sie bösen Überraschungen in der Probezeit vor. Fragen Sie solange nach, bis Sie einen guten Überblick haben, inwieweit der bisherige Tätigkeitsbereich des Bewerbers auch tatsächlich für die von Ihnen zu besetzende Stelle relevant und wertvoll ist. Ich habe in der Vergangenheit zu oft erlebt, dass Führungskräfte in der Probezeit die Reißleine ziehen mussten, weil sie im Bewerbungsgespräch nicht hinterfragt haben, ob zum Beispiel die Auftragsabwicklung in Firma A mit der Auftragsabwicklung im eigenen Haus vergleichbar ist.

Schritt 3: Die Frage „Warum zu uns?"

Mit der Frage „Warum wollen Sie bei uns arbeiten?" berühren Sie einen zentralen Punkt bei der Grundeinstellung des Bewerbers. Hier gilt es zu erfahren, was die auslösenden Faktoren für die Suche nach einem neuen Arbeitsplatz waren, wenn der Bewerber zum Beispiel noch bei einer Firma beschäftigt ist. Kann er das logisch und nachvollziehbar beantworten oder klingt es eher nach Ausflüchten? Denn natürlich ist es sehr aufschlussreich, wie der Bewerber gerade auf Ihre Firma gekommen ist. Hier sind die inhaltlichen Gründe zwar auch interessant, sie stehen in der Bedeutung jedoch nur an zweiter Stelle. Viel wichtiger ist, ob der Bewerber durch Eigeninitiative, eigene Recherche zum Beispiel auf Ihrer Firmen-Website oder in der Wirtschaftspresse sein Interesse an Ihrem Unternehmen festmachen kann. Es besteht ein großer Unterschied, ob der Bewerber eine vorgegebene Firmenliste von der „Agentur für Arbeit" abarbeitet oder bei bestimmten Unternehmen spannende Dinge gefunden hat, die sein Interesse geweckt haben. Typische Antworten sind da zum Beispiel: „Ich habe auf Ihrer Website gelesen, dass Sie Partner in ganz Europa haben und auch in verschiedenen Ländern einige Niederlassungen. Das hat mir gefallen, da das Arbeiten auch in englischer Sprache für mich unbedingt erstrebenswert ist und ich mir das nach den Erfahrungen in meiner Ausbildung als recht abwechslungsreich vorstellen kann." Sie sehen, hier hat sich jemand über verschiedene Faktoren der Tätigkeit, die er vielleicht in den nächsten fünf oder zehn Jahren ausführen wird, deutlich mehr Gedanken gemacht als ein Bewerber, der sich für Ihr Unternehmen interessiert, weil es in seinem Wohnort liegt und die Arbeitswege kurz sind.

Hier gilt das Gleiche wie für Schritt 2: Fragen Sie so lange nach, bis Sie einen guten Eindruck haben, wie selbstmotiviert und selbstgesteuert der Bewerber agiert. Sie gewinnen dadurch auch weitere Eindrücke von seiner Persönlichkeitsentwicklung. Dies sind alles Aspekte, die Sie später, wenn er in Ihrer Abteilung arbeitet, nur sehr schwer ändern können. Verhaltensmuster wie die hier beschriebenen, wurden in über zwanzig Jahren gelernt und sind in einfachen Prozessen der Verhaltensänderung nicht korrigierbar. Wissen und Anwendungsroutine können Sie nachsteuern, die oben genannten Persönlichkeitsfaktoren sollten dagegen von Anfang an passen.

Schritt 4: Berufliche Ziele

Da wir es hier in der Regel mit kaufmännischen Angestellten zu tun haben, wird die Frage nach den beruflichen Zielen des Bewerbers nicht so umfassend ausfallen wie bei einem Gruppenleiter oder einem zukünftigen Abteilungsleiter. Dennoch: Gerade junge Menschen, die erst am Anfang ihrer beruflichen Laufbahn stehen, sollten zumindest ein paar Gedanken äußern können, wie sie sich die eigene berufliche Zukunft vorstellen. Hier geht es weniger um Karrierestufen als um Arbeitsinhalte. Allein schon wenn jemand Ihre Frage nach den beruflichen Zielen mit dem Hinweis beantwortet, er möchte möglichst schnell zum Team aufschließen und vollwertige Arbeit wie die anderen liefern, zeigt diese Reaktion klar, dass der Kandidat sich Gedanken über seinen Beruf macht und ihn nicht nur als bloßen Gelderwerb sieht.

Sie werden in jedem Innendienst auch die typischen Halbtagskräfte finden oder Mitarbeiterinnen, die nach der Kindererziehung einfach nur einen sicheren und guten Job ausführen wollen, da das zweite Einkommen für die Familie wichtig ist. Dass sich diese Bewerber zu Ihrem beruflichen Fortkommen nicht ausführlich äußern, ist verständlich und sollte, zumal, wenn dieser Umstand offen angesprochen wird, nicht zu einem negativen Eindruck führen.

Grundsätzlich gilt auch hier: Der Bewerber, der sich umfassend vorbereitet und sich grundlegende Gedanken gemacht hat, wird dies auch später bei seiner Arbeit regelmäßig tun.

Wenn Sie einen Stellvertreter suchen

Sind Sie auf der Suche nach einem möglichen Stellvertreter oder einem Gruppenleiter, dann sollten Sie dies in dieser Phase des Gesprächs mit einer Frage ansprechen. Die Frage kann lauten: „Können Sie sich vorstellen, zukünftig, wenn Sie einige Routine in den Aufgabenstellungen entwickelt haben, auch mehr Verantwortung zum Beispiel als Gruppenleiter oder als meine Stellvertretung zu übernehmen?" Halten Sie das Gespräch an der Stelle offen, sprechen Sie nur von „mehr Verantwortung übernehmen" und ergänzen Sie, dass dies sowohl mit mehr Ausbildung, mehr Zeiteinsatz, aber in der Konsequenz später auch mit mehr Einkommen verbunden sein wird. Achten Sie genau darauf, wie der Kandidat auf die Stichworte „mehr Ausbildung" und „höhere Arbeitszeiten" reagiert. Können Sie vielleicht schon an den Antworten erkennen, dass dieser Bewerber persönlich andere Prioritäten setzt, etwa weil er außerhalb des Berufs bereits stark engagiert ist? In dem Fall brauchen Sie diesem Bewerber eine verantwortungsvollere Position gar nicht erst schmackhaft zu machen. Gegen die Schwerpunkte, die ein Mitarbeiter im Privatleben setzt, kommen Sie nicht an, auch nicht mit höherem Einkommen.

Schritt 5: Frage nach den Freizeitaktivitäten

In einem Bewerbungsgespräch geht es darum, den Bewerber in seiner Gesamtheit etwas besser kennenzulernen. Die Bewerbungsunterlagen, vor allem der Lebenslauf und die Zeugnisse, liefern zwar Anhaltspunkte, aber eben nicht mehr. Jeder weiß, dass Arbeitszeugnisse nicht immer das widerspiegeln, was tatsächlich die Leistung und das Verhalten eines Mitarbeiters ausmacht.

Bei den bisherigen Fragestellungen lag unser Fokus eindeutig auf der beruflichen Seite. Bei der Frage nach der Freizeitgestaltung sollten Sie voranschicken, dass es Ihnen darum geht, den Bewerber auch als Mensch etwas besser kennenzulernen. Hier geht es also wieder um das rechte obere Feld im Johari-Fenster (Abb. 3). Stellen Sie dabei unbedingt offene Fragen. Lassen Sie den Bewerber entscheiden, über was er wie viel erzählen möchte. Wenn der Bewerber antwortet, dass ihn Sport sehr interessiert, können Sie nachhaken und fragen, welchen Sport er macht etc.

Wenn ein Bewerber angibt, er lese gerne, haken Sie auch in dem Fall nach. Man kann sich zu Hause auf die Couch legen und ein Buch in aller Ruhe lesen, andere gehen auf Lesungen und stöbern gerne in großen Buchhandlungen oder besuchen die Frankfurter Buchmesse. Im letzteren Fall muss der Bewerber für sein Hobby wesentlich mehr Aktivitäten entfalten, als wenn nur das reine Lesevergnügen im Mittelpunkt steht. Wenn der Bewerber in der Freizeit besonders aktiv ist, dürfen Sie auch am Arbeitsplatz mehr Eigeninitiative, mehr Aktivität erwarten. Umgekehrt muss ein Bewerber, der seinen Feierabend auf der Couch verbringt und seine Freizeit ruhiger angeht, nicht ein Mitarbeiter mit schlechteren Leistungen sein. Der aktive Mitarbeiter wird Sie über das Jahr wesentlich öfter ansprechen, Vorschläge machen, Anforderungen stellen und Dinge selbstständig ausprobieren, weil dieses

Verhalten einfach zu seiner Persönlichkeit gehört. Auch hier liegt es an Ihnen, zu überlegen, welche Position Sie besetzen müssen.

Auch hier gilt wieder: Bewerten Sie nicht die Prägung des Bewerbers, sondern prüfen Sie, ob die jeweiligen Eigenschaften gut zu der von Ihnen ausgeschriebenen Arbeitsstelle und der dort zu verrichtenden Arbeit passen. Das Team sollte niemals nur aus Einzelkämpfern oder aus reinen Teamplayern bestehen, die am liebsten alles zusammen machen möchten. Die Qualität eines Teams oder einer Abteilung zeigt sich in der richtigen Mischung von Personentypen, die Sie für ganz unterschiedliche Aufgaben einsetzen können. Nur so steigern Sie die Flexibilität.

Trennen Sie sich von dem Wunschbild eines 100-%-Kandidaten, der alle Anforderungen erfüllt. Den gibt es aus meiner Erfahrung nicht. Aber es gibt Bewerber, die sich insgesamt, also auch mit ihren persönlichen Prägungen, durchaus besser für eine bestimmte Aufgabenstellung eignen als andere, die vielleicht fünf bis zehn Jahre mehr Berufserfahrung mitbringen.

Wenn Berufserfahrung, Kenntnisse und auch die Persönlichkeit mit allen bisher geschilderten Ausprägungen passt, dann haben Sie einen heißen Anwärter auf die ausgeschriebene Arbeitsstelle vor sich sitzen.

Schritt 6: Wir über uns

Nicht bei der Begrüßung (Schritt 1), sondern erst in dieser Phase stellen Sie die eigene Firma und die Abteilung genauer vor. Dies hat einen ganz triftigen Grund. Bis zu dieser Phase haben Sie nämlich bereits einen guten Eindruck gewinnen können, ob sich der Bewerber für die ausgeschriebene Stelle eignet oder eine schlechte Besetzung für die Stelle wäre. Im letzteren Fall bleiben Sie in dieser Phase des Gesprächs höflich, aber eben sehr knapp bei der Firmenvorstellung. Bei einem Bewerber, den Sie unbedingt in die finale Auswahl nehmen wollen, werden Sie jetzt umfassend informieren und für Ihre Firma und Abteilung Werbung machen. Je nachdem, was Ihr Unternehmen macht, kann das auch fünfzehn Minuten dauern und auch eine kleine Führung beinhalten. Wenn Sie dagegen festgestellt haben, dass der Bewerber für die Stelle nicht der Richtige ist, benötigen Sie für dieses Thema maximal zwei bis drei Minuten. Da Sie meistens eine größere Anzahl solcher Gespräche führen müssen, addiert sich auch hier wieder Ihre Zeitersparnis.

Denken Sie daran, dass wir zurzeit eine Wirtschaftsphase haben, in der die Firmen um gute Kräfte kämpfen müssen. Wenn Sie also merken, hier sitzt jemand vor Ihnen, den Sie gerne in Ihrem Team hätten, dann liegt es jetzt an Ihnen, diesen Bewerber zu begeistern oder zumindest dafür zu sorgen, dass er Ihre Firma und den angebotenen Arbeitsplatz sehr interessant findet. Fragen Sie während Ihrer Unternehmenspräsentation einmal nach: „Wie gefällt Ihnen das, was ich Ihnen eben vorgestellt habe?" Holen Sie sich mehrere Feedbacks ein. Wenn Sie merken, der Bewerber beschäftigt sich intensiv mit Ihren Aussagen, dann sind Sie auf einem guten Weg.

Schritt 7: Fragen des Bewerbers

In diesem Gesprächsabschnitt geben Sie nun dem Bewerber das Wort. Bitten Sie ihn, Fragen zu stellen. Er wird bestimmt Fragen vorbereitet haben. Sie werden merken, auch hier gibt es zwei Gruppen von Bewerbern. Die einen holen spätestens hier ihre Notizen aus der Tasche, während die anderen erst jetzt beginnen, darüber nachzudenken, was sie denn fragen könnten. Sie erkennen an diesem Verhalten sehr deutlich, ob sich ein Bewerber intensiv auf das Bewerbungsgespräch vorbereitet hat oder eher nach dem Motto verfahren ist „Ich gehe mal hin und schaue, wie es läuft". Da wir es hier nicht mit einem Smalltalk oder einem belanglosen Informationsaustausch zu tun haben, sondern mit einem richtungsweisenden Gespräch mit dem potenziellen Arbeitgeber, zeigt eine nicht vorhandene Vorbereitung die Wertigkeit, die der Bewerber dem Gespräch beimisst. Sollte der Bewerber auf seine Notizen schauen und antworten, dass aus seiner Sicht im bisherigen Gespräch bereits alle wesentlichen Fragen beantwortet wurden, dann zeigt das zumindest, dass er sich vorher Gedanken gemacht hat.

Die Frage nach dem Gehalt

In dieser Phase des Bewerbungsgesprächs sollte ein Bewerber zumindest anmerken, dass noch nicht über Geld gesprochen wurde. Bei einem Berufsanfänger mag es noch zulässig sein, dass er selbst nicht direkt nach dem Gehalt und den Einkommensmöglichkeiten fragt. Bei einem berufserfahrenen Kandidaten erscheint es mir verwunderlich, wenn er jetzt, nachdem das Bewerbungsgespräch fast zu Ende ist, immer noch nicht wissen will, wie viel er monatlich in der ausgeschriebenen Position verdienen kann.

Lassen Sie mich an dieser Stelle zu der verbreiteten Unsitte ein paar Worte verlieren, in der Stellenanzeige zur Besetzung von kaufmännischen Sachbearbeitern den Gehaltswunsch abzufragen. Sicherlich ist es für eine Führungskraft oder einen Spezialisten, also einen Ingenieur oder sonstigen Experten ein Armutszeugnis, wenn er auf die Frage nach seiner Einkommensvorstellung keine vernünftige Antwort geben kann. Aber bei Kollegen mit normaler und einfacher kaufmännischer

Ausbildung führt das häufig zu Fehlinterpretationen. Ein guter Bewerber versucht, im Vorfeld des Gesprächs eine Vorstellung von dem Jahres- und Monatsgehalt einer Fachkraft im Innendienst zu bekommen. Eben genau an diesem Punkt gibt es ein Problem. Je nachdem, auf welcher Website der Bewerber nun landet, wird er Mittelwerte für das Einkommen eines Innendienstmitarbeiters aufgezeigt bekommen. Häufig sind diese Zahlen noch nicht einmal differenziert nach Berufserfahrung und Ausbildung. Wenn es sich dann noch um Werte handelt, die sich an Firmenstandorten in München, Köln oder Hamburg erzielen lassen, passt die Gehaltsvorstellung, die der Bewerber natürlich freudig übernimmt, mit Sicherheit nicht in Ihre Gehaltsstruktur. Mitunter werden Bewerbungsunterlagen dann bereits im Voraus wegen unangemessener Gehaltsvorstellung ausgefiltert und Sie bekommen einen potenziell sehr gut geeigneten Kandidaten erst gar nicht zu Gesicht. Die Erfahrung zeigt, dass nur die wenigsten kaufmännischen Angestellten ihre Einkommenssituation, bezogen auf einen neuen Arbeitgeber, annähernd sicher bestimmen können.

Aus diesem Grund sollte meines Erachtens das Gehaltsthema nicht in der Stellenanzeige angesprochen werden. Im Bewerbungsgespräch sollten Sie dem Bewerber fairerweise sagen, mit welchem Einkommen die Stelle ausgestattet ist, um dann direkt nachzufragen, ob sich die Zahlen mit der Erwartung und den Wünschen des Teilnehmers deckt. Da Sie nur wenige oder keine Informationen über das private Umfeld des Bewerbers und seine ganz persönlichen Schwerpunkte haben, können Sie auch im Voraus nicht wissen, ob er erfreut oder eher enttäuscht reagieren wird. Ist er eher enttäuscht, können Sie immer noch nachlegen, dass zum Ende der Probezeit das Gehalt nachjustiert werden kann. Jetzt sollten Sie bei einem guten Bewerber alles ausschöpfen, was Ihr Unternehmen an Möglichkeiten bietet, dabei aber nie so weit gehen, dass Sie Ihre Gehaltsstrukturen sprengen.

Oft habe ich erlebt, dass einer meiner Abteilungsleiter versuchte, bei einer guten Kraft 100 Euro im Monat zu sparen und gegen Ende der Probezeit die Stelle wieder vakant war. Der Bewerber hatte gekündigt und bei einem Unternehmen angefangen, wo er die gewünschten hundert Euro mehr bekommen hat. Hier kommt es auf Ihr Fingerspitzengefühl an, um nicht sofort auf jede Gehaltsforderung des Bewerbers einzugehen, aber auch nicht an der falschen Stelle bei einem guten Bewerber zu sparen.

Sollte der Bewerber auf eine Gehaltsforderung, die weit außerhalb Ihrer Möglichkeiten liegt, beharren, versuchen Sie erst gar nicht, ihn zu überzeugen, doch mal zwei Nummern kleiner anzufangen. Er wird bei einem besseren Angebot schnell kündigen und Sie hatten außer Aufwand, Kosten und Zeitverzug nichts von ihm. Bleiben Sie professionell und verabschieden Sie ihn zügig, nachdem Sie ihm gesagt haben, dass Sie seine Gehaltswünsche derzeit und auch in absehbarer Zukunft nicht befriedigen können. In einem Bewerbungsgespräch lässt sich eine völlig falsche Selbsteinschätzung nicht korrigieren.

Sobald die Fragen des Bewerbers und das Gehaltsthema zufriedenstellend geklärt sind, können wir zum nächsten Schritt kommen.

Schritt 8: Weitere Abfolge

In diesem Schritt sollten Sie oder Ihre Personalfachkraft dem Bewerber fairerweise informieren, wie viele Bewerber sich in der Auswahl befinden und bereits Gespräche hatten oder noch haben werden. Außerdem sollte der Bewerber erfahren, wie lange der Entscheidungsprozess dauern wird und bis wann er mit einem Zwischenbescheid oder einer endgültigen Entscheidung rechnen kann. Weiterhin muss in diesem Schritt verifiziert werden, ab wann der Bewerber tatsächlich verfügbar sein wird. Aus meiner Erfahrung kennen die wenigsten Bewerber ihren aktuellen Arbeitsvertrag im Detail. Hier kommt es erfahrungsgemäß häufig zu Fehlinterpretationen bei den Kündigungszeiten und zu Wunschdenken, wie mit dem Resturlaub verfahren werden kann. All das kann dazu führen, dass Sie mit einer neuen Kraft zum Beispiel ab dem 1. April planen, aber diese dann tatsächlich erst am 1. Juli zu Gesicht bekommen. Fragen Sie genau nach, bitten Sie den Bewerber, nochmals in seinen Arbeitsvertrag zu schauen und Ihnen gegebenenfalls den Wortlaut per Telefon durchzugeben, wenn er sich unsicher ist. Ihre Personalfachkraft kann das dann überprüfen und Sie informieren.

Nun sollte sich Ihre Personalfachkraft auch um die organisatorischen Aspekte wie Reisekostenabrechnung, Fahrkarten etc. kümmern und mit dem Bewerber besprechen, was zu tun bzw. auszufüllen ist. Wenn bei dem Bewerber ein Umzug ansteht, ist auch hier nochmals nachzuhaken, wie sich die Fristen darstellen und ob Ihr Unternehmen möglicherweise bei der Wohnungssuche am neuen Standort helfen kann. Sind alle diese organisatorischen Formalitäten erledigt, bleibt nur noch der letzte Schritt, die Verabschiedung des Bewerbers.

Schritt 9: Verabschiedung

Es ist nur höflich und respektvoll, wenn Sie sich beim Bewerber für das offene und informative Gespräch bedanken, bevor Sie ihn verabschieden. Zusätzlich rate ich Ihnen vor allem bei Top-Bewerbern, die hervorragend auf die ausgeschriebene Stelle passen würden, zu folgendem Vorgehen.

TIPP

Fragen Sie den Bewerber am Ende des Vorstellungsgesprächs, wie viele Bewerbungen er derzeit parallel laufen hat und ob er Entscheidungen bzw. Angebote in den nächsten Tagen erwartet. Abhängig von der Antwort des Bewerbers beginnen Sie jetzt, um ihn, zum Beispiel mit folgenden Worten, zu kämpfen: „Ich habe eine ganz persönliche Bitte an Sie zum Schluss. Sollten Sie in den nächsten Tagen ein Vertragsangebot eines anderen Unternehmens zur Unterschrift vorliegen haben, würde ich mich sehr freuen, wenn Sie mich vor Ihrer Unterschrift nochmals anrufen. Möglicherweise kann ich Ihnen bis zu dem Zeitpunkt schon sagen, ob wir Ihnen ebenfalls einen Vertrag anbieten möchten. In dem Fall hätten Sie dann die Auswahl zwischen zwei Angeboten, also eine noch bessere Situation. Ist das in Ordnung für Sie?"

Nach meiner Erfahrung rufen 90 % der Bewerber in einer solchen Situation nochmals durch und Sie haben die Chance, den Fall in Ihre Richtung zu beeinflussen, wenn Sie den Bewerber unbedingt haben wollen. Bedenken Sie jedoch immer die Einflussfaktoren, die Sie nicht unter Kontrolle haben. Vielleicht gibt es einen Ehepartner, den Freund oder die Freundin, vielleicht die Eltern, die ein ganzes Wochenende Zeit haben, den Bewerber davon zu überzeugen, den nun unterschriftsreifen Vertrag schnell zu unterschreiben und zurückzuschicken. Bei normalen Angestellten haben wir es in der Regel nicht mit abgeklärten Profis zu tun, die ohne mit der Wimper zu zucken drei Tage nach Vertragsunterzeichnung fristlos kündigen und das bessere Angebot annehmen. Meist bleiben sie aus Scham bei der Zusage und ärgern sich über ihre übereilte Unterschrift. Ihnen geht dadurch aber möglicherweise eine Topkraft für Ihr Team verloren. Kämpfen Sie also um Ihren Wunschkandidaten, wenn es sich lohnt!

Wenn der Bewerber das Gespräch verlassen hat, sollten Sie Ihren strukturierten Bewertungsbogen für das Bewerbungsgespräch zuerst vervollständigen und ausfüllen, bevor Sie und Ihre Personalfachkraft sich austauschen und gegebenenfalls unterschiedliche Wahrnehmungen besprechen. Einen ausführlichen Bewertungsbogen finden Sie auf www.haufe.de/arbeitshilfen. Der Vorteil dieser Verfahrensweise liegt darin, dass Sie zunächst für sich entscheiden, wie Sie den Bewerber bewerten, und erst nach dieser Entscheidung in die Diskussion mit der Personalfachkraft oder Ihrem Kollegen gehen. Dies ermöglicht eine ausgewogenere Diskussion und neutralere Sichtweisen bzw. Entscheidungsgrundlagen. Zunächst sollte also jeder für sich beurteilen, dann vergleichen und gegebenenfalls Korrekturen vornehmen. Sie können die eine oder andere Abweichung zwischen den Beurteilungen von Ihnen und Ihrer Personalfachkraft auch stehen lassen. Am Ende entscheiden Sie, welcher Bewerber genommen wird.

Dieser kleine Leitfaden sollte Sie Schritt für Schritt durch ein typisches Bewerbungsgespräch führen. Er konnte Ihnen hoffentlich einige zusätzliche Impulse für Ihre Bewerberauswahl geben.

2.6 Das Gehaltsgespräch

Kommen wir nun zur letzten, aber dennoch wichtigen Gesprächsform für eine Führungskraft, dem Gehaltsgespräch. In vielen Fällen ist ein Gespräch über das Gehalt des nächsten Jahres an das sogenannte Jahresbeurteilungsgespräch gekoppelt, das gegen Ende des Geschäftsjahres stattfindet. Die Struktur des Jahresbeurteilungsgesprächs wird oft von der Personalabteilung vorgegeben und mit Formularen unterstützt, in denen die Führungskraft die Ergebnisse des Gesprächs festzuhalten hat. Unabhängig von diesem regelmäßigen Gesprächstermin kann es jedem Abteilungsleiter passieren, dass plötzlich ein Mitarbeiter vor seinem Schreibtisch auftaucht mit der Forderung: „Chef, ich brauch mehr Geld!"

Nach meiner Erfahrung werden viele Führungskräfte aus mittelständischen Unternehmen, auch wenn eine funktionierende Personal- und Personalentwicklungsabteilung vorhanden ist, alleine gelassen, wenn es um das Thema Gehaltsfindung und Gehaltsgespräch geht. Besonders deutlich ist dies in kleineren oder inhabergeführten Unternehmen, in denen oft nur der Chef selbst die Gehaltsgespräche führen darf, obwohl er mit der disziplinarischen Führung der Mitarbeiter überhaupt nichts zu tun hat. Diese Chefs leben in der Angst, dass ihre Führungskräfte aus dem Mittelbau ihr eigenes, hart erarbeitetes Geld mit der Gießkanne über die Mitarbeiter verteilen. Wenn Chefs in kleinen Unternehmen so denken, ist das zwar nachvollziehbar, aber zu 100 % falsch. Denn sie haben es versäumt, professionelle Gehaltsfindungsprozesse in ihrem Unternehmen zu etablieren und nachzuhalten, dass alle Regeln vom Management auch eingehalten werden. Hätten sie das gemacht, bräuchten sie kein einziges Gehaltsgespräch mit den einfachen Mitarbeitern mehr zu führen, sondern nur noch Gespräche mit ihren Abteilungsleitern.

2.6.1 Akteure bei der Gehaltsfindung

In diesem Kapitel möchte ich vor allem neuen Führungskräften, die gerade den Schritt vom Fachmann zum Manager gemacht haben, aufzeigen, wie professionelle Gehaltsfindungsprozesse ablaufen. Ferner geht es um die Frage, wo Ihre Rolle als Abteilungsleiter in diesem Prozess ist und wie ein Gehaltsgespräch als Sonderform eines Personalgesprächs abläuft.

Bevor wir jedoch auf das Gehaltsgespräch selbst kommen, sollten wir uns erst einmal anschauen, wie klassischerweise ein Gehaltsfindungsprozess abläuft. Wer sind die Beteiligten, die Player in diesem Prozess?

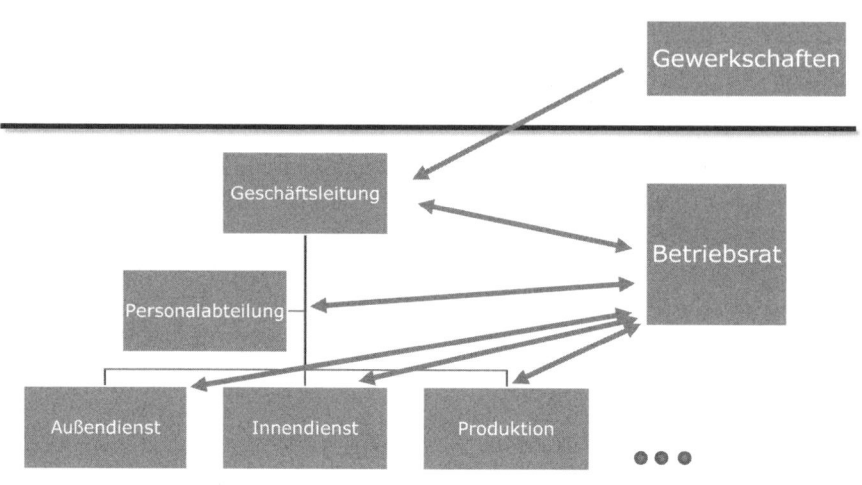

Abb. 24: Akteure bei der Gehaltsfindung

Die Akteure innerhalb des Unternehmens sind die Geschäftsleitung, das Management, die Personalfachabteilung und der Betriebsrat. Wenn Ihr Unternehmen zu einem Tarifverbund gehört, kann firmenübergreifend noch eine Gewerkschaft hinzukommen (vgl. Abb. 24). Diese Player, wie ich sie nenne, haben ihren Platz im Prozess der Gehaltsfindung innerhalb des Unternehmens.

In dem folgenden Beispiel werde ich mich auf ein Unternehmen beziehen, das zu einem Tarifverbund gehört und somit an die Abschlüsse der Tarifpartner gebunden ist. Gehört Ihr Unternehmen nicht einem Tarifverbund und damit einem Tarifvertrag an, erleichtert das die Sache etwas, da nun alle Gesprächspartner innerhalb eines Unternehmens erreichbar sind.

Die folgende Darstellung funktioniert bei einem Großkonzern genauso wie bei einem familiengeführten Unternehmen mit 30 bis 50 Mitarbeitern. Mir kommt es vor allem darauf an, dass Sie die Prozesse transparent für sich nutzen, um das Gespräch mit Ihrem Vorgesetzten sachlich und konkret führen zu können.

Zunächst wird im ersten Schritt zwischen den Tarifpartnern, also der zuständigen Gewerkschaft und den Arbeitgeberverbänden, ein Tarifvertrag ausgehandelt. Dieser Tarifvertrag ist nach deutschem Recht bindend für alle am Verbund beteiligten

Firmen und dort für alle Standard-Arbeitsverträge. Wie der Name schon sagt, sind sogenannte AT-Verträge (außertarifliche Verträge) nicht davon betroffen. Da es hier im Normalfall um kaufmännische Angestellte im Innendienst geht, werden wir uns auf diese Standard-Arbeitsverträge konzentrieren und alle anderen Möglichkeiten, etwa bei hochspezialisiertem Personal, nicht weiter unter die Lupe nehmen.

Nehmen wir an, der Tarifabschluss für das kommende Jahr sieht in dem für uns gültigen Bereich eine Gehaltserhöhung in Höhe von 2,4 % auf das Festgehalt vor. In diesem Fall kann eine Geschäftsleitung diesen Wert nur unter besonderen Bedingungen und mit Genehmigungen unterschreiten. Die 2,4 % sind als regelmäßige Erhöhung im Gehaltskostenblock der Firma gesetzt.

Nun hatte unsere Beispielfirma bereits drei Jahre in Folge einen sehr guten Geschäftsverlauf und nur sehr mäßige Gehaltserhöhungen aufgrund der mageren Jahre davor. Weil der Ausblick in die nähere Zukunft ebenfalls ungetrübt ist, beschließen unsere beiden Geschäftsführer, dass die Belegschaft diesmal von dem sehr guten Konjunkturverlauf profitieren soll. Sie entscheiden, dass der Personalkostenblock dieses Jahr um 3,6 % steigen darf, also mehr als 1 % über der tariflichen Vereinbarung. Sind die Geschäftsführer gleichzeitig die Inhaber der Firma, werden sie daraus einen schriftlichen Gesellschafterbeschluss machen. Sind es angestellte Geschäftsführer, werden sie diese Planung natürlich zusammen mit den Inhabern bzw. Gesellschaftern vereinbaren. Wenn die Inhaber bzw. Gesellschafter diese Gehaltserhöhung, nicht selten mit Änderungen versehen, akzeptiert haben, wird auch hier wieder schriftlich das Ergebnis in einem Beschluss festgehalten.

Nun kommen Sie als Führungskraft ins Spiel. Die Geschäftsführer rufen zeitnah alle Abteilungsleiter zu einer Planungsvorbesprechung zusammen und teilen den Abteilungsleiter die diesjährigen Eckdaten für die Jahresplanung des Folgejahres mit. Wenn alles richtig läuft, bekommen Sie also gesagt, dass Sie mit der Personalplanung starten sollen, unter der Vorgabe, dass Ihr gesamter Personalkostenblock maximal 3,6 % über dem Vorjahr liegen darf. Weiterhin erhalten Sie die Vorgabe, die gewerkschaftlich ausgehandelten 2,4 % ebenfalls bei den betreffenden Verträgen zu berücksichtigen. Ferner wird man Ihnen einen Zeitrahmen geben, bis Sie Ihre Planung wieder bei der Geschäftsleitung vorlegen sollen.

Nun ist es an Ihnen, Ihre Hausaufgaben zu machen. Die meisten dieser Planungen, so sehe ich es jedenfalls in der Praxis, finden mithilfe von Excel-Modellen statt. In vielen Unternehmen bekommen Sie vom Controlling oder einer anderen Stabsabteilung genau den Kostenrahmen für Personalkosten vorgegeben, in dem Sie Ihre Zahlen eintragen können. Die folgende Abbildung zeigt exemplarisch einen solchen Kostenrahmen in verkleinerter Form.

Personalkosten Innendienst

Positionen	Festgehalt mtl. Ist	Steigerung in %	Festgehalt mtl. neu	variabler	Januar	Februar	März	April	Mai	Juni	Juli	...	November	Dezember	Insgesamt
Frank Meier	1.800,00	3,60	1.864,80		1.864,80	1.864,80	1.864,80	1.864,80	1.864,80	1.864,80	1.864,80		1.864,80	1.864,80	16.783,20
Erika Strohgut	2.700,00	3,00	2.781,00		2.781,00	2.781,00	2.781,00	2.781,00	2.781,00	2.781,00	2.781,00		2.781,00	2.781,00	25.029,00
Michaela Mertens	3.400,00	3,20	3.508,80		3.508,80	3.508,80	3.508,80	3.508,80	3.508,80	3.508,80	3.508,80		3.508,80	3.508,80	31.579,20
Bianca Stengel	2.850,00	2,40	2.918,40		2.918,40	2.918,40	2.918,40	2.918,40	2.918,40	2.918,40	2.918,40		2.918,40	2.918,40	26.265,60
Peter Wotzack	2.900,00	3,60	3.004,40		3.004,40	3.004,40	3.004,40	3.004,40	3.004,40	3.004,40	3.004,40		3.004,40	3.004,40	27.039,60
Marina Weber	2.450,00	3,00	2.523,50		2.523,50	2.523,50	2.523,50	2.523,50	2.523,50	2.523,50	2.523,50		2.523,50	2.523,50	22.711,50
Jessica Schleier	3.600,00	2,70	3.697,20		3.697,20	3.697,20	3.697,20	3.697,20	3.697,20	3.697,20	3.697,20		3.697,20	3.697,20	33.274,80
N. N.	2.650,00		2.650,00					2.650,00	2.650,00	2.650,00	2.650,00		2.650,00	2.650,00	15.900,00
			0,00		0,00	0,00	0,00	0,00	0,00	0,00	0,00		0,00	0,00	0,00
Abteilungsleiter	4.450,00		4.450,00		4.450,00	4.450,00	4.450,00	4.450,00	4.450,00	4.450,00	4.450,00		4.450,00	4.450,00	40.050,00
Gesamt	26.800,00		27.398,10		24.748,10	24.748,10	24.748,10	27.398,10	27.398,10	27.398,10	27.398,10	0,00	27.398,10	27.398,10	238.632,90
		max.	27764,8												
13. Gehalt (50 % Urlaubsgeld, 50 % Weihnachtsgeld)										13.699,05			13.699,05		27.398,10
Personalnebenkosten 23%					5.692,06	5.692,06	5.692,06	6.612,06	6.301,56	9.452,34	6.301,56		9.452,34	6.612,06	61.808,13
Ausbildung und Training					600,00	600,00	600,00	600,00	600,00	600,00	600,00		600,00	600,00	5.400,00
Bonustopf					950,00	950,00	950,00	950,00	950,00	950,00	950,00		950,00	950,00	8.550,00
Freud und Leid					350,00	350,00	350,00	350,00	350,00	350,00	350,00		350,00	350,00	3.150,00
Variables Gehalt Abteilungsleiter				450,00				1.350,00			1.350,00			1.350,00	4.050,00
Gesamt					32.340,16	32.340,16	32.340,16	37.260,16	35.599,66	52.449,49	36.949,66		52.449,49	37.260,16	348.989,13
Gehaltskostensteigerung zum Vorjahr															3,53

Abb. 25: Personalkosten (Excel-Arbeitsblatt)

Die Mitarbeiter

Die Tabelle enthält nur die zur Erklärung notwendigen Spalten und Zeilen. Wenn Sie links außen beginnen, sehen Sie die Namen der Innendienstmitarbeiter. Bitte beachten Sie hier, dass Frank Meier erst zwei Jahre in Ihrem Team ist, nachdem er in demselben Unternehmen seine Lehre gemacht und abgeschlossen hat. Frank Meier hat sich in diesen zwei Jahren sehr gut entwickelt und ist mittlerweile mindestens ebenso produktiv wie Frau Schleier, die ihm gegenübersitzt und die gleichen Aufträge bearbeitet. Frank Meier ist ein junger, vielversprechender Mitarbeiter, der Ihnen als Chef richtig Spaß bereitet. Weiter unten finden Sie noch einen „No-Name" (N. N.), einen neuen Mitarbeiter, den Sie nächstes Jahr im April einstellen wollen, um Ihr Team zu verstärken.

Personalkosten und variabler Gehaltsanteil

Auch wenn es Sie überrascht: Auf dem Arbeitsblatt Personalkosten befindet sich auch Ihr Name. Ja, Sie haben ganz richtig gelesen. Eine Führungskraft, die ihre Abteilungsbudgets zu planen hat, muss folgerichtig, und weltweit ist das so, auch ihr **eigenes Gehalt planen** und dafür argumentieren. Ganz unten in der Tabelle sehen Sie, dass ich Ihnen auch einen **variablen Gehaltsanteil** mit vierteljährlicher Abrechnung eingeplant habe. Dieser Gehaltsanteil fließt bei seiner Auszahlung natürlich auch in die Personalnebenkosten ein. Ausgezahlt wird er jedoch nur anteilig, wenn Sie die in Ihrem Anhang zum Arbeitsvertrag schriftlich fixierten Ziele auch tatsächlich erreichen.

Dreizehntes Monatsgehalt, Urlaubs- und Weihnachtsgeld

Eine weitere Zeile betrifft das sogenannte **dreizehnte Monatsgehalt**, das in meinem Beispiel hälftig als **Urlaubsgeld** mit dem Junigehalt und als **Weihnachtgeld** mit dem Novembergehalt ausgezahlt wird.

Personalnebenkosten

Dann haben wir in der Tabelle weiter unten die Zeile **Personalnebenkosten**. Hier habe ich der Einfachheit halber 23 % angesetzt. Diesen Prozentsatz bekommen Sie normalerweise exakt von Ihrer Personalabteilung oder dem Controlling vorgegeben und in der Tabelle werden jeweils die Ergebnisse automatisch anhand von Formeln berechnet.

Kosten für die Aus- und Weiterbildung

Ferner haben wir eine Zeile für die **Aus- und Weiterbildung** für Ihre Mitarbeiter und Sie selbst. Angefangen mit der Situation, dass Sie ein Fachbuch kaufen, ein Seminar besuchen oder Sie einige Ihrer Mitarbeiter zu einem externen Seminar schicken — Sie brauchen ein Budget dafür. Haben Sie das nicht mit Ihrem Chef in der Planung verabschiedet, dann müssen Sie in jedem einzelnen Fall bei ihm antreten, wieder argumentieren und hoffen, dass er einen Geldtopf (Budget) hat, aus dem er das zahlen kann, oder Sie müssen, wenn das nicht der Fall ist, verzichten. Ich habe die Zahlen auch hier der Einfachheit halber linear durchgeplant. In der Praxis kennen Sie Ihre Peak-Zeiten, in denen Sie auf keinen Fall Personal entbehren können, und ebenso Ihre Zeiten, wo das relativ einfach zu machen ist. Demzufolge würden sich auch die Aufwendungen nicht linear auf die Monate verteilen, sondern diesen Erfahrungswerten Rechnung tragen.

Bonustopf (freiwillige Leistungen)

Als Nächstes haben wir einen **Bonustopf**. Ein Bonus ist eine freiwillige Leistung des Unternehmers, auf die der Mitarbeiter keinerlei rechtlichen Anspruch hat. Dennoch habe ich Ihnen einen Bonustopf von 8.550 Euro eingeplant, sodass Sie zeitnah herausragende Leistungen einzelner Mitarbeiter im Gehalt des Folgemonats honorieren können. Wie das genau funktioniert, erfahren Sie weiter unten, wenn die Unterschiede zwischen Bonus und variablem Gehaltsanteil etwas näher beleuchten werden.

Sonderposten für Veranstaltungen

Und zu guter Letzt kommen wir zu der „**Position Freud und Leid**", wie ich es früher gerne genannt habe. Dahinter verbirgt sich nichts anderes als die Tatsache, dass ein guter Chef übers Jahr auch einige Male mit seinem Team Essen geht oder im Sommer eine Grillparty veranstaltet. Aber auch Blumengebinde oder Kränze für Beerdigungen werden aus diesem Budget finanziert. Abhängig davon, wie viele Mitarbeiter Sie haben, wie gut es Ihrer Firma geht und welche Ansprüche Sie selbst haben, sollten Sie hier immer eine Position parat haben. Planen Sie lieber etwas höher, denn wenn Sie insgesamt streichen müssen, tut es hier am wenigsten weh.

Leistungsbeurteilung der Mitarbeiter

Spannend wird am Ende vor allem die Zahl ganz unten rechts. Sie erinnern sich? Ihre Geschäftsleitung hat Ihnen die Hausaufgabe gegeben, dass Ihr Gehaltskostenblock auf keinen Fall die **3,6 % gegenüber dem Vorjahresbudget** übersteigen darf. Der Prozess läuft nun, wenn er professionell aufgesetzt ist, wie folgt ab: Wie oben beschrieben, hat Ihnen Ihr Chef den ersten Richtwert gegeben mit maximal 3,6 % zusätzliche Kosten in Ihrem Personalkostenblock. Den unteren Grenzwert bilden die 2,4 %, die die Tarifpartner im Tarifvertrag festgelegt haben. Nun setzen Sie sich an Ihre Tabelle und überlegen bei jedem einzelnen Mitarbeiter ganz genau, auch anhand Ihrer Aufzeichnungen, die Sie über das Jahr gemacht haben, wie die Entwicklung bei jedem Ihrer Mitarbeiter war. Hat ein Mitarbeiter hervorragend gearbeitet, aktiv in Problemen die Initiative ergriffen und war er bereit, neue, anspruchsvolle Aufgaben zu übernehmen und dergleichen, dann hat das einen zusätzlichen Wert für die Abteilung ergeben. Diesem Mitarbeiter tragen Sie jetzt eine Gehaltserhöhung über der Tarifvereinbarung ein, also zwischen 2,4 % und 3,6 %. Hat ein Mitarbeiter über das Jahr merklich abgebaut und trotz Feedbacks und Personalgesprächen immer wieder viele Fehler gemacht bzw. ist er mehrmals durch negatives Verhalten aufgefallen? Hat er andere Kollegen behindert und abgelenkt, viel von Ihrer Zeit für Gespräche beansprucht und ist insgesamt von seiner Arbeitsleistung trotz Unterstützung weiter abgerutscht, dann tragen Sie eben nur die für Sie verpflichtenden 2,4 % des Tarifabschlusses ein.

Daneben haben wir noch Frank Meier, Ihr jüngstes Teammitglied. Er arbeitet nach seiner Lehre erst zwei Jahre im Unternehmen, aber verrichtet mittlerweile die gleichen Aufgaben wie seine Kollegin Erika Strohgut, die ihm direkt gegenüber sitzt. Noch gravierender ist, er macht dabei sogar noch weniger Fehler und bewältigt mehr und komplexere Aufträge. Ferner ist er immer hochmotiviert und bringt durch seine Teamfähigkeit auch noch gute Laune ins Team.

Wenn Sie jetzt die Zahlen im Planungsblatt (Abb. 25) genauer prüfen, dann werden Sie sehen, dass seine Kollegin für die gleiche Arbeit fast 1.000 Euro brutto im Monat mehr verdient. Dies rührt natürlich daher, dass Frau Strohgut ebenfalls nach der Lehre im Unternehmen geblieben ist und schon über zwölf Jahre hier arbeitet. So hat sie im Laufe der Zeit durch regelmäßige Gehaltserhöhungen ihr Gehalt auf 2.700 Euro brutto steigern können. Für Sie als Chef ist das in Bezug auf die Gehaltsfindung eine problematische Situation. Frank Meier weiß heute schon genau, dass er seine Arbeit genauso gut, wenn nicht sogar besser macht als seine wesentlich ältere Kollegin. Im Moment wird er vielleicht noch zufrieden sein, aber er wird über kurz oder lang darüber nachdenken, dass seine Kollegin, mit der er sich vergleichen kann, jeden Monat mit knapp 1.000 Euro brutto mehr nach Hause geht. In diesem Zusammenhang vergessen Sie die Klauseln in deutschen Arbeitsverträgen, die besagen, dass der Mitarbeiter Stillschweigen über sein Gehalt wahren muss. In mehreren Arbeitsgerichtsverfahren, die ich als Zeuge für meine Unternehmen bestreiten musste, wurde ich stets vom Richter aufgeklärt, dass diese Vereinbarung gegenüber Kollegen im gleichen Hause unwirksam ist. Außerdem ist es ganz normal, dass Mitarbeiter beim Kaffeetratsch oder weil sie befreundet sind, auch über Geld reden. Gehen Sie als Vorgesetzter also immer davon aus: Nach einer gewissen Zeit wissen Ihre Mitarbeiter zumindest ungefähr, was der andere in der Abteilung verdient. Haben Sie in Ihrem Haus strikte Gehaltsstrukturen, die nach Gehaltsgruppen eingeteilt sind und bei denen durch die Stellenbeschreibung genau festgelegt ist, wer bei welcher Arbeit in welcher Gehaltsgruppe angesiedelt ist, dann weiß sowieso jeder genau Bescheid.

Zurück zu Frank Meier. Dieser junge Mann weiß, dass er noch weit über zehn Jahre hier arbeiten muss, um auf ein ähnliches Gehaltsniveau wie seine Kollegin zu kommen, und das bei gleicher Leistung. Dieser Gedanke ist für ihn nicht besonders motivierend. Außerdem ist er in einem Alter, in dem er liebend gern seine alte Rostlaube gegen einen Audi A3 eintauschen würde, der auch im Winter immer gleich anspringt. All diese Gedanken werden Ihren vielversprechenden und derzeit noch hochmotivierten Mitarbeiter in naher Zukunft beschäftigen. Wenn Frank Meier sich jetzt auch noch privat Rat bei einer erfahrenen Person holt, dann wird er als erstes hören: „Du musst die Firma wechseln, sonst brauchst du noch Jahre, um mehr Geld zu verdienen."

Sie sehen, die Chancen, diesen jungen und sehr guten Mitarbeiter länger im Unternehmen zu halten, stehen sehr schlecht. Wenn Sie ihn nicht verlieren wollen, müssen Sie sich nun entscheiden und dieser negativen Dynamik entgegenwirken. Sie haben hier ein eindeutiges **Gehaltsstrukturproblem** vor sich.

Vorlage zur Bereinigung eines Gehaltsstrukturproblems

Oben in der Planung haben Sie gesehen, dass Sie bereits die 3,6 % bei Herrn Meier voll ausgeschöpft haben. Zusätzlich erstellen Sie jetzt für Ihren Chef noch eine Vorlage zur Bereinigung des Gehaltsstrukturproblems. In dieser Vorlage auf einer DIN-A4-Seite führen Sie die Gründe, die ich eben beschrieben habe, auf. Hauptgrund ist, dass Sie einen jungen, hochmotivierten Mitarbeiter mit besten Arbeitsergebnissen für die Firma unbedingt halten wollen. Im Rahmen dieser Zielsetzung schlagen Sie nun einen Dreijahresplan vor, in dem Sie, zusätzlich zu der Ausschöpfung der vollen Gehaltserhöhung für dieses Jahr, einmalig eine weitere Erhöhung um 5 % vorschlagen. In den beiden Folgejahren, abhängig vom Konjunkturverlauf, nochmals 3 % und 2 % zu den grundsätzlich vorgegebenen Höchstwerten für Gehaltserhöhungen. Herr Meier wird dann in drei Jahren zwar immer noch deutlich weniger verdienen als seine Kollegin, aber der Abstand ist dann geringer. Dass Frau Strohgut etwas mehr verdient, können Sie korrekterweise mit der langen Firmenzugehörigkeit und der längeren Berufserfahrung begründen. Durch die außerordentlichen Gehaltserhöhungen schaffen Sie eine temporäre Motivation bei Herrn Meier und zeigen ihm auch auf, dass Sie sich als sein Chef sehr wohl Gedanken über seine Leistung und sein tadelloses Verhalten gemacht haben. Diese Vorlage und die Vorschläge für das außerplanmäßige Vorgehen bei Herrn Meier tragen Sie nun zusammen mit der gesamten Personalkostenplanung bei Ihrem Chef vor.

Wenn Sie alle Positionen auf Ihrem Planungsblatt durchgerechnet und sich für jede der Zahlen auch eine sehr gute, schlüssige Argumentation zurechtgelegt haben, dann signalisieren Sie Ihrem Chef, dass Sie bereit für die Planungsbesprechung der Personalkosten sind.

Planungsbesprechung der Personalkosten

Angenommen, ich bin der Geschäftsführer Ihres Unternehmens und Ihr direkter Vorgesetzter, dann besteht in diesem Planungsmeeting mein Job darin, dafür zu sorgen, dass Sie bei jedem Mitarbeiter einen fairen und direkten Bezug zu seinen Leistungen hergestellt haben und keinerlei Kungelei oder Bevorzugung bzw. Benachteiligung im Spiel ist. Ferner bin ich den Gesellschaftern, also den Inhabern der Firma gegenüber verpflichtet, dass die Planungsvorgaben und Grenzen komplett über das gesamte Unternehmen, also auch in der Abteilung Innendienst eingehalten werden.

Als Geschäftsführer werde ich Sie nun jede einzelne Position und auch alle weiteren Zeilen vortragen lassen, und wenn auch nur ein geringer Zweifel meinerseits besteht, werde ich Sie sofort mit präzisen Fragen nach Details und möglichen weiteren Optionen konfrontieren. Sind Ihre Antworten sicher, inhaltlich gut durchdacht und begründet, werden Sie mir ein gutes Gefühl geben und ich bin bereit, zur nächsten Position zu gehen. Wenn Sie keine Antwort haben oder unsicher bei Ihren Aussagen werden, schicke ich Sie wieder in Klausur, um Ihre Planung hinsichtlich der besprochenen Positionen neu zu überdenken und überarbeitet wieder vorzulegen.

Ist jedoch bis zur letzten Position alles gut begründet und vor allem auch fair und ausgewogen dargestellt, sodass ich der Meinung bin, dass Sie die Zahlen bei Ihren Personalgesprächen auch gut vertreten können, bleibt mir nur noch zu überprüfen, ob Sie die 3,6-%-Vorgabe für Ihren gesamten Personalkostenblock eingehalten haben. Ist dies der Fall, erhalten Sie von mir mit der finalen Fassung der Zahlen eine Freigabe, die durch meine Unterschrift auf dem ausgedruckten Planungsblatt erfolgt. Ferner bekommen Sie ein Datum von mir, ab wann Sie mit den Personalgesprächen beginnen können. Da ich keine Unruhe in der Firma schaffen will, die entsteht, wenn alle Abteilungsleiter zu ganz unterschiedlichen Zeiten mit ihren Gesprächen starten, sind diese Vorgaben verbindlich für Sie. Mit dieser Planungsfreigabe sind Sie nun auch verpflichtet, diese Zahlen, und keinen Cent mehr, in den Gesprächen mit Ihren Mitarbeitern zu vertreten und durchzusetzen.

Für Ihren Spezialfall, dem Gehaltsstrukturproblem bei Herrn Meier, sage ich Ihnen, dass ich vor einer endgültigen Entscheidung zuerst abwarten werde, wie die anderen Planungsgespräche mit den Abteilungsleitern laufen werden, und Sie mit mir vor dem Starttermin der Personalgespräche noch einen Rücksprachetermin bekommen werden. Dies ist aus meiner Sicht erforderlich, um zunächst einen Gesamtüberblick zu erhalten, wie viele solcher außerplanmäßigen Anpassungen von meinen gesamten Abteilungsleitern beantragt werden und ob wir noch in den Vorgabewerten der Gesellschafter liegen, wenn alle Anpassungen genehmigt werden.

Sie können sich vorstellen, dass für diese Entscheidungen oft eine größere Koordination zwischen den einzelnen Abteilungen und viele Gespräche erforderlich sind. Aber wenn alle Gespräche als Geschäftsführer abgeschlossen sind und überall Ergebnisse erzielt wurden, die innerhalb der Vorgaben liegen und auch alle Strukturprobleme befriedigend lösen, dann erfolgt die Freigabe und die Führungskräfte erhalten die Termine für ihre Personalgespräche.

Sie sehen an diesem ganzen Vorgehen, dass auch wenn Ihr Chef der Inhaber und Gründer einer kleinen Firma sein sollte, es keinen Grund gibt, dass der Chef alle Gehaltsgespräche selbst mit den Mitarbeitern führen muss. Sie als Abteilungsleiter spielen mit einer fristlosen Kündigung, wenn Sie grob fahrlässig oder gar absichtlich höhere Zusagen an die Mitarbeiter machen, etwa weil Sie im Gehaltsgespräch unter Druck gesetzt wurden. Wenn diese Prozesse völlig transparent für das gesamte Management eingeführt sind und jeder sich korrekt daran hält, dann ist ein solcher **Gehaltsfindungsprozess** im Ablauf völlig harmonisch und sorgt dafür, dass es bei den Gehältern keinen Wildwuchs und keine vorprogrammierte Demotivation gibt.

Der eigentliche und gravierende Punkt, warum aus meiner Sicht das Führen von Gehaltsgesprächen und die aktive Beteiligung an der Gehaltsfindung zwingend von den direkten Vorgesetzten durchzuführen ist, besteht darin, dass nur so die Vertrauensbasis zwischen Mitarbeitet und Chef geschützt werden kann. Auch aus Sicht der Mitarbeiter, die ein Gehaltsgespräch führen wollen, ist die hier beschriebene Vorgehensweise wünschenswert. Schließlich hat es der Mitarbeiter das ganze Jahr über mit seinem direkten Vorgesetzten zu tun, der ihn anweist, lobt, kritisiert und mit ihm diskutiert. Am Jahresende jedoch, wenn es um das eigene Einkommen, also um Geld geht, dann spricht er mit einer Person darüber, die er sonst nur auf dem Firmenparkplatz, im Flur oder auf der Weihnachtsfeier sieht.

2.6.2 Bonussystem und variables Gehalt

Bevor wir abschließend auf die Besonderheiten des Gehaltsgesprächs eingehen, bleibt noch ein Thema zu besprechen. Wir müssen uns anschauen, welche Unterschiede es zwischen einem Bonussystem und einem variablen Gehaltssystem gibt. Ich erlebe es in meinen Seminaren häufig, dass hier die Begriffe, und was sich genau dahinter verbirgt, völlig durcheinandergehen und in der Praxis falsche Anwendungen von beiden Vergütungssystemen existieren. Dies führte dann häufig zu Problemen, bei denen völlige Unkenntnis über die Ursachen herrscht. Hier also eine kurze Übersicht über das Thema Bonusplan und Incentiveplan (variabler Gehaltsanteil).

Bonusplan

- Bezahlt aus einem Bonustopf
- Management-Werkzeug
- Kein Anspruch des Mitarbeiters per se
- Ausschüttung nur bei Einzelleistungen weit über dem guten Durchschnitt
- Vorschlag an die und Ok der Geschäftsleitung erforderlich
- Jahresbonus nur im Gesamtunternehmen, nie auf Abteilungs- oder Teamebene!

Incentiveplan

- Performance-orientiert
- Messbare Kriterien müssen zugrunde liegen
- Maßnahmen und Handhabung bei Über- und Unterschreitung
- Individuell auf den einzelnen Mitarbeiter abgestimmt
- Immer Anlage zum Arbeitsvertrag
- Gegenseitiges Einvernehmen muss erreicht werden, der Mitarbeiter ist nicht verpflichtet zu unterschreiben, wenn er mit den Zielen und Inhalten nicht einverstanden ist!
- Keine zu komplexen Kopplungen
- Überprüfung und Abrechnung mind. quartalsweise
- Korrektur des MA-Verhaltens muss möglich sein
- Zusätzliches Coaching und Ausbildung muss noch wirksam werden können
- Kompensation (auch teilweise) bei extremen, nicht vom MA zu vertretenden und beeinflussbaren Ereignissen muss möglich sein

Abb. 26: Bonusplan und Incentiveplan – Kriterien

Bonusplan

Der Bonusplan ist ein nützliches Werkzeug für Sie als Abteilungsleiter. Wenn zum Beispiel eine Mitarbeiterin bei einem verärgerten Kunden , der mit Vertragskündigung und Regressforderungen droht und bei dem nachweislich auch ein Grund dafür vorliegt, hervorragend reagiert und so Ihr Unternehmen davor bewahrt, eine Regressforderung über 40.000 Euro tatsächlich eingehen zu müssen, dann sollte aus betriebswirtschaftlicher Sicht diese Reaktion Ihrer Mitarbeiterin zum Schutz des Unternehmens ein Grund für eine Bonuszahlung sein. Angesichts dieser hohen Summe wäre ein Bonus von 300 oder 400 Euro unangemessen niedrig und für die Mitarbeiterin demotivierend. In einem solchen Fall ist es üblich, einen einmaligen Bonus von 3.000 bis 4.000 Euro an die Innendienstmitarbeiterin auszuschütten. Von dem, was netto übrig bleibt, sollte sie mit ihrer Familie schon einen Urlaub bestreiten können. Ich garantiere Ihnen, das wird sich Ihre Mitarbeiterin auf Jahre merken, sie wird in Zukunft hellwach sein, um eine ähnliche Gelegenheit am Schopfe zu packen.

An dieser kleinen Geschichte haben Sie bereits einige der Grundkriterien gesehen, um die es beim Bonus geht.

- Die Ausschüttung eines Bonus muss immer betriebswirtschaftlich klar begründbar sein. Entweder hat das Unternehmen durch den Einsatz des Mitarbeiters außerhalb seiner normalen Tätigkeiten deutlich zusätzlichen Umsatz oder Ertrag erwirtschaftet oder der Mitarbeiter hat das Unternehmen vor sicherem Schaden bewahrt. In beiden Fällen muss eine außerordentliche Leistung des Einzelnen die Grundlage bilden.
- Die Höhe des Bonus wird von Ihnen, der Geschäftsleitung oder Ihrem Vorgesetzten vorgeschlagen und begründet und nach Verabschiedung dem Mitarbeiter zeitnah ausgezahlt. In der Regel muss das mit dem nächsten, spätestens aber mit dem übernächsten Gehalt erfolgen. Warten Sie damit bis zur nächsten Weihnachtsfeier in neun Monaten, haben Sie einen Teil der Wirkung verschenkt.
- Nach Genehmigung des Bonus für die Mitarbeiterin durch Ihren Chef verkünden Sie die freudige Nachricht in Ihrem nächsten Abteilungsmeeting, sodass alle anderen Mitarbeiter erfahren, dass sich außerordentliche Leistungen in schwierigen Fällen lohnen. Nutzen Sie jede Bonuszahlung dazu, Ihr Team zu motivieren, die Augen und Ohren besonders in schwierigen Situationen offenzuhalten und beherzt und engagiert zu Werke zu gehen. Nur so erhalten Sie auf Dauer ein Spitzenteam, in dem jeder Einzelne weiß, dass sich außerordentliche Leistungen auszahlen.
- Geben Sie am Jahresende niemals einen Bonus für die gesamte Abteilung. Wenn Ihr Chef dies vorschlägt, sollten Sie sich weigern, so zu verfahren. Der Grund hierfür ist ganz einfach: In der Abteilung kennt jeder jeden und jeder weiß, was, und vor allem wie, der andere arbeitet. Bekomme ich nun zum Beispiel am Jahresende einen Bonus von 800 Euro brutto wie jeder andere in der Abteilung auch, dann freut mich das in der ersten Sekunde. Aber gleich danach werde ich nachdenklich. Ich weiß von mir selbst, dass ich das ganze Jahr sehr motiviert gearbeitet habe, viele Überstunden geleistet habe, bei Vertretungen und sonstigen Engpässen auch immer sofort zur Stelle war. Nun bekommt aber einer meiner Kollegen, der bei drohender Mehrarbeit gerne abtaucht, dessen

Fehler ich oft noch korrigieren musste, weil er schon im Feierabend war, das gleiche Geld wie ich! Warum soll ich mich dann überhaupt anstrengen? Das kann ich auch einfacher haben. Ich beschließe, nächstes Jahr den Ball etwas flacher zu halten, pünktlich um 17:00 Uhr das Unternehmen zu verlassen und mich nur um meine vertragliche Arbeit zu kümmern. Den Bonus am Jahresende, wenn es einen gibt, bekomme ich ja ohnehin. Sie sehen: Sobald Vergleichbarkeit gegeben ist, und das ist auf Abteilungs- und Teamebene immer der Fall, ist der Bonus für alle immer ein wirksames Instrument, um die wirklichen, meist stilleren Leistungsträger zu demotivieren. Wollen Sie das?

- Bonuszahlungen für das Gesamtunternehmen, wie es sie zum Beispiel bei der BASF und anderen DAX-Konzernen, aber auch in mittelständischen Unternehmen gibt, sind wiederum akzeptabel. Denn der Mitarbeiter versteht, dass es seiner Firma in dem Jahr wirschaftlich gut ging und deshalb der Bonus gezahlt wird. Jeder versteht, dass man hier nicht zwischen Hausmeister, Ingenieur und Innendienstmitarbeiter im Detail unterscheiden kann, sondern dass der Bonus nach dem Gießkannenprinzip an alle ausgeschüttet wird.

Variable Einkommensmodelle bzw. Incentivepläne

Kommen wir nun zum Thema **variable Einkommensmodelle**, die international auch **Incentivepläne** genannt werden. Ein variables Einkommensmodell ist vertragsrechtlich gesehen immer ein fester Bestandteil des Arbeitsvertrags. In der Regel werden für jeden einzelnen Mitarbeiter entsprechende Anlagen zu seinem Arbeitsvertrag jedes Jahr neu angepasst. Das ist nicht zu verwechseln mit der generellen Struktur eines variablen Gehaltssystems. So kann sich das Gesamteinkommen eines Mitarbeiters in einer Vertriebsorganisation aus 70 % Fixgehalt und 30 % variablen Einkommensanteilen zusammensetzen. Wie nun die 30 % für den einzelnen Mitarbeiter zu erreichen sind, wird jedoch im Einzelfall individuell festzulegen sein. Dies hängt zum Beispiel von seinem Vertriebsgebiet, seiner Kundenstruktur, im Innendienst von der Ausprägung seiner Outbound-Aufgaben sowie seiner Umsatzvorgaben bezogen auf seine Aufgaben ab. Bei Führungskräften können das insbesondere auch qualitätsbezogene Kriterien sein, deren betriebswirtschaftliche Begründung die Grundlage bildet. Zum Beispiel kommt im Innendienst das Kriterium „Senken der Fehlerraten und vermeiden von Nachbearbeitungskosten um x %" als qualitätsbezogenes Kriterium in Frage. Sehr häufig hatte ich schon Innendienstleiter, denen bei der Einführung von CRM-Systemen für das termingerechte und reibungslose Gelingen nach messbaren Vorgaben für zwei Jahre jedes Jahr ein variabler Gehaltsanteil zugesprochen wurde.

> **! ACHTUNG**
>
> Es muss nicht immer der Umsatz sein, an dem das Erreichen eines variablen Gehaltsziels gekoppelt ist. In allen Fällen muss aber stets **betriebswirtschaftlich begründbar** und berechenbar sein, in welchem Umfang das Unternehmen durch diese Zielerreichung einen Vorteil bekommt. Ist dies nicht der Fall, haben wir es im engeren Sinne nicht mit einem variablen Gehaltsmodell zu tun.

Die folgende Abbildung zeigt die wesentlichen Kriterien für ein solches Gehaltsmodell, die anschließend im Einzelnen behandelt werden.

Performance-orientiert	•Messbare Kriterien •Klare Zeiträume für die Erreichung vorgeben •Maßnahmen bei Über- oder Unterschreitung •Kompensationsmöglichkeiten bei unvorhergesehenen Ereignissen
Individuell auf den MA abgestimmt	•Als Anlage zum Arbeitsvertrag, einfach und klar strukturiert •Sollte Vorschläge vom Mitarbeiter enthalten •Gegenseitiges Einvernehmen über alle Teilziele und Ziele muss erreicht werden •Keine zu komplexen Koppelungen
Überprüfung quartalsweise	•Korrektur des Mitarbeiters muss im laufenden Jahr möglich sein •Zusätzliche Ausbildung und Coaching muss noch wirksam werden können •Kompensation bei extremen Ereignissen oder strukturellen Veränderungen sollte aus eigener Kraft möglich sein

Abb. 27: Incentiveplan – Hauptkriterien

Bei den nun folgenden Erläuterungen gehe ich immer von der Sicht auf die gesamte Vertriebsorganisation aus, um einen kompletten Überblick zu erhalten. Da Sie mit Ihrer Innendienstorganisation immer Teil einer Vertriebsorganisation eines Unternehmens sind, ergeben sich für Ihr eigenes Einkommen in der Zukunft und auch für die variablen Modelle einzelner Mitarbeiter in Ihrer Abteilung weitreichende Konsequenzen. Deswegen erlauben Sie mir, hier das komplette Bild zu entwickeln.

Performance-Orientierung

Die **Performance-Orientierung** ist ein wesentliches Kriterium für variable Gehaltsanteile. Kurz gesagt bedeutet dies: Wenn sich der Mitarbeiter nicht um seine Ziele kümmert und sie nicht erreicht, wird er nur wenig oder im Extremfall gar kein Geld aus seinem variablen Einkommensplan beziehen. Die Motivation, sich intensiv um die Zielerreichung zu kümmern, ist in der Praxis immer völlig transparent messbar. Dies bedeutet, wenn der Mitarbeiter ein Teilziel erreicht hat oder kurz vor dem Erreichen eines Ziels steht, dann weiß er ganz genau, was das bei der nächsten Quartalsabrechnung für sein Einkommen und seinen Kontostand bedeutet. Ist das nicht klar oder für den Mitarbeiter nur schwer nachvollziehbar, wirken solche Modelle in der Praxis immer demotivierend.

Die Regelung sollte auch immer klar darstellen, was passiert, wenn der Mitarbeiter bei einem Ziel nur anteilig erfolgreich war, also nur zum Beispiel zu 80 %. Wird nun anteilig abgerechnet oder erhält der Mitarbeiter überhaupt nichts von diesem Anteil seines variablen Gehalts, wenn er das Ziel nur anteilig erreicht? Beide Regelungen sind zulässig und hängen im Wesentlichen vom eigentlichen Ziel ab. Während man zum Beispiel bei Umsatzvorgaben oftmals anteilige Abrechnungen findet, gibt es qualitative Projektziele, die, wenn Sie nicht erreicht werden, auch keine herausragende zusätzliche Leistung darstellen und sich damit für das Unternehmen auch kein messbarer Erfolg ableiten lässt. In diesem Fall darf die Auszahlung auch einmal auf Null reduziert werden. Sicher ein hartes Kriterium, aber in der Praxis ist das immer auch abhängig von der Größe des variablen Gehaltsanteils. Hat ein langjähriger Mitarbeiter zum Beispiel mittlerweile einen variablen Anteil von 40 % seines Einkommens erreicht, weil man sich vor Jahren geeinigt hat, den Festgehaltbereich einzufrieren und gegebenenfalls nur noch im Rahmen der Inflationsratenanpassung anzugleichen, dann sind solche harten Regelungen seltener anzuwenden, als wenn nur 10 % des Einkommens der variablen Gestaltung unterliegt. Im Mittelpunkt sollte immer die Eigenmotivation des Mitarbeiters stehen. Gelingt es mit einer solchen Regelung nicht, diese Eigenmotivation spürbar zu steigern, dann hat die Regelung Ihren Sinn verloren, im schlimmsten Fall kann sie auch zur Quelle für Demotivation werden.

Individuelle Abstimmung auf den einzelnen Mitarbeiter

Beim zweiten Punkt, der **individuellen Abstimmung der variablen Vergütungsregelung auf den einzelnen Mitarbeiter**, geht es im Wesentlichen darum, dass eine Regelung für den Einzelnen passen muss. Das beginnt damit, dass alle individuellen Punkte der Regelung in einer eigenen Anlage zum Arbeitsvertrag des Mitarbeiters festzuhalten sind und dann sowohl von Ihnen als Chef als auch von Ihrem Mitarbeiter mit Unterschrift und Datum auf der Anlage zu bestätigen sind. Als Chef müssen Sie wissen, dass der Mitarbeiter nicht verpflichtet ist, Ihrem Vorschlag in dieser Anlage einfach zuzustimmen. Aus diesem Grund empfiehlt es sich, bei der Einführung von variablen Gehaltsmodellen den Mitarbeiter immer miteinzubeziehen. Erklären Sie dem Mitarbeiter dabei genau, was Ziel und Zweck eines solchen Modells ist (rechtes oberes Feld im Johari-Fenster, Abb. 3). Das Unternehmen muss daran arbeiten, Qualität, Umsatz, Rendite und Sicherheit stetig weiterzuentwickeln, und der Mitarbeiter soll bei besonders guten Leistungen mit höherem Einkommen an dieser positiven Entwicklung des Unternehmens partizipieren. Dabei hat es der Mitarbeiter in der Hand und kann selbst steuern, in welchem Umfang er seine Ziele erreicht oder sogar überschreitet oder eben bei Nichterreichung auch weniger als möglich verdient.

Beachten Sie bei der Zieldefinition immer: Wenn Sie mehrere Ziele in der Vereinbarung definieren, sollten keine „komplexen Kopplungen" erzeugt werden. Sicher sehen manche Geschäftsführer es sehr gerne, dass das variable Einkommen nur dann ausgezahlt wird, wenn auch die „Ladenhüter" mitverkauft werden und der Mitarbeiter zugleich neue Kunden gewinnt. Aber beides zusammen ergibt für den Mitarbeiter nur dann sichtbares Geld, wenn ihm das komplette Jahr auch nie ein Kunde abgesprungen ist. Solche komplexen Konstellationen finden Sie leider in der Praxis recht häufig vor. Hier hat das Management alles falsch gemacht. Jeder normale Mitarbeiter wird bei ruhigem Überdenken einer solchen Regelung sofort erkennen, dass er es mit einem reinen Glücksspiel zu tun hat, bei dem er noch im November und Dezember alles verlieren kann und sein Einsatz das Jahr über nur für das Unternehmen Vorteile brachte, aber nicht für ihn. Das ist eine klassische Win-loose-Situation.

Jeder Mitarbeiter, der auch nur ein wenig Intelligenz hat und weiß, dass er ein sehr guter Performer ist, wird im Januar das Jahr ruhig angehen lassen und schauen, dass er ab dem 1. April einen neuen Arbeitgeber hat. Weniger leistungsstarke Mitarbeiter und alle schwächeren Kandidaten arbeiten ebenfalls mit stark gebremster Energie und hoffen, dass sich im nächsten Jahr oder mit dem nächsten Chef etwas ändert. Dieselbe Aussage gilt auch, wenn die Ziele zu hoch und damit nahezu oder gänzlich unerreichbar gesteckt werden.

Ein Mitarbeiter muss immer, wenn er mit dem Kunden abschlussorientiert verhandelt, sei es am Telefon als Innendienstmitarbeiter oder nach einem Termin vor Ort beim Kunden im Außendienst, ohne Taschenrechner in der Lage sein, zu überschlagen, mit welcher Provision er im Erfolgsfall rechnen kann. Ist das aufgrund eines **überkomplexen Vergütungsmodells** nicht möglich, verfehlt die variable Einkommensregelung ganz klar ihre Ziele.

Dies ist häufig der Fall wenn der Innendienstleiter und der Außendienstleiter ihren Job als Manager nicht richtig wahrnehmen. Es kann sein, dass die Geschäftsleitung oder der Vorstand einen Umsatzzuwachs von 22 % im neuen Geschäftsjahr fordert.

Im laufenden Jahr wurde der Zuwachs von 11 % mit großer Anstrengung gerade so erreicht. Ungeübte Manager akzeptieren diese Vorgaben von ihrem Vorgesetzten und versuchen so gut es geht, alles aus ihrer vorhandenen Mannschaft herauszuquetschen. Dies erfolgt sehr wohl mit dem Wissen, dass die Zielerreichung in den gegebenen Rahmenbedingungen nicht möglich ist. Der größte Fehler besteht nun darin, zu den eigenen Mitarbeitern zu gehen und mit Hurra-Parolen dafür zu werben, dass dieses Ziel zu schaffen ist, wenn alle ihr Bestes geben. Jeder einigermaßen intelligente Mitarbeiter durchschaut die Taktik sofort und die Demotivation ist vorprogrammiert.

Gute Manager oder Topkräfte sagen ihrem Vorstand erst einmal „Gar kein Problem, Chef, ich denke wir können sogar 23 % Plus realisieren. Geben Sie mir eine Woche Zeit, dann treffen wir uns wieder und ich mache Ihnen einen Vorschlag." Diese Topkräfte ziehen sich dann zurück und stellen ganz akribisch die Rahmenbedingungen zusammen, die gegeben sein müssen, damit eine Umsatzsteigerung von 22 % oder 23 % im Folgejahr einigermaßen realistisch wird. Das können zwei oder drei Außendienstmitarbeiter mehr im Team sein, die sofort zu akquirieren sind, damit sie ab dem zweiten Quartal wirksam werden. Mit Sicherheit sind es weitere Marketingaktionen pro Quartal und eine Verstärkung des Telefonmarketings in jedem Monat. Oftmals müssen auch Preisstrukturen und Preismodell den Marktgegebenheiten angepasst werden usw.

Mit diesem geschnürten Paket geht jetzt ein geübter Außendienstleiter zusammen mit seinem Innendienstleiter zur Geschäftsleitung und stellt eine harte Rechnung auf. „Diese Kriterien sind zu erfüllen und ich garantiere Ihnen die Umsatzsteigerung." Wenn die Geschäftsleitung oder der Vorstand jetzt Aktionen aus dem Plan herausstreicht, reduzieren der Außendienstleiter und der Innendiensteiter anteilig die Umsatzvorgaben. Zugegeben, dies ist ein hartes Gespräch, das einige Stunden dauern kann. Betriebswirtschaftlich ist es jedoch extrem wichtig und absolut sinnvoll, dass am Schluss eine Lösung herauskommt, die tatsächlich, wenn auch unter großen Anstrengungen, realisierbar ist. Ist dies nicht der Fall und die Vertriebsleitung lässt sich aufgrund der vorhandenen Mittel zu unrealistischen Zahlen zwingen, hat die Geschäftsleitung bzw. der Vorstand versagt und die Vertriebsleitung ebenfalls. Frust, Kündigungen und Reibereien sind vorprogrammiert. In Vertriebsorganisationen gilt immer die Regel: Die besten Mitarbeiter werden als erstes die Firma verlassen. In all den Jahren meiner Berufspraxis hatte ich noch nie einen hervorragenden Innen- oder Außendienstmitarbeiter kennengelernt, der sich das länger als ein Jahr angeschaut hat. Spätestens im zweiten Jahr sind Topmitarbeiter für das Unternehmen nicht mehr zu halten. Mit solchen Regelungen verliert das Unternehmen immer wertvolle Ressourcen!

Individuell auf den Mitarbeiter abgestimmte Regelungen gelingen immer dann gut, wenn im Vorfeld die Regelung auch für die gesamte Vertriebsorganisation und die aktuelle Marktsituation des Unternehmens passt. Dies bedeutet nicht, dass ich hier den „Rentnermodellen" das Wort rede, aber bei großer Anstrengung und vollem Einsatz der Mitarbeiter müssen Ziele, welcher Art auch immer, für die Organisation und für den einzelnen Mitarbeiter erreichbar sein. Dies gilt es immer wieder, auch in den individuellen variablen Vergütungsregelungen, zu überprüfen.

Quartalsweise Überprüfung des variablen Gehaltsanteils

Zu den Hauptkriterien für ein variables Gehaltsmodell gehört die **quartalsweise Überprüfung** der variablen Einkommensregelung. Zu den wichtigsten Aspekten gehört die Tatsache, dass die Motivation des Mitarbeiters nur durch völlige Transparenz entsteht und natürlich durch das Erfolgserlebnis. Wenn der Mitarbeiter gute Arbeit im ersten Quartal geleistet hat und die Ziele bis Ende März erreicht worden sind, sollte der variable Gehaltsanteil für die Monate Januar bis März im April ausgezahlt werden. Müsste er bis Januar des Folgejahres auf die Auszahlung warten, wäre seine Motivation bei weitem nicht so hoch. Die zeitlich nahe Belohnung erzeugt in uns den positiven Druck, die Motivation, gleich sicherzustellen, dass im nächsten Quartal wieder eine Belohnung winkt. Genau aus diesem Grund ist eine halbjährliche oder gar jährliche Abrechnung immer die schlechtere Alternative. In vielen Fällen ist eine monatliche Abrechnung aus organisatorischen oder vertriebstechnischen Dingen wenig sinnvoll. Sie kommt in der Praxis dennoch überall dort vor, wo man sehr kurze Sales Cycles hat, also in ein, zwei Verkaufstelefonaten entweder verkauft hat oder eben nicht erfolgreich war. In all diesen schnellen Verkaufsprozessen empfiehlt es sich, auch monatlich die erreichten Ziele im nächsten Monatsgehalt zu berücksichtigen. Je zeitnaher Erfolg erlebbar wird, desto massiver wirkt die Regelung.

Wenn Anpassungen an die variable Vergütungsregelung notwendig sind

Die Überprüfung der variablen Einkommensregelung hat noch einen weiteren Grund, der für Sie als verantwortliche Führungskraft sehr wichtig ist. Sollten zum Beispiel im ersten Quartal aus den unterschiedlichsten Gründen durch Ihre Geschäftsleitung oder in Ihrer Abteilung Entscheidungen über strukturelle Änderungen gefallen sein, so müssen Sie unbedingt bei allen betroffenen Mitarbeitern, die einen variablen Gehaltsanteil haben, überprüfen, ob Änderungen erforderlich sind. Kann zum Beispiel ein Mitarbeiter in Ihrem Team seine Ziele aus dem variablen Gehalt aufgrund der Veränderungen seiner Arbeitsinhalte oder im Außendienst aufgrund anderer Gebiets- und Kundenverteilungen nicht mehr erreichen, dann muss zeitnah, dies bedeutet innerhalb eines Monats nach der Entscheidung, die variable Regelung des betroffenen Mitarbeiters angepasst werden. Unterlassen Sie dies und der Mitarbeiter kann nachweisen, dass er Sie per E-Mail oder auch unter Zeugen in einer Abteilungssitzung darauf angesprochen hat, so hat dieser Mitarbeiter am Jahresende einen gesetzlichen Anspruch auf vollständige Auszahlung seiner variablen Gehaltsanteile. Kommt es nämlich zu einem Arbeitsgerichtsverfahren bei der Kündigung dieses Mitarbeiters, wird Ihnen der Richter klar sagen, dass variable Gehaltsanteile Bestandteil des Arbeitsvertrags sind und strukturelle Maßnahmen im Unternehmen nicht automatisch zu Lasten des Mitarbeiters, in unserem Beispiel zu einer Gehaltskürzung trotz vertraglicher Vereinbarung, führen dürfen. Dies bedeutet, Sie müssen im Januar 100 % der variablen Bezüge auszahlen.

Richtig handeln Sie, wenn Sie — um beim Beispiel zu bleiben — ab April mit dem Mitarbeiter neue, erreichbare Ziele definieren, diese zusammen mit ihm verabschieden und als neue, unterschriebene Anlage zum Arbeitsvertrag in Kraft setzen. Auch hier hat Ihr Vorgesetzter das Recht und, wenn Sie dies zum ersten Mal machen, sogar die Pflicht, sich diese Regelung, bevor sie von Ihnen unterschrieben wird, noch einmal zur endgültigen Genehmigung vorlegen zu lassen. Seine Aufgabe ist es, darauf zu achten, dass zwischen Mitarbeiter und Unternehmen alles fair und ausgewogen zugeht. Kurz gesagt, er hat zu überprüfen, ob eine Win-win-Situation durch die Regelung gegeben ist und sich keine versteckte Gehaltserhöhung zugunsten des Mitarbeiters in der Regelung manifestiert. Dies wäre der Fall, wenn die Regelung so abgefasst ist, dass der Mitarbeiter unabhängig von seiner Leistung auf jeden Fall sämtliche variablen Bezüge ausgezahlt bekommt. Dies sollte bei solchen Regelungen immer vermieden werden, weil es früher oder später in der Abteilung zu Neid und Missgunst, also zu einem schlechten Teamklima, führt.

Und zu guter Letzt ist die Überprüfung natürlich auch dazu da, festzustellen, ob der Mitarbeiter im Plan seiner Zielerreichung ist oder vielleicht das neue Jahr doch etwas zu behäbig begonnen hat. In diesem Fall müssen Sie den Mitarbeiter darauf hinweisen, dass er Probleme mit dem Erreichen seiner Ziele bis zum Jahresende oder zum nächsten Quartalsende bekommen wird. Sie werden ihm im Rahmen eines Feedbacks auch genau sagen, was Sie im Detail von ihm erwarten. In der Regel hängt schließlich auch ein Teil Ihrer variablen Bezüge daran, dass die Abteilung Ihre Ziele erreicht. Sie sehen, bei gut ausgewogenen variablen Einkommenssystemen haben Sie und Ihre Mitarbeiter, die ebenfalls variable Ziele haben, immer gleichgerichtete Interessen. Es liegt also in Ihrem eigenen Interesse, dem Mitarbeiter so viel Coaching angedeihen zu lassen und so motivierend auf ihn einzuwirken, dass er seine Anstrengungen verstärkt und in den folgenden Quartalen seine Ziele erreicht.

Im Klartext heißt das: Im Streitfall mit dem Mitarbeiter müssen Sie durch Ihre Führung zeitnah gewährleisten, dass der Mitarbeiter zeitig im Jahr die Chance hat, sein Verhalten (mangelnde Motivation bzw. Leistung) zu erkennen und durch verstärkte Anstrengungen fehlende Ergebnisse im restlichen Jahr zu kompensieren.

Nach diesem Ausflug zu den Themen Gehaltsfindung und variables Gehaltsmodell kommen wir im folgenden Abschnitt zum **Gehaltsgespräch**.

2.6.3 Die Phasen eines Gehaltsgesprächs

Grundsätzlich lassen sich zwei Situationen unterscheiden, in denen eine Führungskraft mit ihrem Mitarbeiter über das Gehalt spricht.

Situation 1: Gehaltsforderung im laufenden Geschäftsjahr

Der Mitarbeiter steht vor Ihrem Schreibtisch und fordert: „Chef, ich möchte mehr Geld!" In diesem Fall spielen nicht selten auch viele private Faktoren eine Rolle. Vielleicht haben der Freund, die Freundin oder der Ehepartner am letzten Wochenende dem Mitarbeiter eingeredet, dass er sich unter Wert verkauft, und der Mitarbeiter nun bei seinem Chef Druck machen möchte, damit das mit der besseren Bezahlung klappt. Möglich ist auch, dass eigene Konsumwünsche des Mitarbeiters zu der Gehaltsforderung führen. In jedem Fall müssen Sie sich der Situation stellen.

Situation 2: Gehaltsforderung im Jahresendgespräch

Zum Jahresendgespräch mit dem Mitarbeiter gehört in der Regel auch die Diskussion über die Gehaltserhöhung oder die Anpassung an eine neue Arbeitssituation. In diesem Fall ist ein Gehaltsfindungsprozess vorausgegangen, wie er in Kapitel 2.6 beschrieben wurde, und Sie sind als Führungskraft ohnehin bereits sehr gut mit Argumenten und Informationen für dieses Gespräch ausgestattet.

Zu Situation 1: Gehaltsforderung im laufenden Geschäftsjahr

Das Charmante an der ersten Situation ist, dass eigentlich jede Führungskraft froh sein müsste, wenn ein Mitarbeiter vor ihm steht und mehr Gehalt fordert. Denn dem Gehalt stehen als Gegenleistung die Arbeitszeit des Mitarbeiters, seine Arbeitsergebnisse und ihre Qualität gegenüber. Grundsätzlich bedeutet mehr Geld auch mehr Leistung, sei es *in puncto* Qualität und/oder Quantität. So gesehen hat es mich als Chef immer gefreut, wenn ein Mitarbeiter der Auffassung ist, er kann mehr leisten bzw. mehr Verantwortung übernehmen oder mehr Umsatz generieren. Der Haken an der Sache ist nur, dass der Mitarbeiter seine Gehaltsforderung in der Regel nicht aus diesem Blickwinkel sieht. Deswegen ist hier Ihre Überzeugungskraft gefordert.

Sie verschaffen sich eine gute Gesprächsposition, indem Sie das Unerwartete, das Überraschende tun. Sagen Sie Ihrem Mitarbeiter, dass Sie sich freuen, dass er der Meinung ist, er müsse mehr Geld verdienen, und dass Sie ebenso der Meinung sind, er sei zu größeren Leistungen fähig. Hören Sie anschließend in aller Ruhe seine Argumentation an. Kann er tatsächlich auf eine Ungleichbehandlung oder sogar unfaire Behandlung hinweisen (Gehaltsstrukturproblem), haben wir einen besonderen Fall vor uns (vgl. Kapitel 2.6.1). Im Normalfall versucht der Mitarbeiter bei seinem Chef „auf den Putz zu klopfen", um zu testen, was für ihn herausspringen könnte. Wenn es sich um ein Gehaltsstrukturproblem handelt, das Sie übersehen haben, weisen Sie darauf hin, dass Sie seine Argumentation gut nachvollziehen und verstehen können. Ferner, dass Sie sich den Fall genau anschauen und bei der nächsten Gelegenheit mit Ihrem eigenen Vorgesetzten darüber reden werden. Dies können Sie Ihrem Mitarbeiter sogar versprechen, da es ohnehin zu Ihren Pflichten als Abteilungsleiter gehört.

! **ACHTUNG**

Grundsätzlich gilt die eiserne Regel: Im laufenden Geschäftsjahr wird keine Gehaltsänderung durchgeführt.

Von dieser Regel — keine Gehaltsänderung im laufenden Geschäftsjahr — sollte nur in absoluten Ausnahmesituationen abgewichen werden. Solche Ausnahmen sind zum Beispiel:

- die abgelaufene Probezeit eines neuen Mitarbeiters
- die Übernahme von neuen Aufgaben
- das Besetzen einer neuen Stelle durch einen vorhandenen Mitarbeiter

In solchen Fällen muss das Gehalt im laufenden Geschäftsjahr angepasst werden. Beginnen Sie einmal mit Anpassungen während des Jahres aufgrund von Druck durch einen Mitarbeiter, so haben Sie die Büchse der Pandora geöffnet. Es wird sich sehr schnell herumsprechen, dass man Ihnen nur heftig genug auf die Zehen treten muss. Tun Sie das nicht! Ein guter Chef, zu dem Sie im laufenden Jahr mit solch einem Anliegen kommen, ohne dass ein Strukturproblem besteht, wird Ihnen dies immer als schwache Führung auslegen.

Wenn Ihr Mitarbeiter nur ausloten will, ob mit Ihnen eine Gehaltserhöhung zu machen ist, fragen Sie ihn, was er im Gegenzug bereit ist, mehr zu leisten. Stellen Sie immer einen Bezug zu den Arbeitsinhalten des Mitarbeiters her. Wenn Ihnen das gelingt und Sie ihm klar machen, dass mehr Geld kein Problem ist, wenn dafür auch mehr Gegenleistung für das Unternehmen sichtbar wird, erledigen sich über 80 % der Anfragen von selbst. Sie können einfach darauf verweisen, dass Sie das Engagement und den Gehaltswunsch bei der neuen Jahresplanung im September mit einbringen werden. Bei den ganz Hartnäckigen fordern Sie den Mitarbeiter auf, schriftlich einen Vorschlag auszuarbeiten, welche Änderungen seines Aufgabengebietes er sich vorstellen kann. Fragen Sie ihn, ob er mit einem variablen Gehaltsanteil einverstanden wäre, der erfolgsabhängig ausgezahlt wird. Sagen Sie ihm, dass Sie bei variablen Modellen sicherlich größere Erfolgsaussichten in der Diskussion mit Ihrem Vorgesetzten sehen als mit einer einfachen Forderung nach einer Erhöhung des Fixgehalts.

Machen Sie auf jeden Fall unmissverständlich klar, dass Gehaltsveränderungen immer nur in der nächsten Gehaltsrunde möglich sind und nie im laufenden Geschäftsjahr. Selbstverständlich nehmen Sie seine Forderung gerne auf und bringen es bei der Gehaltsfindung als Information ein. Machen Sie unmissverständlich klar, dass Sie zurzeit darüber keine Entscheidung treffen können und werden.

! **ACHTUNG**

Grundsätzlich gilt die Regel in Gehaltsgesprächen: Nehmen Sie die Gehaltsforderung Ihres Mitarbeiters auf, aber lassen Sie sich niemals unter Druck zu einer Zusage oder Aussage hinreißen, die dem Mitarbeiter Hoffnung macht.

Vermeiden Sie Aussagen, die dem Mitarbeiter Hoffnung machen, wie zum Beispiel: „Ich habe Sie verstanden und werde schauen, ob ich bei meinem Chef was machen kann." Solche oder ähnliche Aussagen bringen Sie immer in Teufels Küche. Der Mitarbeiter wird zu Hause sagen, dass er Ihnen ordentlich Druck gemacht hat und Sie sich nun um seine Gehaltsforderung kümmern werden. Wenn Sie ihm einige Tage später eine negative Botschaft unterbreiten müssen, wird die Enttäuschung doppelt so groß sein. Vermeiden Sie diese Demotivation schon im Ansatz. Der Mitarbeiter muss lernen, dass er zwar fordern darf, aber Gehaltsänderungen an dem Planungszyklus eines Unternehmens gebunden sind, um die Planbarkeit der Kosten zu gewährleisten. Hüten Sie sich daher vorm Schaffen von Präzedenzfällen!

Zu Situation 2: Gehaltsverhandlung im Jahresendgespräch

Das Jahresendgespräch verläuft wie ein ganz normales und strukturiertes Personalgespräch, wie Sie es in diesem Buch bereits kennengelernt haben. In der Phase der Gehaltsverhandlung sollten Sie jedoch einige Regeln beachten:

- Im Sinne des rechten, oberen Felds im Johari-Fenster (Abb. 3) sollten Sie dem Mitarbeiter nachvollziehbar erklären, wie Sie zu der Höhe des Gehalts gekommen sind.
- Stellen Sie immer einen Sachbezug zu den Arbeitsinhalten, -quantitäten und -qualitäten her, wenn der Mitarbeiter Gehaltsforderungen stellt („Give & Take").
- Wenn der Mitarbeiter überhöhte Forderungen stellt, fragen Sie ihn, aufgrund welcher Fakten und nach welchen Kriterien er mehr Geld für seine Arbeit fordert.
- Machen Sie keine Zusagen, die Sie nicht einhalten können. Sagen Sie keine Gehaltserhöhung zu, wenn keine unterschriebene Genehmigung Ihres Vorgesetzten vorliegt!

Wenn Sie diese vier Regeln eisern beherzigen und sich in der Vorbereitung des Gehaltsgesprächs sehr gut mit Argumenten eindecken, werden Sie keine bösen Überraschungen erleben.

Gehaltsforderungen, die mit Drohungen durchgesetzt werden

Ein letztes Wort noch zu der Situation, wenn Mitarbeiter mit **Drohungen** arbeiten. „Chef, wenn sich an meinem Gehalt nicht schnellstens etwas positiv verändert, muss ich mir eine neue Arbeit suchen!" Bei Drohungen gilt das Gleiche wie beim Poker: Wer den einen reizt, muss damit rechnen, dass der andere sehen will, was hinter der Drohung steckt!

Lassen Sie sich nie auf eine Gehaltsdiskussion ein, in denen Drohungen eingesetzt werden. Behalten Sie einen kühlen Kopf und antworten Sie zum Beispiel: „Ok, ich habe Ihren Standpunkt verstanden. Wann darf ich mit Ihrer Kündigung rechnen, damit ich rechtzeitig für Ersatz planen kann?" Dieser schnelle Konter hat in meiner aktiven Zeit als Manager immer bewirkt, dass beim Mitarbeiter der Zahn „Drohung" ein für alle Mal gezogen war. Ihre Mitarbeiter müssen lernen, dass Sie als Vorgesetzter jederzeit bereit sind, sich auf eine sachliche Diskussion einzulassen und bei berechtigten Forderungen seitens des Mitarbeiters auch immer nach Mitteln und Wegen suchen werden, eine Verbesserung der Situation im Rahmen der gegebenen Möglichkeiten herbeizuführen. Drohungen dürfen Sie jedoch Ihren Mitarbeitern nicht ungestraft durchgehen lassen. Der Mitarbeiter würde sofort den Respekt vor Ihnen verlieren und es wird nicht bei einer einzelnen Drohung bleiben.

3 Grundlagen und Empfehlungen für eine effiziente Organisation

Auf den folgenden Seiten möchte ich Sie mit einigen organisatorischen Aspekten vertraut machen, die mit der Führung einer Abteilung verbunden sind. Von effizienten Besprechungen über Termintreue bei der Aufgabenerledigung bis hin zu gruppendynamischen Prozessen in Ihren Teams geht es darum, Ihnen in kurzer, aber konzentrierter Form weitere Hilfsmittel und Methoden für das effiziente Steuern einer Abteilung an die Hand zu geben. Sicher gibt es zu einigen der hier behandelten Themen noch viele weitere Hintergrundinformationen und theoretische Modelle. Um den Umfang dieses Buchs überschaubar zu halten, werde ich mich im Folgenden jedoch nur auf die für die Praxis wesentlichen und einfach umzusetzenden Punkte konzentrieren.

3.1 Entwicklung einer effizienten Meetingkultur

Nachdem Sie in den vorangegangenen Kapiteln alle wichtigen und relevanten Gesprächsformen, die für eine Führungskraft entscheidend sind, kennengelernt haben, beschäftigen wir uns auf den folgenden Seiten mit dem Thema Meetingkultur.

Als Abteilungsleiter eines Innendienstes haben Sie die Verantwortung dafür, dass alle Meetings innerhalb Ihrer Abteilung — angefangen vom regelmäßigen Abteilungsmeeting bis hin zu Fachmeetings mit mehr als zwei Personen — so effizient wie möglich ablaufen. Außerdem sollte ein respektvoller und professioneller Umgang miteinander zum guten Abteilungsklima beitragen. Ein gutes und harmonisches Klima ohne Zielerreichung durch die Abteilung wird jedoch über kurz oder lang keinen Bestand haben. Beides muss zusammenkommen: effizientes, zielorientiertes Arbeiten und Erfolge bei einem respektvollen und professionellen Umgang miteinander.

Die Meetingkultur spielt dabei eine nicht unwesentliche, viele sagen sogar die zentrale Rolle in diesem Zusammenhang. Obwohl ich alles andere als ein Regelmensch bin, wurde mir von meinen Coaches und Ausbildern schon früh klargemacht, dass kein effizientes Miteinander bei Besprechungen möglich ist, wenn bestimmte **Grundregeln** nicht eingehalten werden.

Die deutsche Wirtschaft verliert laut verschiedener Studien jedes Jahr zwischen 30 bis 40 Milliarden Euro durch ineffiziente Meetings und die daraus resultierenden Fehler und notwendigen Korrekturen und Nacharbeitungen. Der zentrale Punkt besteht darin, dass Sie Ihren eigenen Laden top in Form halten sollten. Sorgen Sie dafür, dass es in Ihrer Abteilung richtig und effizient läuft, und Sie werden bald Nachahmer in Ihrer Firma finden.

3.1.1   Das Abteilungsmeeting

Schauen wir uns zunächst ein zentrales Führungswerkzeug an, das regelmäßige **Abteilungsmeeting**. Regelmäßig deshalb, weil Sie ein zentrales Instrument brauchen, um Aspekte, die die ganze Abteilung betreffen, zu bearbeiten. Ebenso benötigen Sie einen Ort, an dem Sie sicherstellen können, dass alle Ihre Mitarbeiter bestimmte Informationen zur gleichen Zeit erhalten und garantiert ist, dass Entscheidungen von allen zur gleichen Zeit aufgenommen und umgesetzt werden.

Es gibt keine feste Regel, ob Sie das Abteilungsmeeting jede Woche oder alle vierzehn Tage abhalten. In der Praxis zeigt sich jedoch, dass ein Vier-Wochen-Rhythmus einen viel zu langen Zeitraum darstellt, um eine Abteilung effizient zu führen. Es gibt ebenso keine feste Regel, die besagt, wie lange ein Abteilungsmeeting sein sollte. Die Dauer des Meetings ist abhängig von den Themen, die behandelt werden müssen. Auch hier greife ich wieder auf Erfahrungswerte zurück, die zeigen, dass von zwanzig Minuten bis zu eineinhalb Stunden alles richtig sein kann. Eins steht jedoch fest: Es sollte auf keinen Fall länger als eineinhalb Stunden dauern, weil damit die Konzentrationsgrenze aller Beteiligten deutlich überschritten wird. Außerdem sollten Sie, wenn solche Längen erreicht werden, überprüfen, ob verschiedene Themen nicht ohnehin in kleineren Teams oder bilateral behandelt werden können.

TIPP

Nutzen Sie das regelmäßige Abteilungsmeeting, um in den letzten zehn bis fünfzehn Minuten der Sitzung ein Ausbildungs- oder Coaching-Thema mit Ihren Mitarbeitern zu behandeln. Es gibt sehr viele kleine Module, die sich eignen. Einige davon haben Sie in diesem Buch schon kennengelernt. Zum Beispiel ist der Umgang mit einem verärgerten Kunden am Telefon jedes Halbjahr aufs Neue ein Thema (vgl. Kapitel 1.5 zum RICARD-Modell). Ebenso eignet sich das Thema „psychologische Spielchen der Gesprächspartner", das Sie im Kapitel 1.4 zu den Fragetechniken kennengelernt haben, immer sehr gut für eine kurze Trainingseinheit. Die Einheiten sollten nicht länger als zwanzig Minuten dauern, aber dafür regelmäßig stattfinden. Überfrachten Sie die Einheit nicht mit Themen. Behandeln Sie jeweils nur ein oder zwei Aspekte. Nutzen Sie aktuelle Praxisfälle aus Ihrem Firmenalltag. Über das Jahr gesehen fördern und verbessern diese interaktiven Einheiten auch das Abteilungsklima. Die Mitarbeiter werden es schätzen lernen, dass diese kleinen Lerneinheiten zur Sicherheit des Einzelnen im Umgang mit Kunden und Kollegen beitragen. Sie als junge Führungskraft ziehen einen weiteren Vorteil daraus. Wenn Sie Themen und Methoden aus diesem Buch Ihren Mitarbeitern vermitteln können, sitzt dieser Stoff bei Ihnen nach kurzer Zeit zu 100 % und Sie selbst werden in Ihrer Führungsarbeit ebenfalls sehr viel sicherer und gelassener.

Agenda eines Abteilungsmeetings

Schauen wir uns zunächst die Agenda für ein regelmäßiges Abteilungsmeeting an. Sinn und Zweck dieses wiederkehrenden Meetings ist es, alle Belange, die die ganze Abteilung betreffen, mit allen Mitarbeitern zu behandeln. Zur Agenda eines Abteilungsmeetings gehören ferner alle Schnittstellen-Themen innerhalb der Abteilung und zu anderen Unternehmensbereichen sowie Aspekte, die mit einzelnen Kundensituationen oder generell mit Kundenprozessen zu tun haben.

Die Struktur der Agenda sollte immer gleich sein. Jeder Mitarbeiter hat die Möglichkeit, zu den verschiedenen Punkten der Agenda seine eigenen Anliegen bis 15:00 Uhr am Vortag einzutragen.

Unterlegen Sie Ihre Agenda ebenfalls mit einem festen Zeitraster für die einzelnen Punkte. Dies soll nicht Ihre Flexibilität bei der Durchführung einschränken. Doch wenn Sie sich — wie oben beschrieben — gar keine Gedanken machen, wie viel Zeit Sie für einen Themenblock verwenden wollen, wie können Sie dann bewusst Entscheidungen treffen, sich bei bestimmten Themen etwas kürzer zu fassen oder einzelne Punkte gegebenenfalls auf kleinere Teambesprechungen zu vertagen?

Die folgende Abbildung zeigt beispielhaft eine Musteragenda für ein typisches Abteilungsmeeting. Selbstverständlich sollten Sie diese Musteragenda für Ihre Zwecke anpassen und individualisieren.

Kundensituationen und Außendienst	•Problemsituationen mit einzelnen Kunden •Auffälliges Kundenverhalten •Zusammenarbeit mit dem Außendienst •Veranstaltungen des Vertriebs mit Unterstützung des Innendienstes
Organisation und Arbeitsprozesse – Verbesserungsvorschläge	•Situation oder Probleme und Vorschläge in den Arbeitsabläufen •Situation oder Probleme und Vorschläge bei Schnittstellen zu anderen Abteilungen oder Lieferanten •CRM-Situation oder Probleme und Verbesserungsvorschläge •Kommunikation allgemein Status und Probleme sowie Vorschläge
Personal und Arbeitssituation	•Auslastung und Zeitsituation beim einzelnen Mitarbeiter •Anstehende Urlaubs- oder Krankheitssituationen, Vertretungen •Überstundensituation •Generelle Personalsituation
Informationen von und zur Geschäftsleitung	•Informationen aus dem letzten Managementmeeting an die Abteilung •Vorschläge, Anfragen und Klärungen von der Abteilung an das Management
Sonstiges	•Terminabstimmungen •Nächstes Meeting •Veranstaltungen der Abteilung, der Firma
Innendienst-Exzellenz	•Coaching als Thema im Rahmen der permanenten Aus- und Weiterbildung (im Meeting) •Sonstige Seminar-, Aus- und Weiterbildungsmaßnahmen und -angebote

Abb. 28: Musteragenda für ein typisches Abteilungsmeeting

Wahrscheinlich fragen Sie sich, wie man all diese Themen in eineinhalb Stunden behandeln soll. Ich kann Sie beruhigen: In der Praxis werden nur in den seltensten Fällen alle Punkte zu besprechen sein. Trotzdem ist es gut, wenn jeder einzelne Mitarbeiter und natürlich Sie selbst all diese Aspekte vor dem jeweiligen Meeting vor Augen hat und sich Gedanken macht, ob es etwas Sinnvolles zu besprechen gibt. Steht nichts in der Agenda, können Sie als derjenige, der das Meeting führt, den Punkt ganz kurz anreißen und dann zum nächsten weitergehen.

Eine solche Agenda soll sicherstellen, dass jedes Mal sämtliche für die Abteilung relevanten Punkte kurz beleuchtet werden. Gibt es etwas zu sagen oder zu fragen, gehört es in das Meeting. Gibt es bei einem Punkt aktuell nichts Konkretes, dann geht es direkt mit dem nächsten Punkt weiter.

Wenn Sie eine solche Agenda einführen, sollten Sie vorher Ihren Mitarbeitern sagen, dass Sie von jedem Einzelnen erwarten, dass er sich die Agenda spätestens einen Tag vor dem regelmäßigen Meeting kurz anschaut und, falls er einen Punkt zu besprechen hat, diesen in die zentral auf dem Server liegende Agenda-Datei einträgt. Machen Sie unmissverständlich klar: Was am Abend vor dem Meeting nicht auf der Agenda steht, wird am nächsten Tag auch nicht behandelt. Jeder Mitarbeiter sollte zumindest ein paar Stunden aufwenden, um sich mit den Punkten vertraut zu machen, bei denen er möglicherweise involviert ist. Geschieht das erst in einem Meeting und sind die Betroffenen dann davon überrascht, wird es schon wieder ineffizient! So setzen Sie einen Prozess der Verhaltensänderung in Gang, einen Erziehungsprozess, der mit den Mitarbeitern zusammen zu durchlaufen ist.

▶ **BEISPIEL**

Wenn einer Ihrer Mitarbeiter im Abteilungsmeeting sagt: „Chef, tut mir leid, dazu kann ich Ihnen leider nichts sagen. Ich hatte keine Zeit, in die Agenda zu schauen", dann kann Ihre Reaktion nur wie folgt lauten: „Der Punkt steht seit drei Tagen auf der Agenda und sollte heute behandelt werden. Wieso haben Sie sich nicht gestern oder vorgestern bei mir gemeldet und mir mitgeteilt, dass Sie bis zu unserem Abteilungsmeeting keine Zeit haben, sich das genauer anzuschauen? Nun sitzen wir da, können den Punkt nicht behandeln und haben bereits dafür Zeit vergeudet und zwar mit neun Personen, die hier rund um den Tisch sitzen. Ich bitte Sie also in Zukunft, in den Tagen vor unserem Meeting regelmäßig einmal am Tag auf die Agenda zu schauen und sich sofort zu melden, wenn Sie von einem Punkt betroffen sind, aber keine Zeit zur Vorbereitung haben. Können wir uns bitte darauf einigen?"

Sie sehen, auch in diesem Beispiel sagt der Innendienstleiter dem Mitarbeiter, was er falsch gemacht hat und welche Konsequenzen das hat. Ferner erfährt er, was von ihm in Zukunft erwartet wird. Und zum Schluss wird von dem Mitarbeiter durch eine geschlossene Frage Verbindlichkeit eingefordert. Im Grunde genommen handelt es sich hier um ein klassisches Fachfeedback. Sie werden erleben, dass Sie Kollegen im Team haben, die das nach der ersten Ansprache in Zukunft richtig machen und bei anderen werden Sie einige Monate lang immer wieder appellieren und manchmal sogar mit Nachdruck anordnen müssen, dass Ihre Regeln eingehalten werden.

Jeder Mitarbeiter hat sich vor einem Abteilungsmeeting mit der Agenda vertraut zu machen, andernfalls muss er rechtzeitig der Führungskraft oder dem Besprechungsleiter mitteilen, dass er, aus welchem Grund auch immer, seine Vorbereitung nicht leisten kann. Nur so können Sie im Vorfeld Entscheidungen treffen, um das anstehende Meeting effizient und entsprechend kurz zu halten. Außerdem sollte bei einem Meeting alle Konzentration auf den Themen, Lösungen und Entscheidungen liegen und nicht auf Ausflüchten, Entschuldigungen und der Frage „Was machen wir jetzt?"

Hier noch eine Empfehlung, die Sie bei der Verteilung von Aufgaben in Meetings, aber auch in einem ganz normalen Gespräch mit Ihren Mitarbeitern beherzigen sollten.

● TIPP

In einem Meeting oder in Einzelgesprächen ist es für eine Führungskraft ganz normal, Aufgaben an einzelne Mitarbeiter oder ein Team zu verteilen. Gewöhnen Sie sich an, dass Sie zunächst sehr genau sagen, um was es geht und was Sie genau von dem Mitarbeiter erwarten, ohne jedoch einen Termin zu nennen. Wenn Sie die Aufgabe genau beschrieben haben, fragen Sie nun am Ende den Mitarbeiter: „Bis wann können Sie diese Aufgabe garantiert erledigen?" Sie lassen also nun den Mitarbeiter selbst bestimmen, bis wann er diese Aufgabe erledigt hat oder Ihnen ein Ergebnis abliefern kann. Nennt der Mitarbeiter einen Termin, der Ihnen zu spät ist, können Sie immer noch darauf eingehen und ihm sagen, dass Sie die Unterlagen zu einem früheren Termin brauchen. Merken Sie nun, dass Ihr Mitarbeiter „ins Grübeln" kommt, bieten Sie ihm an, er soll nach dem Meeting prüfen, wann er zum frühestmöglichen Zeitpunkt die Arbeit erledigen kann. Anschließend soll er Sie kurz telefonisch oder per E-Mail darüber informieren.
Dieses Verfahren erzieht Mitarbeiter dazu, Verantwortung für ihre Aussagen und Zusagen zu übernehmen.

Wenn Sie das Meeting mit einer Veränderung der Agenda beginnen müssen, sprechen Sie dieses Thema ganz offen an und erklären Sie Ihren Mitarbeitern, dass es für Sie wichtig ist, wenn der Mitarbeiter zunächst für sich klärt, ob der von ihm zugesagte Termin eingehalten werden kann. Erklären Sie weiterhin, dass es für eine effiziente Abteilung enorm wichtig ist, dass Termine, die zugesagt werden, exakt eingehalten werden. Teilen Sie mit, dass Sie sogar ausdrücklich wünschen, dass Bedenken bei schwierig einzuhaltenden Terminen offen geäußert werden und dann gemeinsam besprochen und entschieden wird, was zu tun ist. Stellen Sie besser einmal mehr sicher, dass Zusagen zum Kunden, zum Außendienst oder auch an die anderen Abteilungen auch sicher eingehalten werden, als das Risiko einzugehen, dass andere sich auf den Innendienst verlassen und dann in Schwierigkeiten geraten und zu recht verärgert sind.

Diese kleine **Verhaltensänderung** führt zu größerer Verlässlichkeit zwischen Mitarbeiter und Vorgesetzten und bewirkt dass bereits nach wenigen Wochen jeder Mitarbeiter begreift, dass er in der Zusammenarbeit exakt an seinen Worten gemessen wird. Kommt ein Mitarbeiter dann doch und sagt, er habe etwas nicht rechtzeitig erledigen können, obwohl er es Ihnen fest zugesagt hat, können Sie ihm ein Beziehungsfeedback gehen und Folgendes sagen:

▶ **BEISPIEL**

Führungskraft: „Herr Müller, ich hab jetzt ein Problem mit Ihnen! Sie hatten mir zugesagt, ich bekomme die fertigen Unterlagen bis heute. Und jetzt haben Sie dieses Versprechen nicht eingehalten. Wie soll ich mich in Zukunft auf Sie verlassen können? Helfen Sie mir bitte, das zu verstehen!"

Nach einem solchen Einstieg wird es recht einfach, dem Mitarbeiter zu erklären, was Sie zumindest von ihm verlangen, nämlich, dass er rechtzeitig Bescheid sagt, wenn er sich in der Arbeit verschätzt hat oder unvorhergesehene Probleme und Zeitfresser aufgetaucht sind.

3.1.2 Der Managementkreis

Hier nun ein letzter Aspekt, der mir bereits bei vielen Fachdiskussionen in Meetings erlaubt hat, bessere Ergebnisse zu erzielen. Die meisten unter meinen Seminarteilnehmern und sicherlich nicht wenige Leser dieses Buchs haben Besprechungen erlebt, in denen endlos und ziemlich kunterbunt über komplexe Themen diskutiert wurde. Geht man dann, nach vielleicht zwei Stunden, ohne konkretes Ergebnis auseinander, hat jeder das ungute Gefühl, diese Zeit recht unproduktiv verbracht zu haben. Nicht selten ist dann in der Kaffeeküche von einer „Laber-Runde" die Rede. Wie kommt so etwas zustande? Was ist aus dem Ruder gelaufen?

Vorausgesetzt, dass das Meeting mit einer gut vorbereiteten Agenda stattfindet und die Teilnehmer sich darauf vorbereitet haben, kann solch ein unbefriedigendes Ergebnis dennoch durch die Missachtung einer Managementregel vorkommen. Derjenige, der das Meeting führt, hat häufig nicht genau darauf geachtet, dass anhand einer festen Struktur diskutiert wird. Die folgende Abbildung zeigt den Managementkreis, der in der Betriebswirtschaftslehre die Aufgabe des „dispositiven Faktors", also der Führungskraft, beschreibt.

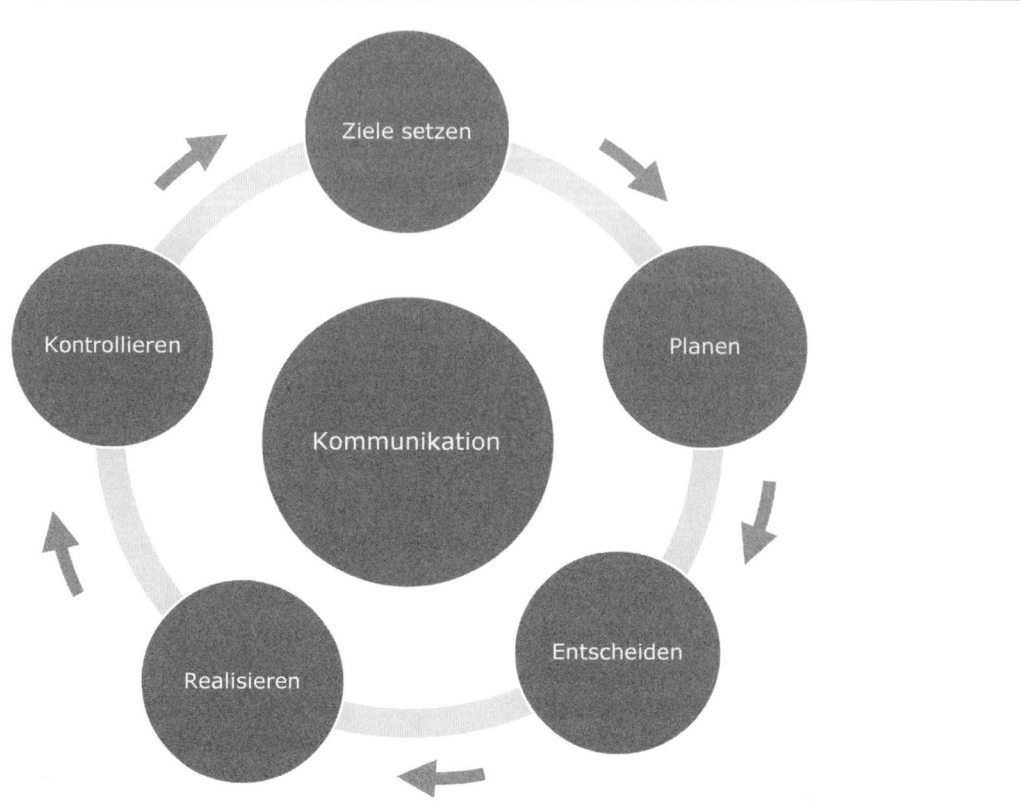

Abb. 29: Der Managementkreis

Der Managementkreis beschreibt genau diejenigen Schritte, die eine Führungskraft täglich bei vielen Arbeitsprozessen umzusetzen hat. Genau diese Schritte helfen uns aber auch, zielgerichtet zu diskutieren. Ich saß früher in vielen Sitzungen, in denen noch nicht einmal Einigkeit über die Ziele bestand, als die Teilnehmer schon begannen, die Planungsprobleme zu diskutieren. Andere wiederum befürchteten, dass wegen knappen Geldes keine Entscheidung für dieses Projekt erfolgen wird, und wieder anderen bereitete es Kopfzerbrechen, wie sich das Projekt später kontrollieren lässt. Alles geschah mehr oder weniger gleichzeitig. Für Sie als Führungskraft bedeutet dies: Halten Sie die Zügel straff zusammen. Wenn Sie noch über die Ziele eines Projekts diskutieren und ein Mitarbeiter verliert sich schon in den folgenden Prozessschritten, holen Sie ihn wieder zurück. Erst wenn wir über die Ziele Klarheit haben, werden wir schauen, wie wir dorthin kommen und ob wir gegebenenfalls mit Kompromissen leben müssen. Natürlich hilft die Orientierung an dem Managementkreis nicht zu 100 %, die Gefahr des sich Verzettelns auszuschließen. Aber in vielen Besprechungssituationen werden Sie schneller zu konkreten Ergebnissen gelangen, auch wenn ein Thema einmal vertagt werden muss.

3.2 Der E-Mail-Knigge hilft, Zeit zu sparen

In jedem meiner Seminare wurde das Thema „E-Mail-Kommunikation" durch die Teilnehmer angesprochen. Deswegen habe ich mich entschlossen, ein kleines Kapitel unseren modernen Kommunikationsmitteln zu widmen. Ich werde dieses Thema sowohl unter dem Aspekt Zeitmanagement und Arbeitseffizienz als auch unter dem Aspekt Professionalität beleuchten. Zum Abschluss finden Sie ein kleines Regelwerk, einen „E-Mail-Knigge". Nutzen Sie dieses Kapitel, um bei Ihnen in der Firma Impulse im Management zu setzen. Schlagen Sie zum Beispiel der Geschäftsleitung vor, zumindest den internen E-Mail-Verkehr effizienter zu gestalten.

Ohne E-Mail-Kommunikation würden moderne Unternehmen heute gar nicht mehr existieren können. Dieses Medium ermöglicht es uns, sehr schnell mit dem Kunden zu interagieren und auf seine Fragen und Aktionen unmittelbar zu reagieren. Innerhalb des eigenen Hauses können wir mit dieser Kommunikationsform Prozesse sehr schnell und effizient anstoßen und dokumentiert vorantreiben. Aber es gibt auch eine Schattenseite: Fast jeder klagt über die tägliche E-Mail-Flut.

3.2.1 Optimierung der hausinternen Kommunikation

Schauen wir uns einmal an, wie die E-Mail-Kommunikation bei den Top-500-Unternehmen geregelt ist. Mit Top-500-Unternehmen meine ich nicht die 500 größten Konzerne, sondern die 500 Unternehmen weltweit, welche nach Ansicht und Recherche verschiedener Unternehmensberatungen und Institute am besten und effizientesten geführt werden. Dazu zählen natürlich große Konzerne, aber auch kleine und mittelständische Unternehmen, die seit vielen Jahren oder Jahrzehnten unabhängig von Konjunkturverläufen sehr erfolgreich am Markt agieren. Diese Unternehmen haben eine professionelle **Kommunikationsstrategie**. Hier geht es nicht um die externe Kommunikation mit dem Markt bzw. dem Kunden, sondern um die **hausinterne Kommunikation**. Bei vielen dieser erfolgreichen Unternehmen gibt es die Vorgabe, dass der E-Mail-Verkehr immer durch einen „Messenger" ergänzt wird. Sie alle kennen die kleinen Chatfenster, wie sie von Yahoo oder MSN oder anderen großen Unternehmen am Markt angeboten werden. Jeder, der schon einmal gechattet hat, weiß, dass man im Chatfenster immer nachvollziehen kann, ob einer seiner Freunde gerade anwesend (online) oder abwesend (offline) ist. Solch ein Messenger existiert als Software heute in jeder Firma, die Server einsetzt. Denn zur Betriebssystemsoftware gehört in der Regel auch eine Messenger-Software. Zusätzliche Investitionen sind also nicht damit verbunden. Warum ergänzt solch ein Chat-System auf hervorragende Weise ein E-Mail-System? Die Antwort: Innerhalb eines Jahres hilft das Chat-System, je nach Firmengröße, bis zu einigen hunderttausend unnötiger Kommunikationsvorgänge zu reduzieren. Hier ein klassisches Beispiel:

▶ **BEISPIEL**

Sie haben gerade mit einem Kunden telefoniert, der einige Fragen an Sie hatte, und ihm zugesagt, die Themen noch heute zu klären und ihm per E-Mail eine Antwort zu schicken. Einige Punkte können Sie selbst klären, aber bei einem Punkt müssen Sie mit einer bestimmten Person in der Produktion sprechen. Sie rufen den Kollegen also an. Der jedoch nimmt nicht ab. Sie warten ein halbe Stunde und probieren es erneut. Diesmal nimmt ein anderer Produktionsmitarbeiter ab. Nachdem Sie Ihr Anliegen erklärt haben, stellt sich heraus, dass der Kollege nicht weiterhelfen kann. Er verspricht, seinem Kollegen einen Zettel auf den Schreibtisch zu legen, dass er Sie zurückrufen soll.

Sie haben zwei vergebliche Versuche gestartet, mit der richtigen Person zu kommunizieren, haben dabei noch einen anderen Kollegen in seinem Arbeitsprozess gestört und müssen jetzt hoffen, dass der Zettel seinen Empfänger findet und zum Rückruf in angemessener Zeit führt.

Hätten Sie einen Messenger im Einsatz gehabt, dann würden Sie mit einem Klick auf den Abteilungsnamen Produktion gesehen haben, ob der gesuchte Kollege gerade am Platz und damit erreichbar ist oder ob er abwesend ist, weil er in einer Besprechung oder gar im Urlaub ist. Wenn Sie sehen, dass Ihr Kollege im Hause, aber im Moment nicht verfügbar ist, klicken Sie ihn an und schreiben in das kleine Chatfenster „Bitte dringend Rückruf wegen Kunden X". Kommt der gesuchte Mitarbeiter nun an seinen Platz zurück, wird dieses kleine Fenster mit der Mitteilung auf seinem Bildschirm geöffnet, „aufgepoppt" sein und er weiß sofort, was zu tun ist. Dieser für einen Messenger typische Kommunikationsvorgang gehört nicht mit einer E-Mail erledigt! Durch den Messenger wird kein Kollege gestört und Sie sehen schon, während Sie mit Ihrem Kunden telefonieren, am Status Ihres Mitarbeiters, ob es mit der Antwort schnell geht oder etwas dauern kann. In den meisten Firmen werden, abgestimmt mit dem Betriebsrat, folgende Statusanzeigen vereinbart:

- anwesend und verfügbar
- anwesend, nicht verfügbar
- abwesend
- dauerhaft abwesend

Allein diese vier Statusmeldungen reichen aus, um sehr viele unnötige Kommunikationsvorgänge zu vermeiden und ebenso Störungen anderer Mitarbeiter auf ein Minimum zu reduzieren. Sicher kann man den Anwesenheitsstatus eines Mitarbeiters auch auf vielen modernen Telefonanlagen ablesen. Dies hat jedoch den Nachteil, dass die Meldung und Interaktionsmöglichkeit auf einem separaten Gerät und nicht auf dem Bildschirm, der meinen zentralen Arbeitsplatz darstellt, erscheint.

3.2.2   Muster für ein E-Mail-Regelwerk

Doch nun zurück zu den E-Mail-Regeln, die ebenfalls in gut geführten Unternehmen firmenweit für sämtlichen internen wie externen E-Mail-Verkehr anzuwenden sind. Oft werden auch die Führungskräfte daran gemessen, wie akkurat die Mitarbeiter in ihrer Abteilung sich an solche Spielregeln halten und demzufolge der Vorgesetzte für die Einhaltung auch Sorge trägt.

Die folgende Abbildung zeigt die wichtigsten Regeln im Überblick.

Adress-zeile

- Eintrag nur, wenn der Adressat die Info aus der E-Mail für seine Arbeitsprozesse benötigt und aktiv werden muss
- Kein Eintrag hier, wenn jemand nur die E-Mail als Info erhalten soll

Cc-Zeile

- Eintrag, wenn jemand die kompletten Informationen der E-Mail benötigt, aber nicht unmittelbar reagieren und handeln muss
- Kein Eintrag, wenn der Empfänger nur einen Punkt von vielen oder einen geringen Teil als Info erhalten muss; dann immer separate Mail mit nur diesem Punkt
- Auf-Cc-Setzen entbindet keinerlei Verantwortung; ohne Aufforderung stets in Cc zu informieren ist zu unterlassen

Bcc-Zeile

- Bcc-Einträge sind – mit zwei Ausnahmen – sämtlichen Mitarbeitern und Mangern strikt verboten (meist auch in Outlook und Notes nicht mehr sichtbar)!
- Ausnahme 1: Mailing an Kunden und Lieferanten, bei dem sichergestellt sein muss, dass der Empfänger nicht sieht, wer die Mail noch erhält
- Ausnahme 2: Eine Führungskraft ordnet bei einem Vorgang an, sie bis auf Widerruf auf Bcc zu setzen, sodass der Empfänger nicht sehen kann, dass bereits im Hause auf die nächste Führungsebene eskaliert wurde.

Betreff-zeile

- Der Empfänger muss aus einer Betreffzeile, ohne die E-Mail zu öffnen, genau herauslesen können, welchen Inhalt die E-Mail hat und was genau von ihm als Empfänger bezüglich der E-Mail erwartet wird.
- Kurzinhalte nur in die Betreffzeile einzutragen und die E-Mail ansonsten leer zu lassen ist untersagt – dafür bitte Messenger nutzen.
- E-Mails mit leerer Betreffzeile können und sollen ungeöffnet gelöscht werden – ohne Konsequenzen für den Empfänger.

Textblock

- Es gelten generell die Regeln für den normalen kaufmännischen Schriftverkehr: Begrüßungsformel, Absätze im Text, korrekte Groß-/Kleinschreibung etc.
- Bei E-Mails unter Kollegen, bei denen sichergestellt ist, dass sie im weiteren Prozess nie zu Kunden oder Lieferanten geleitet werden, kann formloser verfahren werden.
- Smileys und Buchstabenkürzel („lol" etc.) sind grundsätzlich verboten.
- Der erste Absender (Owner) einer E-Mail mit längerem Text (z. B. technische Klärungen) stellt sicher, dass die E-Mail nach längstens zwei Bildschirmseiten getrennt wird. Er archiviert die einzelnen Teile, um später ggf. den gesamten Text rekonstruieren zu können.
- Falls nicht automatisch eingesteuert, endet der Textblock mit der Firmensignatur und allen gesetzlich vorgeschriebenen Angaben.

Abb. 30: Muster für ein E-Mail-Regelwerk

Adresszeile

In der **Adresszeile** der E-Mail sollten nur Adressen von Personen aufgeführt werden, die die Information aus der E-Mail tatsächlich benötigen und sie bei ihren eigenen Aufgabenstellungen weiter verwenden. Haben Sie einen Adressaten, der nur eine Information aus der E-Mail erhalten soll, muss die E-Mail in der Betreffzeile eindeutig mit einem Vermerk (z. B.: „nur zur Information" oder „zur Kenntnisnahme") gekennzeichnet sein.

Cc-Zeile

In der **Cc-Zeile („Carbon Copy")** einer E-Mail stehen alle oben bezeichneten Personen. Beachten Sie: Wenn Sie ein längeres Ergebnisprotokoll verschicken, in dem nur ein Punkt von drei bis vier Zeilen an den ausgewählten Empfänger gehen soll, dann ist dieser Punkt in eine separate E-Mail zu kopieren und diese E-Mail als Infomail zu versenden. Erhält der Empfänger die ganz E-Mail und muss sich erst durch zwei Seiten Text arbeiten, bis er den einzigen Punkt findet, der für ihn relevant ist, dann ist das ihm gegenüber respektlos. Der Absender hat ihm gerade wertvolle Zeit gestohlen und hätte dies mit zwei, drei Mausklicks vermeiden können.

Eine ebenfalls um sich greifende Unsitte ist die Situation, dass Mitarbeiter ihren Chef oder andere Kollegen *pro forma* auf Cc setzen, nach dem Motto: „Wenn etwas schief geht, kann sich der andere nicht beschweren. Er hat ja die ganze Zeit mitgelesen und hätte sich früher melden sollen, wenn er nicht einverstanden gewesen ist." Wird dies vom Management geduldet oder sogar ständig mit unbedachten und unnötigen Äußerungen wie: „Setzen Sie mich ruhig auf Cc" forciert, dann führt dies unweigerlich zu einer überbordenden Informationsflut. Das Schlimme daran ist, dass nach einiger Zeit die Empfänger von Cc-E-Mails diese einfach ignorieren.

Als Führungskraft weisen Sie darauf hin, dass Sie nur eine Cc-E-Mail erhalten wollen, wenn Sie dies zuvor aufgrund eines Geschäftsvorgangs ausdrücklich angeordnet haben. Der Mitarbeiter erhält ebenfalls die klare Anweisung, dass, solange in seinem Projekt oder mit seinem Kunden oder Lieferanten alles im „grünen Bereich" läuft, er keine Veranlassung hat, seinen Chef auf Cc zu setzen. Wenn er seinen Chef dennoch auf Cc setzt und etwas schief geht, trägt er dennoch allein die Verantwortung für sein Handeln oder Unterlassen. Machen Sie also jedem Spezialisten in Ihrem Team klar, dass man sich mit einer Cc-E-Mail nicht aus der Verantwortung stehlen kann.

Bcc-Zeile

Zu der **Bcc-Zeile** („**Blind Carbon Copy**") wurde oben eigentlich schon alles gesagt (vgl. Abb. 30, Muster für ein E-Mail Regelwerk). Deshalb erhalten Sie hier nur einen kurzen Hinweis: Sollte es in Ihrem Unternehmen üblich sein, dass einige Mitarbeiter mit der Bcc-Zeile arbeiten und so einen eindeutigen Vertrauensbruch begehen, müssen Sie wissen, dass sich so das Betriebs- bzw. Abteilungsklima innerhalb kürzester Zeit extrem verschlechtern kann. Mit Bcc einen anderen zu übergehen, zum Beispiel, um hinter seinem Rücken gleichzeitig den Chef zu informieren, ist ein Vertrauensbruch und wird in gut geführten Unternehmen immer mit einer Abmahnung beantwortet. Sorgen Sie dafür, dass dies in Ihrer Abteilung erst gar nicht einreißen kann, indem Sie in einem Abteilungsmeeting deutlich machen, dass die Bcc-Funktion ein Vertrauensbruch darstellt. In welchen beiden Fällen ausnahmsweise die Bcc-Funktion genutzt werden darf, wurde bereits in Abbildung 30 dargestellt.

Betreffzeile

Bei einer eindeutig ausgefüllten **Betreffzeile** geht es immer darum, dass der Empfänger, ohne die E-Mail zu öffnen, entscheiden kann, was er mit der E-Mail tun muss. Da viele in ihrem Berufsleben zwischen 40 bis 80 E-Mails pro Tag erhalten, lassen sich mithilfe von eindeutigen Betreffzeilen viel Zeit sparen. Nur aus diesem Grund sollte die Betreffzeile immer konkrete Angaben enthalten. Scheuen Sie sich nicht, E-Mails ohne Betreffzeile ungeöffnet zu löschen. Der Absender wird sich mit Sicherheit wieder bei Ihnen melden!

Textblock

Natürlich ist es völlig legitim, wenn einer Ihrer Mitarbeiter intern einem anderen Mitarbeiter, mit dem er seit Jahren gut befreundet ist, eine lockere E-Mail in der Du-Form sendet. Aber sobald in dieser E-Mail Punkte behandelt werden, die anschließend im Rahmen einer E-Mail-Weiterleitung auch an Kunden oder Lieferanten gehen, sollten Sie auf die förmliche Anrede zurückkommen. Grundsätzlich sollte im deutschen Sprachraum stets die in Geschäftsbriefen übliche korrekte Anrede genutzt werden. Wenn, wie international üblich, der Vorname genannt wird, dann verbinden Sie auch in deutscher Sprache den Vornamen mit der höflichen Sie-Form. Im internationalen E-Mail-Verkehr ist es durchaus üblich, nach wenigen Korrespondenzschritten oder sogar bei der ersten E-Mail den Empfänger mit dem Vornamen anzusprechen. Bitte denken Sie daran, dass diese im Deutschen vertraute Anrede kein Freibrief für einen lockeren Smalltalk darstellt, sondern behalten Sie immer einen geschäftsmäßigen Ton bei. Damit sind Sie auf jeden Fall auf der sicheren Seite!

Empfehlungen für die Generation „Smartphone"

Wenn Sie viele junge Mitarbeiter haben, die „Generation Smartphone", dann werden Sie mit der inflationären Verwendung von Emoticons (Smileys) und Abkürzungen zu kämpfen haben. Erklären Sie diesen Mitarbeitern, warum dieser lockere Stil in der geschäftlichen Kommunikation nichts zu suchen hat. Zeigen Sie Ihren Mitarbeitern zum Beispiel anhand der im deutschen Sprachraum verständlichen Victory-Geste auf, dass diese Geste schon innerhalb Europas zu Missverständnissen führen und einen kompletten E-Mail-Kontakt in Schieflage bringen kann. Bei den Abkürzungen von Wörtern mit nur wenigen Buchstaben (z. B. lol) erinnern Sie Ihre Mitarbeiter daran, dass schon ein Franzose komplett andere Kürzel aufgrund seines Sprachgebrauchs benutzt als ein Deutscher oder Schweizer. Fazit: Alles, was sprachlich nicht genormt ist und leicht missverstanden werden kann, sollte im Textblock unterlassen werden.

Ein weiterer Grund: Bei einem neuen Ansprechpartner wissen Sie in der Regel nach der ersten E-Mail noch gar nicht, welchen Personentyp Sie vor sich haben. Wenn Sie einem eher stark distanzgeprägten Bank-Typ (vgl. Kapitel 1.2.5) mit einem lächelnden Smiley antworten, wird er zumindest irritiert auf Ihren Text reagieren. Vermeiden Sie dieses Risiko und sorgen Sie dafür, dass Ihre Abteilung den E-Mail-Verkehr professionell handhabt.

Ausdrucken von E-Mails

In einigen Firmen habe ich eine generelle Regel zum E-Mail-Verkehr angetroffen, die besagt, dass E-Mails grundsätzlich nur dann ausgedruckt werden dürfen, wenn die weitere Bearbeitung dazu Anlass gibt. Der Hintergrund dieser Regel war die Tatsache, dass ältere Mitarbeiter seit einigen Jahren angefangen hatten, jede E-Mail, die Sie erreichte und die Sie geschrieben haben, ausdruckten und fein säuberlich in Ordnern nach Datum und Thema sortiert ablegten, um auf der sicheren Seite zu sein, falls die IT-Anlage einmal ausfällt. Sind Sie mit so einem Fall konfrontiert, sollten Sie Ihrem Mitarbeiter ein Sach-Feedback geben und ihm erklären, dass die E-Mails in einer modernen DV-Anlage um ein Vielfaches sicherer aufbewahrt werden als auf Papier, abgeheftet in Ordnern, die bei einem kleinen Zimmerbrand schnell vernichtet sind.

● ■ **TIPP**

Nutzen Sie die oben aufgeführten Beispiele, um für Ihre Firma einen eigenen Vorschlag zur effizienten E-Mail-Kommunikation zu erarbeiten, und versuchen Sie, Kollegen auf der gleichen Managementstufe ebenfalls dafür zu gewinnen. Dann machen Sie gemeinsam mit der Geschäftsleitung einen abgestimmten Vorschlag, wie sich die interne Kommunikation durch Effizienzsteigerung verbessern lässt. Wenn Sie es schaffen, dass ein solches Regelwerk (auf einer halben DIN-A4-Seite) unternehmensweit top-down eingeführt und beachtet wird, haben Sie einen wertvollen Impuls gesetzt und wieder mehr Format als Führungskraft gezeigt.

3.3 Teamentwicklung als tägliche Aufgabenstellung

In diesem Kapitel werden wir uns einen Überblick über gruppendynamische Prozesse im Team verschaffen. Da Ihre Abteilung im Grunde genommen nichts anderes als ein Team (oder mehrere Teams) darstellt, sollten Sie als Führungskraft ein klares Grundverständnis davon haben, welche Prozesse in Ihrem Team stattfinden. In der Managementliteratur finden Sie Aussagen wie die folgende.

Hauptaufgabe einer Führungskraft ist die Bildung, Entwicklung und Erhaltung von „top-performanten" Teams!

3.3.1 Die Teamuhr

Die Entwicklungsprozesse im Team sind durch den Ablauf von bestimmten Phasen gekennzeichnet, die wir uns im Folgenden näher anschauen wollen. In der Literatur wird häufig die Bezeichnung „Teamuhr" verwendet. Wenn ein neuer Mitarbeiter ins Team kommt oder ein Mitarbeiter das Team verlässt, findet eine typische Dynamik innerhalb des Teams statt. Diese Entwicklung oder Dynamik lässt sich ebenfalls beobachten, wenn ein Team neue Aufgaben erhält oder Aufgaben abgeben muss.

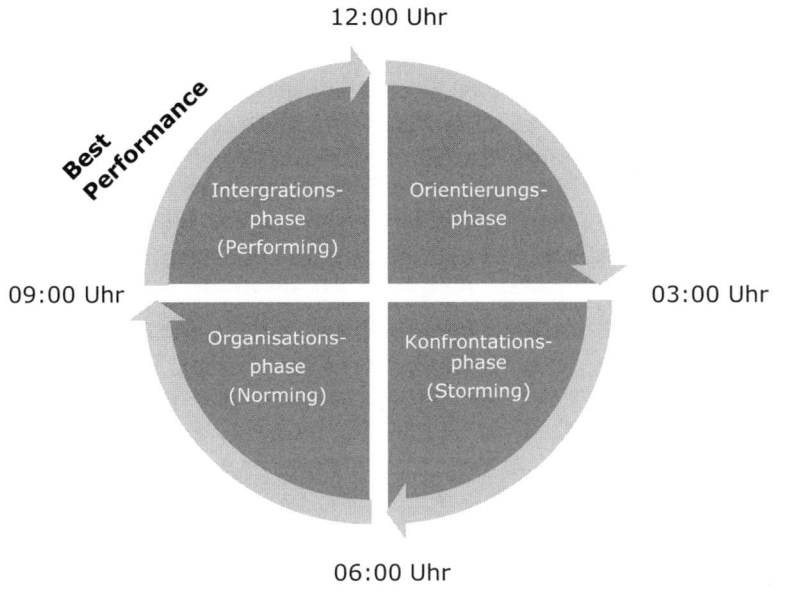

12:00 Uhr

09:00 Uhr

03:00 Uhr

06:00 Uhr

Abb. 31: Die Teamuhr, Phasenmodell der Teamentwicklung

Was passiert in den einzelnen Phasen genau und was sind Ihre Aufgabenstellungen als Führungskraft innerhalb dieser Phasen?

3.3.2 Orientierungsphase

Wenn sich ein neues Team bildet, befindet es sich zunächst in der Orientierungsphase. Jeder hält sich zunächst etwas zurück und beobachtet, welche Mitglieder zum Team gehören. Die Teammitglieder machen sich in dieser Phase mit ihren neuen Aufgabenstellungen vertraut. Diese Phase wird bei den einzelnen Teammitgliedern unterschiedlich lang ausfallen. Wenn neue Aufgaben übernommen werden sollen, findet ebenfalls erst eine Orientierungsphase statt. Wenn Sie Ihr Team bei einer Abteilungssitzung unvorbereitet mit einer neuen Aufgabenstellung konfrontieren, werden sich Ihre Mitarbeiter auch nicht sofort auf diese Aufgabe stürzen, sondern in der Regel zunächst abwarten und schauen, wie sich das Ganze entwickelt und wie die Kollegen reagieren.

Grundsätzlich sollten Sie in der Orientierungsphase als Vorgesetzter nicht eingreifen. Es sei denn, dass Sie ein neues Team zusammenstellen, die Aufgaben klar umreißen und die Teilnehmer bitten, sich die neuen Aufgaben genau anzuschauen und Vorschläge zu machen. Bleibt es dann im Team recht lange still und Sie haben den Eindruck, die Teilnehmer packen die neuen Aufgaben nicht wirklich an, dann kann es sinnvoll sein, einzugreifen und die Aktivitäten anzumoderieren, damit das Team aus der Orientierungsphase in die nächste Phase übergeht.

Die folgende Abbildung gibt eine kurze Zusammenfassung, was die Aufgaben des Teams in der Orientierungsphase sind und was in der Interaktion der Teammitglieder passiert.

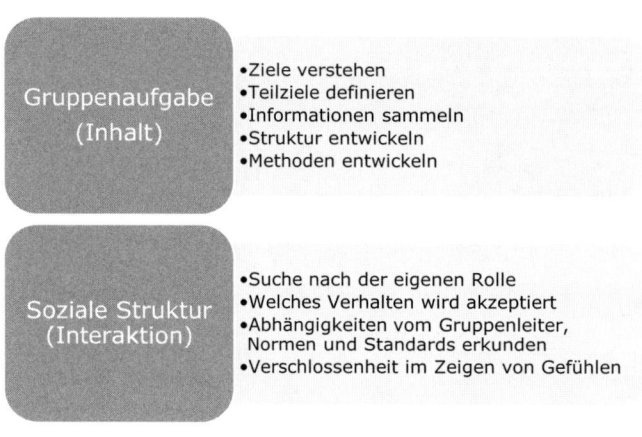

Abb. 32: Orientierungsphase – Inhalte und Interaktion der Gruppe

3.3.3 Konfrontationsphase

In der Konfrontationsphase, die auch gelegentlich „Kampfphase" genannt wird, beginnen jetzt die einzelnen Teammitglieder, um ihre Pfründe, oder was ihnen in dem Moment wichtig ist, verbal zu kämpfen. Wenn Sie einmal in einer solchen Phase genau beobachten, was passiert, dann sehen Sie, dass die Teammitglieder sich hartnäckig weigern, lieb gewonnene Aufgaben anderen zu übertragen, oder unter Berufung auf akuten Zeitmangel alles, was übernommen werden soll, grundsätzlich ablehnen. In dieser Phase werden kaum sachliche Gründe angeführt, sondern eher emotionale. Kurz, jeder versucht, aus seiner Sicht das Beste aus der Situation zu machen. Wenn Sie am Ende ein sehr gut funktionierendes Team haben wollen, müssen Sie diese Phase durchlaufen. Nur wenn Sie enorm unter Zeitdruck stehen, empfehle ich Ihnen, durch klare Anweisungen jedem Einzelnen seine Aufgaben im Detail zuzuweisen. Das gilt aber nur, wenn es sehr schnell gehen muss und Sie keine andere Wahl haben, als sofort zu agieren. In jedem anderen Fall stellen Sie klar, wie die Aufgabe ausschaut und wer sich darum kümmern soll. Dann geben Sie dem Team Zeit, sich mit der Aufgaben- und Rollenverteilung zu beschäftigen. Erst danach sollen Sie Ihnen einen Vorschlag unterbreiten, wer welche Aufgaben übernehmen soll. Dies ist in jedem Fall die bessere Lösung im Sinne der Teamdynamik und des Klimas im Team.

Eine Aufgabe bleibt Ihnen als Führungskraft jedoch belassen. Diese Aufgabe können nur Sie oder ein gut ausgebildeter Gruppenleiter übernehmen. Sie müssen bei dem Konfrontationsprozess für Fairness und Gerechtigkeit sorgen. Da es in jeder Gemeinschaft von Menschen sowohl die eher Stillen und Zurückhaltenden als auch die Zampanos und Starken gibt, sollten Sie ein Auge darauf haben, dass nicht die eher schüchternen Mitarbeiter mit den unliebsamen Aufgaben eingedeckt werden. In solchen Fällen greifen Sie ein und appellieren an die Fairness im Team. Sagen Sie, dass Sie erwarten, dass jeder auch weniger attraktive Teilaufgaben übernimmt und alles fair organisiert wird.

Die folgende Abbildung fasst zusammen, was inhaltlich in der Konfrontationsphase passiert und wie sich die Interaktion der Teilnehmer darstellt.

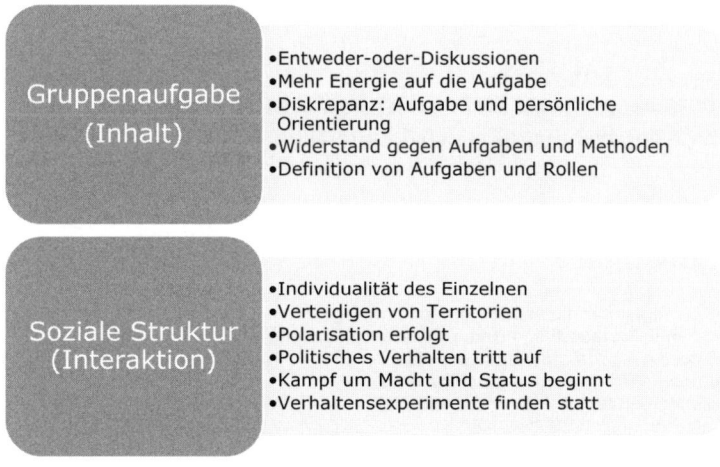

Gruppenaufgabe (Inhalt)
- Entweder-oder-Diskussionen
- Mehr Energie auf die Aufgabe
- Diskrepanz: Aufgabe und persönliche Orientierung
- Widerstand gegen Aufgaben und Methoden
- Definition von Aufgaben und Rollen

Soziale Struktur (Interaktion)
- Individualität des Einzelnen
- Verteidigen von Territorien
- Polarisation erfolgt
- Politisches Verhalten tritt auf
- Kampf um Macht und Status beginnt
- Verhaltensexperimente finden statt

Abb. 33: Konfrontationsphase – Inhalte und Interaktion der Gruppe

3.3.4   Organisationsphase

Nachdem die „Verteilungs- und Rollenkämpfe" innerhalb der Gruppe ausgetragen wurden und jeder weiß, wo er sich im sozialen Gefüge des Teams befindet und welche Aufgaben ihn erwarten, folgt die sogenannte Organisationsphase. In dieser Phase beginnt das Team mit der Feinabstimmung der einzelnen Tätigkeiten.

Die Gruppenmitglieder organisieren die Aufgabenverteilung selbst und vor allem auch die Übergabe- und Schnittstellen zu den jeweils anderen Gruppenmitgliedern sowie nach außen zu anderen Gruppen und Abteilungen. War der Umgangston in der vorherigen „Kampfphase" vielleicht etwas rauer, so merken Sie jetzt, wie die einzelnen Kollegen wieder in sachlichem und gutmütigem Ton miteinander umgehen. Im Abstimmungsprozess der Organisationsphase geht es hauptsächlich um die Sache und weniger um persönliche Befindlichkeiten.

Sie als Führungskraft beobachten das und greifen nur ein, wenn das Team über das Ziel hinausschießt. Dies bedeutet: entweder es wird überorganisiert oder es wird zu wenig abgestimmt und zu ungenau festgelegt. In beiden Fällen sind Sie als Chef für die Feinkorrektur zuständig. Während der Diskussion im Team greifen Sie, wenn nötig, mit Fragen ein oder das Team stellt Ihnen am Schluss der Diskussion den Ablauf vor. Sie stellen fachlich fundierte Fragen und achten auf die Sicherheit im Prozess. Dabei sollten Sie so selten wie möglich die Lösung in Form einer Anweisung dem Team vorgeben. Das geht zwar schneller und erfordert weniger Aufwand, führt aber dazu, dass Ihr Team in ähnlichen Situationen wieder auf Sie und Ihre Anweisungen wartet und seine Selbstständigkeit und damit Performance geschwächt wird.

Die folgende Abbildung gibt eine kurze Zusammenfassung, was inhaltlich in der Organisationsphase geschieht und wie sich die Interaktion der Teilnehmer in dieser Phase darstellt.

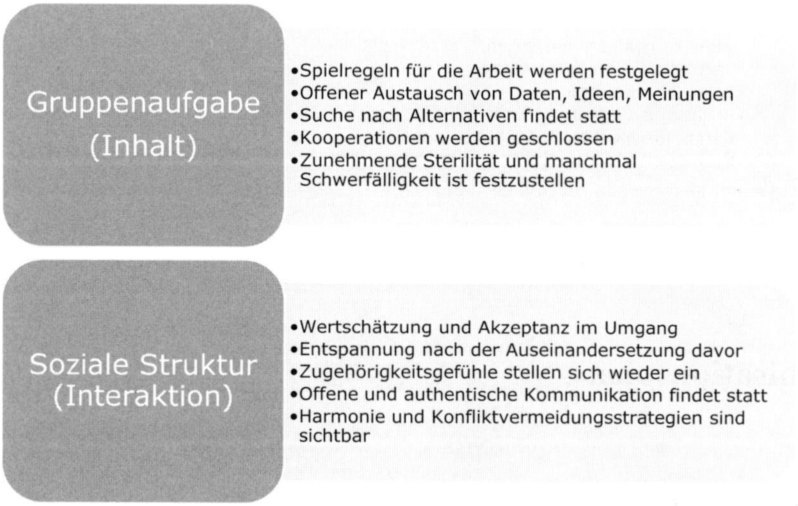

Gruppenaufgabe (Inhalt)
- Spielregeln für die Arbeit werden festgelegt
- Offener Austausch von Daten, Ideen, Meinungen
- Suche nach Alternativen findet statt
- Kooperationen werden geschlossen
- Zunehmende Sterilität und manchmal Schwerfälligkeit ist festzustellen

Soziale Struktur (Interaktion)
- Wertschätzung und Akzeptanz im Umgang
- Entspannung nach der Auseinandersetzung davor
- Zugehörigkeitsgefühle stellen sich wieder ein
- Offene und authentische Kommunikation findet statt
- Harmonie und Konfliktvermeidungsstrategien sind sichtbar

Abb. 34: Organisationsphase – Inhalte und Interaktion der Gruppe

3.3.5   Integrationsphase

Nach Durchlaufen der Organisationsphase tritt das Team in die vierte Phase ein, die Integrationsphase. In dieser Phase sind die Aufgabenstellungen und die Arbeits- und Rollenverteilung für die einzelnen Gruppenmitglieder bereits vertraut. Bei Engpässen oder Unsicherheiten des Kollegen ist es nun ganz selbstverständlich, dass jeder mit anpackt, um die Gruppe zu einem guten Arbeitsergebnis zu führen. Ideen und Verbesserungsvorschläge werden offen ausgetauscht und ohne Ihr Zutun als Führungskraft direkt umgesetzt. Das Team hat nun die Phase der höchsten Performance erreicht.

Die Inhalte dieser Phase sowie die Interaktion innerhalb der Gruppe zeigt die folgende Abbildung.

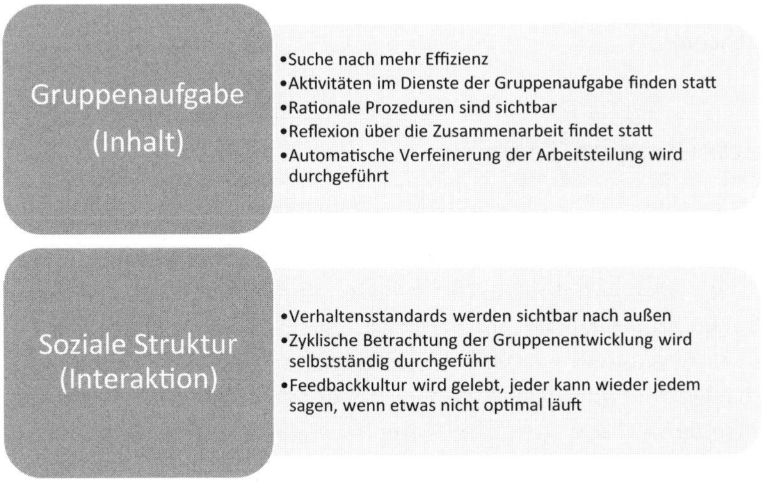

Gruppenaufgabe (Inhalt)
- Suche nach mehr Effizienz
- Aktivitäten im Dienste der Gruppenaufgabe finden statt
- Rationale Prozeduren sind sichtbar
- Reflexion über die Zusammenarbeit findet statt
- Automatische Verfeinerung der Arbeitsteilung wird durchgeführt

Soziale Struktur (Interaktion)
- Verhaltensstandards werden sichtbar nach außen
- Zyklische Betrachtung der Gruppenentwicklung wird selbstständig durchgeführt
- Feedbackkultur wird gelebt, jeder kann wieder jedem sagen, wenn etwas nicht optimal läuft

Abb. 35: Integrationsphase – Inhalte und Interaktion der Gruppe

Fazit und Zusammenfassung

Jedes Mal, wenn in einem Team eine deutliche Veränderung oder Störung erfolgt, läuft dieser Prozess der Teamuhr ab. Wenn es nur um kleinere Veränderungen geht, können alle Entwicklungsphasen in fünf bis zehn Minuten durchlaufen werden. Bei der Bildung eines neuen Teams oder wenn zusätzliche Mitarbeiter ins Team kommen und die Aufgaben neu verteilt werden müssen, kann der Teambildungsprozess durchaus mehrere Tage, sogar Wochen in Anspruch nehmen, bis wieder eine „gesunde Ruhe" im Team herrscht und die volle Aufmerksamkeit auf der Arbeit liegt.

Sie als Führungskraft sollten lernen, die einzelnen Phasen zu erkennen und, wenn nötig, wie beschrieben eingreifen und Korrekturen anbringen bzw. Phasen aktiv anstoßen oder unterstützen. Laufen die Prozesse sichtbar und aktiv ohne Ihr Zutun ab, halten Sie den Ball nur am Laufen und beobachten Sie die Entwicklung, auch dann, wenn es in der Kampfphase einmal hoch hergehen sollte. Sie sollten dann nicht sofort eingreifen, sondern das Geschehen zunächst beobachten.

3.3.6 Rollenverteilung im Team

In diesem Abschnitt finden Sie eine tabellarische Übersicht, in der die unterschiedlichen Rollen, die in Arbeitsgruppen und Abteilungen vorkommen, charakterisiert werden (Abb. 36). Diese Auflistung soll Ihnen helfen, Ihr Team nach diesen Kriterien zu betrachten und zu analysieren, um bei Umbesetzungen oder auch bei neu einzustellenden Mitarbeitern eine bessere Vorstellung zu entwickeln, welcher Personentyp am besten zu ihren Teammitgliedern passen würde. Ebenso gilt es stets, eine ausgewogene Mischung unterschiedlicher Player in der Arbeitsgruppe oder im Team zu haben. Nur so erhalten Sie bei unseren sehr dynamischen Aufgabenstellungen ein Maximum an Flexibilität in Ihrer Abteilung. Mir ist sehr wohl bewusst, dass es in klassischen Innendienstabteilungen durchaus einige Jahre dauern kann, bis man einen ausgewogenen Mix an Personal im Einsatz hat. Ungeachtet dessen gilt es, diesen Mix bei jeder Gelegenheit anzustreben.

Typ	Typische Eigenschaften	Positive Eigenschaften	Mögliche Schwächen
Der Stratege	Weitblickend, mutig, tatkräftig, ideenreich	Denkt über den Tellerrand hinaus, erkennt Kraftfelder in Systemen, Interesse an Erneuerung	Kann sich in unrealistische Ideen und Projekte verrennen, Widerstände gegen bewährte Routinen, kantiger Einzelgänger
Der Ideengeber	Individuell, ernsthaft, unorthodox, vom Herkömmlichen abweichend	Innovative Begabung, Vorstellungskraft, Intellekt, Wissen, Visionär	Schwebt in den Wolken, an praktischen Details nicht interessiert, liebt „große Würfe"
Der Aktivierer	Extrovertiert, enthusiastisch, neugierig, wissbegierig, kommunikativ	Besitzt die Eigenschaft, Kontakt zu Personen aufzunehmen und alles Neue zu erforschen, kann Herausforderungen annehmen	Läuft Gefahr, das Interesse an einer Sache zu verlieren, sobald die anfängliche Faszination vorüber ist
Der Gestalter	Nervös, erregbar, geht aus sich heraus, dynamisch, zielorientiert, setzt sich durch	Hat den Willen und die Bereitschaft, die Trägheit, Ineffektivität, Selbstgefälligkeit oder Selbsttäuschung zu bekämpfen	Neigung zu Provokationen, Irritation, Ärger und Ungeduld
Der Moderator	Ruhig, selbstsicher, beherrscht, defensiv steuernd	Besitzt die Eigenschaft, potenzielle Mitarbeiter mit ihren Werten und Verdiensten ohne Vorurteile aufzunehmen, einzubinden und mit ihnen umzugehen, starke Wahrnehmung für objektive Gegebenheiten	Nicht mehr als das übliche Maß an Intellekt oder kreativen Fähigkeiten
Der Teamworker	Sozial orientiert, freundlich, empfindsam	Besitzt die Fähigkeit, auf Menschen und Situationen einzugehen und den Teamgeist zu fördern	Unentschlossen und ängstlich in Krisensituationen, Neigung zu Konfliktvermeidung
Der Qualitätssicherer	Sorgfältig, gewissenhaft, fleißig, eifrig	Besitzt die Eigenschaft, Dinge durchzuziehen; Perfektionismus, Liebe zum Detail	Neigt dazu, sich über kleine Dinge aufzuregen; lässt die Dinge ungern „laufen", manchmal abwertend
Der Systematiker	Nüchtern, besonnen, eher passiv, vorsichtig, logisch	Beurteilung, Diskretion, Nüchternheit (Sachlichkeit), Praxis, stabil, Klarheit, kann auch im Chaos Regeln erkennen	Fehlende Inspiration, mangelnde Fähigkeit, andere zu motivieren, starr, pedantisch
Der Zuverlässige	Konservativ, vorsichtig, loyal, pflichtbewusst, einschätzbar	Organisieren, „gesunder" Menschenverstand, hart arbeitend, selbstdiszipliniert, verantwortungsbewusst	Mangel an Flexibilität, unempfänglich und unsensibel gegenüber ungeprüften Ideen

Abb. 36: Rollenverteilung im Team

3.4 Ihre „ganz persönliche" Personalakte

Auf den folgenden Seiten möchte ich Ihnen ein Werkzeug näherbringen, das meiner Überzeugung nach jede Führungskraft, die Personen über einen längeren Zeitraum disziplinarisch führt, unbedingt braucht. Sie werden die Gründe erfahren, warum es so wichtig ist, dass Sie Ihre „ganz persönlichen" Personalakten führen, und wir werden uns natürlich über den Inhalt und die Struktur einer solchen Handakte unterhalten müssen.

> Die persönliche Personalakte einer Führungskraft ist nie identisch mit der Personalakte in einer klassischen Personalabteilung. Sie ist anders strukturiert, verfügt über andere Inhalte und dient in weiten Bereichen anderen Zielsetzungen als die klassische Personalakte. In dem Sinne ist sie ein reines Führungsinstrument und daher ein wichtiger Baustein für die erfolgreiche Personalführung.

Grundsätzlich dient diese Akte dazu, über alle Personen, für die Sie im Unternehmen die direkte disziplinarische Verantwortung übernommen haben, Transparenz herzustellen, damit Sie gerechte, faire und ausgewogene Entscheidungen in Personalfragen und Personalentwicklungsfragen treffen können. Teile dieser Akte sind statische Informationen, andere Teile wiederum sind dynamische Informationen, die nur über einen begrenzten Zeitraum dort eingetragen bzw. gespeichert sind.

Ob Sie nun Ihr Notebook verwenden, um eine solche Akte zu führen, oder die klassische Papierform bevorzugen, in jedem Fall müssen Sie dafür sorgen, dass zu diesen Informationen außer Ihnen niemand Zugang hat. In dieser Akte halten Sie Ihre ganz persönlichen Eindrücke, Wahrnehmungen und Hinweise fest. Eine abschließbare Schublade oder ein abschließbarer Schrank ist das Minimum, was an Diskretion gewährleistet sein muss. Sollten Sie diese Personalakten auf dem PC führen, dann legen Sie sie niemals auf einem Server ablegen, da jeder Systemspezialist nahezu ungehindert Ihre Dokumente einsehen kann. Laufwerke oder Ordner sollten auch auf Ihrem Notebook passwortgeschützt sein.

3.4.1 Inhalte einer „persönlichen" Personalakte

Verschaffen wir uns zunächst einen Überblick über die Inhalte der Personalakte.

Die nun folgende Aufzählung nehmen Sie bitte als Anregung. Sicher ist sie je nach Branche und Personal (gewerbliche oder kaufmännische Angestellte, Techniker, ungelernte Kräfte etc.) zu ergänzen oder auch zu kürzen. Grundsätzlich gilt: Alles, was Sie im Umgang mit Ihren Mitarbeitern sicherer macht, Ihr Gedächtnis entlastet und dafür sorgt, dass Sie am Jahresende ein vernünftiges und fundiertes Beurteilungsgespräch mit Ihren Mitarbeitern führen können, sollte Inhalt dieser persönlichen Personalakte sein.

Arbeitsvertrag	•Kopie des Mitarbeitervertrags •Kopien der Zeugnisse •Tabellarischer Lebenslauf des Mitarbeiters •Kopien sonstiger Zertifikate und Prüfungen •Kopien aller Gehaltsvereinbarungen seit Firmeneintritt •Kopie der Anlage mit der aktuellen Aufgabenbeschreibung
Entwicklungsvereinbarung (jährliches Update)	•Aktivitäten im laufenden Jahr im Coaching von Chef/Mitarbeiter •Aktivitäten interne Weiterbildung •Aktivitäten Besuche externer Seminare/Schulungen/Literatur etc.
Performance-Profil	•Positive Wahrnehmungen im Tagesgeschäft •Verbesserungspotenziale •Korrektur von Fehlern oder Fehlverhalten •Vorschläge und Genehmigungen für Bonusausschüttung
Vereinbarungen aus Personalgesprächen	•Korrekturvereinbarung mit dem Mitarbeiter für den Zeitraum bis eine Fehlerhäufigkeit oder ein Fehlverhalten abgestellt ist, dann Löschung!

Abb. 37: Inhalte einer „persönlichen" Personalakte

Früher habe ich eine Sammelmappe in Fächerform genutzt, in der sich für jeden Mitarbeiter ein Fach befand. In diesem Fach sammelte ich Kopien von Personalunterlagen und jede Menge **handschriftlicher Kurznotizen**, die als dynamische Information jedes Jahr anfallen.

Notizen zur Performance eines Mitarbeiters

Nehmen Sie zum Beispiel das „Performance-Profil" eines Mitarbeiters. Wenn Sie nur sieben Mitarbeiter zu führen haben, werden Sie sich sicherlich noch recht gut an Situationen erinnern, als Sie wochenlang an einen Ihrer Mitarbeiter appellieren mussten, damit er morgens pünktlich sein Telefon besetzt oder einen Fehler abstellt. Aber erinnern Sie sich auch noch daran, wie professionell er im Februar des gleichen Jahres einen verärgerten Kunden am Telefon abgeholt hat und am Schluss sogar noch ein Kompliment vom Kunden einheimste? Können Sie sich noch daran erinnern, als derselbe Mitarbeiter im Mai ohne Aufforderung spontan im Krankheitsfall eines Mitarbeiters seine Kollegen zusammenrief und die Arbeit temporär umverteilte, ohne dass Sie als Chef eingreifen mussten? Erinnern Sie sich genau an den hervorragenden Vorschlag, den dieser Mitarbeiter bereits im Januar im Kick-off-Meeting gemacht hat?

Angenommen, Sie müssen bei jedem Ihrer sieben Mitarbeiter jeweils vier bis fünf Situationen erinnern, bei denen sie durch positive Leistungen oder Beiträge aufgefallen sind, so sind das zwischen 28 und 35 Situationen die Sie für das Feedbackgespräch am Jahresende parat haben müssten. Ich zumindest war froh, in solchen Situationen auf meine **handschriftlichen Notizen** zurückgreifen zu können.

Viel wichtiger ist aber, dass ein gutes und vertrauensvolles Verhältnis zwischen Mitarbeiter und Vorgesetztem nur entstehen kann, wenn der Mitarbeiter den Eindruck hat, dass der Chef nicht nur die negativen Aspekte bei der Arbeit sieht und anspricht, sondern eben auch sieht und erinnert, was ein Mitarbeiter gut gemacht hat. Nur wenn Sie als Chef auch in der Lage sind, dem Mitarbeiter glaubhaft und ohne Lobhudelei zu sagen, was Ihnen gefallen hat, wovon Sie besonders beeindruckt waren und was Sie herausragend fanden, nur dann entsteht beim Mitarbeiter auch ein gutes Gefühl. Wenn ein Mitarbeiter bei aller Kritik merkt, dass seine Arbeit vom Vorgesetzten geschätzt wird, entsteht Eigenmotivation. Diese Eigenmotivation ist die Grundlage für persönliches Wachstum und für ein gutes Abteilungsklima.

Dieser kleine Exkurs sollte Ihnen zeigen, wie wichtig auch das einfache Handwerkszeug einer Führungskraft ist: Notizen über die Performance eines Mitarbeiters anzufertigen und gezielt für wichtige Personalgespräche zu nutzen. Aber vergessen Sie nicht: Menschen haben eine selektive Wahrnehmung. So ist es ganz natürlich, dass sich Ihre extrovertierten Mitarbeiter, Ihre „Zampanos" mit viel mehr Einzelheiten in Ihrem Gedächtnis verankern als die eher Stillen, die aber vielleicht ebenso einen fantastischen Job gemacht haben. Sorgen Sie durch schriftliche Unterstützung Ihres Gedächtnisses für Fairness und Gleichbehandlung bei der Beurteilung Ihrer Mitarbeiter.

3.4.2   Aufgabenbeschreibung und Gehaltsvereinbarung

Wenn Sie eine Abteilung übernehmen, dann ist vor allem der Arbeitsvertrag Ihrer Mitarbeiter für Sie wichtig, insbesondere zwei Aspekte: die **Definition der Aufgabenbeschreibung** des Mitarbeiters, die Sie im Vertrag oder in einer aktuellen Anlage finden, und natürlich die **Gehaltsvereinbarung**, sowohl die ursprüngliche Gehaltsregelung im Vertrag als auch die jährlich erfolgten Anpassungen in den Anlagen.

Sollten Sie in einem sehr gut organisierten größeren Unternehmen arbeiten, gibt es exakte Arbeitsplatzbeschreibungen und Lohn- und Tarifgruppen; im Vertrag reicht dann ein Bezug auf die genormten Arbeitsplatzbeschreibungen oder — wenn sich die Tätigkeit des Mitarbeiters ändert — der Austausch des Bezugs auf die genormte Arbeitsplatzbeschreibung. Dies funktioniert aber nur dann, wenn die Arbeitsplatzbeschreibungen in allen Abteilungen mindestens alle zwei Jahre überprüft und, falls erforderlich, den realen Gegebenheiten angepasst werden. Arbeiten Sie in einem kleinen, nicht so gut organisierten Unternehmen oder in einem hoch dynamischen Unternehmen, das in den letzten Jahren stark gewachsen ist und somit großen Veränderungen unterlag, dann haben Sie in der Regel nur die kurze Tätigkeitsbeschreibung im Arbeitsvertrag selbst.

Der Arbeitsvertrag des Mitarbeiters

Warum ist der Arbeitsvertrag des Mitarbeiters so wichtig für Ihre Arbeit als Führungskraft? Die Frage lässt sich ganz einfach beantworten. Als Sie die disziplinarische Verantwortung für einen Mitarbeiter übernommen haben, haben Sie auch die Verpflichtung übernommen, dafür zu sorgen, dass der Arbeitsvertrag des Mitarbeiters immer die tatsächliche Arbeitssituation widerspiegelt. Mit anderen Worten: Sie müssen jährlich im Rahmen der Vorbereitung zum Jahresbeurteilungsgespräch mit dem Mitarbeiter überprüfen, ob sich sein Tätigkeitsfeld im laufenden Jahr gravierend verändert hat. Kleinere Veränderungen sind davon nicht betroffen.

▶ **BEISPIEL**

Wenn der Mitarbeiter bis Mitte des Jahres hauptsächlich klassische Auftragsabwicklung gemacht hat und ab 1. Juli in Folge einer Mutterschaft und auf eigenen Wunsch in die Reklamationsannahme gewechselt ist, so ist spätestens bis Jahresende die Aufgabendefinition im Arbeitsvertrag mit einer Ergänzungsanlage anzupassen.

Wenn Sie das für allzu bürokratisch halten, dann sollten Sie einmal als Zeuge in einem Arbeitsgerichtsprozess auftreten. Jeder Führungskraft, die ich kennengelernt habe, passiert das immerhin alle paar Jahre einmal. Insbesondere wenn es zu Meinungsverschiedenheiten oder gar einer in der Sache berechtigten Kündigung durch das Unternehmen kommt, wird ein schlampig geführter Mitarbeitervertrag vor dem Arbeitsgericht zu einem echten Problem. **Der Mitarbeiter klagt auf Wiedereinstellung**, was Sie als Unternehmensvertreter nicht möchten. Hintergrund dieser Klage ist allein die Tatsache, dass der Mitarbeiter eine Abfindung oder eine höhere Abfindung möchte, wenn er auf die Wiedereinstellung verzichtet.

Im Arbeitsgerichtsverfahren prüft nun der Richter, ob die Kündigung rechtens war, und dafür wird er auch den Arbeitsvertrag des Mitarbeiters unter die Lupe nehmen. Enthält die Arbeitsbeschreibung Tätigkeiten, die der Mitarbeiter vor sechs Jahren verrichtet hat, während er heute keine einzige dieser Tätigkeiten und Aufgaben mehr wahrnimmt, so ist es schwer oder gar unmöglich, eine Kündigung wegen schwerwiegender Fehler bei seinen heutigen Aufgaben gerichtlich durchzusetzen. Sinngemäß wird Ihnen der Richter sagen: „Der Mitarbeiter kann gar nicht gegen seinen Arbeitsvertrag verstoßen, da er nach seinem Vertrag ganz andere Aufgaben zu erfüllen hat." Im Zweifelsfall entscheidet der Richter stets zugunsten der wirtschaftlich schwächeren Partei, also des Mitarbeiters. Dann werden Sie Ihren Mitarbeiter mit geballter Faust in der Tasche mit einer Abfindung verabschieden müssen. Glauben Sie mir: Gerade wenn die Kündigung sehr gut begründet war und der Mitarbeiter klar erkennen lässt, dass es ihm nur um das Geld geht und er ohnehin keine Lust mehr hat, für Ihr Unternehmen zu arbeiten, kann ein solches Urteil richtig wehtun.

Der Ausgangspunkt dieser unangenehmen Situation war aber der von Ihnen nicht regelmäßig aktualisierte Arbeitsvertrag! Vor Gericht müssen Sie glaubhaft versichern können, dass Sie, falls notwendig, Ihre Verträge jährlich aktualisieren. Und diese Aktualisierung sollte nicht nur das Gehalt betreffen, sondern ebenso das Thema Aus- und Weiterbildung und selbstverständlich auch die Arbeitsinhalte, wenn diese sich gravierend verändert haben.

3.4.3   Die Gehaltsentwicklung des Mitarbeiters

Kommen wir abschließend zum Thema **Gehaltsentwicklung**. Sie haben die Abteilung in diesem Jahr neu übernommen und in den Jahresgesprächen im November werden Sie natürlich auch über Gehalt sprechen müssen. Stellen Sie sich in diesem Zusammenhang einen Mitarbeiter vor, der sich bitter beschwert, dass er schon seit Jahren zu kurz kommt und dies jetzt nicht mehr hinnehmen wird. Er kündigt an, den Betriebsrat einzuschalten, wenn Sie sein Gehalt nicht deutlich nach oben korrigieren. Und bei Ihrem Chef will er sich auch beschweren. Wenn Sie in dieser Situation nur die Zahlen seines Einstiegsgehalts von vor acht Jahren, die in seinem Arbeitsvertrag stehen, vorliegen haben sowie aus der diesjährigen Gehaltsfindungsrunde die neue Gehaltsanpassung, stehen Sie Ihrem Mitarbeiter mit leeren Händen gegenüber. Sie sind für das Gespräch weit besser gerüstet, wenn Sie bereits bei der Gehaltsfindung dieses Mitarbeiters in Ihrer „persönlichen" Personalakte die Anpassungen der letzten sieben Jahre nachvollziehen können und auf dieser Grundlage sofort eine Antwort parat haben. Nur dann könnten Sie wie folgt reagieren:

▶ **BEISPIEL**

Führungskraft: „Herr Müller, das stimmt so nicht, wie Sie das darstellen. Sie haben 2007, 2010 und 2011 jeweils eine Gehaltserhöhung bekommen, die deutlich über dem Tarifabschluss lag. Nur in den Jahren 2008 und 2009, als wir durch die Finanzkrise einen extremen Geschäftseinbruch hatten, haben Sie, wie übrigens alle anderen Mitarbeiter in unserem Hause, nur die tariflich vereinbarte Erhöhung bekommen. Sie sehen also, von „zu kurz kommen" kann überhaupt nicht die Rede sein. Wenn Sie den Eindruck haben, dass Sie zu wenig verdienen, dann lassen Sie uns darüber diskutieren, was Sie mehr leisten müssen bzw. an zusätzlichen Aufgaben übernehmen müssen, damit Sie in eine höhere Gehaltsstufe hineinwachsen."

Sie sehen an diesem Beispiel, dass umfassende und präzise Informationen Sie sofort in eine bessere Gesprächssituation versetzen und Sie die Rolle eines Chefs übernehmen können, der bereit ist, sich für mehr Einkommen seines Mitarbeiters unter bestimmten Bedingungen einzusetzen. Wie der Weg zu einer höheren Gehaltsstufe aussieht, wie lange der Mitarbeiter *de facto* braucht, um wirklich neue Aufgaben zu übernehmen, wird in der dann folgenden Diskussion mit dem Mitarbeiter verhandelt werden.

An diesen Ausführungen sehen Sie, dass eine „persönliche" Personalakte, die wertvolle Informationen über den Mitarbeiter enthält, alles andere als ein Nice-to-have ist. Bei der Steuerung von Teams und ganzen Abteilungen ist sie unerlässlich. Sobald Sie eine größere Gruppe zu führen haben und ausgebildete Gruppenleiter einsetzen, denen dann auch Personalverantwortung übertragen werden soll, müssen Sie die Aufgabe, solche Unterlagen zu erstellen und zu pflegen, an diese Personen delegieren.

Wie in der Einleitung bereits erwähnt, hatte ich beim Verfassen dieses Buchs auch das Coaching und die Ausbildung von angehenden Gruppenleitern im Hinterkopf.

Wenn Sie sich in den Themen, die wir hier behandeln, sicher fühlen, drücken Sie diese Buch als Einstiegslektüre Ihrem neuen Gruppenleiter in die Hand und gehen Sie das Buch Kapitel für Kapitel mit ihm durch. Er wird es Ihnen danken.

3.5 Haben Sie den richtigen Stellvertreter?

In Kapitel 2.1 haben wir gesehen, dass es nach dem Modell der situativen Führung nur wenige Aufgaben für eine Führungskraft gibt, die sich delegieren lassen. Das liegt vor allem daran, dass nahezu 60 % bis 70 % der Arbeitszeit einer Führungskraft mit Personalführung angesetzt werden müssen, die restliche Zeit dient planerischen und strategischen Aufgaben sowie typischen Verwaltungstätigkeiten und der Teilnahme an Meetings etc.

Vor diesem Hintergrund gibt es genau drei Gründe, die es zwingend erforderlich machen, einen Stellvertreter unter den vorhandenen Mitarbeitern auszuwählen und nach Absprache und Einverständnis der ausgewählten Person diese zum Stellvertreter auszubilden. Die drei Gründe sind:

- Arbeitsentlastung durch mehr Delegation
- Urlaubsvertretung und Vertretung im Krankheitsfall
- Größere Unabhängigkeit bei Ihrer eigenen Karriereplanung

Zum ersten Punkt wurde schon nahezu alles gesagt. Nur wenn Sie einen Stellvertreter haben, der Personalführung und Planungsaufgaben sowie das Coaching der Mitarbeiter ebenso wahrnehmen kann wie Sie selbst, spricht man von einer tatsächlichen Stellvertretung. Das geht weit über die Übernahme von rein fachlichen oder koordinativen Aufgaben hinaus. Nur dann entsteht in Spitzenzeiten auch eine unmittelbare Entlastung für Sie, indem Sie gezielt einzelne Aufgaben an den Stellvertreter delegieren können.

Der zweite Grund hängt unmittelbar mit dem ersten zusammen. Sollten Sie einen längeren Urlaub von drei oder vier Wochen planen oder Sie zum Beispiel einen Sportunfall haben, dann ist durch einen kompetenten und voll ausgebildeten Stellvertreter zu 100 % gewährleistet, dass Ihre Abteilung auch ohne Sie reibungslos funktioniert.

Vielleicht wird manch einem etwas mulmig, wenn er bis hierhin gelesen hat, weil er sich fragt: „Ja, braucht man mich denn dann überhaupt noch?" Die Frage ist berechtigt und die Antwort ist ein klares Ja. Der Stellvertreter wird, solange er

Stellvertreter ist, nicht durchgängig über 80 % seiner Zeit mit Personalführung und Planungsaufgaben zubringen, sondern weiterhin operative Aufgaben zu übernehmen haben. Es sei denn, er ist Gruppenleiter und hat selbst über fünf Mitarbeiter zu führen, dann nimmt der Anteil an typischen Führungstätigkeiten auch bei ihm als Gruppenleiter ständig zu.

> Die maximale Führungsspanne, also die Anzahl der Personen, die ich als direkter Disziplinarvorgesetzter führen kann, liegt bei zehn bis zwölf Personen. Aus diesem Grund gilt auch die Regel: Wer mehr als drei bis vier Personen zu führen hat, ist selbst zeitlich nicht mehr in der Lage, Kunden permanent zu managen und weiterhin zu 50 % seine alte Tätigkeit als Innendienstmitarbeiter auszuüben.

Wenn Sie also denken, Ihr Stellvertreter könnte Sie eines Tages überflüssig machen, dann sind Sie dennoch auf dem richtigen Weg. In meiner operativen Laufbahn nahm ich häufig an Geschäftsleitungssitzungen oder Vorstandssitzungen teil, in denen Personalfragen zu klären waren, weil eine Managementposition neu zu besetzen war. Hinter verschlossenen Türen geht jeder vernünftige Managementkreis dann zunächst die möglichen Kandidaten im eigenen Hause durch, die sich durch gute Arbeit für weiterreichende und verantwortungsvollere Aufgaben empfohlen haben. Mir ist sehr wohl bewusst, dass in vielen Fällen natürlich auch intern die Stelle auszuschreiben ist, aber in der Praxis ist mir noch nie ein Fall untergekommen, in dem ein Management sich für einen internen Wunschkandidaten entschieden hat, der auch bereit war, die neue Position zu übernehmen, und ihn dann nicht bekommen hat. Immer wenn im Managementkreis die Namen der infrage kommenden Kandidaten durchgegangen wurden, passierte nach meiner Erfahrung Folgendes: Einer der Geschäftsführungskollegen warf sofort die skeptische Frage auf: „Können wir diesen Mitarbeiter denn vom Innendienst abziehen, ohne dass es dort Probleme gibt? Wann bekommen wir dort einen Nachfolger an Bord, der den Laden im Griff hat?" Wenn niemand diese Frage befriedigend beantworten konnte, wurde immer die Entscheidung getroffen, dass weiter gesucht wird, um das Risiko einer aus der Spur laufenden Abteilung zu vermeiden. Der betroffene Innendienstleiter, der die neue Position vielleicht gerne angenommen hätte, hat eine gute Karrierechance verpasst, ohne überhaupt etwas davon bemerkt zu haben.

Ganz anders liegt der Fall, wenn der Innendienstleiter seinem direkten Vorgesetzten zum Beispiel schon ein Jahr, bevor die neue Position zu besetzen ist, den Vollzug der vollständigen Ausbildung eines Stellvertreters melden konnte und seinem Chef sagen konnte „Frau Schmitt ist jetzt ohne Probleme und weiterer Einarbeitungszeit in der Lage, die Abteilung zu übernehmen und zu führen. Ein reibungsloser Übergang ist im Bedarfsfall gewährleistet." In diesem Fall hätten wir in der Geschäftsleitung oder im Vorstand entschieden, dass der direkte Vorgesetzte rein informell und diskret mit dem für die Beförderung in Frage kommenden Manager spricht und versucht, ihn für die neue Aufgabenstellung zu gewinnen. Sie sehen: Wenn Sie einen qualifizierten Stellvertreter ausgebildet haben, dann klappt es auch mit Ihrer Karriere!

3.5.1 Wie finden Sie einen qualifizierten Stellvertreter?

Wenn Sie noch keinen Stellvertreter haben, dann sollten Sie Ihre Mannschaft analysieren und schauen, wer fachlich, menschlich und auch hinsichtlich seiner beruflichen Motivation das Potenzial mitbringt, nach einer Ausbildungs- und Reifezeit in Ihre Fußstapfen zu treten. Wer besser als Sie, der jeden Tag den Job macht, könnte das beurteilen? Haben Sie einen geeigneten Mitarbeiter identifiziert, begründen Sie Ihre Wahl zunächst gegenüber Ihrem direkten Vorgesetzten im regelmäßigen Managementmeeting. Erläutern Sie Ihren Plan, einen Mitarbeiter soweit auszubilden, dass er alle oben aufgeführten Aufgabenbereiche eines Stellvertreters nach zwei bis drei Jahren übernehmen kann. Wenn Sie sich nicht sicher sind, ob Sie in Ihrem aktuellen Mitarbeiterkreis einen geeigneten Kandidaten finden, schlagen Sie vor, im Rahmen der nächsten Einstellungsrunde einen Fokus auf die Stellvertreterfunktion zu legen. Sie sehen, dass wir es hier nicht mit einer kurzfristigen Aktion zu tun haben.

3.5.2 Die Ausbildung zum Stellvertreter eines Innendienstleiters

Hat Ihr Chef Ihrem Vorhaben formal zugestimmt und konnten Sie seine Fragen dazu umfassend beantworten, dann führen Sie ein Personalgespräch mit dem von Ihnen ausgewählten Mitarbeiter. Erinnern Sie sich daran, dass man ein motivierendes und stimulierendes Umfeld für ein solches Gespräch wählen sollte. Erläutern Sie Ihrem Mitarbeiter die drei eingangs genannten Gründe für die Stellvertreterfunktion und sagen Sie ihm, dass es zwei bis drei Jahre dauern wird, bis die Ausbildung zum Stellvertreter abgeschlossen ist. Bei einem bereits teilweise eingewiesenen und erfahrenen Gruppenleiter verkürzt sich die Zeit auf sechs Monate bis zu einem Jahr, um ihn in alle führungsrelevanten Themen sukzessive einzubeziehen.

Geben Sie Ihrem Mitarbeiter bei Bedarf ein paar Tage Bedenkzeit. Anschließend sollte er konkret zu- oder absagen. Sagt er zu, dann erstellen Sie mit ihm zusammen einen Coaching-Plan, aus dem hervorgeht, welche Themen in den nächsten

24 Monaten jeweils im Fokus stehen und wann Sie wie viel Zeit mit ihm verbringen, um ihn an diese Themen heranzuführen. Einem Gruppenleiter können Sie dieses Buch als Lektüre und Leitfaden an die Hand geben und ihn darum bitten, selbst einen Coaching-Plan zu erstellen.

Die Ausbildung eines qualifizierten Stellvertreters mündet immer in einem Projekt. Denken Sie daran, Ihren zukünftigen Stellvertreter in Personalfragen, bei der Gehaltsfindung, in der Jahresplanung und bei Auffälligkeiten in der Abteilung miteinzubeziehen. Sie beginnen, ein Team mit ihm zu bilden, in dem Sie grundsätzlich das letzte Wort haben, da Sie auch die Verantwortung tragen. Ist der Stellvertreter von Grund auf auszubilden, sollte er offiziell im ersten Jahr noch nicht nach außen auftreten. Passt die Entwicklung des Stellvertreters im ersten Jahr und zeigt sich seine Eignung, können Sie ihn nach Rücksprache mit Ihrem Chef nach einem Jahr offiziell im Abteilungsmeeting als Ihren Stellvertreter vorstellen. Ab diesem Zeitpunkt muss für alle Mitarbeiter klar sein, dass seinen Anweisungen in Ihrer Abwesenheit Folge zu leisten ist. Wenn Sie länger durch Krankheit verhindert sind, dann sind auch alle Personalangelegenheiten mit Ihrem Stellvertreter zu besprechen. Selbstverständlich sollten Sie nach Möglichkeit einen engen, kontinuierlichen Kontakt (fernmündlich oder per E-Mail) mit Ihrem Stellvertreter unterhalten. Soweit Sie dazu in der Lage sind, werden Entscheidungen auch in Ihrer Abwesenheit immer als Team getroffen. Ein guter Stellvertreter wird Sie dabei, soweit es geht, entlasten und alles, was zur Entscheidung notwendig ist, vorgearbeitet haben.

3.6   Wie schaut's mit Ihrem Zeitmanagement aus?

Einer der wichtigsten Aspekte in der Arbeit einer Führungskraft ist der sinnvolle und effektive Einsatz der verfügbaren Arbeitszeit. Auf Dauer ist es keine Lösung, immer mehr eigene Freizeit oder Zeit, die der Familie oder dem Partner zusteht, für die Lösung von Firmenaufgaben einzusetzen. Sicher wird heute von Leistungsträgern, also Führungskräften, erwartet, dass sie das Aktenstudium am Abend erledigen oder in Spitzenzeiten auch am Wochenende mit einer Vorbereitung auf eine wichtige Planungssitzung beginnen. Sollten Sie aber als ganz „normaler" Abteilungsleiter bereits jetzt regelmäßig zehn Stunden und mehr in der Firma verbringen und darüber hinaus Unterlagen ins Wochenende mitnehmen, dann handeln Sie falsch. Von einem Geschäftsführer oder Vorstand kann man diesen Einsatz erwarten, aber der verdient auch regelmäßig mehr als 150.000 Euro im Jahr und kann seine knappe Freizeit dadurch ganz anders gestalten. Aus meiner Erfahrung als Coach von Topmanagern weiß ich, dass ein extremes Missverhältnis zwischen Anspannung und Entspannung über einen längeren Zeitraum immer und ohne Ausnahme zu Problemen und Leistungsabfall führt.

Beim Zeitmanagement gibt es drei wesentliche Aspekte, die in diesem Kapitel behandelt werden sollen. Wenn Sie diese drei Punkte konsequent beachten, führt dies zu einer deutlich spürbaren Arbeitsentlastung. Entsprechend hat dieses Kapitel drei Schwerpunkte:

- Priorisierung von Aufgaben (Covey-Modell)
- Umgang mit Zeitfressern
- Leistungssteigerung durch Fokussierung und Konzentration

3.6.1 Priorisierung von Aufgaben (Covey-Modell)

Um das Covey-Modell besser verstehen und anwenden zu können, müssen Sie erst einmal ein Blick auf Ihren Schreibtisch werfen.

A-Aufgaben:
+ Sehr wichtig
+ Für die Erreichung
  meiner Ziele
  unverzichtbar
+ Von hohem Wert

B-Aufgaben:
+ Mäßig wichtig
+ Beiwerk für
  meine Zielerreichung

C-Aufgaben:
– Wenig wichtig für die
  Erreichung meiner Ziele
– Viel Arbeitsaufwand
– Routinetätigkeiten
– Suchen
– Warten

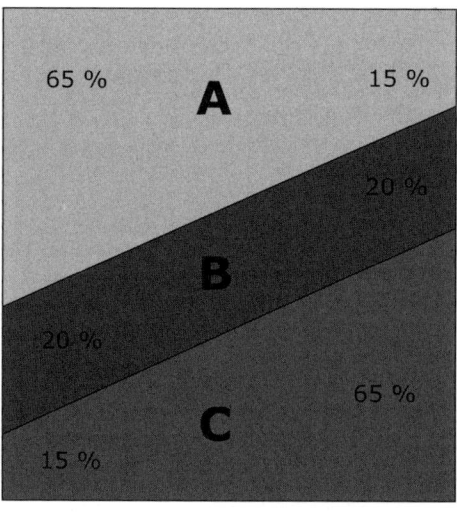

Abb. 38: Zeiteinsatz und Prioritäten

In der Abbildung sehen Sie, dass bei Menschen ohne jegliches Zeitmanagement der Anteil an Zeit (rechter Rand in der Grafik), die sie täglich einsetzen, um die wirklich wichtigen Aufgaben durchzuführen, in der Regel nur einen geringen Prozentsatz der insgesamt zur Verfügung stehenden Zeit ausmacht, wohingegen oftmals jede Menge Zeit für Routinetätigkeiten und Tätigkeiten, wie die Teilnahme an unproduktiven Meetings, verloren geht.

Priorisierung der Aufgaben

Haben Sie grundsätzlich auch den Eindruck, dass sich die Anteile Ihrer Arbeitszeit etwa so verteilen, wie in der Abbildung dargestellt, und Sie zu wenig Zeit für die wichtigen Dinge einsetzen? Dann müssen wir jetzt eine **Priorisierung unserer Routinetätigkeiten** durchführen. Anschließend können wir entscheiden, welche Arbeiten in Zukunft weniger Zeit in Anspruch nehmen oder gar nicht mehr von Ihnen durchgeführt werden müssen. Damit wir eine einfachere Entscheidungsgrundlage haben, hat Stephen R. Covey, ein Absolvent der Harvard University, bereits 1989 in seinem Buch „Die sieben Wege zur Effektivität" eine Matrix entwickelt, die für die Priorisierung von Aufgaben sehr hilfreich ist.

	Dringend	Nicht dringend
Wichtig	Tätigkeiten: Krisen Dringliche Probleme Projekte mit anstehenden Abgabeterminen Alle Abteilungsziele	Tätigkeiten: Vorbeugung PC-Admin und Routinetätigkeiten Beziehungsarbeit mit MA Neue Möglichkeiten erkunden Planung, Erholung, Weiterbildung
Nicht Wichtig	Tätigkeiten: Unterbrechungen Einige Anrufe, manche Post Einige Konferenzen, Meetings Unmittelbare, dringliche Angelegenheiten Beliebige Tätigkeiten, wie z. B. im Web nach dem Wetter-Forecast schauen	Tätigkeiten: Triviales, Selbstbeschäftigung Manche Post, einige Anrufe Zeitfresser Angenehme und erholsame Tätigkeiten wie Smalltalk mit Kollegen

Abb. 39: Die Covey-Matrix der Priorisierung von Aufgaben 1

Legen Sie in Word oder Excel eine solche Matrix an und ordnen Sie Ihre täglichen, wöchentlichen und monatlichen Tätigkeiten jeweils einem der vier Quadranten zu. Auf diese Weise priorisieren Sie Ihre Tätigkeiten. Achten Sie nicht darauf, ob die Erledigung einer Aufgabe viel oder wenig Zeit beansprucht. Versuchen Sie bei der Beurteilung und Zuordnung der Tätigkeiten so konkret wie möglich zu sein und hinterfragen Sie kritisch, ob eine Tätigkeit tatsächlich für die Zielerfüllung wichtig ist. Finden Sie keine überzeugenden Argumente, tragen Sie die Tätigkeit in das Feld „nicht wichtig" bzw. „nicht dringend" ein.

Lassen Sie sich nicht irritieren von dem Gedanken, dass Ihre Kollegin oder Ihr Chef damit nicht einverstanden sein könnte. Bei der Beurteilung Ihrer Tätigkeiten und Aufgaben im Hinblick auf ihre Wichtigkeit darf es keine Rolle spielen, ob Sie das schon immer so gemacht haben oder ob es eine Anordnung der Geschäftsleitung gibt, zum Beispiel jeden Freitag eine bestimmte Statistik zu erstellen und zu prüfen.

● TIPP

Nehmen Sie sich die Statistiken vor, die Sie selbst oder Ihre Abteilung seit Monaten oder Jahren regelmäßig aufstellen müssen. Stellen Sie fest, ob Sie definitiv wissen, wer mit diesen Zahlen arbeitet und ob Sie oder Ihre Mitarbeiter konkret in den letzten Monaten jemals auf die entsprechende Statistik angesprochen wurden. Erhalten Sie keine konkreten Antworten, dann lassen Sie dieses Zahlenwerk ab nächster Woche einfach ausfallen und warten Sie ab. Wenn sich keiner beschwert, dann haben Sie ab sofort weniger Arbeit. Meldet sich eine Abteilung, dann klären Sie nach einer Entschuldigung, wofür die Zahlen verwendet werden und wer konkret damit arbeitet. Kann das nicht beantwortet werden, vereinbaren Sie, die Statistik einzustellen.

Diesen Vorgang führen Sie jedes Jahr einmal durch!

	Dringend	Nicht dringend
Wichtig	**A** Tätigkeiten: Krisen Dringliche Probleme Projekte mit anstehenden Abgabeterminen Alle Abteilungsziele	**B** Tätigkeiten: Vorbeugung PC-Admin und Routinetätigkeiten Beziehungsarbeit mit MA Neue Möglichkeiten erkunden Planung, Erholung, Weiterbildung
Nicht Wichtig	**C** Tätigkeiten: Unterbrechungen Einige Anrufe, manche Post Einige Konferenzen, Meetings Unmittelbare, dringliche Angelegenheiten Beliebige Tätigkeiten, wie z. B. im Web nach dem Wetter-Forecast schauen	**D** Tätigkeiten: Triviales, Selbstbeschäftigung Manche Post, einige Anrufe Zeitfresser Angenehme und erholsame Tätigkeiten wie Smalltalk mit Kollegen

Abb. 40: Die Covey-Matrix der Priorisierung von Aufgaben 2

Ordnen Sie alle wesentlichen Aufgaben und Tätigkeiten, die Sie erledigen müssen, in die aufgeführte Matrix (Abb. 40) ein. Vor allem müssen Sie dabei lernen, wichtige Aufgaben von dringenden Aufgaben zu unterscheiden. Wir Menschen nehmen oft Aufgaben, die uns dringend erscheinen, ganz besonders intensiv wahr und widmen ihnen automatisch viel mehr Zeit. Für die erfolgreiche Arbeitsbewältigung ist dies aber ein Irrweg, der unweigerlich zu Stress und Unzufriedenheit führt. Viele Menschen, die ich in meinen Coaching-Einheiten mit diesem Thema konfrontiert habe, bestätigten mir, dass sie das Gefühl haben, für die wichtigen Dinge nicht genug Zeit zu haben. Also lassen Sie uns daran arbeiten, das abzustellen.

Stephen R. Covey unterscheidet in seinem Buch „Die sieben Wege zur Effektivität" A-, B-, C- und D-Aufgaben:

A-Aufgaben sind wichtig und dringend und sollten sofort persönlich erledigt werden. In diese Kategorie fallen beispielsweise Aufgaben wie das Beschwerdemanagement und sämtliche wichtigen Arbeiten mit Zeitlimit.

B-Aufgaben sind wichtig, jedoch nicht so dringend. Sie können terminiert werden. Darunter fallen die quartalsmäßige Erstellung von Statistiken, die Vorbereitung langfristiger Termine oder Projekte. B-Aufgaben fallen unter die strategischen Erfolgsverursacher. Viele lassen B-Aufgaben durch mangelnde Disziplin oder die berühmte „Aufschieberitis" zu A-Aufgaben werden und schaffen sich so einen erheblichen Stressfaktor.

C-Aufgaben sind dringend, aber nicht wichtig. Ideal ist, wenn Sie sich von diesen Aufgaben frei machen und delegieren, was nicht unbedingt von Ihnen persönlich erledigt werden muss. Nutzen Sie das Fachwissen von Kollegen. In diese Kategorie fallen zum Beispiel viele unangemeldete Besucher, Besprechungen und anstrengende Anrufer.

D-Aufgaben sind weder dringend noch wichtig. Sie gehören in den Papierkorb. Gemeint sind überflüssige E-Mails und Post, unnötige Anrufe oder Bürotratsch.

Wenn Sie alle Ihre Aufgaben und Tätigkeiten ihrer Dringlichkeit und Wichtigkeit nach sorgfältig eingeordnet haben, dann können Sie die Übersicht aus Abbildung 40 zur Hand nehmen. Dort wurde unterschieden nach A-Aufgaben, B-Aufgaben und C-Aufgaben nach den Kriterien, die wir eben besprochen haben.

Die Zielsetzung dieser Vorgehensweise ist: Damit Sie möglichst effektiv und erfolgreich arbeiten, müssen Sie alles daran setzen, sämtliche A-Aufgaben mit mindestens 50 % und mehr Ihrer täglichen, wöchentlichen bzw. monatlichen Arbeitszeit zu behandeln. Für B-Aufgaben sollten Sie nach einiger Zeit im Schnitt 30 % Ihrer Zeit aufwenden und nur den Rest für alle C-Aufgaben. Und wenn in seltenen Fällen etwas Arbeitszeit übrig bleibt, können Sie sich auch einmal den D-Aufgaben widmen.

Mir ist völlig klar, dass sich dieses Zeitmanagement nicht von heute auf morgen umsetzen lässt und Abstimmungen mit Kollegen und Ihrem Chef notwendig macht. Diese Klärung dient Ihnen als Orientierung. Dabei ist nicht entscheidend, ob Sie 54,3 % oder 62,8 % Ihrer Zeit auf A-Aufgaben verwenden. **Entscheidend ist, dass Sie mehr als die Hälfte Ihrer wertvollen Zeit völlig zielorientiert arbeiten.** Dies ist ein wesentlicher Baustein, um im Beruf und in allen sonstigen Projekten erfolgreich zu werden.

Vielleicht werden Sie einwenden, ein solch effizientes Zeitmanagement sei mit Ihrem Chef nicht zu machen. Aber Sie haben einen Arbeitsvertrag unterschrieben und sich zu Zielen verpflichtet, die es zu erreichen gilt. Sie haben qualitative und quantitative Ziele in Ihrer Anlage zum Arbeitsvertrag für das laufende Geschäftsjahr mit Ihrem Chef vereinbart. Darüber hinaus bekommen immer mehr Innendienstleiter, abhängig von der Zielerreichung, variable Gehaltsanteile, die sie natürlich Ihrem Gehalt zuschlagen wollen. Am Ende handelt es sich um eine Verpflichtung dem Unternehmen gegenüber, alles zu tun, um diese Ziele auch zu erfüllen.

Identifizieren Sie C- und D-Aufgaben und entscheiden Sie, diese in nächster Zeit nicht zu bearbeiten. Gehen Sie mit dieser Entscheidung zu Ihrem Chef. Beachten Sie: Bei diesem Gespräch ist es extrem wichtig, dass Sie erst einmal für ihn Klarheit schaffen, um was es Ihnen überhaupt geht (vgl. Abb. 3, rechtes oberes Feld im Johari-Fenster). Sie eröffnen Ihrem Chef, dass Sie im Rahmen Ihres Zeitmanagements Inventur gemacht und festgestellt haben, dass Sie im Hinblick auf Ihre Zielerreichung und Ihren täglichen und monatlichen Zeiteinsatz eine große Diskrepanz festgestellt haben. Legen Sie ihm dazu zum Beispiel Abbildung 39 vor. Dann erklären Sie ihm, dass Sie Ihre wesentlichen Aufgaben und Tätigkeiten durchanalysiert haben und zwar immer im Hinblick auf Wichtigkeit und Dringlichkeit für die Zielerreichung. Diese Analyse hat zu einer Liste mit C-Aufgaben geführt, über die Sie mit Ihrem Chef sprechen möchten (vgl. auch Abb. 40).

Diesen Vorgang sollten Sie jedes Jahr einmal im ersten Quartal durchführen und auf diese Weise Ihren Tätigkeitsbereich durchforsten, ob Ihr Zeiteinsatz noch den richtigen Fokus hat. Verpflichten Sie auf jeden Fall auch Ihre Gruppenleiter dazu und diskutieren Sie mit ihnen über die strittigen Punkte. All das macht nicht nur Sie, sondern auch Ihr gesamtes Team immer effizienter.

3.6.2   Umgang mit Zeitfressern

Wenden wir uns zunächst den sogenannten Zeitfressern zu. Dabei werden Sie sehen, dass hier C- und D-Aufgaben am Werk sind, die auch Ihren Chef oder Ihre Kollegen betreffen.

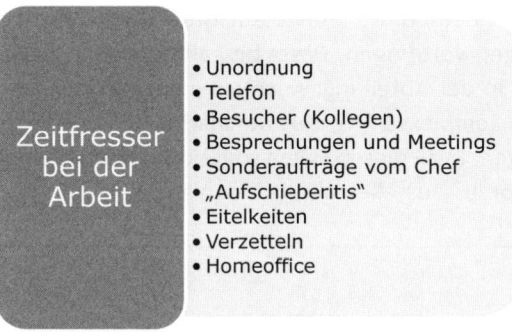

Zeitfresser bei der Arbeit

- Unordnung
- Telefon
- Besucher (Kollegen)
- Besprechungen und Meetings
- Sonderaufträge vom Chef
- „Aufschieberitis"
- Eitelkeiten
- Verzetteln
- Homeoffice

Abb. 41: Zeitfresser bei der Arbeit

Gehen wir die Zeitfresser nun der Reihe nach durch.

Zeitfresser Unordnung

Zum Zeitfresser **Unordnung** ist nicht viel zu sagen. Wenn Sie (wie der wechsel-geprägte Personentyp) viel Zeit damit verbringen, Unterlagen zu suchen, müssen Sie sich so schnell wie möglich Ihr eigenes effizientes Ordnungssystem schaffen. Das fällt wechselgeprägten Menschen nicht leicht, aber ohne Ordnung und Systematik werden Sie dauerhaft nicht erfolgreich sein.

Zeitfresser Telefon

Für den Zeitfresser **Telefon** gilt für Sie als Führungskraft, dass Sie sich Freiräume, sogenannte stille Stunden schaffen müssen, in denen Sie ohne jede telefonische Störung an einer komplexen Aufgabenstellung arbeiten können. Ob das eine halbe Stunde ist oder auch zwei Stunden, hängt vom Einzelfall ab. Teilen Sie das sowohl Ihrem Chef als auch Ihren Kollegen und Mitarbeitern mit und begründen Sie die stille Stunde, in der Sie telefonisch nicht erreichbar sind, mit Tätigkeiten, die Ihre ganze Konzentration erfordern.

● TIPP

Früher hatte ich einen Schreibtischaufsteller oder Türanhänger mit einer kleinen runden Münze an einer kurzen Kette. Die Münze war auf der einen Seite rot, auf der anderen grün. Obwohl ich grundsätzlich die „Politik der offenen Tür" vertrat, wusste doch jeder aus meinem Umfeld: Wenn die Münze auf Rot steht, darf man mich nur im äußersten Notfall stören. Das galt ebenso für meine Vorgesetzten. Im Normalfall stand die Münze auf Grün. Dann konnte jeder anklopfen und sein Anliegen vorbringen. Dasselbe galt auch für meine Manager und deren Mitarbeiter in der Abteilung. Auch ein Innendienstmitarbeiter muss manchmal ein sehr komplexes Angebot durcharbeiten oder eine komplizierte Fehlersuche erledigen. In all diesen Fällen sollte der Mitarbeiter in der Lage sein, sowohl sein Telefon umzustellen als auch den anderen Kollegen zu signalisieren: bitte jetzt nicht!

Zeitfresser Smartphone

Wenn Sie das nächste Mal konzentriert arbeiten wollen, richten Sie sich eine stille Stunde ein und sorgen Sie dafür, dass alle aus Ihrem Umfeld verstehen, was es damit auf sich hat. Stellen Sie Ihr Telefon um und Ihr **Smartphone** auf lautlos, ohne Vibrationsalarm, ansonsten kommen Sie in Versuchung, doch nachzuschauen, wer angerufen hat.

Zum Zeitfresser Smartphone noch eine Anmerkung: Viele Unternehmen geben die Anweisung an ihre Mitarbeiter, dass private Smartphones nicht sichtbar aufzubewahren sind. Sie gehören in die Tasche oder in eine Schublade und nicht offen auf den Schreibtisch. Diese Regel ist absolut nachvollziehbar und sollte eigentlich zum Standard werden. Denn wer sein privates Smartphone direkt vor sich auf dem Schreibtisch liegen hat, bekommt bei jedem Facebook-Eintrag oder bei jeder Statusänderung seiner Ebay-Angebote eine hörbare Nachricht übermittelt. All diese kleinen Ereignisse stören die Konzentration und verschlechtern die Arbeitsqualität. Darüber hinaus erhöht das ständige Multitasking den Stresslevel und damit die Fehlerrate.

Wenn Ihre Mitarbeiter Einwände gegen diese Regelung haben, können Sie auf die Pausen hinweisen, in denen es überhaupt kein Problem darstellt, das Smartphone zu benutzen. Dann aber in der Kaffeeküche oder auf dem Flur, wo es die anderen Kollegen nicht stört. Auf den Einwand, dass heute jeder zu jederzeit online und erreichbar sein muss, können Sie entgegnen, dass das Unternehmen mit der Zahlung des Gehalts auch die Arbeitszeit des Mitarbeiters erworben hat und damit ein Recht auf konzentrierte und möglichst fehlerfreie Arbeit hat. Selbstverständlich sollten Sie eine solche Regel mit Fingerspitzengefühl handhaben und Ausnahmen, etwa wenn das Kind einer Mitarbeiterin erkrankt ist, sollten jederzeit möglich sein.

Zeitfresser Besucher

In der Übersicht (Abb. 41) wird als weiterer Zeitfresser der **Besucher** aufgeführt. Hier ist der Kollege gemeint, der „auf einen Tratsch" vorbeikommt und Sie von der Arbeit abhält. Hier gilt, was in Kapitel 1.4.12 zu den rhetorische Fragen schon empfohlen wurde: Haben Sie den Mut, höflich und mit einem Lächeln „nein" zu sagen. Sagen Sie zum Beispiel: „Ich habe im Moment absolut keine Zeit, später bitte!" Sie werden sehen, durch solche bewussten und konsequenten Ansagen erreichen Sie, dass sich Ihr Kollege ein anderes Opfer sucht. Bringen Sie dieses Selbstverständnis auch Ihren Mitarbeitern bei, damit sie sich besser vor aufdringlichen oder redseligen Kollegen, die ihre Arbeitszeit „fressen", schützen. Auch hier gilt wieder: Alles mit Maß und Ziel. Haben Sie selbst oder einer Ihrer Mitarbeiter einen rauchenden Kopf vor Anstrengung, so kann etwas Smalltalk durchaus angebracht sein. Das sollte dann aber eine bewusste und keine durch die Umstände erzwungene Entscheidung sein.

Zeitfresser Meetings und Besprechungen

Unproduktive Besprechungen oder Meetings können Ihnen viel Arbeitszeit stehlen. In Kapitel 3.1 zur Meetingkultur finden Sie einige Hinweise, wie Sie diesen potenziellen Zeitfresser durch eine sinnvolle Organisation in den Griff bekommen. Wenn Kollegen oder Ihr Chef regelmäßig die vereinbarte Besprechungszeit überziehen, sollten Sie das direkt ansprechen. Sagen Sie vor Beginn des nächsten Meetings, dass Sie gleich im Anschluss einen wichtigen Telefontermin oder ein Personalgespräch haben und dass, sollte es länger dauern, Sie sich leise verabschieden werden, was Sie dann natürlich auch tun sollten. Bekommen Sie von Ihrem Chef Widerspruch, dann tragen Sie die Situation wirklich aus. Konfrontieren Sie ihn damit, dass er dafür verantwortlich ist, wenn am Sitzungstag Ihr gesamtes Zeitmanagement durcheinander gerät und der Rest des Tages weniger effektiv abläuft. Schlagen Sie ihm vor, die Zeitansätze für Meetings besser abzuschätzen. Machen Sie beispielsweise den Vorschlag, dass er in Zukunft statt einer Stunde zwei veranschlagt. Sie werden diese Zeit dann gerne freihalten und alles so organisieren, dass Sie die beiden Stunden auch ungestört anwesend sind und aktiv mitwirken können.

In Meetings, in denen Sie mit Ihren Themen durch sind und nur noch Fachdiskussionen stattfinden, die für Ihre Arbeit nicht relevant sind, unterbrechen Sie höflich, aber bestimmt mit einer Frage:

▶ **BEISPIEL**

Führungskraft: „Entschuldigen Sie bitte, gibt es noch Themen oder Fragen, bei denen Sie mich unbedingt brauchen? Wenn nicht, würde ich mich jetzt gerne in meine nächste dringende Aufgabe stürzen!" Warten Sie gar nicht die Antwort ab, sondern sagen Sie direkt, was Sie jetzt tun müssen. Wer jetzt keinen guten Grund hat, Sie zurückzuhalten, wird sich nicht melden.

Wenn ein Kollege antwortet „Vielleicht kommen wir später noch einmal auf Punkt 2 zu sprechen und dann brauchen wir Sie noch." Dann entgegnen Sie: „Kein Problem, Sie haben meine Durchwahl. Wenn der Fall eintritt, rufen Sie einfach durch und dann sehen wir, wie ich Ihnen helfen kann!" Dann drehen Sie sich um und sind weg. Man wird Sie nicht anrufen. Aber Sie haben 30 Minuten für Ihre A-Aufgaben gewonnen.

Zeitfresser Sonderaufträge vom Chef

Was die berühmten **Sonderaufträge vom Chef** angeht, gibt es nur ein Schlüsselwort, und das lautet Rückdelegation. Die Situation stellt sich häufig wie folgt dar.

▶ **BEISPIEL**

Ihr Chef steht unvermittelt vor Ihrem Schreibtisch und spricht Sie an: „Herr Müller, ich bräuchte da mal Ihre Unterstützung, könnten Sie mal eben schnell …" Und dann kommt der Sonderauftrag. Leider gibt es schlecht ausgebildete Chefs, die auf diese Art und Weise viele Male am Tag Ihre Abteilungsleiter stören. Ihre Reaktion darauf kann in Zukunft nur sein: „Chef, überhaupt kein Problem. Zeigen Sie mal, was Sie da haben …" Und sobald klar ist, worum es geht, machen Sie Ihrem Chef deutlich: „Wenn ich das für Sie bearbeiten soll, bleibt Folgendes bis nächste Woche liegen. Oder ich komme morgen nicht in Ihre Besprechung und nutze die Zeit für diese Aufgabe. Entscheiden Sie, wie wollen wir es machen?"

Sie sehen in diesem Beispiel, wie die Rückdelegation den Vorgesetzten zwingt, sich in eine wichtige und nützliche **Prioritäten-Diskussion** zu begeben. Wie Sie den leider sehr verbreiteten Spruch „Da müssen Sie halt mehr delegieren!" abwehren, haben wir in Kapitel 2.1 zum situativen Führungsstil bereits erörtert. Ist die Aufgabe Ihres Chefs wirklich wichtig und brisant, wird sich in einer sachlichen Diskussion eine Lösung finden und Sie entscheiden zusammen, welche zeitlichen Prioritäten zu setzen sind. Ebenso häufig werden Sie erleben, dass ein Chef sagt: „Einverstanden, ich schaue mal, ob mich jemand anders unterstützen kann." So haben Sie wertvolle Zeit gesichert, die Sie für Ihre A-Aufgaben dringend brauchen.

Gerade die guten Kräfte sind häufig die Anlaufstelle für solche Sonderaufgaben. Also wehren Sie sich und gehen Sie in die Diskussion. Denken Sie aber auch daran, dass Sie selbst in der Chefposition sind. Also verhalten Sie sich Ihren Mitarbeitern gegenüber korrekt und laufen Sie nicht einfach aus einem spontanen Impuls heraus zum Schreibtisch Ihres Mitarbeiters und stören ihn, obwohl dies in der Form gar nicht notwendig gewesen wäre.

Zeitfresser „Aufschieberitis"

Über **„Aufschieberitis"** brauchen wir ebenfalls nicht viele Worte zu verlieren. Grundsätzlich kennen Sie als Innendienstleiter die klassische Situation: Ein verärgerter Kunde hat bei einem Ihrer Mitarbeiter angerufen und erwartet nun Ihren Rückruf zur endgültigen Klärung. Ihr Mitarbeiter sagte Ihnen, der Kunde sei noch ziemlich erregt und verärgert. Es ist nur menschlich, dass Sie nicht gleich zum Hörer greifen. Für die Bewältigung von unangenehmen Aufgaben muss man sich immer erst einmal überwinden. Als Führungskraft und Profi in der Kundenbetreuung wissen Sie aber auch, dass die Situation nicht einfacher wird, wenn Sie die unangenehme Aufgabe hinausschieben.

Leider sind wir keine Politiker, in modernen Büros lässt sich kaum ein Thema aussitzen. Die unangenehmen Arbeiten ohnehin nicht! Also prüfen Sie, was Sie gerne hinauszögern, weil es ungemütlich werden könnte, und halten Sie auch bei Ihren Mitarbeitern nach, wenn Sie solche Tendenzen feststellen. Stärken Sie Ihrem Team den Rücken, wenn es um schwierige Aufgaben geht, bieten Sie ihm Hilfe an, aber bestehen Sie auf prompte Erledigung!

Zeitfresser Eitelkeiten

Nach meiner Erfahrung trifft man den Zeitfresser Eitelkeit häufiger bei den Außendienstkollegen als im Vertriebsinnendienst an. Oft habe ich es erlebt, dass durchaus erfolgreiche Außendienstmitarbeiter ganze Vertriebsmeetings zeitlich in Verzug gebracht haben, indem sie Diskussionen über Leichtmetallfelgen, Metalliclackierungen und Hubraumgrößen ihrer Firmenwagen in den Mittelpunkt der Besprechung rückten. Diese eitlen Diskussionen kosten Zeit und sind absolut unproduktiv. Wenn Sie solche Meetings leiten, brechen Sie diese Diskussionen ohne Wenn und Aber ab und vertagen Sie sie auf den Abend bei einem Glas Bier.

Zeitfresser Verzetteln

Beim Thema **Verzetteln** sollten Sie Ihren Arbeitsstil einmal gründlich überprüfen, ob Sie Multitasking wirklich so gut beherrschen, wie Sie vielleicht glauben. Wenn jemand versucht, zu viele Aufgaben parallel zu erledigen, geht die Gesamtqualität drastisch zurück, zugleich ist der Zeitaufwand deutlich höher, als wenn einzelne Aufgaben sequenziell angegangen werden. Ich bin überzeugt, dass jeder hier sein eigenes Limit finden muss. Der wechselgeprägte Mitarbeiter geht damit anders um als der dauergeprägte und deshalb ist es eine sehr individuelle Frage, wie viele Tätigkeiten sich parallel bewältigen lassen, ohne dass die Arbeitsqualität und -geschwindigkeit allzu sehr leiden. Konzentration und Fokussierung auf das Wesentliche sind hier oft gute Alternativen.

Zeitfresser Homeoffice

Betrachten wir zum Schluss den Zeitfresser **Homeoffice**. Sie fragen sich sicherlich, was Sie als Innendienstleiter damit zu tun haben. Ihre Mitarbeiter arbeiten alle vor Ort und Sie selbst haben auch kein Homeoffice. In Vertriebsorganisationen, in denen Außendienstmitarbeiter im Homeoffice arbeiten, ist der Zeitaufwand, die die jeweils zuständigen Innendienstmitarbeiter für die Kommunikation mit den Außendienstlern aufwenden müssen, ungleich höher als mit Kollegen, die in den Büroräumen des Unternehmens arbeiten.

Stellen Sie sich vor, Sie wären die meiste Zeit auf Geschäftsreisen oder beim Kunden und nur einmal im Monat im Meeting in Ihrer Firma. Ihnen würden nach kurzer Zeit enorm viele Informationen fehlen, die tagtäglich in der Firma weitergegeben werden. Schon wenn man sich in der Küche einen Kaffee holt und einen Kollegen trifft, werden beim Smalltalk Informationen ausgetauscht. Es gibt die Mittagspause, in der man mit Kollegen zusammensitzt. Natürlich werden Aushänge auch per E-Mail an die Homeoffice-Mitarbeiter weitergegeben, nur mit wem kann dieser die neuen Entscheidungen der Geschäftsleitung spontan diskutieren. Er muss anrufen. Nach recht kurzer Zeit kommt daher bei allen Homeoffice-Mitarbeitern ein „Inselfeeling" auf. Sie fühlen sich abgeschnitten vom Informationsfluss Ihrer Firma und isoliert. Dies wird auf ganz natürliche Art und Weise kompensiert, indem bei jedem Anruf zum Beispiel bei der zugeordneten Innendienstkollegin auch viel Zeit dem Smalltalk gewidmet wird. Außendienstmitarbeiter, die im Homeoffice arbeiten, nutzen konsequent jeden Kontakt in die Firma, um neue Informationen zu bekommen. Schließlich will man nicht völlig ahnungslos zum nächsten Vertriebsmeeting kommen. Diese Situation führt aber dazu, dass die Kollegen im Innendienst, die regelmäßig mit Außendienstlern zu tun haben, grundsätzlich mehr Zeit einplanen müssen für die täglichen Telefonanrufe mit ihren Kollegen im Homeoffice.

Ihr Job als Innendienstleiter besteht nun darin, gelegentlich zu überprüfen, ob der Zeitaufwand in solchen Fällen noch im Rahmen bleibt. Ein größerer Zeitaufwand für die Kommunikation mit Homeoffice-Mitarbeitern ist normal, wenn aber der Smalltalk in solchen Telefonaten die dreifache Zeit oder mehr einnimmt, stimmen die Verhältnisse nicht mehr. Erklären Sie Ihren Mitarbeitern in einem Abteilungsmeeting die Situation und bitten Sie darum, die Kollegen im Außendienst zu unterstützen, sodass sie auch in den Themen der Firma einigermaßen *up to date* bleiben, die für sie nicht unmittelbar relevant sind.

Wenn ein Vertriebsprofi aufhört, sich für seine eigene Firma zu interessieren und deutlich weniger Smalltalk mit seinen Innendienstkollegen betreibt, ist dies ein Symptom für mögliche Probleme. Vielleicht wendet sich der Vertriebler auch einem neuen Arbeitgeber zu. Insofern sind die Innendienstmitarbeiter, die solche Signale wahrnehmen, ein hervorragendes Frühwarnsystem, damit der Vertriebsleiter vielleicht noch rechtzeitig mit dem Kollegen einen intensiven Dialog eröffnen kann. In gut geführten Vertriebsorganisationen werden sich der Außendienst- und der Innendienstleiter untereinander abstimmen, dass der Außendienstleiter sofort einen Hinweis bekommt, wenn ein Homeoffice-Mitarbeiter aus seinem Team sein Kommunikationsverhalten verändert.

TIPP

Weisen Sie Ihre Mitarbeiter an, Ihnen mitzuteilen, wenn einer der Homeoffice-Kollegen vom Außendienst plötzlich nur noch einmal die Woche oder noch seltener anruft. Dabei verfahren Sie wie folgt: Beschreiben Sie die oftmals isolierte Situation eines Homeoffice-Mitarbeiters, der nach Informationen aus der Firma dürstet. Erklären Sie ferner, dass es eine der Aufgaben des Innendienstes ist, dafür zu sorgen, dass die Kollegen zumindest einen Teil dieser Informationen mit den täglichen Telefonaten erhalten. Wenn ein Außendienstmitarbeiter sich plötzlich nicht mehr regelmäßig meldet und er kein Interesse am Smalltalk zeigt, liegt meistens ein Problem vor. In einem solchen Fall sind Sie zu informieren. Der Innendienstmitarbeiter soll auf keinen Fall selbst Unterstützung anbieten, da aus der Ferne niemand die Ursache einschätzen kann. Mehr hat der Innendienstmitarbeiter nicht zu tun. Dramatisieren Sie diese Situation nicht und sprechen Sie nicht davon, dass der Homeoffice-Mitarbeiter möglicherweise abwandern will. Das würde nur die Gerüchteküche in Gang setzen und Sie erreichen mitunter das Gegenteil von dem, was Sie bezweckt haben. Gehen Sie mit Ihren Informationen zum Außendienstleiter und überlassen Sie ihm das weitere Vorgehen.

3.6.3 Leistungssteigerung durch Fokussierung und Konzentration

Zu einem effektiven Zeitmanagement gehört auch der dritte Punkt in unsere Liste: Leistungssteigerung durch Fokussierung und Konzentration.

Jede Führungskraft wird, wenn sie ihren Job gerne ausübt und sich weiterentwickeln will, nach kurzer Zeit zu einem Leistungsträger und Top-Performer werden. Damit geht die Tatsache einher, dass die Aufgabenvielfalt und der Aufgabenumfang in einer 40-Stunde-Woche oft nicht unterzubringen ist. Aktenstudium oder Literaturstudium am Wochenende ebenso wie Bürozeiten, die bis 18:00 Uhr oder länger gehen, gehören daher zum Alltag.

Work-Life-Balance

Solange die Führungstätigkeit auch Erfolgserlebnisse mit sich bringt, kann jeder gesunde Mensch diese höhere Belastung gut verkraften. Dennoch ist es wichtig, sich einen Überblick zu verschaffen, ob dieser hohen beruflichen Belastung auch andere Lebensbereiche und Inhalte als Ausgleich gegenüberstehen.

Aus dem amerikanischen kommend spricht man von einer „Work-Life-Balance", die gewahrt werden muss, damit Sie auf Dauer auch wirklich Hochleistung bringen können. Sie sehen an meiner Wortwahl, dass ich von Hochleistung spreche und nicht von Höchstleistung. Ähnlich wie im Sport kann jemand, der immer intensiv trainiert und absolut fit ist, über einen langen Zeitraum Hochleistung, also hervorragende Ergebnisse erzielen. Will er jedoch in seiner Sportart an die Weltspitze vorstoßen, muss er den letzten Schritt zur Höchstleistung auch noch gehen. Hochleistung weit über dem Durchschnitt kann ein Sportler bis ins hohe Alter bringen, Höchstleistung nur in einem engen Zeitfenster, in dem der Körper und die Psyche diese Extrembelastung verkraften.

Genauso können Sie sich Ihren Job als Führungskraft vorstellen. Ihr Unternehmen erwartet von Ihnen permanente Hochleistung, weit über dem Durchschnitt. Von Zeit zu Zeit können auch einige wenige Situationen auftreten, in denen Sie Spitzenleistungen erbringen. Ebenso wie der Sportler muss auch die Führungskraft etwas mehr als der einfache Mitarbeiter dazu beitragen, damit er auf Dauer diese Mehrbelastung gut aushält und seine Leistungsfähigkeit und Arbeitsqualität erhalten bleibt.

Führungskräfte, die diese Herausforderung so für sich nicht sehen oder akzeptieren, werden auf lange Sicht in ihrer Leistungsfähigkeit, ihrer Performance unweigerlich nachlassen. Auch wenn sie sich das selbst zunächst nicht eingestehen: Die Qualität ihrer Entscheidungen lässt nach, das Fingerspitzengefühl im Umgang mit den Mitarbeitern stumpft ab, und dann, ganz am Schluss, kommen noch private Probleme aufgrund der beruflichen Belastung hinzu. Diese Phänomene kann man mit Gehalt und Bonuszahlungen, wie hoch sie auch sein mögen, nicht kompensieren oder langfristig entschärfen.

Aus diesem Grund ist die **Work-Life-Balance** so wichtig. Fast alle Topmanager sind absolute Profis, wenn es darum geht, mithilfe von Exceltools Planungen durchzuführen. Ob Budgetplanungen, Personalplanungen, Projektplanungen, jeder trägt auf seinem Laptop zahllose Exceltabellen mit sich herum. Wenn ich die Manager dann frage: „Zeigen Sie mir doch einmal Ihre Exceltabelle für Ihren Lebens-Arbeits-Balance-Plan?", ernte ich stets verdutzte Mienen und sehe die Unsicherheit, die entsteht, wenn jemand nicht genau weiß, ob er jetzt auf den Arm genommen wird oder ernsthaft auf die Frage antworten soll. Diese Frage ist durchaus sehr ernst gemeint. Es geht im Prinzip darum, Methoden und Konzepte, die im Beruf ganz selbstverständlich auf Prozesse und Projekte angewendet werden, auch auf sein eigenes Leben anzuwenden. Dabei besteht — vereinfacht gesagt — der erste Schritt immer darin, eine Form zu finden, wie man sein eigenes Leben in allen Bereichen visualisieren kann. Im nächsten Schritt macht man sich Gedanken, wie die Ziele in den einzelnen Bereichen in den nächsten 12 oder 24 Monaten ausschauen. Im dritten Schritt analysiert man, wo man derzeit in dem jeweiligen Lebensbereich steht. Wenn einem jetzt das Werkzeug, das man benutzt, noch einen deutlichen Hinweis gibt, ob die Balance zwischen den Lebensbereichen stimmt, hat man eine hervorragende Basis, um Entscheidungen für sein eigenes Verhalten zu treffen. Soviel zur Theorie. Kommen wir zur Praxis und wie für alles auf der Welt gibt es dafür ein Excel-Arbeitsblatt (Abb. 42), das Sie auch auf www.haufe.de/arbeitshilfen finden.

Balance der Lebensbereiche

gesetztes Ziel

	10	20	30	40	50	60	70	80	90	100	110	120

Job
Karierre
Inhalte, Arbeitsmotivation
Beziehungen am Arbeitsplatz
Anerkennung bei der Arbeit
Einkommen, Geld

Familie, Partner
Beziehung zum Partner
Beziehung zu de(m)n Kind(ern)
Beziehung zu Freunden
Gemeinsame Hobbys und Aktivitäten
Sexualität

Hobbys, Freizeit
Sport
Reisen
Kultur
Freizeit, Erholung, Entspannung
Anderes

Ich selbst
Eigene Persönlichkeitsentwicklung
Innere Kontrolle
Umgang mit Problemen
Genussfähigkeit
Lebensfreude
Verschiedene Bereiche meines Lebens

Abb. 42: Balance der Lebensbereiche

Beim ersten Blick auf dieses Arbeitsblatt sehen Sie, dass — sofern Sie nicht alleine leben — dieses Werkzeug nur zusammen mit Ihrem Partner und gegebenenfalls mit Ihren Kindern ausgefüllt werden kann. Dies ist auch kein Werkzeug, welches irgendwann einmal in Ihre Personalakte eingeordnet werden soll, sondern Ihr ganz persönlicher Plan, den Sie optimalerweise stets bei sich tragen, an einem Ort, zu dem ausschließlich Sie Zugang haben sollten, da es sich um sehr persönliche Daten handelt. Nachdem Sie diesen Plan erstellt haben, sieht er natürlich nicht mehr so übersichtlich aus wie in der Abbildung 42. Abhängig davon, wie detailliert Sie arbeiten, kann dieser Plan drei bis fünf DIN-A4-Seiten umfassen.

Wie erstellen Sie einen solchen Plan?

Sie beginnen zunächst auf der linken Seite des Excel-Arbeitsblatts und ergänzen die Liste der Lebensbereiche um alle Aspekte, die Ihnen für Ihr Leben wichtig erscheinen. Damit diese Exceldatei nicht in falsche Hände gelangt, sollten Sie sie mit einem Passwort schützen, ebenso ist es möglich, ganze Zeilen zu verbergen.

Gehen Sie nun zu der Spalte, über der die Zahl 100 (Prozent) steht. In diese Spalte tragen Sie Ihr gewünschtes, individuelles Ziel für den jeweiligen Lebensbereich ein. Die Frage für jeden Lebensbereich lautet: Welche Ziele möchte ich in zwölf Monaten erreicht haben? Für die Bestimmung Ihrer Ziele in den verschiedenen Lebensbereichen sollten Sie sich ein wenig Zeit lassen. Während Sie bei allem, was mit Ihrem Job zusammenhängt, wahrscheinlich relativ schnell zu detaillierten Zielfestlegungen kommen, müssen Sie sich für den Bereich Familie und Partnerschaft wahrscheinlich mehr Gedanken machen. Tragen Sie in die 100-%-Spalte keine Allgemeinplätze ein. Dieses Werkzeug funktioniert nur, wenn Ihre Ziele auch überprüfbar sind. Sie sollten aber nicht nur am Schluss, wenn die Ziele erreicht wurden, überprüfbar sein, sondern vor allem während Sie auf dem Weg dorthin sind. Nur so bekommen Sie im Laufe der Zeit ein Gefühl, ob Ihre Ziele realistisch, viel zu optimistisch oder zu wenig herausfordernd waren.

Wenn Sie alle Ziele in der 100-%-Spalte definiert haben, wählen Sie eine Spalte aus, um festzuhalten, wo Sie sich zurzeit im Hinblick auf die Zielerreichung befinden. Wenn Sie zum Beispiel in der Zeile „Einkommen, Geld" das Ziel festgelegt haben, dass Sie in einem Jahr ein Bruttojahreseinkommen von 60.000 Euro verdienen wollen und Sie verdienen heute 52.000 Euro, dann haben Sie etwa 80 % des Ziels erreicht. Entsprechend machen Sie ein Kreuz in der 80-%-Spalte. Führen Sie also die Bewertung, wo Sie im Hinblick auf Ihre Zielerreichung stehen, also den gegenwärtigen Status der Zielerreichung, so genau wie möglich durch. Wenn Sie jetzt die Statuspunkte verbinden, erhalten Sie ein individuelles Profil.

Als ich dieses Werkzeug zum ersten Mal eingesetzt habe, war die Kurve alles andere als ausbalanciert. Beruflich bewegte sich vieles zwischen 80 und 90 %. Der Lebensbereich Familie lag dagegen eher bei 20 bis 30 %, der Bereich Hobbys und Freizeit wies eine klare Nulllinie auf, während diejenigen Ziele, die ich mir für meine Persönlichkeitsentwicklung gesetzt hatte, immerhin zu etwa 20 % erreicht wurden. Es wurde mithilfe dieses Exceltools sehr deutlich, dass die unterschiedlichen Bereiche meines Lebens alles andere als ausgeglichen waren.

Wenn dies auch bei Ihnen der Fall ist, sollten Sie nochmals Ihre Ziele überprüfen. Ist es realistisch, diese in zwölf Monaten zu erreichen?

Ohne diesen konkreten visualisierten Plan in meiner Tasche und das Wissen, dass ich bei der Erstellung für mich selbst eine Entscheidung getroffen habe, was mir wichtig ist, wäre das Gespräch mit meinem Vorgesetzten so verlaufen wie in den Monaten zuvor: Mein Beruf hätte 98 % Fokus gehabt, meine Familie viel zu wenig. Indem Sie einmal ganz strukturiert alle Ihre Lebensbereiche unter die Lupe nehmen, Ihre kurzfristigen Ziele dokumentieren und sie mit Ihrem Alltag abgleichen, sind Sie besser in der Lage, wichtige persönliche Entscheidungen zu treffen. Diese Entscheidungen betreffen Ihre Lebensführung insgesamt, nicht nur Ihr Berufsleben. Gehen Sie dabei also genauso akribisch vor wie bei einem beruflichen Projekt.

Ein weiterer Vorteil dieses Exceltools: Sie können Ihre eigene Lebensplanung überall hin mitnehmen und immer, wenn Sie in Entscheidungsnot sind, schauen Sie in Ihren Plan und nutzen ihn als Kompass.

3.7 Zielgerichtete Managementkommunikation, Kennzahlen im Innendienst

Bei vielen Seminaren musste ich feststellen, dass die Kommunikation der Innendienstleiter zu ihren Vorgesetzten und zu den Kollegen auf gleicher Hierarchieebene eher zufällig und in keiner Weise strukturiert abläuft. Mit diesem Thema werden wir uns in Kapitel 3.7.1 beschäftigen. Das zweite Thema dieses Kapitels geht von der Überzeugung aus, dass eine moderne Organisation, und dazu gehört auch Ihre Innendienstabteilung, auf Dauer nicht ohne entsprechende Kennzahlen optimal zu führen ist. Je höher die Dynamik und Komplexität in einer Organisation desto notwendiger ist eine vollständige Transparenz der Prozesse und Ergebnisse in dieser Organisationseinheit. Der moderne Innendienst kommt für die Planung und Verbesserung der Abteilungsergebnisse nicht mehr ohne Kennzahlen und Benchmarking aus. Im zweiten Teil dieses Kapitels finden Sie daher einen Fragenkatalog, der Ihnen hilft, einen Projektplan für ein effizientes Kennzahlensystem zu entwickeln.

3.7.1 Regeln für eine strukturierte Kommunikation

Doch zunächst zum ersten Punkt, der **zielgerichteten Managementkommunikation**. Hier möchte ich Ihnen zwei Anregungen mit auf den Weg geben. Wir beginnen mit einer Liste von Aktivitäten, mit der Sie überprüfen können, inwieweit Sie die Kommunikation mit Ihrem Chef und Ihren Kollegen in der Abteilung bereits optimiert haben.

Aktivitäten zur Verbesserung der Kommunikation

- Festlegung von konkreten schriftlichen Berichtswegen mit einer Standardagenda
  - Berichtskanäle festlegen (Was wird wann in welchem Format berichtet?)
  - Turnus der Meetings und Standardagenda festlegen
  - Was passiert bei Abwesenheit eines Teilnehmers?
  - Protokollform und -handhabung festlegen
- Festlegen einer konkreten Agenda für die Besprechung von Personalthemen mit Ihrem Chef
- Festlegen der Kriterien für eine Lost-Analyse
- Festlegen der Kriterien für eine SWOT-Analyse

Der erste Punkt enthält bereits die wichtigste Spielregel für eine strukturierte Kommunikation. Neben den allgemeinen Managementmeetings, in denen alle Abteilungsleiter und die Mitglieder der Geschäftsleitung zusammensitzen, ist es besonders wichtig, einen **regelmäßigen Besprechungstermin mit dem Vorgesetzten** einzurichten. Wir sind bereits darauf eingegangen, dass eine Standardagenda definiert sein muss, die alle Einzelthemen enthält, die im nächsten Meeting anstehen. Nur so ist eine optimale Vorbereitung für beide Seiten möglich. Vereinbaren Sie also mit Ihrem Chef eine solche Standardagenda und die Regel, dass alle individuellen Punkte, die am Vortag nicht eingetragen sind, bei diesem Meeting auch nicht behandelt werden können.

Darüber hinaus stellen Sie mit Ihrem Chef im nächsten Meeting eine Liste auf, welche Informationen er von Ihnen in Zukunft in welcher Form und in welchem zeitlichen Zyklus erhalten möchte. Klären Sie, zu welchen Inhalten er nur die reinen Zahlen auf einem Excel-Arbeitsblatt erwartet und wann generell zu den Zahlen oder Statistiken eine Erläuterung in schriftlicher Form gewünscht ist.

Versuchen Sie, diese regelmäßigen Standardberichte in ein **festgelegtes Format** zu bringen. Das wird Ihnen helfen, Störungen im normalen Tagesablauf zu minimieren, und gibt Ihnen mehr planerische Flexibilität, selbst zu entscheiden, wann Sie welche Informationen für Ihren Chef aufbereiten bzw. aufbereiten lassen. Ihr Chef hat dadurch den Vorteil, dass er genau weiß, wann er über welche aktualisierten Informationen verfügen kann. Hat sich diese Vorgehensweise einmal eingespielt, wird es nur noch wenige außerplanmäßige Störungen und Änderungen geben.

Versuchen Sie darüber hinaus, so viele mündliche und persönliche Berichte in Ihrem regelmäßigen Meeting zu platzieren wie möglich. Die Erfahrung zeigt, dass ein solches Meeting wöchentlich für jeweils eine Stunde stattfinden sollte. Es gibt nicht wenige Unternehmen, in denen der Innendienstleiter alle zwei Wochen, dann aber meist länger als eine Stunde, die operativen Punkte bespricht.

Ein längerer Zeitraum als zwei Wochen ist in der Praxis für eine effiziente Managementkommunikation kaum vorstellbar und sollte von Ihnen auf keinen Fall akzeptiert werden. Haben Sie heute einen längeren Rhythmus, folgt daraus mit Sicherheit ein wesentlich höheres (telefonisches und persönliches) Störpotenzial durch Ihren Chef. Dies geht zu Lasten der Effizienz. Darüber hinaus sind Informationen, die Sie nebenbei im Vorbeigehen eingeholt haben, bei weitem nicht so verbindlich wie ein konzentrierter und schriftlich fixierter Austausch in einem Meeting. Wenn Sie in ähnlicher Weise regelmäßig operative Themen mit Kollegen, also zum Beispiel dem Leiter Produktion, dem Leiter Logistik oder den Außendienstleiter zu besprechen haben, verfahren Sie bitte in ähnlicher Weise. Haben Sie erst einmal alle Ihre Kommunikationswege in dieser Art und Weise durchorganisiert und hat sich dieses Vorgehen nach acht bis zehn Wochen eingespielt, dann werden Sie feststellen, dass viele Kommunikationsvorgänge wesentlich stressfreier ablaufen und Sie in Ihrer Tagesplanung zusätzlich an Flexibilität gewonnen haben.

Wenn Sie komplexe Personalthemen mit Ihrem Chef oder der Geschäftsleitung zu besprechen haben, etwa drohende Kündigungen oder Vorfälle, die zum sofortigen Handeln nötigen, verfahren Sie genauso. Stimmen Sie im Vorfeld mit Ihren Vorgesetzten eine feste Agenda ab, die Sie in solchen Fällen abarbeiten werden. Dies spart bei eiligen Themen enorm Zeit und sorgt dafür, dass keine wichtigen Dinge vergessen werden. Außerdem unterstützt eine solche Agenda auch Ihre Vorbereitung zu einem solchen Gespräch.

3.7.2 Die Lost-Analyse

Zu den wichtigsten Analyseinstrumenten in einer Vertriebsorganisation gehört die sogenannte **Lost-Analyse**. Aus den Auswertungen einer Lost-Analyse kann eine Vertriebsorganisation viel lernen und ihre Effizienz kontinuierlich steigern. Falls Sie im Innendienst Angebote erstellen, an den Kunden weiterleiten und später telefonisch nachfassen, sollten Sie hinterfragen, warum Ihr Unternehmen einen Angebotsfall verloren hat. Darum geht es in der Lost-Analyse. Einige von Ihnen denken vielleicht, dies sei für Sie nicht relevant. Sie erhalten eine telefonische Preisanfrage und verhandeln. Dann steht der Auftrag oder der Kunde lehnt ab, weil es ihm zu teuer ist. Jedoch lohnt es sich auch in diesem Fall, nachzuhalten, wie oft diese Kundenaussage bei den gleichen Produkten oder in der gleichen Produktsparte auftritt und ob sie in zunehmendem Maße oder gleichbleibend auftritt.

Grundsätzliche Aspekte einer Lost-Analyse

- Bei welcher Art von Angeboten ist eine Lost-Analyse zwingend vorgeschrieben?
- Ab welcher Auftragsgröße muss eine Lost-Analyse durchgeführt werden?
- Erstellen Sie einen Fragenkatalog, der bei einer Lost-Analyse abgearbeitet werden muss.
- Legen Sie die Muss-Fragen (Antwort zwingend erforderlich) und die Kann-Fragen (Antwort wünschenswert, aber nicht immer möglich) des Fragenkatalogs fest.
- Legen Sie fest, wer (Innendienst, Außendienst, Technik) die Antworten in der Lost-Analyse beschafft.

In vielen Fällen werden Sie mit Ihrem Chef oder der Geschäftsleitung auch komplexere Fälle zu besprechen haben. Für diese Fälle empfiehlt es sich, komplexe Informationen vor einem Gespräch so aufzubereiten, dass sie von Menschen, die gewohnt sind, den gesamten Arbeitstag ausschließlich in Entscheidungsfindungsprozessen zu arbeiten, leicht aufgenommen und beurteilt werden können.

Auch ich habe festgestellt, dass sich meine Art zu Denken geändert hat. Gegenüber dem Fachmann, der ich zuvor war, hat sich nun eine klare Entwicklung zur Analyse der Gesamtsituation in rein betriebswirtschaftlicher Perspektive herausgebildet. In meinem weiteren Berufsleben als Manager habe ich in vielen Gesprächen mit Geschäftsführern, Vorständen, aber auch mit Bereichs- und Projektleitern festgestellt, dass diese sämtliche Information in einem vorgetragenen Fall nach drei Grundaspekten „abscannen" und bewerten. Schauen wir uns diese drei betriebswirtschaftlichen Grundaspekte einmal kurz an.

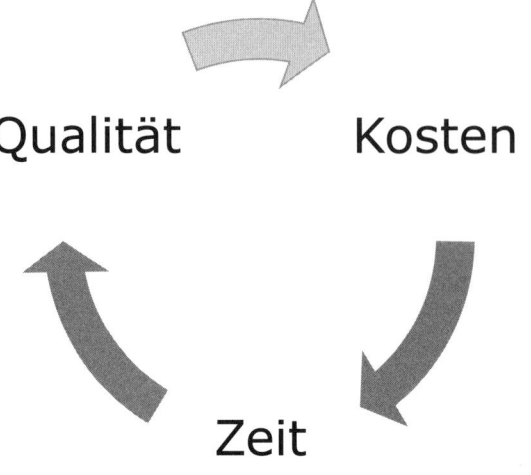

Abb. 43: Grundaspekte der betriebswirtschaftlichen Bewertung

Diese Prägung bei Top-Führungskräften bedeutet, dass sie sämtliche Informationen, die sie täglich erhalten, ohne bewusst darüber nachzudenken, hinsichtlich der Grundaspekte analysieren: Qualität, Kosten und Zeit. Ganz automatisch werden also Fragen gestellt wie:

- Was bedeutet der Vorschlag oder Sachverhalt im Hinblick auf die Qualität unserer Produkte, unserer Prozesse, unserer Kommunikation, …?
- Was für Auswirkungen hat der Vorschlag oder Sachverhalt auf unsere Kostenstruktur, auf unsere Einkaufskonditionen, auf unseren Personalkostenblock, …?
- Welche Auswirkungen hat der Vorschlag oder Sachverhalt auf unsere Lieferzeiten, Produktionszeiten, Time-to-Market-Zeiten, Lead-Zeiten, Reaktionszeiten, …?

Wenn Sie jetzt in der Lage sind, Ihren Fall und die damit verbundenen komplexen Sachverhalte so zu dokumentieren und mündlich vorzutragen, dass Sie diesem Denkmuster eins-zu-eins entsprechen, werden Sie von Ihren Vorgesetzten bzw. der Geschäftsleitung sehr einfach zu verstehen sein. Sie werden feststellen, dass Ihre Anliegen schneller zu einer Entscheidung kommen, als wenn Sie wie ein Fachmann vor allem in die Tiefe argumentieren und dabei Fachwissen bei Ihren Zuhörern voraussetzen.

3.7.3 Die SWOT-Analyse

Ein sehr hilfreiches Werkzeug ist die vereinfachte **SWOT-Analyse**. Diese Analyseform ermöglicht es Ihnen, die zuvor geschilderten Denkmuster optimal zu adressieren und damit auch komplizierte Fälle in wenigen Minuten punktgenau Ihren Vorgesetzten zu vermitteln. Vor allem Ihre Lösungsvorschläge von betrieblichen Problemen werden davon erheblich profitieren.

Wenn jemand dieses Werkzeug bereits im Studium kennengelernt hat oder sogar eine Diplomarbeit darüber erstellt hat, mag er überrascht sein, dass etliche Feinheiten hier nicht auftauchen. Dieses Buch möchte der Führungskraft wirksame und pragmatische Werkzeuge an die Hand geben, die ihr im Alltag helfen, das operative Geschäft einfacher, sicherer und auch erfolgreicher zu bewältigen. Genau in diesem Sinne habe ich vor vielen Jahren begonnen, die mittlerweile in der Literatur recht umfangreiche Darstellung der Möglichkeiten einer SWOT-Analyse auf die wesentlichen Aspekte der bereits genannten Aufgabenstellung zu reduzieren. Die folgende Abbildung gibt Ihnen zunächst eine Erläuterung, was die Buchstabenfolge SWOT überhaupt bedeutet.

S — Strength
Stärken, Vorteile des Vorschlags, der Situation

W — Weaknesses
Schwächen, Nachteile meines Vorschlags, der Situation

O — Opportunities
Chancen, Möglichkeiten, die mein Vorschlag, die Situation mit sich bringt

T — Threats
Risiken, Bedrohungen, die mit dem Vorschlag, der Situation verbunden sind

Abb. 44: Die SWOT-Analyse

In vielen Fällen beziehen sich **S** und **W**, die **Stärken und Schwächen** auf den Markt, den Mitbewerber oder auch auf andere Abteilungen im Hause. **O** und **T**, die **Chancen und Risiken,** beziehen sich meistens auf Ihren eigenen Vorschlag oder Ihre Situation. Wenn Sie in der Antwort Ihrer **SWOT-Fragen**, wo immer möglich, einen Bezug zu den zuvor aufgeführten Grundaspekten **Qualität**, **Kosten** und **Zeit** herstellen, dann gelingt Ihnen so eine optimale Darstellung für Führungskräfte mit

„betriebswirtschaftlichen Blick". Außerdem werden Sie feststellen, dass Ihre Vorgesetzten Sie nach kurzer Zeit viel stärker als gleichberechtigten Gesprächspartner schätzen, weil Sie in der Lage sind, auch schwierige Sachverhalte kurz und präzise auf den Punkt zu formulieren und Ihre Anliegen zielgenau darzustellen.

Das folgende Beispiel zeigt Ihnen, wie Sie die SWOT-Analyse in der Praxis konkret anwenden können.

▶ **BEISPIEL**

Aufgrund der letzten zwölf Monate haben Sie gesehen, dass Sie mit Ihrer Besetzung und der stetig zunehmenden Arbeit in der Abteilung einen Status erreicht haben, bei dem die kleinste Unregelmäßigkeit (z. B. Urlaub oder Krankheitsfälle) den geregelten Ablauf empfindlich stört oder gar lahmlegt. Es kommt zu Verspätungen und das Überstundenpotenzial der restlichen Mitarbeiter steigt sprunghaft an. Deswegen möchten Sie mit Ihrem Chef im nächsten regulären Meeting die Erweiterung Ihres Teams um eine Stelle ab Januar besprechen. Zu diesem Zweck bereiten Sie sich mit einer SWOT-Analyse vor. Im Meeting selbst könnte Ihre Argumentation dann wie folgt ausschauen:
„Ich habe mir einmal die Kennzahlen für die Aufträge, die Kennzahlen für die Kundenanrufe und Reklamationen und den Aufgabenzuwachs für die Abteilung der letzten 24 Monate angeschaut und analysiert. Bei gleichem Personalstand haben wir im Bereich Aufträge 32 % mehr Abwicklungen als im Vergleichszeitraum davor gehabt, die Anzahl von Reklamationen, die bearbeitet werden muss, hat um 17 % zugenommen, und wir haben zusätzlich seit diesem Jahr drei weitere Außendienstmitarbeiter aus Österreich und der Schweiz zu unterstützen. Aus diesem Grund ist unser Überstundenpotenzial in den letzten sechs Monaten um 6 % gegenüber dem Vorjahr gestiegen und liegt jetzt bei ca. 8,5 %. Kurz gesagt wir fahren mit der Abteilung permanent auf Volllast.
Lassen Sie mich diese Situation mithilfe der SWOT-Analyse beurteilen.
Strengths = Wir haben diese Situation derzeit hervorragend im Griff, da ich über ein extrem motiviertes Team verfüge. Fast zwei Drittel der Mitarbeiter zählen zu den „alten Hasen", das heißt, ich kann sie für fast alle Aufgaben spontan einsetzen, ohne Qualitätseinbußen zu haben. Da wir so überaus erfahrene Mitarbeiter haben, ist trotz der permanenten Belastung am oder über dem Limit die Fehlerrate bisher nur um 0,5 % pro 100 Aufträge gestiegen.
Weaknesses = Allerdings wird die Bereitschaft, abends ein bis zwei Stunden länger dazubleiben, um alle Aufträge rauszuschicken, nicht auf Dauer bestehen bleiben. Außerdem haben wir in der Urlaubsphase gesehen, dass sich jede Stellvertretertätigkeit sofort in Mehrstunden niederschlägt und zu einer nicht unerheblichen Belastung der einzelnen Mitarbeiter führt. Wir bekommen in zwei Monaten zwei weitere Auszubildende hinzu, die zunächst einmal zusätzliche

Belastung bedingt durch Einweisung und Zuwendung bedeuten. Das wichtigste Argument ist jedoch, dass wir mit Frau Müller in spätestens sechs Monaten auf eine Mutterschaft zusteuern, was zur Folge hat, dass wir den Betrieb, wie wir ihn jetzt mit Hochdruck sicherstellen können, in dem bisherigen Zeitrahmen und der Qualität nicht mehr aufrechterhalten können.

Opportunities = Durch eine neue, erfahrene Kraft ab Januar hätten wir die Chance, dass wir nach einem halben Jahr Einarbeitungszeit, also rechtzeitig vor der nächsten Urlaubszeit, einen reibungslosen Betrieb auch über die Urlaubsphase hinweg gewährleisten können. Da Frau Müller gesagt hat, dass sie nach der Babypause unbedingt zurückkehren möchte, wären wir ab dem Zeitpunkt so besetzt, dass ein Normalbetrieb ohne Überstundenaufbau und mit Abbau der aufgelaufenen Überstunden möglich wird. Dies verringert auch unser Risiko, im Kündigungsfall die Überstunden auch *de facto* vergüten zu müssen. Darüber hinaus haben wir nach einem Jahr noch Reserven, um zukünftiges Wachstum im Vertrieb und in den Aufgaben für eine Weile ohne weiteren Personalzuwachs zu bewältigen. Ebenso werden Krankheitsphasen, vor allem im Winter, den Ablauf und die Einhaltung von Zeitvorgaben dann nicht mehr stark tangieren und zu einer erhöhten Fehlerrate führen.

Threats = Ein Risiko, das wir haben, besteht darin, dass wir aufgrund der Arbeitsmarktlage eine erfahrene Kraft nicht rechtzeitig für den Einstellungstermin zum 1. Januar finden werden. Eine weitere Unwägbarkeit ist die Frage, ob wir eine Kraft mit genau dem Erfahrungshorizont finden, die genau in unsere Gehaltsstrukturen passt. Und die letzte Risikobewertung betrifft den Konjunkturverlauf, der, wenn ein Einbruch wie 2008 und 2009 erfolgt, den beschriebenen Personalzuwachs nach der Rückkehr von Frau Müller unnötig machen wird.

Auf der Grundlage dieser Überlegungen habe ich Ihnen einen Vorschlag mit zwei Optionen zusammengestellt. Zum einen die Neueinstellung, zum anderen zwei Halbtagskräfte, frühere Mitarbeiterinnen, auf Basis von Zeitverträgen. Ich selbst plädiere nach Kenntnis der Vertriebsplanung und der Aussicht, welche die Geschäftsleitung letzte Woche für die nächsten drei Jahre *in puncto* Wachstumsaktivitäten aufgestellt hat, eindeutig zur Festeinstellung und bitte Sie, dem zuzustimmen.

Da es sich hier um ein fiktives Beispiel handelt, konnte ich nicht durchgängig mit Daten, Zahlen und Fakten agieren, und die Darstellung so noch überzeugender machen. Trotzdem erlaubt diese Darstellung, dass der Standpunkt sofort zu erfassen ist, ebenso wie die Begründung und der Vorschlag am Schluss der Darstellung. Sie sehen, wie sich mit wenigen Zeilen ein solcher komplexer Sachverhalt so darstellen lässt, dass Ihr Managementpartner sofort erkennt, um was es Ihnen geht. Diese fundierte Darstellung mithilfe der SWOT-Analyse geht weit über die bloße Anfrage hinaus: „Chef, ich brauche dringend einen Mitarbeiter mehr, sonst kommen wir nicht mehr zurecht in der Abteilung. Meine Leute fangen schon an zu murren, wegen der Überstunden, die ständig anfallen!"

Üben Sie die Darstellung Ihrer Aufgaben und Probleme bei jedem Review, den Sie in den Sitzungen mit Ihrem Chef machen. Sie werden sehen, schon nach wenigen Wochen geht Ihnen diese Art der Darstellung bei der Vorbereitung und Durchführung in Fleisch und Blut über.

3.7.4 Zehn Lektionen des Benchmarkings

In dem vorangegangenen Beispiel haben Sie gesehen, dass die Führungskraft mit Kennzahlen argumentiert hat. In der Einleitung zu diesem Kapitel habe ich die Überzeugung vertreten, dass eine moderne, dynamische Abteilung ohne Kennzahlen überhaupt nicht mehr zu führen ist. Aus diesem Grund wenden wir uns zum Abschluss dem Thema **Kennzahlen im Innendienst** zu.

Die folgenden Seiten sollen Ihnen einen Einblick ermöglichen, um was es bei Kennzahlen überhaupt geht. Weiterhin soll deutlich werden, was bei einem System von Kennzahlen und deren Anwendung auf die tägliche Praxis, also dem Einsatz eines Benchmarking-Systems, für Sie im Innendienst relevant ist. Und zum Schluss erhalten Sie einen Arbeits- bzw. Projektplan, in dem steht, was zu tun ist, wenn Sie noch über keine Kennzahlen verfügen, Ihre Geschäftsleitung jedoch den Aufbau eines Kennzahlensystems von Ihnen erwartet.

Steigen wir direkt ein und beginnen wir mit den zehn Lektionen, die ich selbst lernen musste, als ich in früheren Jahren solche Benchmarking-Systeme im Innen- und Außendienst aufgebaut habe.

Lektion 1:	Benchmarking ist nicht statisch.
Lektion 2:	Überfordern Sie nicht Ihren Vorgesetzten.
Lektion 3:	Entwerfen Sie stets ein gesamtheitliches Bild der Ziele für das Benchmarking.
Lektion 4:	Schauen Sie andere Unternehmensbereiche und andere Branchen an.
Lektion 5:	Benchmarking ist nicht einfach das Messen von Zeiten und Fehlern.
Lektion 6:	Wo möglich, benutzen Sie Industriestandards bei den Prozessdefinitionen.
Lektion 7:	Besuchen Sie mindestens einmal im Jahr ein Benchmarking-Seminar.
Lektion 8:	Stellen Sie bestimmte Fragen dem „faulsten" Mitarbeiter in Ihrer Abteilung.
Lektion 9:	Stellen Sie diese Fragen Ihrer gesamten Abteilung.
Lektion 10:	Im Projekt selbst werden Sie mehr als eine Lektion pro Jahr zu lernen haben.

Lektion 1: Benchmarking ist nicht statisch

Benchmarking ist nicht statisch und es ist weder ein Report noch eine Liste mit dem Kennzeichen „ganz interessant, aber nicht mein Problem". Benchmarking ist ein Konzept und bildet einen Rahmen, der es ermöglich, Geschäftsprozesse über Abteilungsgrenzen hinweg permanent zu monitoren und zu verbessern. Das bedeutet: Wenn Sie im Innendienst die einzige Abteilung im Unternehmen sind, die mit diesem Prozess zu arbeiten beginnt, werden Sie sehr schnell an Grenzen stoßen, die Sie selbst gar nicht mehr beeinflussen können.

Lektion 2: Überfordern Sie nicht Ihren Vorgesetzten

Nehmen Sie sich Zeit, um zu verstehen, welche Daten und Informationen Sie wirklich brauchen und wie Sie diese Daten interpretieren. Auch das Format spielt hierbei eine wesentliche Rolle. Einige Chefs arbeiten am liebsten mit Visualisierung, also mit Bildern und Diagrammen. Andere bevorzugen Argumente, die ausformuliert sind. Mit der Definition, welche Kennzahlen im Einzelnen zu ermitteln sind, haben Sie erst die halbe Strecke zurückgelegt, die Art und Weise, wie sie zusammengefügt und dargestellt werden, ist mindestens ebenso wichtig für die spätere Kommunikation im Unternehmen. Wird darauf kein Augenmerk gelegt, verursacht das ständige Reibungspunkte über viele Jahre.

Lektion 3: Entwerfen Sie stets ein gesamtheitliches Bild der Ziele für das Benchmarking

Wenn Sie sich mit dem Benchmarking ausschließlich auf die Optimierung einzelner Prozesse in Ihrer Abteilung konzentrieren, werden Sie zwangsläufig Probleme in anderen Abteilungen verursachen. In der Einleitung wurde der moderne Innendienst als eine typische Schnittstellenabteilung dargestellt, die deswegen eine enorme Wichtigkeit für das Unternehmen hat. Ich versichere Ihnen, mit einem Kennzahlensystem, das Sie sauber und professionell über zwei Jahre in Ihrer Innendienstabteilung aufgebaut haben, bringen Sie einen ganzen Stapel von konkreten Problemen an Ihren Schnittstellen ans Tageslicht, die in anderen Abteilungen beheimatet sind. Das erhöht bei der Geschäftsleitung den Druck, ein durchgängiges Benchmarking über alle relevanten Unternehmensbereiche einzuführen. Der Nebeneffekt ist jedoch auch, dass Sie sich mit Sicherheit keine Freunde machen, wenn Sie Ihre Kollegen nicht frühzeitig ins Boot holen. Grundsätzlich gilt: Eine pure Kostenreduktion auf der Entscheidungsgrundlage von ein oder zwei Kennzahlen kann an anderer Stelle viel größere Kosten verursachen und führt genau zum gegenteiligen Effekt als den, den man ursprünglich erzielen wollte.

Lektion 4: Schauen Sie andere Unternehmensbereiche und andere Branchen an

Ein sicher überzogenes Beispiel ist die Formel 1, also der Rennsport. In dieser, zugegeben, extremen Sparte messen die Teams ihre Performance nicht gegen die unmittelbaren Mitbewerber und deren Prozesse. Sie schauen sich die Prozesse in der Raumfahrt und Luftfahrtindustrie an, wo der Sicherheits- und Leistungsaspekt extrem hoch angesetzt ist. Pfiffige Ingenieure übertragen jetzt Vorgehensmodelle und Messverfahren auf die eigene Branche und erhalten so neue Perspektiven zu dem erstellten Zahlenmaterial. Für Sie bedeutet das: Wenn heute in Ihrer Produktion oder Logistik bereits Kennzahlen ermittelt werden, setzen Sie sich mit Ihren Kollegen zusammen und lernen Sie zu verstehen, was gemessen wird, warum diese Zahlen ermittelt werden und vor allem, wie sie dann verwendet und interpretiert werden.

Schauen Sie sich solche Benchmarking-Prozesse bei Ihren Lieferanten oder guten Kunden an. Gehen Sie auf Seminare und untersuchen Sie, was in anderen Branchen im Innendienst und in anderen Abteilungen ermittelt wird und wie das Zahlenmaterial verwendet wird. Das alles hilft Ihnen, Fehler zu vermeiden und spart vor allem viel Zeit bei der Entwicklung Ihres eigenen Kennzahlensystems.

Lektion 5: Benchmarking ist nicht einfach das Messen von Zeiten und Fehlern

Wenn Sie erst einmal mit der Definition begonnen haben, werden Sie erfahren, dass die Materie viel komplexer ist. Betrachten Sie zum Beispiel ein Team aus Ihrer Abteilung, sagen wir drei Mitarbeiter, die alle den gleichen Typ von Aufträgen täglich bearbeiten und dafür die Verantwortung tragen, dass die Aufträge in einer bestimmten Zeit fehlerfrei bearbeitet in der Logistik vorliegen. Selbstverständlich macht es jetzt Sinn, zum Beispiel die mittlere Durchlaufzeit von Aufträgen bei diesem Team zu erfahren. Weiterhin ist es aufschlussreich, die monatliche Fehlerrate zu erfahren, die das Team bei diesem Typ von Aufträgen bezogen auf die Durchlaufzeit jeweils hat. All das kann man mit einem guten **ERP-System** (Warenwirtschaftssystem) oder **CRM-System** (Customer-Relationship-Management-System) herausfinden, aber dann haben Sie zunächst nur eine Zahl, die kaum Aussagekraft besitzt. Erstens besteht das Team aus drei Mitarbeitern, die unterschiedliche Reifegrade und Bearbeitungsgeschwindigkeiten bei der Durchführung ihrer Tätigkeit aufweisen. Zweitens haben Sie noch keinen Bezugspunkt ermittelt, welche Werte denn einer Performance von 100 % entsprechen sollen, und mit diesem Bezugspunkt auch definiert, wo das Team heute in seiner Arbeitsleistung steht und wie diese Leistung zu interpretieren ist.

Wenn Sie zum Beispiel heute ermittelt haben, dass das Team im letzten Monat eine durchschnittliche Bearbeitungszeit bei einem speziellen Typ von Aufträgen von, sagen wir, zwölf Minuten erreichte und dabei monatlich im Mittel bei viereinhalb Aufträgen Fehler passierten, die Nacharbeiten erforderlich machen. Was bedeutet das genau? Entsprechen diese Werte bereits 100 % der Leistungsfähigkeit des Teams? Was passiert, wenn Ihre beste und schnellste Kraft im Team krank wird oder im Urlaub ist und eine Stellvertretung die Aufträge deutlich langsamer bearbeitet? An diesem Beispiel wird deutlich: So einfach, dass man eine Zahl ermittelt und daraus sofort eine Aussage ableiten kann, werden Sie es bei keiner einzigen Kennzahl haben. Die ermittelten Werte müssen immer mit einer begründeten Skala hinterlegt werden. Beim Aufbau des Systems, also in der Projektphase, werden Sie daher etliche Abstimmungsprozesse mit Ihren Vorgesetzten durchlaufen. Nur wenn die Sicht auf die Zahlen und deren Zuordnung auf einer Bemessungsskala im gesamten Management völlig einheitlich ist, wird das System später seinen Zweck hervorragend erfüllen können. Sie haben dann ein zusätzliches und starkes Instrument in Ihrem Cockpit. Abschließend sei hier noch darauf hingewiesen, dass eine Kennzahl auch nur eine Zahl ist, die wiederum von anderen Messungen in Ihrer Abteilung abhängig ist! Sie sehen, so nebenbei ein paar Zahlen zu ermitteln ist purer Nonsens und Zeitverschwendung. Ihr Job ist es, dies zunächst sich selbst und dann Ihrem Chef klar zu machen.

Lektion 6: Wo möglich, benutzen Sie Industriestandards bei den Prozessdefinitionen

Schauen Sie, ob Sie Kollegen im eigenen Unternehmen finden oder zum Beispiel auf Seminaren, die Ihnen Prozessbeschreibungen von Kennzahlen zur Verfügung stellen können. Das spart Zeit und Nerven. Die wichtigsten Bereiche, in denen ich in der Vergangenheit Kennzahlen in einem System verankern ließ und die auch meine Seminarteilnehmer, die bereits durch solch ein Projekt gegangen sind, bestätigt haben, sind am Ende dieses Kapitels aufgeführt.

Lektion 7: Besuchen Sie mindestens einmal im Jahr ein Benchmarking-Seminar

Diese Aussage gilt vor allem dann, wenn Sie in einer sehr stark strukturierten und definierten Branche arbeiten. In der Automotive- oder der Chemiebranche, um nur zwei zu nennen, haben Sie eine sehr gute Chance, bei einem Seminarbesuch andere Kollegen zu treffen, die bereits ein solches Benchmarking-System im Einsatz haben. Durch den Austausch mit ihnen können Sie bei Ihrem Projekt enorm Zeit sparen und Fehler vermeiden. Außerdem treffen Sie dort Führungskräfte mit ähnlich gelagerten Problemen und unterschiedlichen Lösungsansätzen. Dies erweitert Ihren Blick und gibt neue Ideen.

Lektion 8: Stellen Sie bestimmte Fragen dem „faulsten" Mitarbeiter in Ihrer Abteilung

Diese Lektion hat Sie bestimmt überrascht. Aber in vielen unserer Projektsitzungen gab es immer wieder Fragestellungen, in denen wir uns festgefahren hatten und einfach keine Lösung gefunden haben. In diesen Fällen hat es sich bewährt, unseren augenscheinlich „faulsten" Mitarbeiter einmal mit dem Problem zu konfrontieren. Solche Menschen verfolgen einen ganz eigenen Denkansatz. Sie sind es gewohnt, ihren eigenen Arbeitsprozess bis zum Äußersten zu optimieren. Ihr Grundsatz: Wie erhalte ich mit dem geringsten Aufwand am Monatsende doch mein Gehalt? So erhalten Sie oft sehr ausgefallene, aber häufig auch pfiffige Ideen abseits der normalen Denkpfade. Versuchen Sie es, es lohnt sich!

Lektion 9: Stellen Sie diese Fragen Ihrer gesamten Abteilung

Grundsätzlich werden Sie im Projektplan (Abb. 45) lesen, dass es unumgänglich ist, Ihre ganze Abteilung in die Planung, Entscheidung, Entwicklung und Umsetzung eines Kennzahlensystems einzubeziehen. Bei Ihren ersten Ansprachen werden Sie dabei naturgemäß auf heftigen Widerstand von vielen Ihrer Mitarbeiter stoßen. In diesem Zusammenhang war es früher für meine Innendienstleiter sehr nützlich, die folgenden Fragen aufzuwerfen und vorweg zu diskutieren.

Wie sollen wir ohne greifbare Zahlen und belegbare Fakten nachweisen, dass wir einen hervorragenden Job machen, aber trotzdem permanent überfordert werden, wenn wir nicht eine zusätzliche Stelle in der Abteilung bekommen?
Wie können wir uns ganz einfach wehren, wenn Prozesse in anderen Abteilungen nicht gut funktionieren und wir deswegen Schwierigkeiten mit unserer Arbeit bekommen? Wäre es nicht leichter, wenn wir belegen könnten, dass wir nahezu perfekt funktionieren und es trotzdem nicht schaffen? Können wir das heute mit Daten, Zahlen und Fakten unterlegen?
Unsere Geschäftsleitung hat entschieden, dass wir ein Benchmarking-System in Zukunft benötigen. Ist es Ihnen lieber, dass Kollegen im Außendienst oder im Marketing oder gar im Controlling uns vorgeben, was eine gute Leistung bei uns ist oder nicht? Wollen wir das nicht besser selbst in die Hand nehmen und für uns auch ein starkes Hilfsmittel damit schaffen?
Sollen denn unsere Produktentwickler plötzlich Teil der Vertriebsmannschaft sein und Umsatzverantwortung übernehmen?

Sie sehen, alle Fragen zielen darauf ab, durch einen Perspektivenwechsel ein tieferes Verständnis für den Nutzen und die Notwendigkeit eines Benchmarking-Systems bei den Mitarbeitern zu erzielen. Ferner ist es unbedingt erforderlich, den Mitarbeitern die Funktionalität eines Kennzahlensystems begreiflich zu machen. Viele Mitarbeiter befürchten, sobald sie den Begriff „Benchmarking" hören, dass da jemand mit der Stoppuhr neben ihnen stehen wird, damit sie noch schneller und mehr arbeiten. Wenn Sie erreichen, dass der Mitarbeiter versteht, dass ein gut funktionierendes Kennzahlensystem auch einen guten Schutz für ihn selbst darstellt und seine Leistung im Einzelfall auch besser gewürdigt werden kann, dann haben Sie Ihren Job sehr gut gemacht. Nehmen Sie es sich zu Herzen und versuchen Sie, jeden einzelnen Mitarbeiter in Ihrer Abteilung von der Nützlichkeit und Wichtigkeit eines solchen Systems zu überzeugen, und stellen Sie sicher, dass der Informationsfluss in der Planungs- und Umsetzungsphase umfassend gewährleistet ist.

Lektion 10: Im Projekt selbst werden Sie mehr als eine Lektion pro Jahr zu lernen haben

Hier schließt sich der Kreis zur ersten Lektion. Sie werden sehen, wenn Sie mit dem Projekt begonnen haben und auch lange nach der Implementierung des Benchmarking-Systems nach zwei Jahren, werden Sie jedes Jahr aufs Neue zu verschiedenen Sichtweisen und Interpretationen der Daten gelangen. Jedes Mal, wenn sich in Ihren Prozessen und der Organisation etwas ändert, führt das zu Ausschlägen in Ihren Kennzahlen, die eine Interpretation und Erklärung erfordern. Ich habe es oft erlebt, dass Manager nach drei oder vier Jahren einige Kennzahlen wieder abgeschafft haben, weil der Nutzen in keiner Relation zu der ständigen Neuinterpretation stand. Unzweifelhaft ist jedoch, dass Sie einige Basiskennzahlen speziell auch im Innendienst benötigen, um die Feinsteuerung der Abteilung im Griff zu haben und um über eine stabile Entscheidungsgrundlage gegenüber Ihrem Management zu verfügen.

3.7.5   Fragenkatalog zu Aufbau und Umsetzung eines Kennzahlensystems

In diesem Abschnitt finden Sie ein „Management Summary", eine Vorlage zur Entscheidung über die Einführung eines Benchmarking-Systems. Die in Abbildung 45 aufgeführten Schritte umfassen den gesamten Arbeits- und Projektplan, den Sie sich für ein solches Projekt vornehmen müssen. Aus meiner Erfahrung müssen Sie etwa sechs bis neun Monate für die Einführung des Systems (Definitionen und Entscheidungen) ansetzen und dann nochmals ein bis eineinhalb Jahre für die schrittweise Umsetzung. Es gilt hier immer die goldene Regel: **Weniger und transparent ist mehr als komplett und komplex!** Achten Sie ferner darauf, dass Sie in allen im

Anschluss aufgeführten Abstimmungsprozessen entweder das formale Ok für die Bemessungsgrundsätze von Ihrem Chef oder von der gesamten Geschäftsleitung erhalten.

Die Anforderungen von Ihrem Chef oder der Geschäftsleitung sollten Sie auf Validität und Machbarkeit prüfen. Hierzu ein Beispiel:

▶ **BEISPIEL**

Vor zwei Jahren hatte ich die Aufgabenstellung, für einen amerikanischen Chemiekonzern ein Kick-off-Meeting für ein Benchmarking-Projekt über alle Back-office-Organisationen durchzuführen. Also kamen weltweit alle Innendienstleiter an einen Ort, um gemeinsam mit mir zu sehen, wie diese Aufgabenstellung anzugehen ist. Während dieses Tages kam die auserkorene Projektleiterin auf mich zu und teilte mir mit, dass ihr der Vorstand aufgetragen hat, das Thema Liefertreue zu einem der wichtigsten Themen in diesem Projekt zu machen, da dies für das Image der Firma enorm wichtig ist. Ich nahm die Anforderung auf und wir gingen das Thema Liefertreue mit all seinen Aspekten hinsichtlich der zu ermittelnden Zahlen durch. Sehr schnell hatten wir gesehen, dass selbst wenn der Innendienst in allen relevanten Punkten eine Performance von 100 % theoretisch erreichen würde, sich die Liefertreue des Unternehmens trotzdem nur bei 92 % darstellen ließ. Hintergrund war ganz einfach, dass der Innendienst keinerlei Einfluss und Transparenz bei den einzelnen Produktionsstätten hat und somit nur auf Basis seiner Inputdaten arbeiten kann. Mit Kenndaten, Messungen und Interpretation von Werten nur aus den Innendienstorganisationen war dem Wunsch des Vorstands nicht zu entsprechen.

Dieses Beispiel zeigt sehr deutlich, dass Sie Erwartungshaltungen vonseiten Ihres Managements intensiv hinterfragen müssen, damit Sie mit Ihrem Projekt nicht eine Erwartungshaltung wecken, die Sie am Ende nicht erfüllen können.

Die folgende Abbildung zeigt den Fragenkatalog, der Ihnen hilft, einen Projektplan zum Aufbau eines Kennzahlensystems zu erstellen.

Zieldefinition	Output über alle Ziele	• Definition der operativen Benutzung und der Gesamtziele eines zu erstellenden Kennzahlensystems (KZS) • Zeitansätze für die Entwicklung, Implementierung und die spätere Wartung eines KZS
	Bereichsdefinition	• Definition aller Arbeitsbereiche, in denen Kennzahlen definiert werden, und Begründung, warum diese Kennzahl dort nützlich und wichtig ist • Abgleich der Detailziele mit den Gesamtzielen oben • Erstellen einer Aufwand-Nutzen-Relation pro Kennzahl
	Informationsfluss	• Wer wird die jeweilige Kennzahl nutzen, um Performance zu messen? • Wer wird wie in welchen Zeitabständen informiert über die Projektentwicklung? • Wer wird wie, in welchen Zeitabständen über welche Kennzahlen informiert? • Bei welchen Kennzahlen werden Limits festgelegt, bei deren Erreichen automatisch die Abteilungsleitung reagieren muss?
	Planung: Aspekte und Prozess-Qualitäts-verbesserung	• Welcher Planungshorizont für die Etablierung und messbare Prozessverbesserung ist in den jeweiligen Bereichen realistisch?
	Rechtliche Aspekte	• In Bezug auf die Messung von Arbeitsleistung, Zeiten und Mengen bezogen auf einzelne Mitarbeiter sowie Gruppen (jeweilige Landesgesetze beachten) • Rechtlichen Aspekte im Hinblick auf die Beteiligung von Betriebsräten • Wer wird im Voraus über die Projektplanung informiert und ist bei der Umsetzung später involviert? • Wer berät zu der juristischen Seite im jeweiligen Land? • Wie ist die Informationspolitik beim Aufkommen von rechtlichen Diskussionen? • Welche Limitierungen ergeben sich aus den lokalen rechtlichen Gegebenheiten?

Kriterienplan und spätere Kennzahlen	Kennzahlen-Bereiche	• Zeitachse für präzise definierte Kennzahlen festlegen und deren Relation zu 100 % definieren • Arbeitsbereiche, Teams, Personen und Prozesse definieren, die Bestandteil einer Kennzahlenermittlung sein werden
	Prioritäten und Abhängigkeiten	• Prioritäten-Ranking der verschiedenen Kennzahlen festlegen und die Abhängigkeiten untereinander im Hinblick auf die Prozessqualität beschreiben (Beispiel: Eine deutliche Reduzierung der Kosten für die Auftragsabwicklung kann zu einem direkten Anstieg der Kundenreklamationen führen und damit zu erhöhten Kosten für Nachbearbeitungen) In welchem Rahmen sollen solche Abhängigkeiten bei der Prozessoptimierung akzeptiert werden?
	Vorbedingungen, Ermittlungs- und Berechnungs-methoden sowie Detaildefinition	• Exceltabelle mit Rahmenbedingungen, Kalkulationsmethoden und Format, Messmethoden und Prozeduren sowie Turnus erstellen • Genaue Definition, wo, wann, in welchen Zeitabständen durch wen oder welches System ermittelt wird • Festlegen, wie und wer die Daten aufbereitet • Festlegen der unteren und oberen Limits, bei denen eine Intervention notwendig ist • Festlegen der Wertebereiche, in denen Prozesse unter genauere Beobachtung gelangen sollen
Umsetzungsplanung	Infrastruktur und Organisation	• Welche Daten von welchem System benötigen wir? • Sind diese Zahlen heute verfügbar oder müssen sie erst im System verfügbar gemacht werden? • Welche Daten können automatisch zur Verfügung gestellt werden, welche nur manuell von Mitarbeitern? • Wer wird permanentes Mitglied im Projektteam zum Aufbau eines Kennzahlensystems (KZS)? • Welches Team führt eine jährliche Überprüfung des Systems durch und erarbeitet dafür die Prüfkriterien?

		• Welche Reportingstrukturen und Reportingabläufe und -zeiten werden vom Start weg da sein?
	Management-kommunikation	• Wer bekommt permanent (täglich, wöchentlich, quartalsweise, jährlich) welche Zusammenstellung von Resultaten?
		• Wer wird involviert bei der Diskussion von Abweichungen, die über den im System festgelegten Werten liegen?
		• Wer wird zusätzlich informiert und auf welche Art und Weise, in welchem Format erfolgt diese Information?
	Das Team	• Wie stelle ich das Projekt zur Entwicklung eines eigenen KZS (Kennzahlensystems) meinen Mitarbeitern vor?
		• Mit welchen Argumenten stelle ich sicher, dass alle meine Mitarbeiter den individuellen Nutzen für sich selbst aus dem neuen KZS erkennen und komplett verstanden haben?
		• Wer wird Mitglied im KZS-Entwicklungsteam und warum wähle ich gerade diese Mitarbeiter aus?
		• Welche Aktivitäten plane ich, um die Resultate und Meilensteine des KZS-Projekts meinen Mitarbeitern zu präsentieren und auf welche Art und Weise kann jeder Einzelne in der Abteilung Beiträge zum Projekt leisten?

Abb. 45: Fragenkatalog zu Aufbau und Umsetzung eines Kennzahlensystems

Nutzen Sie diesen Fragenkatalog als Überblick und zur Anregung, welche Aspekte Sie berücksichtigen sollten, wenn Sie einen konkreten Projektplan erstellen. Sind bei Ihnen noch keine Kennzahlensysteme im Einsatz, empfehle ich Ihnen zunächst, den Entwurf eines sogenannten „White Paper", also ein Vorschlagspapier mit einem Umfang von drei bis fünf DIN-A4-Seiten, auf denen Sie nach SWOT-Kriterien genau erklären, warum Sie in Zukunft Kennzahlen ermitteln wollen und was Ihr erklärtes Abteilungsziel in den nächsten drei Jahren ist. Ferner umreißen Sie grob die einzelnen Aspekte eines Kennzahlensystems und verdeutlichen an einer Kennzahl, welche Abstimmungsprozesse zwischen dem Management und Ihnen erforderlich sein werden, damit später verlässliche Aussagen aus den Zahlenwerten und Messgrenzen interpretiert werden können. Diese bilden dann die Entscheidungsgrundlage für die Aktivitäten zur Prozessoptimierung.

Sie haben auf den letzten Seiten gesehen, dass es mitnichten darum geht, Arbeitszeiten zu messen oder eine bestimmte Menge von Aufträgen zu zählen. Nein, Sie haben ein erwachsenes Projekt mit einer Mindestlaufzeit von 24 Monaten vor sich, bevor Sie regelmäßig einen Nutzen aus dem System für die Abteilung und den einzelnen Mitarbeiter ziehen können. Wenn Sie in Kombination mit variablen Gehaltsanteilen keine verlässlichen Kennzahlen etabliert haben, wird es nahezu unmöglich sein, Ihre Mitarbeiter zusätzlich nach Performance zu entlohnen.

Zum Abschluss des Kapitels möchte ich Ihnen die seit 2006 am häufigsten genannten Kennzahlen vorstellen, die in meinen Seminaren für Innendienstleiter genannt wurden.

Kenndaten Innendienst: Auftragsabwicklung

- Aufträge Abteilung insgesamt/Tag/Woche/Monat
- Auftragsgruppen insgesamt/Tag/Woche/Monat
- mittlere Durchlaufzeit Auftrag pro Gruppe
- mittlere Bearbeitungszeit Auftrag pro Arbeitsplatz
- mittlere Durchlaufzeit Auftrag pro Gruppe, Gesamtunternehmen

Kenndaten Reklamationen

- Reklamationen insgesamt/Tag/Woche/Monat
- Reklamationen pro Gruppe insgesamt/Tag/Woche/Monat
- mittlere Bearbeitungszeit pro Reklamation/pro Gruppe

Kenndaten Innendienst: Vertrieb, Unterstützung

- Neukundenkontakte Abteilung insgesamt/Tag/Woche/Monat
- Bestandskundenkontakt zu Up-/Cross-Selling/Tag/Woche/Monat
- Kontaktaufbauaktionen pro Quartal
- mittlere Quote der gestarteten Sales Cycles pro Monat
- mittlere Quote der abgeschlossenen Projekte mit Initialisierung durch den Innendienst
- Umsatz pro Monat direkt durch den Innendienst
- Umsatz pro Monat mit aktiver Sales-Beteiligung des ID

Teil II
Gestalten Sie die Entwicklung Ihrer Abteilung mit

4 Vertrieb, Innendienst und Service im Wandel

In meinen Seminaren für Innendienstleiter frage ich zu Beginn gerne nach Themen, die nach dem Wunsch der Teilnehmer intensiv behandelt werden sollten. Mehr als 90 % der Seminarteilnehmer erklären, dass **Mitarbeiterführung und Motivation** sowie der **Umgang in schwierigen Mitarbeitersituationen** besonders wichtige Themen sind. Deshalb sind die Kapitel 1 bis 3 dieses Buches so ausführlich dargestellt. Gleich an zweiter Stelle äußern viele Seminarteilnehmer, dass von Ihnen gefordert wird, den klassischen Innendienst zu modernisieren und wesentlich vertriebsorientierter zu gestalten. Das reicht bis hin zur Forderung, den Außendienst zu entlasten und zukünftig selbst bei B- und C-Potenzialen umsatzwirksam zu agieren. Gemeint ist hier nichts anderes, als den Innendienst schrittweise so zu organisieren, dass nicht nur das klassische Annehmen von Kundenanrufen (Inbound) und deren Abarbeitung im Fokus steht, sondern auch das aktive telefonische Ansprechen von Kunden (Outbound), um damit zusätzliche Abschlüsse und Umsätze zu generieren.

In diesem Kapitel werden wir uns den Aufbau und die Konsequenzen für eine Innendienstorganisation beim Outbound-Geschäft im Detail anschauen. Darüber hinaus finden Sie hier und auf www.haufe.de/arbeitshilfen ein erprobtes Kalkulationsschema, mit dem Sie anzusetzende Zeiten, Personaleinsatz und mögliche Ergebnisse für Ihre Organisation selbst berechnen können.

In meinen Seminaren für Innendienstleiter wird häufig auch das Thema **Customer-Relationship-Management (CRM)** als ein neuralgischer Punkt genannt. Sei es, dass geplant ist, ein CRM-System einzuführen oder dass es mit dem bestehenden System große Probleme gibt. Da aber ein gut funktionierendes CRM-System das Rückgrat einer modernen Innendienstorganisation ist, ohne das sich viele Funktionen gar nicht mehr abbilden lassen, werde ich Sie mit den wichtigsten Aspekten, auf die Sie als Innendienstleiter achten müssen, vertraut machen.

Wenn schon der Innendienst in Zukunft immer umsatzorientierter wird und enger mit dem Außendienst zusammenarbeiten muss, sollten Sie als Innendienstleiter auch umfassend mit den Begriffen **Pipeline, Forecast** und der **Planung einer Umsatzentwicklung** vertraut sein. Dazu finden Sie in diesem Kapitel eine Best-Practice-Darstellung, die Sie in die Lage versetzen soll, sich in internen Managementdiskussionen besser und fachkundiger zu positionieren. Wenn Sie bereits eigene Umsatzverantwortung haben, hilft Ihnen dieses Kapitel, diese planerisch besser in den Griff zu bekommen.

4.1 Die Organisation von Telemarketing und -sales mit Outbound-Strukturen

An Innendienstorganisationen wird vom Management häufig der Wunsch herangetragen, einen Teil der Mitarbeiter aktiv in **Telemarketing-** oder **Telesales**-Aktivitäten einzubeziehen. Aus diesem Grund sollen zunächst diese beiden Begriffe klar definiert werden.

Beim **Telemarketing** oder Telefonmarketing handelt es sich um aktive Anrufe aus dem Innendienst entweder zu Bestandskunden oder zu potenziellen Kunden mit dem Ziel, entsprechende Informationen zu erhalten, die helfen, den Kunden im Hinblick auf sein Umsatzpotenzial zu qualifizieren. Ferner fällt auch das Platzieren von bestimmten Marketinginformationen auf diese Art und Weise häufig unter die Rubrik Telefonmarketing.

Beim **Telesales** hingegen ist das Ziel des aktiven Anrufs immer, einen Teil oder den kompletten Verkaufszyklus durch den telefonischen Kontakt zum Kunden abzudecken. In den letzten Jahren wird auch bereits das aktive Erkunden am Telefon, ob der bestehende, aktive Kunde Potenziale für Up-Selling und Cross-Selling besitzt, bereits zu den Telesales-Aktivitäten gezählt. In beiden Fällen handelt es sich klar um den ersten Schritt eines neuen Verkaufsprozesses, auch wenn diese Information im nächsten Schritt direkt an einen für den Kunden zuständigen Außendienstmitarbeiter weitergegeben wird.

Wenn Sie als verantwortliche Führungskraft im Innendienst von Ihrem Vorgesetzten darum gebeten werden, dass einige Ihrer Mitarbeiter täglich ein paar Kunden anrufen könnten, um zusätzliche Umsätze zu generieren, dann lautet meine Antwort: „Ja, das können Ihre Mitarbeiter wahrscheinlich." Wenn Ihr Vorgesetzter anregt, ob Sie nicht eine Halbtagskraft einsetzen könnten, die jeden Tag telefoniert, um den Umsatz zu befeuern, lautet meine Antwort ebenfalls: „Ja, das ist natürlich möglich." Aber Ihr Vorgesetzter sollte wissen: Hier handelt es sich absolut nicht um ernsthafte Telefonarbeit, die an direkte oder indirekte Vertriebs- und Umsatzverantwortung gekoppelt ist. Viel schlimmer noch: Wenn Sie diese Telefonaktion mit den eigenen Mitarbeitern durchführen, werden Sie über kurz oder lang das Risiko eingehen, dass Ihnen die ausgewählten Mitarbeiter kündigen oder durch Demotivation keine beachtenswerten Ergebnisse generieren werden. Wenn zwei

Mitarbeiter jeden Tag ein paar Anrufe durchführen oder eine neue Halbtagskraft versucht, potenzielle Kunden zu erreichen, wird es ab und zu einen Zufallstreffer geben. Ihre Erfolgsquote wird auf Dauer jedoch bei 0 bis 2 % liegen. Und für diese Quote ist der betriebene Aufwand viel zu groß, ebenso wie die Gefahr, dass die eingesetzten Mitarbeiter demotiviert werden.

Das Handwerk Telemarketing und Telesales, gerade wenn es um Neukundenkontakte geht oder den direkten Verkauf, gehört zu den anspruchsvollsten Vertriebsbereichen, die es derzeit gibt. Richtig aufgebaut und eingesetzt lassen sich mit solchen Organisationseinheiten jeden Vertrieb befeuern und deutliche Umsatzzuwächse erzielen. Zur Klarstellung: Befeuern heißt nicht, dass sich jede Dienstleistung und jedes Produkt am Telefon verkaufen lässt. Aber auch bei komplexen Dienstleistungen lässt sich im Vorfeld durch eine Telefonaktion genau herausfiltern, bei welchem potenziellen Kunden sich der Aufwand eines Erstgesprächs mit teurem und kompetenten Fachpersonal wirklich lohnt. Auf diese Weise kommt ein kompetenter Außendienstmitarbeiter ohne Zeitverlust im Vorfeld bereits zu seinem ersten wichtigen Termin. In Deutschland gibt es, weitab von den häufig schlecht ausgebildeten Mitarbeitern, die in mittelmäßigen oder schlechten Callcentern arbeiten, professionelle Organisationen, die am Telefon für verschiedene Kunden Umsätze in dreistelliger Millionenhöhe generieren. Dazu ein Beispiel aus meiner Praxis:

▶ **BEISPIEL**

Vor einigen Jahren hatte ich von einem internationalen IT-Unternehmen, das auf dem deutschen Markt mit Outsourcing-Leistungen Fuß fassen wollte, den Auftrag, mich mit einem professionellen Dienstleister in Verbindung zu setzen und ein erstes Pilotprojekt aufzubauen und auszuwerten. Ich entschied mich für Europas größten Dienstleister in diesem Bereich, mit dem ich früher schon sehr gute Erfahrungen machen konnte. Dieser Dienstleister beschäftigt knapp 4.500 Mitarbeiter und deckt derzeit mit Muttersprachlern über zwanzig Sprachen ab.

Die Aufgabenstellung lautete, mit Geschäftsführern oder Vorständen von deutschen, mittelständischen Unternehmen (1.000 bis 10.000 Mitarbeiter) aus der Maschinenbau- oder Automotive-Branche Kontakt aufzunehmen. Dabei war auszuloten, ob bestimmte Themen in den nächsten 12 bis 24 Monaten auf deren Projektagenda standen. In diesem Zusammenhang sollten wenige, aber sehr gezielte Informationen über das eigene Unternehmen platziert werden und — wenn aktuell Bedarf signalisiert wurde — ein Fachgespräch zum Kennenlernen verabredet werden. Die mittlere Dauer eines Telefonats wurde auf zwei bis drei Minuten geplant, für einen Folgeanruf wurden ebenfalls nie mehr als drei bis fünf Minuten angesetzt. Outsourcing-Projekte sind natürlich eine sehr komplexe Materie, die, wie Sie in der folgenden Darstellung sehen werden, auch mit vielen psychologischen und politischen Aspekten verbunden ist. Mehr als eine solche Eingangstür aufzustoßen, war am Telefon nicht möglich. Nachdem das Projekt angelaufen war, gelang es dem hochkompetenten Außendienstteam nahezu jede Woche zwei bis drei Fachtermine mit Geschäftsführern, Vorständen und deren IT-Leitern zu generieren. Mehr wäre für die Vertriebsmannschaft auch gar nicht möglich gewesen, da für solche Termine eine Menge Vor- und Nachbereitung anfallen. Da es aber im Erfolgsfall um Projektabschlüsse in Millionenhöhe ging, war dies der schnellste Weg, branchenfokussiert in einem Land Fuß zu fassen.

In dem Beispielfall handelt es sich um eine Situation, in der ein Unternehmen diese Outbound-Aktivität nicht selbst durchführt, sondern sie an einen externen Dienstleister als Projekt vergibt. Wenn Sie feststellen, dass Sie mit eigenen Mitarbeitern diese Aufgabenstellung nicht abwickeln können, sondern die Aktivität an einen Dienstleister outsourcen müssen, bleibt Ihnen im Innendienst immer noch die Planung und Koordination sowie die Bereitstellung eines Mitarbeiters aus Ihrem Team, um die täglichen, operativen Aktivitäten mit dem Dienstleister zu steuern und zu erledigen.

Telemarketing-Aktionen mit eigenen Mitarbeitern

Bevor wir aber über das Outsourcen von Telemarketing oder Telesales-Aktivitäten sprechen, sollten wir uns eine solche Aktivität genauer anschauen, und zwar unter dem Aspekt, dass wir die Aktion mit den eigenen Mitarbeitern umsetzen. Aus meiner Erfahrung mit mehreren hundert solcher Aktionen habe ich die zwölf wichtigsten **Grundregeln für erfolgreiche Outbound-Telefonaktionen** zusammengefasst (vgl. Abb. 46).

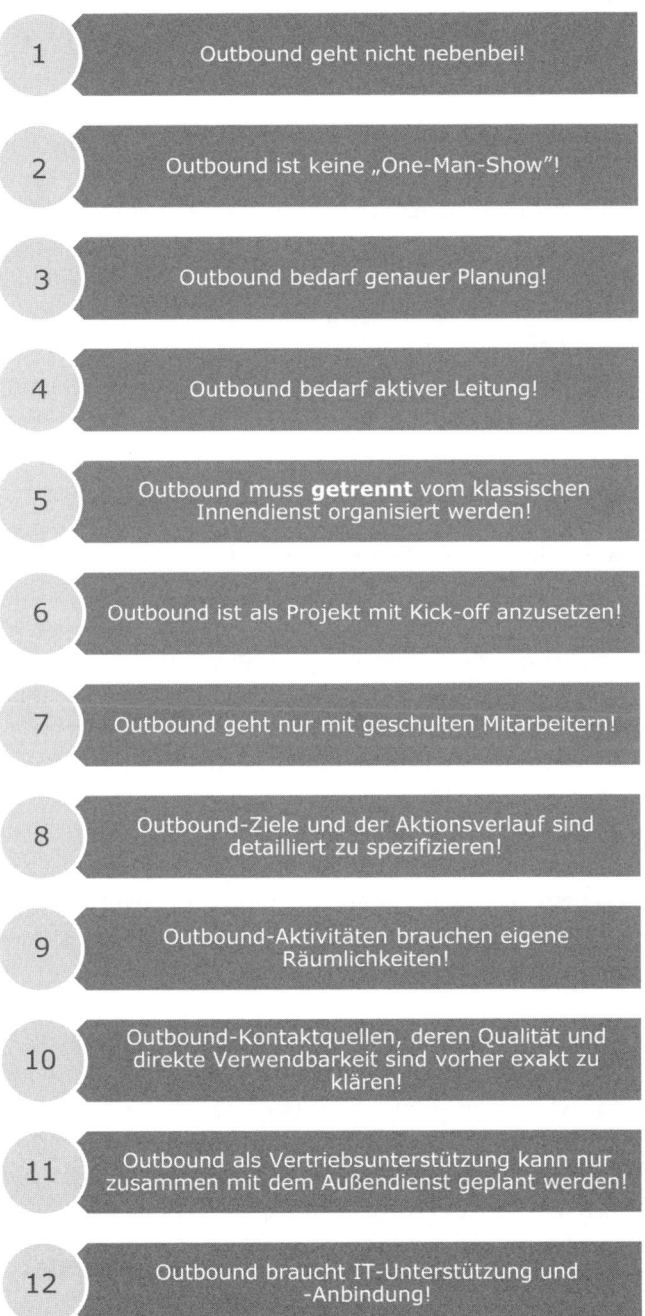

1 Outbound geht nicht nebenbei!

2 Outbound ist keine „One-Man-Show"!

3 Outbound bedarf genauer Planung!

4 Outbound bedarf aktiver Leitung!

5 Outbound muss **getrennt** vom klassischen Innendienst organisiert werden!

6 Outbound ist als Projekt mit Kick-off anzusetzen!

7 Outbound geht nur mit geschulten Mitarbeitern!

8 Outbound-Ziele und der Aktionsverlauf sind detailliert zu spezifizieren!

9 Outbound-Aktivitäten brauchen eigene Räumlichkeiten!

10 Outbound-Kontaktquellen, deren Qualität und direkte Verwendbarkeit sind vorher exakt zu klären!

11 Outbound als Vertriebsunterstützung kann nur zusammen mit dem Außendienst geplant werden!

12 Outbound braucht IT-Unterstützung und -Anbindung!

Abb. 46: Zwölf Grundregeln für erfolgreiche Outbound-Telefonaktionen

Auf den folgenden Seiten lernen Sie anhand dieser zwölf Regeln die wichtigsten Aspekte von Outbound-Aktionen kennen, sodass wir uns anschließend der Planung einer solchen Aktion widmen können.

Regel 1: Outbound geht nicht nebenbei!

Wenn man einem Mitarbeiter eine Liste mit Adressen in die Hand drückt und ihn bittet, diese Liste in den nächsten Tagen abzutelefonieren und zu schauen, ob bei der ein oder anderen Firma Interesse an unseren Produkten und Dienstleistungen besteht, dann wird das Ergebnis regelmäßig sehr ernüchternd sein. Viel schlimmer noch, der betroffene Mitarbeiter wird diese Aufgabenstellung nur mit innerlichem Widerwillen annehmen, schließlich handelt es sich um sogenannte „kalte" Anrufe („Cold Calls"). Viele der Antworten, die dieser Mitarbeiter sich als unausgebildeter Telefonist dabei anhören muss, sind selbst für die besten Innendienstfachleute schwer erträglich.

Aber selbst, wenn Sie zwei motivierte Mitarbeiter gut ausgebildet haben, ist es unmöglich, eine Kundenreklamation anzunehmen oder einen Auftrag zu bearbeiten und im nächsten Moment „eben mal" bei einem potenziellen Kunden anzurufen, um gezielt Informationen in Erfahrung zu bringen. Das liegt daran, dass jeder einzelne Anruf Vor- und Nachbearbeitungszeit erfordert. Ferner brauchen selbst die besten in diesem Fach mindestens zwei bis drei Tage, bis sie sich „eingeschwungen" haben, also für jedes Gespräch den richtigen Ton treffen und den passenden Aufhänger für das Gespräch gefunden haben.

Um Erfolgsquoten von 30 bis 40 % zu generieren, muss ein Telefonprofi um die 50 bis 70 Anrufe am Tag abfeuern. Dabei erreicht er dann tatsächlich zwischen zehn und fünfzehn der erforderlichen Zielpersonen. Und das sind geübte Profis, die diesen Job bereits zwei oder drei Jahren erfolgreich machen!

Auf der anderen Seite steht natürlich die Tatsache, dass Sie aus 350 hochqualitativen Adressen innerhalb Ihres Sales Cycles bis zu 70 Neukunden generieren können. Das bedeutet: Die Telefonaktion ermöglicht Ihnen, innerhalb von sechs bis acht Wochen den qualifizierten Erstbesuch von bis zu 70 Firmen durch Ihren Außendienst. Wenn Sie Ihre Produkte und Dienstleistungen sogar am Telefon verkaufen können, dann rechnet sich der Aufwand einer Telefonaktion noch mehr. Aber so weit sind wir hier noch nicht.

Alle eben genannten Daten und Werte gelten nur, wenn Sie Ihre Mitarbeiter hochkonzentriert und am Stück durcharbeiten lassen. Jeden Tag erneut eine Lernkurve zu durchlaufen und ständig umzuschalten, überfordert jeden noch so guten Mitarbeiter und wird außer dem einen oder anderen Zufallstreffer kein greifbares und planbares Ergebnis liefern. Nennenswerte Erfolgsquoten sind damit eine völlige Utopie.

Regel 2: Outbound ist keine „One-Man-Show"!

Für den sicheren Erfolg einer Telefonaktion oder Telefonkampagne ist Planung, Vorbereitung und die Ausbildung der Mitarbeiter unerlässlich. Niemand kann diese Methode, die im Folgenden kurz zusammengefasst werden soll, ohne vorherige Ausbildung auch nur annähernd richtig umsetzen.

Die Story — Der Aufhänger des Gesprächs

In dieser Methode nimmt der Aufbau, Test und die Anwendung von sogenannten Storys (geeignete Gesprächsaufhänger) eine zentrale Rolle ein. Für die Entwicklung dieser Storys werden in den ersten zwei bis drei Tagen Telefonate geführt, um zu analysieren, welche Story weniger Widerstände beim Gesprächspartner oder einen einfacheren Gesprächsaufbau ermöglicht. Dieses Ausprobieren und ständige Analysieren bezeichnet man in einem solchen Projekt als Lernkurve für die optimale Ansprache des Kunden.

Haben Sie jetzt nur einen Mitarbeiter mit dieser Aufgabe betraut, dann wird dieser mitunter eine oder zwei Wochen, manchmal sogar länger, damit verbringen, die optimale Kombination von Storys herauszufinden. Erst in einem Team mit mindestens zwei Mitarbeitern können die beiden sich nach jeweils drei bis vier Telefonaten sofort austauschen, Korrekturen vornehmen und Alternativen suchen. So erreichen Sie nach wenigen Tagen die erforderliche Zahl an Treffern bei Ihren Telefonaten.

Ein weiterer Aspekt bei der konzentrierten Telefonarbeit ist die Tatsache, dass man bei über 50 Anrufen pro Tag naturgemäß bis zu 80 % Anrufe durchführt, bei denen man den entscheidenden Ansprechpartner nicht erreicht oder sogar unfreundlich aufgefordert wird, nie wieder anzurufen. Selbst Beleidigungen muss man sich manchmal gefallen lassen.

! **WICHTIG**

Die Praxis hat ganz klar gezeigt, dass ein kleines Team, bei dem sich die beiden Kollegen in der Kaffeepause ihren Frust von der Seele reden können, deutlich im Vorteil ist gegenüber einer Einzelperson, die alle Ablehnungen und Fehlversuche mit sich selbst austrägt. Außerdem ist bei einer einzelnen Person, die die Anrufe durchführt, die Projektlaufzeit viel zu lang und dadurch schlechter koordinierbar.

Regeln zum konkreten Projektplan

Die Regeln 3, 4, 6, 8 und 11 betreffen den **konkreten Projektplan**. Sie werden im Folgenden zusammenfassend behandelt.

Regel 3: Outbound bedarf genauer Planung!
Regel 4: Outbound bedarf aktiver Leitung!
Regel 6: Outbound ist als Projekt mit Kick-off anzusetzen!
Regel 8: Outbound-Ziele und der Aktionsverlauf sind detailliert zu spezifizieren!
Regel 11: Outbound als Vertriebsunterstützung kann nur zusammen mit dem Außendienst geplant werden!

Wenn Sie hervorragende Ergebnisse, also deutlich spürbare Umsatzsteigerungen mit einer Outbound-Kampagne einleiten wollen, muss das in geplanter und später gut steuerbarer Projektform erfolgen. Das Zufallsprinzip muss so weit wie möglich ausgeschlossen werden.

Neben der Zeit- und der Ressourcenplanung müssen Sie einige weitere Aspekte bei einer solchen Kampagne berücksichtigen, insbesondere die folgenden:

- Habe ich gutes und brauchbares Adressenmaterial?
- Woher bekomme ich gute, hochqualitative Adressen, die sofort verwendet werden können?
- Welche IT-Unterstützung habe ich, um jedes Telefonat in Bezug auf Ergebnis und Kundenreaktion nachvollziehbar zu machen?
- Ist ein Kalender-Sharing mit den zuständigen Außendienstmitarbeitern eingerichtet und sind die Zeiträume für Termineintragungen abgestimmt?
- Ist die Zielsetzung der Calls eindeutig festgelegt?
- Wurden die prozessbegleitenden Aspekte abgestimmt und ist festgelegt, wer die Aktivitäten wann erledigt (z. B. Kunde hat spezifische Fragen, Kunde will zunächst schriftliche Informationen, Kunde will Referenzen)?
- Beim externen Dienstleister: Wurde abgestimmt, wer die Produkt- bzw. Dienstleistungsschulung durchführt und die Anlaufphase vor Ort beim Dienstleister persönlich begleitet?

Dies sind bei weitem nicht alle Punkte. Sie zeigen aber deutlich, dass man hier ohne einen konkreten Projektplan eine Menge vergessen kann und sich danach nicht wundern darf, wenn die Ergebnisse nicht den Erwartungen entsprechen.

Planen Sie eine solche Outbound-Aktion stets wie ein ernstes und seriöses Projekt! Sorgen Sie dafür, dass gleich zu Beginn alle Beteiligten in alle wesentlichen Details des Projektablaufs während eines Kick-off-Meetings eingewiesen werden und jeder über das gesamte Projekt Bescheid weiß (vgl. Abb. 3, rechtes oberes Feld im Johari-Fenster).

Wenn Ihr Außendienst involviert ist, sollten Sie sich von den jeweiligen Außendienstkollegen die in der Koordination festgelegten Zeitfenster für Terminvereinbarungen schriftlich bestätigen lassen. Legen Sie Berichtswege und Entscheidungsprozesse mit dem Outbound-Team fest. Jeder muss genau wissen, was zu tun ist, wenn unerwartete Situationen in den Telefonaten entstehen oder der Außendienstkollege die festgelegten Zeitfenster doch anderweitig verplant hat. Sie als Projektleiter oder einer Ihrer Gruppenleiter als Projektleiter muss sich jeden Abend oder spätestens am nächsten Morgen die Statistiken vom Tage ansehen und bei Auffälligkeiten sofort im Team besprechen, wie zu reagieren bzw. gegenzusteuern ist.

Organisatorische Voraussetzungen bei Outbound-Aktivitäten

Organisatorische Voraussetzungen bei Outbound-Aktivitäten behandeln die Regeln 5 und 9.

Regel 5: Outbound muss **getrennt** vom klassischem Innendienst organisiert werden!
Regel 9: Outbound-Aktivitäten brauchen eigene Räumlichkeiten!

Stellen Sie sich vor: Sie arbeiten konzentriert, plötzlich klingelt Ihr Telefon und am anderen Ende haben Sie jemanden, der gerade eine solche Telefonkampagne durchführt. Schon bei der Begrüßung hören Sie im Hintergrund eine Frauenstimme lachen. Ein Mann ruft etwas, das Sie nicht genau verstehen können. Ihre ersten Gedanken sind: „Oh je, ein Großraumbüro! Ein Callcenter! Hier will mir jemand etwas verkaufen." Allein durch die akustische Geräuschkulisse wird schon innerhalb der ersten 30 Sekunden das Gespräch in eine Bahn gelenkt, die es dem Anrufer sehr schwer machen wird, Sie in eine offene Gesprächsatmosphäre zu versetzen. Aufgrund dieser negativen Assoziationen werden Sie schon innerhalb der ersten Gesprächsmomente alles daran setzen, den Anrufer loszuwerden. Jemand, der Ihnen zwingend etwas verkaufen will, können Sie jetzt gar nicht gebrauchen, zumal Sie diesen Anruf ja auch gar nicht eingeplant hatten. Dies ist einer der Hauptgründe, warum Outbound-Telefonate in einem akustisch abgeschirmten Raum stattfinden sollten.

TIPP

Ein untrügliches Qualitätskriterium für die Auswahl eines externen Dienstleisters sind dessen Räumlichkeiten: Besuchen Sie Ihren Dienstleister vor Vertragsabschluss und lassen Sie sich die Räume zeigen, in denen die Teams telefonieren. Bei sehr guten Dienstleistern, die regelmäßig ihre Quoten schaffen und mit qualifiziertem Personal arbeiten, werden Sie Folgendes feststellen: Wenn Sie in das Großraumbüro eintreten, in dem gerade über 40 Personen telefonieren, ist davon nichts zu hören. Dies liegt daran, dass dort aufwendige und kostspielige Vorrichtungen installiert wurden, die den Schall schlucken und es möglich machen, dass der Angerufene nur seinen eigenen Gesprächspartner akustisch wahrnimmt. Alles andere spielt sich im Hintergrund so leise ab, dass der Gesprächspartner davon nichts hören kann. Er hat den Eindruck, dass der Anrufer allein in seinem Büro sitzt. Callcenter, die nur auf schnellen Profit aus sind oder die ihre Stärken eher im Inbound haben (Bestellannahme, Reklamationsannahme etc.), verzichten oft aus Kostengründen auf solche professionellen Maßnahmen und sind deswegen in der Neuakquise in der Regel weniger erfolgreich.

Ein weiterer Grund ist natürlich auch die Störung durch Kollegen und Anrufe, die am Arbeitsplatz der Kampagnenmitarbeiter auflaufen. Jede Störung unterbricht die Konzentration auf den eben begonnenen Prozess. Da man aber bei einem Erstanruf nur zehn bis zwanzig Sekunden hat, die entscheiden, ob in den nächsten zwei Minuten Nachricht und Information platziert werden können, wirkt sich jede Störung oder mangelhafte Vorbereitung auf einen Anruf sofort und direkt auf die Erfolgsquote aus. Achten Sie bei Ihren ersten Projekten darauf, dass Ihr Team die Telefongespräche in ruhigen Räumen führt, zum Beispiel in nicht benötigten Besprechungszimmern oder Büroräumen.

Regel 7: Outbound geht nur mit geschulten Mitarbeitern!

Natürlich sollten die Innendienstmitarbeiter, die Sie einsetzen wollen, sowohl über die Firma bestens Bescheid wissen und diese auch in wenigen Sekunden vorstellen können als auch über die Produkte oder Dienstleistungen, die es anzusprechen gilt. Darüber hinaus müssen Mitarbeiter, die die Telefonaktion zum ersten Mal durchführen, ein intensives Telefontraining erhalten und bestens vertraut sein mit der **Kaltakquise am Telefon**. Nur dann besteht eine Aussicht, dass die Mitarbeiter nach einer gewissen Lernphase am Anfang eines solchen Projekts auch wirklich erfolgreich agieren können. Damit Sie eine Vorstellung vom zeitlichen Aufwand bekommen: In unseren früheren Projekten, als wir eigene Mitarbeiter zum ersten Mal professionell eingesetzt haben, betrug die Ausbildungszeit pro Mitarbeiter immer mindestens eine Woche oder gar mehr, abhängig von der Komplexität der

Aufgabenstellung. Hier ein kurzes Beispiel von einem externen Dienstleister, dessen Mitarbeiter sich am Telefon mit der Firma melden, für die sie die Kampagne durchführen. Der potenzielle Kunde erfährt also gar nicht, dass er nicht beim Lieferanten selbst ist, sondern bei einem vorgeschalteten Dienstleister, der den Vertrieb übernimmt:

▶ **BEISPIEL**

Einer der weltweit führenden Dienstleister für Telesales arbeitet seit Jahren für ein sehr bekanntes kalifornisches IT-Unternehmen mit Weltruf. Wenn neue Mitarbeiter zu dem Team stoßen sollen, dann läuft das wie folgt ab: Die infrage kommenden Kandidaten, die sich beworben haben, sollten drei bis fünf Jahre Außendiensterfahrung in der Branche aufweisen können, ferner ein abgeschlossenes Studium in Informatik, Wirtschaftsinformatik oder BWL haben. Alternativ hierzu haben sie über zehn Jahre Berufserfahrung bei vergleichbaren IT-Unternehmen gesammelt. Nun beginnt die Ausbildung. Die Kandidaten fliegen für knapp zehn Wochen nach Kalifornien, wo Sie jeden Tag sowohl Produktschulungen als auch Schulungen über das Unternehmen des Herstellers erhalten. Wieder zurück in ihrem eigenen Unternehmen erhalten sie zwei Wochen Kommunikationstraining, Telefontraining und Methodentraining vor Ort. Erst dann, nach fast zwölf Wochen Ausbildung und Training mit Rollenspielen und Testtelefonaten melden sie sich das erste Mal am Telefon mit dem Namen der Firma, für die sie in Zukunft Produkte verkaufen werden. Der externe Dienstleister erwirtschaftet so Umsätze in dreistelliger Millionenhöhe pro Jahr für seine Kunden.

Dies ist sicherlich ein extremes Beispiel, aber wenn fremde Personen am Markt in Ihrem Namen imagewirksam auftreten, sollten Sie auch hervorragend ausgebildet sein.

● **TIPP**

Stellen Sie bei einem externen Dienstleister, der für Sie arbeitet, sicher, dass sich im Adressenpool auch Adressen und Telefonnummern von Geschäftspartnern befinden, die Sie gut kennen und in die Kampagne involvieren können. So bekommen Sie ein gutes Gefühl, ob die Außenwirkung der Telefonate dem eigenen Unternehmen schadet oder als völlig routiniert und professionell empfunden wird. Greifen Sie sofort ein, wenn Sie die geringsten Bedenken haben, und korrigieren Sie, was Ihnen missfällt. Rufen Sie im Vorfeld selbst bei dem gewünschten Dienstleister an und achten Sie genau darauf, wie Sie am Telefon behandelt werden. Ein spezialisiertes Unternehmen in diesem Bereich sollte seine komplette Mannschaft gut geschult haben, was den Umgang mit Kunden insbesondere am Telefon angeht.

Regel 10: Outbound-Kontaktquellen, deren Qualität und direkte Verwendbarkeit sind vorher exakt zu klären!

Alle Outbound-Aktionen beginnen mit der Auswahl von geeignetem Adressmaterial. In den seltensten Fällen verfügen Sie in Ihrer Firma bei verschiedenen Marktsegmenten über Adressen von potenziellen Kunden, die topaktuell sind und somit bei einer Telefonaktion sofort verwendet werden können.

Haben Sie vor Jahren einmal einen Adressbestand, zum Beispiel im Marktsegment Maschinenbau in Baden-Württemberg, gekauft, so bedeutet dies, dass bei jeder Adresse vor Aktionsbeginn ein oder mehrere Anrufe zur Adressenaktualisierung geführt werden müssen. Erst wenn der aktuelle Ansprechpartner aus dem Adressbestand hervorgeht, und zwar mit Festnetznummer, Mobilnummer und idealerweise auch der E-Mail-Adresse, haben Sie eine aktuelle Adresse vor sich, mit der effektiv gearbeitet werden kann.

Was kostet eine erstklassig gepflegte Adresse?

Das führt uns zu dem Thema: Was kostet eine erstklassig gepflegte Adresse, wenn Sie diese von einem Adresshändler kaufen? Meine Seminarteilnehmer schätzen aufgrund ihrer bisherigen Erfahrungen den Preis für eine Adresse zwischen 70 Cent bis vier Euro pro Adresse. Tatsache ist: 2013 müssen Sie für eine erstklassig gepflegte Adresse etwa sieben bis zehn Euro bezahlen, in einigen Branchen und speziellen Bereichen sogar mehr. Längst sind die Zeiten vorbei, als man einige tausend Adressen einkaufte und in die Datenbank legte. Heute kauft man pro Kampagne maximal 100 bis 400 Adressen aus einem Gebiet.

TIPP

Wenn Sie bei Adressenhändlern erstklassig gepflegte Adressen erwerben wollen, dann geben Sie ihm zwei oder drei Postleitzahlengebiete vor und bitten Sie ihn, dass er Ihnen auszugsweise einen Ausdruck zuschickt, damit Sie sich ein Bild von der Qualität der Adressen machen können. Wählen Sie keine Postleitzahl aus Ballungsgebieten, also München, Frankfurt, Köln oder Hamburg. Gehen Sie nach Weiden in die Oberpfalz, nach Oldenburg oder Itzehoe in Schleswig-Holstein und prüfen Sie, ob die Datenbank des Händlers auch dort noch gute Qualität liefert.

Eine erstklassig gepflegte Adresse enthält nicht nur die Firmenanschrift und den Namen des Geschäftsführers. Die Namen sämtlicher Manager, die für Einkauf, Produktion, IT oder sonstige Bereiche zuständig sind, sollten aus der Adresse hervorgehen. Für jede dieser Personen sollten zwei Telefonnummern und deren E-Mail-Adresse sowie der genaue Abteilungsname und/oder die Funktionsbezeichnung genannt sein. Erst wenn Sie diese Daten haben, können Sie sofort in eine Telemarketing oder Telesales-Aktion einsteigen, ohne vorher hunderte Anrufe zur Adressaktualisierung durchgeführt zu haben.

Ein guter Dienstleister, der Erfahrungen in Ihrer Branche nachweisen kann, hat in der Regel relativ aktuelle Adressen, mit denen er agieren kann. Fordern Sie den Dienstleister auf, bei einem Pilotprojekt immer die Adressen, mit denen gearbeitet werden soll, mit anzubieten. So hat er aufgrund der Erfolgsorientierung im Vertrag ein Eigeninteresse, mit bestem Adressmaterial zu arbeiten.

Regel 12: Outbound braucht IT-Unterstützung und -Anbindung!

Sie werden in der nachfolgenden Kalkulation sehen, dass zum Erreichen von ca. 350 qualifizierten Ansprechpartnern in potenziellen Kundenunternehmen zwischen 1.000 und 1.200 Anrufe erforderlich sind. Ihr Team ruft an, dann ist der Ansprechpartner in einem Meeting und den Rest des Tages außer Haus. Der Anrufer wird gebeten am nächsten Tag um 14:30 Uhr durchzurufen. Dass der Ansprechpartner nicht erreicht wurde und der Rückruf am nächsten Tag um 14:30 Uhr erfolgen soll, sind Informationen, die unbedingt in einem System festgehalten werden müssen. Erstens brauchen Sie diese Daten, um abends auswerten zu können, wie die Quote des Teams am heutigen Tag war, und zweitens muss am nächsten Morgen automatisch eine Liste am Bildschirm der Teammitglieder erscheinen, bei wem heute um wie viel Uhr genau ein erster Rückruf oder auch ein Folgeanruf erfolgen muss. Sicherlich kann man einige einfache Funktionen auch mit Outlook, Lotus Notes oder auch einer modernen Telefonanlage festhalten, aber erst die Koppelung zwischen einer modernen digitalen Telefonanlage mit einem Customer-Relationship-System ergibt eine Infrastruktur, in der jeder einzelne Kontakt mit einem Kunden, also auch eine E-Mail, registriert wird. Dass solche modernen Systeme eine Telesales-Aktion erst hochautomatisiert möglich machen, steht außer Frage. Stellen Sie sich nur mal vor, Sie müssten diese über 1.000 Telefonnummern per Hand eingeben? Außerdem geben die verknüpften Daten, wie zum Beispiel durchschnittliche Gesprächszeiten pro Call und Ablehnungsgründe oder Interessensbekundungen in der Auswertung, erst einen eindeutigen Trend, der hilft, gezielt Korrekturen vorzunehmen, und die Kampagne schnell effektiv werden lässt. Außerdem sollten aus dem gleichen System im Telefonat zugesagte E-Mails verschickt werden können und natürlich persönliche Eindrücke und Einschätzungen eingetragen werden. Schon nach drei bis vier Telefonaten muss sich ein klares Bild von der potenziellen Kundensituation ergeben, die als Basis für die Entscheidung „Weitermachen oder Stoppen?" benutzt werden kann.

Professionelle Dienstleister sind in der Lage, solche dedizierten Auswertungen über die Arbeit des eingesetzten Teams jeden Abend per E-Mail zur Verfügung zu stellen. Sie können also während der Aktion täglich sehen, ob die Schlagzahl an notwendigen Anrufen geschafft wurde, und auch, wie das Verhalten der Ansprechpartner war.

In vielen Fällen fordern Kunden auch von ihren externen Dienstleistern, dass sie sich über das Extranet (Internet) in einen vorher spezifizierten Bereich des CRM-Systems einklinken können und das Team des externen Dienstleisters dann auf dem kundeneigenen CRM-System arbeitet. Dies gewährleistet, dass alle Daten sofort im eigenen Haus und unter Kontrolle sind und auch Auswertungen nach eigenem Belieben durchgeführt werden können.

Sollten Sie kein eigenes CRM-System im Einsatz haben, rate ich Ihnen aus Erfolgsgründen dringend, einen externen Dienstleister für die Aktion zu engagieren und auf dessen Infrastruktur zurückzugreifen. Der Dienstleister kann Ihnen dann die täglichen Auswertungen in Form von Excellisten jeden Abend per E-Mail zur Verfügung stellen. Wenn Sie so vorgehen, ersparen Sie sich völlig demotivierte Mitarbeiter, die zum einen wegen Erfolglosigkeit, zum anderen wegen unmöglichen organisatorischen Bedingungen früher oder später auf die Barrikaden gehen.

4.1.1 Der Ablauf einer Telesales-Aktion

Schauen wir uns nach den Lektionen aus meiner Vergangenheit nun den klassischen Ablauf einer Telesales-Aktion an.

- Schritt 1: Anruf zur Adressaktualisierung und Ermittlung des Ansprechpartners (des Entscheiders): z. B. Geschäftsleiter, Kantinenpächter usw.
- Schritt 2: Telefongespräch mit dem Entscheider. Bedarfsermittlung und Sammeln von Marketingdaten. Hier muss die vorher entwickelte Story als Aufhänger greifen, sonst funktioniert die Qualifizierung nicht!
- Schritt 3: Oft wird danach schriftlich Informationsmaterial per Brief, Fax oder E-Mail versendet, in der Regel direkt durch das ausführende Callcenter oder durch Ihr Team.
- Schritt 4: Anruf aller positiv qualifizierten Ansprechpartner mit dem Ziel, das Produkt oder die Dienstleistung zu verkaufen oder, bei anderer Zielsetzung, einen qualifizierten Termin für den Außendienstmitarbeiter zu machen.
- Schritt 5: Nachfasstelefonat mit allen Interessenten, Nichtreagierern etc. nach mehreren Monaten, um z. B. den anstehenden Ersatzbedarf abzudecken.

Dies ist der klassische Ablauf einer typischen Telesales-Kampagne. Nun müssen wir uns anschauen, wie sich eine solche Kampagne planerisch darstellen lässt.

Kalkulationsschema für Outbound-Telefonkampagnen

Zielsetzung eines Calls
Adressenqualifizierung
Terminvereinbarung
Verkaufsabschluss

Anzahl der zu bearbeitenden Adressen	350
Faktor umd Bruttoanrufe zu ermitteln	3
Geschätzte Anzahl der Bruttoanrufe bezogen auf Adressen	1050
Durchschnittliche Dauer eines Bruttoanrufs in Sekunden	120
Gesamtzeit (reine Call-Zeit ohne Vorbereitung etc.) Bruttoanrufe in Std.	**35,0**
Anzahl erreichter Zielpersonen bezogen auf Adressen (Nettocalls)	350
Durchschnittliche Dauer Call mit Zielperson in Sekunden	320
Gesamtzeit (reine Call-Zeit ohne Vorbereitung etc.) Nettocalls in Std.	**31,1**
Bruttoanrufsvolumen	35,0
Nettoanrufsvolumen	31,1
Gesamtanrufsvolumen ohne Nachfassen und Vorbereitung der Calls	**66,1**
Anteil Nachfassaktionen in %	10,0
Nachfass-Anrufsvolumen gesamt	6,6
Reines Telefonvolumen ohne jegliche Vor- und Nachbereitung in Std.	**72,7**
Vorbereitung eines Calls im Durchschnitt; eingeschwungener Zustand in Min.	5
(ohne Nachbereitung und Schulungsanteil vorab)	
Gesamtvorbereitungszeit aller Calls in Std.	**29,2**
Gesamtzeit Aktion ohne Schulung und Lernphase zu Beginn in Std.	**101,9**
Anzahl der beteiligten Mitarbeiter (Callagents) **Fulltime!!**	2
Reine Call- und Vorbereitungszeit pro Mitarbeiter (ohne Nachbereitung)	**50,9**
Maximale Outboundzeit pro Tag in Stunden (verteilt auf 10 Stunden am Tag)	4
Wochenarbeitszeit (Fünf-Tage-Woche)	40
Wochenoutboundzeit max:	40
Ca. Durchlaufzeit einer Aktion bei obigen Parametern in Wochen	**2,5**
(ohne Schulung und Lern- und Tuningphase zu Beginn)	

Für Schulung der Mitarbeiter, Vorbereitung der Stories und Durchlaufen einer Lernkurve sind abhängig von der Zielsetzung der Aktion und Erfahrungsgrad der Mitarbeiter nochmals von 2-3 Tage bis zu 2 Wochen anzusetzen. Auch der oben aufgeführte Nachlauf (Nachfassaktion) schlägt in der Regel nochmals mit einigen Tagen zu Buche. Eine Reihe Erfahrungswerte bei einer Aktion mit 300 bis 350 Adressen haben gezeigt, dass man vom Start des Projektes, also Planung, Personalauswahl, Meetings, Auswahl des extrenen Dienstleisters, bis zur reinen Abwicklung des Nachlaufes gut 8 Wochen ansetzen muß. Eine sehr gute Quote mit erfahrenem und eingeschwungenen Personal erreicht man wenn man aus ca 350 potentiellen Adressen am Ende ca. 50-70 Neukunden oder Up- /Cross Selling Umsatz erzielen kann. Dies setzt jedoch auch qualitativ gutes bis sehr gutes Adressmaterial voraus.

variable Eingabefelder
errechnete Ergebnisse

Abb. 47: Kalkulationsschema für Outound-Telefonaktionen

Die Abbildung zeigt ein Kalkulationsschema, in dem die Werte von **350 Adressen** eingetragen wurden und bei dem für den ersten Anruf von einer durchschnittlichen Anrufdauer von ca. **zwei Minuten** ausgegangen wurde. Da in den seltensten Fällen wirklich 1A-Adressen zur Verfügung stehen und Sie ebenfalls den Ansprechpartner selten direkt erreichen, liegt hier der Erfahrungswert etwa beim **Faktor 3**. Also haben Sie bei 350 zu erreichenden Personen mit ca. 1.050 sogenannten **Brutto-Anrufen** zu rechnen. Wenn Sie den Ansprechpartner erreichen, mit ihm reden und den Status feststellen können, spricht man von einem **Netto-Anruf**.

Ferner sehen Sie im nachfolgenden Kalkulationsschema, dass von einer maximalen **Outbound-Telefonzeit** von **vier Stunden am Tag** ausgegangen wird. Im „eingeschwungenen" Zustand werden gute Mitarbeiter diese Telefonzeit mit Sicherheit nicht überschreiten können. Denn zum einen muss jeder Call auch vor- und nachbereitet werden. Pro Call ist eine Vorbereitungszeit von mindestens zehn Minuten einzuplanen. Dieser Wert ist auch hier wieder ein Erfahrungswert, der von einem eingearbeiteten Mitarbeiter ausgeht. Er wird von Mitarbeitern, die zum ersten Mal dabei sind, in den ersten Tagen und Wochen nicht erreicht. Zum anderen gibt es sogenannte **Kern-Outbound-Zeiten** bzw. **Kernanrufzeiten**, die vom jeweiligen Ansprechpartner und dessen Funktion abhängig sind.

▶ BEISPIEL

In meiner aktiven Zeit hatten wir es häufig mit IT-Leitern mittelständischer und großer Unternehmen zu tun. Diese Manager waren gut zu erreichen. Morgens zwischen 08:15 Uhr und etwa 09:20 Uhr, dann wieder 11:50 Uhr bis 12:20 Uhr war eine gute Zeit, ebenso waren viele mittags zwischen 13:15 bis 13:45 zu erreichen und nach 16:30 bis 19:00 Uhr.

Wollen Sie dagegen einen Handwerksmeister erreichen, der Chef eines Betriebs mit zwanzig Mitarbeitern ist, liegen die Zeiten morgens zwischen 07:00 Uhr und 08:15 Uhr per Handy, dann von 12:30 Uhr bis 13:00 Uhr und abends nach 17:30 Uhr im Büro, oftmals erreichen Sie ihn auch am Samstagvormittag in seinem Büro.

Wenn Sie die bereits erwähnten Erfolgsquoten erreichen wollen, stellen Sie fest, wann genau Ihre Ansprechpartner aus den unterschiedlichen Branchen am besten zu erreichen sind. Genau in diesen Zeitfenstern sind die Telefongespräche zu führen, um erfolgreich zu sein. Nutzen Sie die übrige Zeit für die Vor- und Nachbereitung der Gespräche sowie für die Ausarbeitung von Variationen der vorhandenen Ansprache und Storys.

Wenn diese **Kernanrufzeiten** außerhalb der normalen, festgelegten Arbeitszeiten Ihrer Mitarbeiter liegen, müssen Sie dafür eine Genehmigung bei der Geschäftsleitung und dem Betriebsrat erwirken.

Sie finden dieses Excel-Arbeitsblatt auch auf www.haufe.de/arbeitshilfen. Laden Sie es auf Ihren PC und tragen Sie die variablen Werte für Ihr Pilotprojekt ein, dann haben Sie eine hervorragende Grundlage für ein Fachgespräch mit Ihrem Chef.

Das Beispiel zeigt: Setzt man rechnerisch die reine Telefonzeit an unter der Voraussetzung, dass zwei Mitarbeiter zweieinhalb komplette Wochen nur telefonieren, rechnet man Ausbildungszeit und Lernkurve hinzu, ebenso die Vor- und Nachbereitung der Calls, so kommen Sie auf eine **Projektlaufzeit von sechs bis acht Wochen** für eine solche Kampagne.

Angenommen, Sie fahren eine solche Kampagne jedes Quartal in einer anderen Region, um Ihren Außendienst mit qualifizierten Neukontakten zu versorgen. Und in jeder der vier Regionen gewinnen Sie nur 30 bis 50 Neukunden nach Ablauf des Vertriebszyklus, dann bedeutet das zwischen 120 und 200 Neukunden im Jahr. Beurteilen Sie selbst, was das für Ihr Unternehmen bedeutet.

Nebenbei bemerkt: Sie werden auch Ihre weniger guten oder schlechten Außendienstmitarbeiter verlieren. Die guten werden erkennen, dass sie mit solchen Aktionen ihr variables Gehalt in die Höhe treiben können. Die Schlechten werden den ruhigen Zeiten mit einem oder zwei Kundenbesuchen in der Woche nachtrauern und früher oder später von sich aus kündigen. Es gibt Mitarbeiter, die tun sich schwer mit bis zu zehn Kundenterminen in einer Woche.

4.1.2   Die Phasen einer Kaltakquise

Wenden wir uns zum Schluss der Methode zu, die bei sogenannten „kalten Anrufen" bzw. „Cold Calls" anzuwenden ist. Entscheidend bei einer solchen **Kaltakquise** ist die Tatsache, dass die Zielperson Ihren Anruf überhaupt nicht erwartet und auch keinerlei Motivation besitzt, einem fremden Menschen, der etwas verkaufen will, auch nur eine Minute seiner Aufmerksamkeit zu schenken. Erschwerend kommt hinzu, dass die Zielperson (wenn Entscheidungsträger) meist unter Zeitdruck ist. Es ist deswegen sinnvoll, von besonders schlechten Rahmenbedingungen auszugehen, wenn man sich eine Vorgehensweise zurechtlegt, die bewirkt, dass man in den ersten 30 bis 40 Sekunden eines Cold Calls dennoch die Aufmerksamkeit und Neugierde der Zielperson gewinnt.

Meine Mitarbeiter und ich sowie Fachleute von professionellen, externen Dienstleistern haben in der Vergangenheit viele verschiedene Modelle ausprobiert und die Ergebnisse dann von Kampagne zu Kampagne verglichen. Manchmal haben wir innerhalb eines Projekts verschiedene Methoden zum Einsatz gebracht und analysiert, was in der Praxis am besten anwendbar ist. Ich werde Ihnen hier das Modell vorstellen, das sich in einigen hundert Aktionen der letzten zwanzig Jahre am besten bewährt hat. Sie werden sehen, dass diese Art der Anrufe ein hohes Maß an Vorbereitung erfordert sowie vom Anrufer ein hervorragendes menschliches Einfühlungsvermögen und großes rhetorisches Geschick.

Zunächst erhalten Sie einen Überblick über die verschiedenen Phasen eines „kalten" Akquisetelefonats. Bitte behalten Sie dabei im Blick, dass eine Person, die Ihren Anruf nicht erwartet, in der Regel nie mehr als ein oder zwei Minuten ihrer Zeit investiert, in der Sie die Neugierde, das Interesse Ihres Gesprächspartners wecken müssen und Ihre ersten Informationen platzieren können. Natürlich wird es in einer Kampagne vereinzelt auch Glücksfälle geben, in denen der Angesprochene sogar beim ersten Telefonat zwanzig Minuten mit Ihnen plaudert. Aber das sind natürlich Ausnahmen, die wir bei der Planung nicht zugrunde legen können.

Meldeformel	• Begrüßung, Ihr Firmenname, Ihr eigener Name • Nicht Ihre Funktion, wenn Sie für den Vertrieb verantwortlich sind • Möglich ist: „Ich bin verantwortlich im Fachbereich ..."
Story, Aufhänger	• Die Story dreht sich **immer** um die Firma oder den Markt des Angerufenen. • Durch individuelle Recherche aktuelle Bezugspunkte bei der anzurufenden Firma entdecken. Dann Bezug zur Diskussion im Zusammenhang im eigenen Haus herstellen. • Nutzen Sie Stellenanzeigen auf der Website, um Infos über die eingesetzte Infrastruktur zu bekommen. • Nutzen sie „Google News", um über die Wirtschaftspresse Informationen zum Unternehmen zu erhalten.
Frage	• Bringen Sie Ihren Gesprächspartner durch eine gezielte Frage zu ersten Äußerungen. • Erkennen Sie bei seiner Antwort erste Anzeichen für den Personentyp (Distanz oder Nähe), damit Sie danach beim Platzieren Ihrer Informationen eine gezielte typengerechte Ansprache hinbekommen. • Nutzen sie als Einstieg „Mein Chef hat mich beauftragt, mit Ihnen kurz abzuklären ..."
Meine Info	• Platzieren Sie Ihre Informationen, die weiteres Interesse wecken sollen. • Nie zuviel, sondern ausgewählte Informationen verwenden und nicht das ganze Portfolio ausbreiten. Verkürzen Sie durch „Aktivitäten von ... bis ..." • Testen Sie die Infophase vorher mit der Uhr: Sie sollte nie über 20 bis 30 Sekunden gehen.
Vereinbarung zum nächsten Schritt	• Wenn die Aufmerksamkeit geweckt ist und Interesse bekundet wurde, schlagen Sie Optionen für den nächsten Schritt vor. • Halten Sie immer mindestens zwei Optionen bereit, z. B. Unterlagen und weiteres Telefonat oder einen Termin mit einem Fachmann am ... oder am ...

Abb. 48: Phasenmodell für eine Kaltakquise

Zunächst sieht die Methode, wie sie in Abbildung 48 dargestellt ist, noch übersichtlich und einfach aus. Wenn Sie aber beginnen, die Storys zu recherchieren und auszuarbeiten, und ich gebrauche hier bewusst den Plural, so werden Sie schnell sehen, dass dies eine recht anspruchsvolle Arbeit darstellt. Auch ich musste zunächst sorgfältig recherchieren, um dann nach und nach zehn bis fünfzehn typische Aufhänger zu entwickeln, die wiederum von Telefonat zu Telefonat durch den Anrufer variiert werden müssen.

Die Phasen der Kaltakquise im Einzelnen

Bei der **Begrüßungsformel** sollten Sie, wenn Sie zu einer Vertriebsmannschaft (Innendienst oder Außendienst) gehören, nicht Ihre Funktion oder Position erwähnen. Wenn Sie überhaupt eine Information zu Ihrer Funktion loswerden wollen, dann verbinden Sie diese mit vertriebsfernen Vokabeln.

▶ **BEISPIEL**

Vermeiden Sie vertriebsbezogene Begriffe in der Begrüßungsformel. Sie können zuständig sein für „die logistische und technische Koordination bei Kundenprojekten" oder „für die Betreuung von Kunden und Lieferanten in der Abwicklung von Aufträgen".

Hier kommt es darauf an, dass Sie nicht lügen, sondern einfach nur die Wörter „Vertrieb" sowie „Außendienst" oder „Innendienst", also alles, was mit Verkauf assoziiert werden kann, vermeiden. Fallen solche vertriebsbezogenen Begriffe, nimmt Ihr Gesprächspartner schnell eine „Hab-Acht-Stellung" ein und die Wahrscheinlichkeit, dass das Telefonat zu einem guten Ergebnis führt, sinkt beträchtlich.

Für eine gute **Story**, den Aufhänger, taugt alles, was beim potenziellen Kunden in der eigenen Organisation gerade aktuell und spektakulär ist. Das können neu eröffnete Werke oder Niederlassungen sein. Das können aktuell angekündigte neue Produkte und Dienstleistungen sein. Erfahrungsgemäß funktioniert auch eine Story, die auf eine Preisvergabe oder einer neuen Technologie bei dem potenziellen Kundenunternehmen Bezug nimmt. Der Aufhänger muss sich dazu eignen, dass man mit ihm die Brücke zum eigenen Unternehmen schlagen kann.

▶ **BEISPIEL**

Anrufer: „Der Grund meines Anrufs ist der gestrige Artikel in der Fachzeitschrift „Motorwelt", wo Ihre neueröffnete Niederlassung in Benelux vorgestellt wurde. Dies war auch Gegenstand bei unserem gestrigen Managementmeeting. Mein Chef bat mich, mit Ihnen kurz zwei Fragen bezüglich Ihrer Benelux-Aktivitäten zu klären. Wenn Sie dafür eine Minute Zeit hätten, wäre das fantastisch. […]
Eine Frage vielleicht kurz vorweg. In unserer Diskussion gestern war nicht ganz klar, ob Sie von Ihrer neuen Niederlassung in Brüssel Ihr gesamtes Produktspektrum in Benelux betreuen oder Teile davon von Deutschland aus gemanaged werden? Vielleicht könnten Sie mir da einen kurzen Input geben?"

Wenn bis hier alles richtig gelaufen ist, wird der Angerufene nun mit ein bis zwei Sätzen antworten. Daran kann man eine erste Tendenz erkennen, ob er mehr distanz- oder nähegeprägt ist. Kommt nur ein mageres: „Wir machen jetzt alles von Brüssel aus", und dann ist es wieder still in der Leitung, deutet das eher auf eine Distanzprägung hin. Holt der Angerufene aus und startet: „Da hat der Artikel über uns ja einiges bewirkt. Sehen Sie, im Moment läuft das noch so … aber in vier Monaten werden wir dann …" Wenn Ihr Gesprächspartner weiter ausholt und erläutert, dann haben wir hier einen nähegeprägten Menschen vor uns. Dieser kleine Hinweis ist wichtig für die Entscheidung, ob wir im nächsten Schritt unsere Informationen besonders knapp darstellen oder ob wir uns gegebenenfalls dem Plauderton unseres Gesprächspartners anpassen. Auf jeden Fall ist es wichtig, den Gesprächspartner so schnell wie möglich typgerecht anzusprechen, um keine Widerstände bei ihm zu wecken. Wenn wir diese erste kleine Information haben, dann kann unser Mitarbeiter den Übergang wagen von der kleinen Geschichte, der Story, hin zu dem eigentlichen Thema. Das kann etwa so klingen:

▶ **BEISPIEL**

Anrufer: „Gestern in unserer Diskussion ging es um die Erweiterung unserer Aktivitäten unter anderem in Benelux. In diesem Zusammenhang hatte mein Chef, wie gesagt, den Artikel über Sie gelesen und bat mich, mit Ihnen zu klären, ob Sie speziell im Bereich Benelux bereits Ihre Partner (Lieferanten, Dienstleister) im Bereich … vollständig an Bord haben. Sollte das nicht der Fall sein, soll ich Sie fragen, ob es aus Ihrer Sicht Sinn macht, mit uns, die wir seit Langem in Benelux tätig sind, in einem Fachgespräch herauszufinden, welche Möglichkeiten der Zusammenarbeit sich anbieten."

Nun ist die Katze aus dem Sack. Im Klartext wurde in dem Beispiel gerade um ein erstes reines Verkaufsgespräch gebeten. Nur die Wörter „Vertrieb" und „Verkauf" kamen in dem Telefongespräch nicht ein einziges Mal vor. Genau das ist eines der Erfolgsrezepte für einen guten „kalten" Anruf: mit keinem Wort den Verkaufsaspekt erwähnen, sondern die komplette Rhetorik so aufzubauen, als sei man bereits in einer längeren Geschäftsbeziehung.

Natürlich wird im nächsten Schritt Ihre Zielperson genauere Informationen über Ihr Unternehmen und Ihre Produkte und Dienstleistungen haben wollen. Auch hier agieren Sie wieder so, als seien Sie nie im Vertrieb gewesen. Wenn nach weiteren Informationen zu Ihrem Unternehmen gefragt wird, rattern Sie nicht Ihr Portfolio herunter, sondern geben kurz und knapp einen Überblick, um Zeit zu sparen, wie Sie immer wieder betonen. Bieten Sie Ihrem Gesprächspartner ein Set von Dokumenten an, das einen guten Überblick ohne das übliche Marketing-Getöse bietet. Fragen Sie clever nach, wer denn die Informationen bekommen soll, damit Sie auch die passenden Unterlagen aus Ihrem großen Portfolio bereitstellen können. Auf diese Art und Weise werden Sie nicht selten weitere Namen von wichtigen Ansprechpartner und deren Funktion im Unternehmen erfahren.

Dann bleibt Ihnen nur noch der letzte Schritt in unserer Methode. Vereinbaren Sie präzise, wie die nächsten Schritte aussehen werden. Wenn Unterlagen verschickt werden sollen, bietet sich ein Telefontermin an, um dies zu besprechen. Wenn die mündlichen Informationen bereits soviel Interesse geweckt haben, dass der Ansprechpartner bereit ist, eine Stunde für die Besprechung zu investieren, haben Sie gleich einige Terminvorschläge parat, unter denen Ihr Ansprechpartner auswählen kann.

Dieses Beispiel für ein erfolgreiches Kaltakquise-Telefonat zeigt deutlich, dass eine Story nicht einfach spontan am Telefon generiert werden kann. Sie bedürfen zum einen einer Vorplanung mit der Erstellung von zehn bis fünfzehn grundsätzlichen Ansätzen und dann als Vorbereitung zu jedem Call wird vorher zum Beispiel die Website des potenziellen Kunden aufgerufen und geschaut, welche der aktuellen Informationen, die er dort preisgibt, zu einer unserer Storys passt. Wenn dies nicht der Fall ist, geht die Suche mit „Google News" in der Wirtschaftspresse weiter. Weiter vorne habe ich bereits aufgeführt, dass gut eingeübte und erfahrene Kaltakquise-Profis im Schnitt ca. zehn bis fünfzehn Minuten Vorbereitungszeit pro Call benötigen, um diese aktuelle Verknüpfung zu bewerkstelligen. Ungeübte Mitarbeiter benötigen ungleich mehr Zeit für die Vorbereitung.

Nicht wenige meiner Teilnehmer an der Weiterbildung zum Innendienstleiter fühlen sich, nachdem wir diese Aspekte zusammen durchgegangen sind, erst einmal von der Fülle und Komplexität überfordert und betonen, dass sich Ihr Chef eine Telefonkampagne viel einfacher vorgestellt hat. Nutzen Sie dies als eine Chance, um sich selbst in einem solch wichtigen Thema zu positionieren.

Weltweit verschärft sich der Trend, Vertriebskosten zu reduzieren und B- und C-Kundenpotenziale in Zukunft verkaufstechnisch verstärkt über das Telefon zu adressieren. Bei Neukunden, und dort bei A-Potenzialen, ist ein voll ausgestatteter Außendienstmitarbeiter viel zu kostspielig, um die komplette Kontaktaufbauphase in einer Region selbst am Telefon zu durchlaufen. Immer öfter wird daher der Innendienst in Unternehmen aufgefordert, diese erste Kontaktphase bis zu einem ersten qualifizierten Fachgespräch vor Ort beim Kunden zu übernehmen. Das wiederum ist Ihre Chance. Zum einen ist diese Aufgabenstellung ein extrem anspruchsvoller Job, den Sie guten Mitarbeitern in Ihrem Team, sofern Sie Ehe- oder Marketing-Typen sind (vgl. Kapitel 1.2.5), unbedingt schmackhaft machen sollten.

Zum anderen haben Sie damit eine hervorragende Basis, um für Ihre Mitarbeiter und auch für sich selbst variable, erfolgsabhängige Gehaltsanteile vorzuschlagen.

Wenn die Anforderung an Sie gestellt wird und Sie haben in Ihrer Abteilung zwei Personen, die Sie nach einer Einarbeitungszeit bzw. Ausbildung für geeignet halten, einen solchen Job zu machen, dann entwickeln Sie ein Konzept und eine Planung, wie hier beschrieben. Prüfen Sie dabei zwei Optionen:

Option 1: Die Telefonkampagne soll aus eigener Kraft, mit dem eigenen Team bewältigt werden.

Option 2: Die Telefonkampagne soll im Rahmen eines Pilotprojekts mit einem externen Dienstleister durchgeführt werden. Der Innendienst fungiert dabei als Koordinator und operative Schnittstelle.

Um die zweite Option zu prüfen, nehmen Sie mit einem professionellen Dienstleister Kontakt auf und lassen sich über die Projektgröße (Zielsetzung, Anzahl der zu bearbeitenden Adressen und Ansprüche an das eingesetzte Personal) ein Angebot erstellen. Akzeptieren Sie dabei keine Abrechnung nach Brutto-Calls, auch wenn der Preis pro Anruf sehr niedrig erscheint! Sie fahren immer teurer damit und können nicht steuern, welche Kosten tatsächlich auf Sie zukommen. Verlangen Sie stattdessen einen Grundpreis für das Pilotprojekt und darauf aufsetzend eine erfolgsabhängige Komponente. Nur wirklich gute Callcenter lassen sich darauf ein. Machen Sie dem Dienstleister klar: Wenn das Pilotprojekt erfolgreich verläuft, werden solche Kampagnen eine regelmäßige Einrichtung in Ihrem Hause werden. Das sorgt auf der Anbieterseite für die notwendige Motivation.

> **!** **ACHTUNG**
>
> Kaltakquise-Telefonaktionen sind in Deutschland gesetzlich geregelt: Sie sind nur im Business-to-Business-Bereich (B2B) erlaubt. Das „kalte" Anrufen von Privatpersonen, also der Business-to-Consumer-Bereich (B2C), ist verboten.

Call Blending

Beabsichtigen Sie, die Telefonkampagne mit einem externen Dienstleister durchzuführen, dann wählen Sie nie einen Anbieter, der im sogenannten **Call Blending-Mode** arbeitet. Dies bedeutet, dass er das gleiche Personal gleichzeitig für verschiedene Kunden einsetzt. Stellen Sie sich vor, der Mitarbeiter hat eben noch einen Anruf mit einer Bestellung von zwei Damenkleidern angenommen und registriert, dabei noch ein Schwätzchen gehalten, und soll gleich im Anschluss einen unbekannten Gesprächspartner zu einem Fachgespräch über Industrieventilatoren begeistern. Call Blending mag gut funktionieren, wenn man bei vergleichbaren Produkten und in der gleichen Branche agiert.

4.2 Innendienst und Customer-Relationship-Management (CRM)

Auf den nächsten Seiten geht es bei dem Thema „CRM im Innendienst" nicht darum, Ihnen die Vor- und Nachteile eines CRM-Systems näher zu bringen. Ebenfalls liegt es mir fern, CRM-Detailkonzepte mit Ihnen zu erörtern. In meinen Seminaren und auch in den Firmen, in denen ich Verantwortung getragen habe, war CRM in der Vertriebsorganisation immer ein zentrales Thema, mit dem sich jede Führungskraft in diesem Bereich früher oder später auseinandersetzen musste.

Nachdem Sie die nächsten Seiten gelesen haben, sollten Sie

- verstehen, was CRM tatsächlich bedeutet,
- wissen, welche Rolle ein gut funktionierendes CRM-System für die Prozesse Ihrer Abteilung spielt,
- wissen, worauf Sie als Führungskraft achten müssen, wenn ein CRM-System bei Ihnen eingeführt wird, und
- wissen, worauf Sie als Innendienstleiter achten müssen, wenn ein neues CRM-System eingeführt oder ein bestehendes erweitert werden soll.

Dieses Kapitel zielt darauf, dass Sie als Manager mit dem CRM-System und seinen Konsequenzen und Rahmenbedingungen besser umgehen können.

4.2.1 Was genau bedeutet CRM?

Zunächst sollten wir den Begriff Customer-Relationship-Management (CRM) nicht einfach als bloße Software verstehen, ein technisches System, das auf Ihrem Bildschirm das zentrale Anwendungssystem für über 80 % Ihrer Kundeninteraktionen ist, sondern wir sollten CRM als ein umfassendes Kommunikationskonzept begreifen. Das ist deswegen so wichtig, weil CRM nur effizient funktionieren kann, wenn durch Top-down-Entscheidungen sichergestellt ist, dass alle, die mit Kunden in einem Unternehmen interagieren, dies ausschließlich in diesem System tun. Im Klartext heißt das: Wenn Ihr Geschäftsführer einen Anruf von einem Kunden erhalten hat, der sich über irgendetwas beschwert oder ihn auf eine Messe einladen möchte, dann muss dieser Vorgang zu einem Eintrag des Geschäftsführers im CRM-System führen. Es ist dabei unerheblich, ob dies seine Assistentin *de facto* durchführt oder er selbst, aber im CRM-System muss dieser Kundenkontakt für alle, die mit dem gleichen Kunden arbeiten, unbedingt nachvollziehbar sein. Sieht er das nicht so, hat er gerade den ersten Grundstein dafür gelegt, dass das CRM-System in seinem Unternehmen nie die Marketingversprechen des CRM-Anbieters einlösen wird.

Das **Grundkonzept eines jeden CRM-Systems** besteht darin, wirklich jede einzelne Interaktion mit einem Kunden — sei es durch Telefon, E-Mail, Fax, SMS oder MMS oder doch als Papierbrief — an einer zentralen Stelle, dem CRM-System, einsehbar und transparent zu machen.

Nur wenn es gelingt, für alle Mitarbeiter im Unternehmen, die jemals mit einem Kunden in Kontakt gekommen sind, diese Dokumentation im CRM-System verpflichtend zu machen, wird auch die Datenqualität nach einigen Jahren so gut sein, dass kein einziger Mitarbeiter das Arbeiten mit dem CRM-System in Frage stellt. Nur dann wird er wirklich den vollen Nutzen für seine aktuelle Arbeit aus dem CRM-System ziehen können.

In der Regel wird nur in großen Konzernen oder sehr gut geführten Unternehmen das CRM-System und seine zugrunde liegende Konzeption konsequent umgesetzt. Konzentrieren wir uns zunächst auf die wesentlichen Zielsetzungen eines CRM-Systems. Warum sollte Ihr Unternehmen ein CRM-System nutzen?

4.2.2   Ziele eines CRM-Systems

- aktive Gestaltung der Kundenbeziehung
- Erhöhung der Profitabilität des Kundenlebenszyklus
- aktive Beeinflussung und Verwaltung von Kundenbeziehungen
- perfekte und umfassende Koordination aller Prozesse pro Kunde
- beiderseitige Nutzenoptimierung (Kunde und Lieferant)
- Umsatzsteigerung pro Kunde
- frühere Profitabilität der Kundenbeziehung
- Entdeckung und Ausschöpfung von vorhandenen Umsatzpotenzialen
- Konzentration der Marketingmittel

Diese Ziele gehen alle vom Grundgedanken aus, dass ein Kunde in all seinen Beziehungen zu Ihrem Unternehmen auf Knopfdruck völlig transparent vor Ihnen auf dem Bildschirm erscheint. Um dies zu bewerkstelligen, hat sich das CRM-System in den letzten fünfzehn Jahren zu dem zentralen System in effizienten Unternehmen entwickelt. In markt- und kundenzentriert agierenden Unternehmen sind alle anderen Basissysteme, wie Warenwirtschaftssysteme (ERP), Produktionssteuerungssysteme oder Logistiksysteme, heute mit intelligenten Schnittstellen zum CRM-System versehen. Dies gewährleistet zum Beispiel, dass zwar die Fakturierung bei einem Kunden inklusive Zahlungserinnerungen etc. weiterhin im ERP-System durchgeführt wird, aber in der Kundenansicht im CRM-System sind jederzeit der laufende Jahresumsatz, bezahlte und noch offene Rechnungen sowie anstehende Zahlungserinnerungen ersichtlich.

Grundsätzlich sind die Hauptnutzer der CRM-Infrastruktur zunächst der Vertrieb, in diesem Fall Außendienst und Innendienst, dann natürlich die Marketingabteilung Ihres Hauses. Ferner alle Serviceabteilungen, die mit Kunden zu tun haben, also auch Reklamationsannahme und technischer Kundendienst und gegebenenfalls auch das Controlling. Das heißt nicht, dass es nicht auch CRM-Zugänge in Ihrer Buchhaltung geben wird. Selbstverständlich werden auch Leiter und Gruppenleiter zumindest einen Lesezugang zum System haben, um bei aufkommenden Fragen, die Kunden betreffen, zuerst einen Blick in das CRM-System zu werfen.

Nehmen wir als Ausgangslage den Fall an, dass Ihr Unternehmen beschlossen hat, in absehbarer Zeit die alte selbsterstellte Vertriebsdatenbank abzuschaffen und ein modernes CRM-System anzuschaffen. Auch diejenigen Leser, die bereits seit Jahren mit einem CRM-System arbeiten, finden in den folgenden Ausführungen vielleicht hilfreiche Empfehlungen. Ich möchte mit Ihnen deshalb den gesamten Prozess der Einführung eines CRM-Systems exemplarisch durchgehen.

4.2.3 Grundtypen von CRM-Systemen

Da CRM immer auch aus Infrastruktur besteht, also einem komplexen Softwaresystem, schauen wir uns zunächst an, was für Möglichkeiten Ihr Unternehmen bei einem Neueinstieg in ein CRM-System hat.

In dem folgenden Schaubild (Abb. 49) sehen Sie links den Überbegriff der jeweiligen Systemgruppe und rechts eine Liste der Vor- und Nachteile bezogen auf die jeweilige Systemgruppe.

Proprietäre Softwarelösungen	• Von der eigenen IT programmierte Lösungen + = Individuell auf den eigenen Bedarf anpassbar – = Eigene IT muss genügend Ressourcen vorhalten, ansonsten sehr unflexibel – = Hohe Kosten und Risiken
Stand-alone-Lösungen	• Von auf CRM spezialisierten Anbietern wie Siebel/HP + = Hohe und flexible Funktionalität auch für Spezialaufgaben (z. B. BahnCard, Miles & More) – = Für viele Vertriebsorganisationen überproportioniert – = Durch hohe Komplexität eigene Spezialisten erforderlich oder externe Dienstleister
ERP-basierte Lösungen	• Zusatzmodule von Anbietern von Warenwirtschaftssystemen z. B. SAP, Navision etc.) – = Limitierte Funktionalität bei spezielleren Aufgabenstellungen z. B. Abbildung von Handelsstrukturen + = optimierte Schnittstellen zur Warenwirtschaft, da aus dem selben Haus kommend + = identische Benutzeroberfläche, daher ähnlicher „Look-&-Feel-Effekt" bei der Bedienung wie bei bereits im Hause bekannten Systemen
On-Demand-Lösungen	• Internetbasierte Lösungen von auf CRM spezialisierten Anbietern + = Hohe, flexible Funktionalität und flexibler Roll-out und Erweiterung möglich + = Höchste Sicherheit der Daten bei großen, renommierten Anbietern + = Extrem präzise planbare Kosten und Ressourcenunabhängigkeit – = Abhängigkeit von der Firmenpolitik externer Dienstleister
Open-Source-Lösungen	• Kostenlos vom Internet herunterladbarer Sourcecode/Programme + = Hohe Flexibilität durch eigene Entwicklungshoheit – = Hohe Wartungskosten und Abhängigkeit von eigenen Ressourcen – = Hohe Kosten für Datensicherheit und Zugriffsschutz – = Bottleneck-Situationen bei Weiterentwicklung und Wartung

Abb. 49: Grundtypen von CRM-Systemen

Die im Schaubild aufgeführten Vor- und Nachteile stellen jeweils nur einen kleinen, wenn auch wichtigen Ausschnitt aus der Betrachtung dieser grundsätzlichen CRM-Systemtypen dar. Ich habe sie deshalb aufgeführt, weil sich daraus für Sie als Leiter einer Innendienstabteilung wichtige Konsequenzen für die Planung und Umsetzung sowie die spätere Erweiterung eines CRM-Systems ergeben.

Proprietäre Softwarelösungen

Mit **proprietären CRM-Systemen** sind Systeme gemeint, die ihre eigene IT-Abteilung vor Jahren erstellt hat und die seitdem auch von dort gepflegt werden. Hier rentiert sich eine Weiterentwicklung nur noch, wenn alle Beteiligten mit dem System in allen wesentlichen Belangen wirklich zufrieden sind. Bei einer Neuanschaffung eines CRM-Systems kommt diese Option schon aus Kostengründen (**TCO** — Total Cost of Ownership) nur noch in Ausnahmefällen in Betracht.

Stand-alone-Lösungen

Die **Stand-alone-Lösungen**, wie sie heute zum Beispiel von HP (früher Siebel CRM) als hochspezialisierte Systeme angeboten werden, sind von ihrer Funktionalität heute sehr ausgereift. Mit dieser Lösung werden Sie als Innendienstleiter und ständigem Mitglied in der CRM Projektgruppe in der Lage sein, Ihre notwendigen Prozesse und Arbeitsabläufe umfassend in vielen Bereichen planen und umsetzen zu können. Auch solche Telesales und Telemarketing-Kampagnen, wie in Kapitel 4.2.2 beschrieben, lassen sich mit nahezu allen heute am Markt befindlichen Systemen vorbildlich unterstützen und abbilden. Problematisch wird es nach meinem derzeitigen Kenntnisstand nur in speziellen Situationen zum Beispiel beim Umsetzen von komplexen Handelsstrukturen. Selbstverständlich ist das auch in den großen CRM-Systemen machbar. Aber der Anteil an individueller Entwicklungsarbeit, die Ihre eigene IT-Abteilung oder externe Dienstleister in Ihrem Auftrag leisten müssen, ist dabei ungleich höher. Für Sie als Innendienstleiter bedeutet das: längere Wartezeiten auf neue Funktionen im späteren Betrieb, limitierte oder nicht umsetzbare Funktionalitäten und eine deutlich längere und riskantere Einstiegsprojektphase, was die Akzeptanz solcher Systeme im Unternehmen betrifft. Dennoch: Wenn es gilt, eine hochindividuelle und sehr spezifische Kunden- und Vertriebsumgebung umzusetzen, kommt man in bestimmten Fällen nicht um solche auf CRM spezialisierten Entwicklungen herum.

ERP-basierte Lösungen

Bei den **ERP-basierten Lösungen** werden Sie als Mitglied der Projektgruppe CRM oft keinen Einfluss auf die Auswahl des Systems ausüben können. In der Regel wird sich Ihr Haus, d. h. die Geschäftsleitung und die IT-Leitung zum Beispiel die CRM-Komponente von SAP anschauen, wenn Sie bereits seit einigen Jahren ein Warenwirtschafts- und Produktionssteuerungssystem von SAP im Einsatz haben. Dies ist zunächst auch nicht dramatisch, da diese Art der Systeme in den letzten Jahren an

Umfang und Komplexität deutlich aufgeholt haben. Waren sie in den frühen Jahren eher ein Zusatzmodul zur eigentlichen Kernsoftware, so lassen sich in diesen Modulen heute eine ganze Reihe von komplexeren Vertriebs- und Kundenszenarien abbilden. Zudem hat man die Möglichkeit, auch hier individuelle Entwicklungen einzubringen, um bei Kernprozessen keine allzu großen Kompromisse eingehen zu müssen.

Für Sie als Innendienstleiter hat das in einem Startprojekt mehrere Vorteile. Zum einen können Sie viel einfacher auf voll ausgebaute Schnittstellen bestehen, was es Ihnen ermöglicht, sich aus anderen Systemen wie zum Beispiel der Warenwirtschaft vom ersten Tag an eine große Anzahl aktueller Daten pro Kunde anzeigen zu lassen. Damit entfällt zum Beispiel der Aufruf eines zweiten Systems während eines Kundentelefonates, und die Akzeptanz bei Ihren Mitarbeitern für das CRM-System wird von Anfang an besser sein. Weiterhin haben die meisten CRM-Zusatzmodule der ERP-Hersteller einen ähnlichen „Look-and-Feel-Effekt" wie die angestammten Warenwirtschaftssysteme, was die Einarbeitung und vorausgehende Schulung Ihrer Mitarbeiter wiederum wesentlich erleichtert.

Allerdings sollten Sie als Innendienstleiter immer darauf pochen, dass auch genügend CRM-Administratoren für Ihre Mitarbeiter und Sie im späteren Betrieb greifbar sind. Zudem empfiehlt es sich, darauf zu bestehen, dass Sie in Ihrer Abteilung zwei Mitarbeiter auswählen, die eine erweiterte Ausbildung zum **„Key-User"** oder **„Master-User"**, wie immer die Bezeichnung lauten mag, erhalten. Diese intensiver ausgebildeten Mitarbeiter in Ihrem Team müssen später berechtigt und in der Lage sein, eigene Abfragen zu definieren und in Menüs einzupflegen und somit für alle zugänglich zu machen. Diese speziellen Teammitglieder sollten im optimalen Fall nach bestimmten Vorgaben und festgelegten Regeln in der Lage sein, neue User und Test-User einzurichten. Kurz: Sie sollten alle Funktionen wahrnehmen können, die Sie im Krankheits- und Urlaubsfall von der zentralen IT-Abteilung unabhängig macht. Ich spreche hier aus leidvoller Erfahrung, da bei meiner ersten CRM-Einführung das Projekt fast an der Schnittstelle zur eigenen IT-Abteilung gescheitert wäre. Schaffen Sie eine klare Schnittstelle zur eigenen IT-Abteilung und definieren Sie alle Aufgaben als besonderen Verantwortungsbereich Ihrer beiden Master-User, die ohne Programmierung im System, also mit überschaubaren und einfachen Definitionen am Bildschirm, machbar sind. Alle anderen, vor allem technische Aktivitäten der Wartungs- und Softwarepflege sowie das gesamte Datenbankmanagement sollten stets bei der IT-Abteilung und ihren Spezialisten bleiben. So halten Sie sich flexibel, was die Definition von Funktionalitäten und Abfragen in Ihrem System angeht, und entlasten sich von allen rein IT-orientierten Aufgaben. Dann funktioniert später diese Schnittstelle zur IT-Abteilung sauber und effizient. Diese Hinweise gelten auch für die zuvor beschriebenen proprietären und Stand-alone-Systeme.

On-Demand-Lösungen

Bei den **On-Demand-Lösungen** stellt Ihnen ein externer Dienstleister via Internet sowohl die von Ihnen vorgegebene Funktionalität als auch die komplette IT-Infrastruktur, also Datenbanken und sonstige Software, zur Verfügung. Diese Art der Lösung hat für Sie als Innendienstleiter einige unschätzbare Vorteile sowohl bei der Einführung als auch beim späteren Betrieb des CRM-Systems, also der Nutzung durch Ihre Mitarbeiter.

Geschäftsführer, aber auch IT-Chefs oder Firmeninhaber schrecken vor On-Demand-Lösungen oft zurück, weil sie ihre Vertriebsdaten nicht nach draußen geben wollen. Diese Befürchtung basiert nach meiner Erfahrung auf Unwissenheit. Zunächst verfügen alle großen Anbieter über enorm große Rechenzentren auf verschiedenen Kontinenten, die hermetisch mit Wachpersonal, Videoüberwachung, und Attentatsschutz gesichert sind. Da die Großen in der Branche, wie zum Beispiel „salesforce.com", viele tausend Kunden mit dieser Dienstleistung versorgen, verfügen all diese Rechenzentren natürlich über ausgereifte Back-up-Mechanismen, wie sie heute nur von großen Industriebetrieben und dem Bankensektor bekannt sind. Wer als normales mittelständisches Unternehmen kommt heute an 99,9 % permanente Verfügbarkeit der Systeme heran? Diese Dienstleister garantieren dies vertraglich und halten nach meiner langjährigen Erfahrung auch dieses Versprechen. Wenn Unternehmen wie Coca-Cola und andere Schwergewichte aus verschiedenen Branchen ihre gesamten Vertriebsdaten solchen Dienstleistern anvertrauen, dann können Sie absolut sicher sein, dass bezüglich Datenschutz und Zugriff Unbefugter ein extrem **hohes Maß an Sicherheit** garantiert werden kann. In der Regel müsste ein normales Maschinenbauunternehmen sein IT-Budget nahezu verzehnfachen, um auf ein ähnliches Niveau zu kommen.

Wer seine sensiblen Vertriebsdaten extrem sicher verwahrt wissen will und darüber hinaus sicherstellen will, dass die Mitarbeiter ohne Rücksicht auf Urlaubszeit und Krankenstand stets ein hoch-performantes System haben, der kann gar nicht anders als sich nach Lösungen umzuschauen, die bei einem professionellen externen Dienstleister in einer Hochsicherheitsumgebung laufen. Wer darüber hinaus sowohl die Kosten transparent und planbar halten möchte als auch ganz flexible Projektschritte bei der Einführung und späteren Erweiterung anstrebt, kommt auch an diesen externen Dienstleistern mit ihren On-Demand-Lösungen nicht vorbei.

Ein weiterer reizvoller Aspekt ist auch die Tatsache, dass die eigene IT-Abteilung im Großen und Ganzen kein Nadelöhr, sprich Ressourcenengpass bildet. Der externe Dienstleister stellt für das Projekt ein Team von Spezialisten zur Verfügung, das sich um die Umsetzung Ihrer Prozessdefinitionen kümmert und dessen Verfügbarkeit im Rahmen von vertraglichen „Service-Level-Agreements" (SLAs) festgelegt wurde.

Aufgrund all dieser Aspekte sind Sie als Innendienstleiter und ständiges Mitglied in der CRM-Projektgruppe mit On-Demand-Lösungen am flexibelsten, wenn es um die **Ersteinführung von CRM-Funktionalitäten** geht. Dies gilt auch bei späteren Erweiterungsprojekten. Wenn nicht bereits durch Ihr ERP-System oder andere Vorbedingungen eine Vorentscheidung in eine andere Richtung gefallen ist, kann ich Ihnen nur dringend anraten, sich die aktuellen On-Demand-Systeme der großen Hersteller vorzunehmen. Prüfen Sie mit Ihrem Anforderungskatalog im Hinblick auf Kosten und flexible Projektgestaltung sowie der späteren Unterstützung im operativen Betrieb, wie ein solches System in Ihre Planung und in Ihr Budget passt. Da Sie mit dieser Lösung ohnehin nur immer die Leistungen und Plätze bezahlen, die Sie auch nutzen, und Ihre Projektschritte des Aufbaus und der Erweiterung frei gestalten können, ergeben sich vielerlei Vorteile, die die Darstellung in diesem Buch übersteigen würden.

Open-Source-Lösungen

Bei den sogenannten **Open-Source-Lösungen** handelt es sich im Prinzip um eine ähnliche Ausgangssituation wie bei den bereits aufgeführten proprietären Lösungen. Der gravierende Unterschied ist jedoch, dass Sie die Ausgangssoftware als Source-Code aus dem Internet oftmals nahezu kostenlos herunterladen können und Ihre eigene IT-Abteilung nicht von Null mit der Entwicklung anfangen muss. Das heißt, dass einige Grundfunktionalitäten vorhanden sind, die durch individuelle Programmierung weiter ausgebaut werden können. Ab hier gilt das Gleiche, was bereits im Abschnitt zu den proprietären Lösungen ausgeführt wurde, mit allen Vor- und Nachteilen.

Nachdem wir uns die unterschiedlichen Arten von aktuellen CRM-Systemen angeschaut haben, soll nun der Aufwand während der Nutzung eines CRM-Systems eingeschätzt werden. Auch hier geht es vor allem darum, Ihren Blick als Verantwortlicher eines Innendienstes zu schärfen, damit Sie sich fachmännisch in die internen Diskussionen und Entscheidungsfindungen einbringen können. Ferner möchte ich Ihnen in den einzelnen Rubriken ebenfalls wieder Hintergrundinformationen und Erfahrungswerte vermitteln, die Sie befähigen, Ihren Blick auf die richtigen Stellen zu lenken und rechtzeitig bei Fehlentwicklungen zu intervenieren.

4.2.4 Hauptaufwand bei CRM-Systemen: Die Datenpflege

Die folgende Abbildung zeigt Ihnen, in welchen vier Bereichen eines CRM-Systems Arbeitsaufwand entsteht. Der Hauptaufwand liegt bei der Datenpflege, wie die folgenden Ausführungen zeigen.

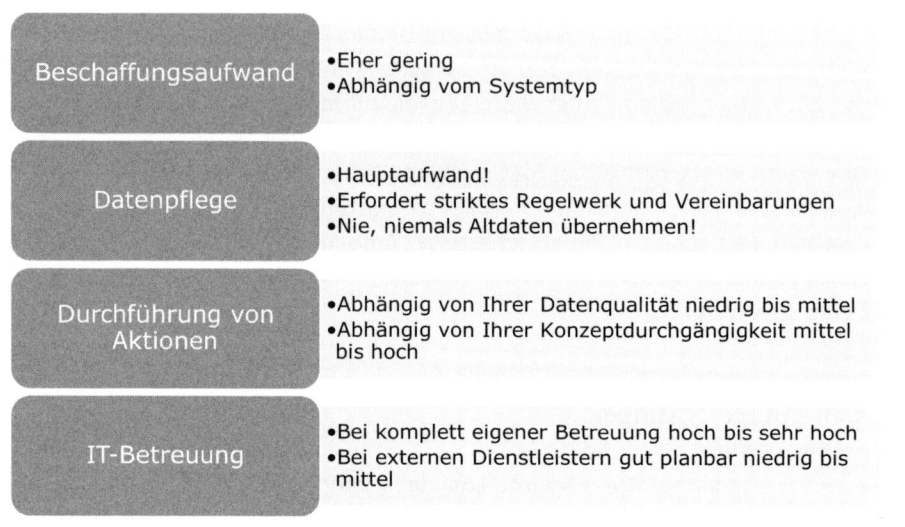

Abb. 50: Hauptaufwand bei CRM-Systemen

Da ich zum Beschaffungsaufwand und der IT-Betreuung bereits einige Anmerkungen gemacht habe, werde ich mich hier vor allem auf den Bereich Datenpflege sowie auf die Durchführung von Aktionen im Tagesgeschäft konzentrieren.

Hauptaufwand Datenpflege

Die Datenpflege stellt mit Abstand den größten Aufwand im gesamten CRM-System da. Dies hat folgenden Grund: Ist erst einmal die Datenqualität in Ihrem CRM-System sehr schlecht geworden, werden immer mehr Mitarbeiter daran zweifeln, dass es Sinn macht, mit dem System weiterzuarbeiten. Wenn zum Beispiel ein Kunde anruft und zur Unterstützung des Telefongesprächs sein Profil automatisch auf dem Bildschirm erscheint, müssen unbedingt aktuelle und vor allem vollständige Daten im CRM-System vorliegen. Ist das nicht gegeben und Ihre Mitarbeiter verlassen sich auf unvollständige oder gar fehlerhafte Daten, dann ergibt sich daraus stets ein weiterer Folgeaufwand und Verdruss. In kurzer Zeit werden Sie und Ihre Mitarbeiter den Nutzen des Systems insgesamt in Frage stellen. Eine oftmals millionenschwere Investition kann so innerhalb von drei bis vier Jahren gegen die Wand gefahren werden! Ich habe in den letzten Jahren mehr als zwanzig Unternehmen genau in dieser Situation angetroffen und jedes Mal zeigte die Analyse, dass die folgenden Punkte bei der Planung und Einführung des CRM-Systems nicht berücksichtigt wurden.

1. Übernehmen Sie niemals Daten aus alten Vertriebsdatenbanken

Jede Vertriebsorganisation hat in der Vergangenheit, in welchen Arbeitsblättern oder Vertriebsdatenbanken auch immer, meist ganz hemdsärmelig Daten ihrer Kunden gesammelt. Diese Daten dürfen auf keinen Fall in ein neues System übernommen werden. Ansonsten haben Sie es über Jahre mit Dubletten, mit nicht konsistenten und nicht abfragbaren Daten zu tun. Dieses Problem werden Sie nie mehr los! Übernommen werden nur die absoluten Stammdaten aus dem ERP-System, in dem durch permanente Fakturierung und Datenabgleich die Tagesaktualität sichergestellt ist. Meine erste von drei CRM-Einführungen ist fast an diesem Problem gescheitert. Lassen Sie sich von keinem Außendienstleiter oder Geschäftsführer einreden, die alten Daten stellen doch einen Wert für das Unternehmen da. Die Listen können ohne Gefahr weiterhin als Excel-Tabelle auf einem zentralen Server zur Einsicht vorliegen, aber im neuen CRM-System haben sie absolut nichts zu suchen.

2. Datenqualität ist der Schlüssel zum Erfolg

Noch lange bevor die neue Software zum ersten Mal auf Ihrem Bildschirm erscheint, sollten Sie beginnen, ein Regelwerk anzulegen: **Wer ist bei welchen Daten für die Qualität, sprich Aktualität verantwortlich?** Erst wenn alle Datenbereiche mit klaren Verantwortungen versehen sind, kann auch die Projektvorgabe gemacht werden, in der steht, wer für welche Bereiche Anlage-, Änderungs- oder Löschungsbefugnisse erhält.

So könnten Sie zum Beispiel festlegen, dass die Buchhaltung die Änderungs- und Löschungshoheit bei dem Basisstammdatensatz hat. Der fest einem Kunden zugeordnete Innendienstmitarbeiter und der ebenfalls für den Kunden verantwortliche Außendienstmitarbeiter haben die Verantwortung für Änderungen in den Daten der Ansprechpartner eines Kunden (Telefonnummern, E-Mail-Adressen etc). Wer ist verantwortlich für Rabatteinträge bei einem Kunden?

Wenn Sie beginnen, über solche Fragen nachzudenken, kommen Sie leicht auf weit über 30 Aspekte, bei denen vorher genau diskutiert, geklärt und entschieden sein muss, wer dafür verantwortlich ist, dass die Daten auf einem aktuellen Stand sind.

3. Daten fließen dort in das System ein, wo sie entstehen

Sie erinnern sich an das Beispiel von dem Geschäftsführer, der von seinem Kunden auf eine Messe eingeladen wird. Nicht der Vertriebsmann oder die Innendienstmitarbeiterin trägt diesen Anruf ein, nein, der Geschäftsführer selbst ist dafür verantwortlich, dass dieser Kundenkontakt und die Vereinbarung im CRM-System bei diesem Kunden zu finden ist. Auch der Außendienstmitarbeiter hat spätestens abends im Hotel sein iPad oder Notebook mit dem System und den neuesten Einträgen zu synchronisieren. Und erzählen Sie mir nicht, einer Ihrer Außendienstler ist für das Gebiet Hochschwarzwald zuständig, wo kein Netz verfügbar ist. Das ist Schnee von gestern und so nicht haltbar. Dann braucht der gute Mann eine Handykarte mit Internetzugang und Anschluss ans iPad oder Notebook und schon geht das. Hat die Firma einen Handyprovider, der dort eine schlechte Abdeckung hat, dann nehmen Sie einen, der dort eine sehr gute Abdeckung nachweisen kann, und das Problem ist gelöst. Lieber drei individuelle Handyverträge verwalten als mittelfristig eine Millioneninvestition in Schieflage bringen. Was in der Welt von CRM gar nicht mehr geht, sind Außendienstmitarbeiter, die meinen, ihre Kunden gehören nur ihnen und Informationen über ihre Gespräche und Aktivitäten seien ihr Herrschaftswissen. Wenn Ihr CRM-System wirklich funktionieren soll, muss in solchen Fällen konsequent, im äußersten Fall bis zur Kündigung, vorgegangen werden. Machen Sie keine Ausnahme, sonst werden Sie scheitern!

Aber nicht nur Gespräche und Telefonate mit Kunden müssen über das CRM-System nachvollziehbar sein, auch alle Angebote, also der E-Mail-Verkehr, den Sie mit dem Kunden haben, ist vollständig im CRM-System abzubilden. Systeme wie Outlook oder Lotus Notes lassen sich heute aufs Engste verbinden und Sie können in allen modernen CRM-Systemen mit Outlook-Funktionalität E-Mails an Kunden schicken oder auch komplette Mailings absetzen. Wenn ich heute einen Kunden aufrufe und einer meiner Mitarbeiter hatte gestern einen E-Mail-Wechsel mit diesem Kunden, muss ich das direkt auf dem Bildschirm wiederfinden und durch Anklicken in die jeweiligen Dokumente einsteigen können. Ist dies nicht gewährleistet, und zwar vom ersten Jahr der CRM-Einführung an, werden Sie in große Probleme steuern bzw. nie den geplanten Nutzen aus Ihrem CRM-System ziehen können.

Außerdem sind klare Regeln zu etablieren, wo Freitext eingegeben werden darf, wo Checkboxen anzuklicken sind und in welchem Format bestimmte Daten einzugeben sind. Das fängt bei der Formatfestlegung für Telefonnummern an und endet mit den Regeln für die Eventzeile, die bei einem Telefonat mit dem Kunden auszufüllen ist.

Warum der ganze Aufwand? Ganz einfach: Sie wollen doch bei Analysen und Abfragen hochwertige Ergebnisse? Sie wollen doch bei Mailings nicht nachträglich per Hand 300 und mehr Dubletten herausfischen oder mit verärgerten Kunden telefonieren etc.?

Sie sehen, fast alle Vorteile, die Sie aus einem CRM-System ziehen können, stehen und fallen mit der Qualität der vorhandenen und täglich neu hineinfließenden Daten. Legen Sie bei der Planung und Einführung darauf keinen klaren Fokus und zeigen Sie sich kompromissbereit bei der Zuordnung von Verantwortungen für die Datenqualität, dann werden später garantiert Probleme entstehen. Meine Kollegen und ich haben in früheren Jahren all diese Fehler bereits gemacht und dafür heftige Konsequenzen tragen müssen.

Dies sind die wirklich neuralgischen Punkte bei einer CRM-Einführung, für die ich Sie sensibilisieren möchte. Konzentrieren Sie sich auf diese Punkte und Sie haben bereits viele Fallstricke und Fehlerquellen aus dem Weg geräumt!

4. Durchführung von Aktionen

Der Aufwand, der Sie bei einem ganz einfachen Mailing erwartet, steht und fällt mit der zuvor aufgeführten Datenqualität und strikten Regeleinhaltung zur Datenerfassung. In den seltensten Fällen stellt die Abfrage und Filterfunktionalität in modernen Systemen ein Problem dar, stets sind es mangelhafte Ergebnisse einer Filterung aufgrund mangelhafter, nicht konsistenter und inhomogener Datenformate. Insofern können Sie mit einem modernen CRM-System, wenn die Datenqualität stimmt, mit relativ geringem Aufwand auch eine Massenkommunikation zum Kunden schnell und präzise starten. Ob nun der Papierbrief als Datensatz zum Ausdruck und Kuvertieren an einen externen Dienstleister übertragen wird oder das Mailing per E-Mail oder auch SMS, alles ist mit den derzeitigen CRM-Systemen problemlos möglich.

Sogar **„Closed-Loop-Szenarios"** lassen sich problemlos abbilden. Zum Beispiel haben Sie auf Ihrer Firmenwebsite für Kunden und Interessenten „White Papers", in denen Sie die technischen Rahmendaten und den Einsatz des Produkts aus rein technischer Sicht beschreiben. Ihre Website bzw. Ihr Portal zeichnet nun bei jedem Download den Namen des Interessenten und seine E-Mail-Adresse auf und gibt diese Daten an das CRM-System weiter. Dort ist jetzt eine Regel hinterlegt, dass dieser Interessent drei Tage nach dem Download des White Papers automatisch eine E-Mail bekommt, in der ihm, passend zum Produkt, ein telefonischer Ansprechpartner für Fragen angeboten wird. Zusätzlich erhält der zuständige Außen- oder Innendienstmitarbeiter bei seinem nächsten Login ein automatisches Avis vom CRM-System, bei welchem (potenziellen) Kunden in seinem Gebiet ebenfalls ein White Paper heruntergeladen wurde. Die Koppelung von Firmenportal und CRM-System macht es heute relativ einfach möglich, solche geschlossenen Szenarien zu installieren.

5. Ein Blick auf die IT-Betreuung

Damit die Reaktionszeiten auf dem Bildschirm Ihrer Mitarbeiter akzeptabel bleiben, muss bei eigener IT-Verantwortung des Unternehmens ständig ein Datenbankverantwortlicher dafür sorgen, dass alle Komponenten unter optimalen Bedingungen laufen. Haben Sie heute bereits Probleme mit langsamen Servern und Speicherprobleme bei großen Datenmengen, sollten Sie sorgsam überlegen, ob ein solches daten- und antwortzeitintensives Geschäft wie CRM im eigenen Hause stattfinden sollte. Ihr IT-Kollege fühlt sich vielleicht etwas auf den Schlips getreten, aber fordern Sie vor den Augen der Geschäftsleitung dennoch eine schriftliche, verbindliche Zusage für Antwortzeiten und Reaktionszeiten bei Problemen. Die Datenmengen, die bei einem CRM-System, das richtig betrieben wird, anfallen, sind enorm. Bei den heutigen Preisen für Festplattenkapazität ist nicht aber Geld das Problem, sondern die ständige Überwachung der Datenbanken und die Datensicherheit. Was glauben Sie, was passiert, wenn der zentrale Bildschirm Ihres Teams, in dem die komplette Auftragsabwicklung stattfindet und jeder Kundenanruf unterstützt wird, einige Sekunden braucht, um einsatzbereit zu sein? Spätestens um 10.00 Uhr morgens ist Ihr Schreibtisch im Belagerungszustand.

Lassen Sie uns zum Abschluss dieses Punkts noch einmal kurz über die Definition von neuen Abfragen, also die Produktion von Listen und Auswertungen sprechen. Schon in der Planung für die erste Projektphase sollten Sie unbedingt festlegen, wer individuelle Abfragen definieren darf. Wer erhält das Recht und nach welchen Kriterien werden später Abfragen, die häufiger vorkommen, in die jeweiligen Standardmenüs übernommen? Unabhängig davon, ob nun jemand in der IT-Abteilung oder Ihre eigenen Master-User die Definitionen durchführen oder sogar Außen- und Innendienstmitarbeiter eine Berechtigung für individuelle Abfragen haben, gilt: Wenn Sie hier keine klaren Regeln schaffen, haben Sie in zwei Jahren Riesenmenüs mit Abfragen, bei denen keiner mehr weiß, welche Kriterien dabei zugrunde gelegt wurden. Sie kämpfen dann gegen Wildwuchs. Legen Sie fest, dass die Kriterien bei jeder neuen Abfrage transparent an einer zentralen Stelle hinterlegt werden müssen. Nur so ist der analytische Teil des CRM-Systems auch nach drei Jahren noch gut handhabbar. Wenn Ihre guten Außendienstmitarbeiter erst einmal erkannt haben, dass sie durch gezielte Abfragen im System ihre Zeit effizienter einsetzen, d. h. am Ende des Jahres damit mehr Geld verdienen können, sind ihrer Fantasie keine Grenzen mehr gesetzt. Täglich werden dann neue Auswertungen erscheinen. Leiten Sie das Ganze rechtzeitig in geordnete Bahnen.

Auf jeden Fall gilt für Sie als Führungskraft in einer Vertriebsorganisation, dass Sie unbedingt bei allen Einführungen, Änderungen und Erweiterungen des CRM-Systems ohne Wenn und Aber festes Mitglied des Projektteams sein müssen: CRM ist zunächst und zuallererst Angelegenheit des Vertriebs und des Marketingmanagements, erst in zweiter Linie und im Hinblick auf die infrastrukturelle Ausarbeitung wird es zum IT-Thema. Wenn Sie der IT die Federführung für das Projekt überlassen, haben Sie bereits einen ersten schwerwiegenden Fehler begangen, was einige CRM-Projekte in Schieflage beweisen. Vertriebsprozesse und Arbeitsabläufe mit einer kundenzentrierten Sicht bilden die Ausgangssituation und nicht, was IT-technisch machbar ist. Vielleicht verstehen Sie auch jetzt meine kleine Schwärmerei für On-Demand-Systeme. Erst meine dritte Einführung eines CRM-Systems mit Unterstützung des Unternehmens „salesforce.com" lief so reibungslos und geschmeidig, dass ich jedem nur empfehlen kann, vor solch einem Projekt den richtigen Fokus zu setzen, bevor die Projektplanung im Detail startet.

4.3 Umsatzerfolg planbar machen – Forecast und Pipeline

Das letzte Kapitel zu den aktuellen Themen im modernen Innendienst befasst sich mit dem Thema Umsatzplanung, insbesondere mit Forecast- und Pipeline-Systemen. Was hat dieses Thema mit Innendienst zu tun?

Nachdem im Zuge des Kostendrucks in vielen Organisationen auch der Vertrieb ständig seine Effizienz steigern musste und nachdem CRM-Systeme heute für eine große Transparenz in der Kunden-Lieferanten-Beziehung sorgen, gerät der Innendienst immer mehr in die Rolle des aktiven, sogar **proaktiven Unterstützers** des Außendienstes, wenn es um die unmittelbare Umsatzgenerierung geht. Dies bedeutet aber auch, dass immer mehr Innendienstleiter ständiges Mitglied auf Vertriebsmeetings sind und Sie zunehmend eigene Umsatzverantwortung für Ihre Abteilung übernehmen müssen. So ist es gar nicht mehr ungewöhnlich, wenn nach einer Umstrukturierung auf die Position eines Außendienstleiters ganz verzichtet wurde und der Innendienst die Führung von sechs bis sieben Außendienstmitarbeitern zu übernehmen hat.

Tragen Sie als Innendienstleiter eine solche Verantwortung, sollten Sie im Umgang mit der **Vertriebsplanung und den Umsatzprognosen** ein Grundrüstzeug parat haben, damit die Angelegenheit für Sie nicht zur reinen Glaskugel-Leserei gerät und die **Prognosebesprechung (Forecast)** mit Ihren Mitarbeiter keine Märchenstunde wird.

Ich werde Sie auf den nächsten Seiten mit einem Forecast- und Pipeline-System vertraut machen, das ich lange Jahre selbst im internationalen Vertrieb genutzt habe und auch später als Berater immer wieder bei Unternehmen einführen musste. Wenn Ihre Firma Investitionsgüter oder Dienstleistungen vertreibt, werden Sie viele meiner Erfahrungen als Anregung übernehmen können. Sind Sie in Handelsstrukturen aktiv oder vornehmlich bei Ausschreibungen involviert, können Sie ausgewählte Anregungen übernehmen und diese in die interne Diskussion einbringen.

Das Gesamtsystem wird im internationalen Sprachgebrauch

- SAS-System (Sales-Activity-Status) oder in deutschen Organisationen
- VAS-System (Vertriebs-Aktivitäten-Status) genannt.

Beide Wortschöpfungen drücken genau das aus, um was es hier geht! Schauen wir uns zunächst an, was genau ein Forecast und eine Pipeline sind und welche Berechnungen und Regeln damit verbunden sind, um das tatsächliche Funktionieren sicherzustellen.

Schematisch dargestellt gibt es in einem **Vertriebszyklus** vom ersten Kontakt mit einem Ansprechpartner bis hin zum unterschriebenen Auftrag eine ganze Reihe von Schritten, die vom Außendienstmitarbeiter oder Innendienstmitarbeiter zu durchlaufen sind. Ab einem bestimmten „Reifegrad" einer Kundensituation sprechen wir von einem qualifizierten Potenzial oder auch Pipeline (im Amerikanischen auch „Funnel") genannt. Die Kriterien hierfür schauen wir uns etwas später noch genauer an. Ist dann ein Angebot erstellt und fristgerecht abgegeben worden, dann haben wir einen **echten Forecast-Fall** vor uns, also einen Fall, den es gilt, hinsichtlich seiner Abschlusswahrscheinlichkeit höher zu bewerten.

Die folgende Abbildung zeigt eine Beispielrelation bei einem Vertriebsmitarbeiter.

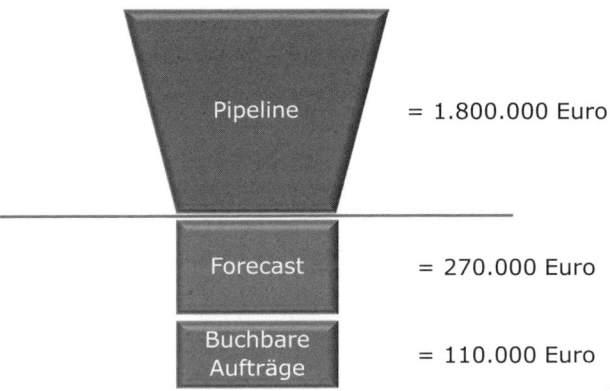

Abb. 51: Das Pipeline-Forecast-Modell

4.3.1   Definitionen zum Pipeline-Forecast-Modell

1. Pipeline

In eine **Pipeline** gehören alle potenziellen Vertriebsfälle bezogen auf einen Außen- bzw. Innendienstmitarbeiter, deren Abarbeitungsgrad 20 % und mehr beträgt. Der **Abarbeitungsgrad eines Vertriebsfalls** wird anhand einer Kriterienliste bestimmt und gilt für alle Außen- und Innendienstmitarbeiter gleichermaßen ohne Ausnahme. Später finden Sie ein Beispiel für eine solche Kriterienliste für den Abarbeitungsgrad eines Vertriebsfalls. Bei einem Abarbeitungsgrad von 20 % ist immer auch das mögliche Potenzial für ein späteres Angebot bezogen auf einen konkreten Fall ungefähr in Euro abschätzbar. Mit diesem Wert geht dieser potenzielle Kundenfall in die Excel-Pipeliniste ein. Alle aktuellen Fälle werden in der Pipeline mit ihrem Wert zum Potenzial der Gesamtpipeline aufaddiert. Der Vertriebsmitarbeiter weiß also zu jeder Zeit mit Blick auf seine Pipeline, welches Gesamtpotenzial er gerade bearbeitet.

2. Forecast

Hat ein potenzieller Auftrag bei einem Kunden einen Abarbeitungsgrad von 50 % erreicht, so geht er automatisch über in den Forecast und ist damit Bestandteil einer jeden regulären Vertriebsbesprechung bzw. eines Forecast-Meetings. Das Hauptkriterium ist dabei immer, dass ein **rechtsverbindliches Angebot** abgegeben wurde. Bei bestehenden Rahmenverträgen und verbindlicher Preisinformation in Abrufsituationen und bekannter Zeitachse bis zur Entscheidung liegt ebenfalls ein Forecast-Fall vor. Je nach Dichte der Kriterien in der Liste für den Abarbeitungsgrad eines Vertriebsfalls kann hier die Wahrscheinlichkeit des späteren Abschlusses sehr genau bestimmt werden.

3. Buchbare Aufträge (Contracted Revenue)

Um einen buchbaren Auftrag handelt es sich, wenn aufgrund eines rechtsverbindlichen Angebots eine schriftliche Auftragserteilung durch den Kunden vorliegt, wobei keine Änderungen oder zusätzliche Rahmenbedingungen zum Angebot in der Auftragserteilung durch den Kunden erfolgt sind. Sind fremde AGBs oder Änderungen zu unserem Angebot bzw. zu unserem Vertragsvorschlag als Vorbedingung durch den Kunden erfolgt, so ist dieser Auftrag erst nach Verhandlung und Akzeptanz der Ergebnisse durch die Geschäftsleitung oder einer von ihr autorisierten Führungskraft (Vertriebsleiter/Innendienstleiter) als buchbarer Auftrag (Umsatz) zu führen.

Haben Sie heute bereits Mitarbeiter mit Umsatzverantwortung oder übernehmen Sie in Zukunft einmal solche Mitarbeiter, so ist es, wenn Sie ein einheitliches Pipeline-Forecast-System installiert haben, relativ einfach, sich einen Überblick über die Leistungen und Schwächen des einzelnen Mitarbeiters zu verschaffen. Sie schauen sich zuerst die Relation zwischen durchschnittlichem Pipeline-Volumen und dem durchschnittlichen Forecast-Volumen bei jedem Mitarbeiter an. Dies gibt Aufschluss darüber, ob der Mitarbeiter sich auf die richtigen Fälle in seinem Gebiet konzentriert, ob er mit den richtigen Ansprechpartnern spricht und wie viel Volumen er regelmäßig aus seiner Bearbeitung in einen Angebotsstatus bekommt. Erfahrungsgemäß weisen gute und vom Kundengebiet vergleichbare Mitarbeiter in ihren Relationen auch sehr ähnliche Werte auf. Schwache und weniger erfahrene Mitarbeiter werden aus den unterschiedlichsten Gründen wesentlich schlechtere Relationen aufweisen, die es durch Ihr Coaching ständig zu verbessern gilt.

Schauen Sie sich jetzt auch die Relation zwischen dem Angebotsvolumen, das ein Mitarbeiter pro Quartal durchschnittlich erarbeitet, und den tatsächlich abgeschlossenen Aufträgen des jeweiligen Mitarbeiters an, dann erkennen Sie sehr schnell, ob Ihr Mitarbeiter eine Abschlussschwäche hat. Oder er macht im Vorfeld bei der Beurteilung der Kundenfälle gravierende Fehler und kommt daher später seltener zum Abschluss. Ein Klassiker ist hier der Fall, dass ein solcher Mitarbeiter nicht früh genug und hartnäckig genug klärt, ob ein „Angebot" nur schnell gemacht werden soll, weil der Ansprechpartner vielleicht Preise für seine Projektplanung braucht, oder ob das Kundenunternehmen grundsätzlich bei jeder Beschaffung fünf Angebote einholen muss. Im letzten Fall ist zwischen dem verantwortlichen Projektleiter und dem Einkauf ohnehin schon längst entschieden, welche beiden der fünf Anbieter auf Platz 1 und 2 rangieren und den Deal unter sich ausmachen. Führt ein schwacher Mitarbeiter solche Fälle dann tatsächlich im Forecast, wird seine Abschlussquote darunter leiden und es kostet ihn und auch Sie als Führungskraft unnötig Zeit. Außerdem wird das Bild für weitere Marketingentscheidungen dadurch verfälscht, wenn mehrere oder alle Vertriebsmitarbeiter so agieren.

Diese durchschnittlichen Verhältnisse zwischen Pipeline und Forecast sowie zwischen Forecast und buchbaren Aufträgen können sowohl beim einzelnen Mitarbeiter betrachtet werden als auch bei ganzen Vertriebsteams. Dies kann pro Vertriebsorganisation und auch im Ländervergleich erfolgen. Auf jeder Ebene erhalten Sie als Verantwortlicher genaue Hinweise, wo Sie Handlungsbedarf haben und anpacken müssen, um zu besseren und verlässlicheren Ergebnissen zu gelangen.

! ACHTUNG

Vor dem Hintergrund dieser Überlegungen zum Pipeline-Forecast-Modell sollten Sie sich von einer Vorstellung verabschieden, nämlich davon, dass der einzelne Vertriebsmitarbeiter selbst abschätzen soll, ob ein Auftrag kommt oder nicht. Auch die Frage „Was für ein Gefühl hatten Sie gestern bei Ihrem Kundentelefonat?" sollten Sie aus Ihrem Repertoire werfen. Ebenso Fragen wie „Glauben Sie, dass der Auftrag in diesem Monat noch kommt?" gehören dann der Vergangenheit an. Das alles ist Glaskugel-Leserei mit nicht messbaren, subjektiven Kriterien, die mit einem professionellen Vertrieb rein gar nichts zu tun haben.

Früher saß ich oft mit meinem Finanzchef zusammen und wir rätselten, ob wir unserem Vertriebschef in seinem Forecast Glauben schenken können, um unseren Cashflow und damit auch die Kreditlinien für die nächsten drei Monate festzulegen. Regelmäßig ergaben sich in letzter Sekunde noch deutliche Abweichungen, die dann immer wieder eine schnelle Reaktion erforderlich machten. Damit diese Glaskugel-Leserei der Vergangenheit angehört und in normalen Wirtschaftszeiten (ohne Finanzkrise) die Umsätze für Sie planbar sind, holen Sie alle Ihre aktiven Vertriebsleute zusammen und legen Sie in einem gemeinsamen Workshop die Basis dafür.

4.3.2 Kriterienliste für den Abarbeitungsgrad eines Vertriebsfalls

Unterteilen Sie Ihre Vertriebsaktivitäten in einzelne Schritte, die den Grad der Abarbeitung eines Vertriebsfalls vom ersten Kontakt bis zum erfolgten Auftrag abbilden. Hierbei ist nicht entscheidend, ob Sie dabei zehn Schritte gehen oder nur sechs. Entscheidend ist, dass Sie sich mit allen Außen- und Innendienstmitarbeitern, die Umsatzverantwortung tragen, auf bestimmte Kriterien pro Schritt einigen, bei deren Erfüllung der Schritt als **positiv abgearbeitet** gilt.

Ferner sollten Sie einige Kriterien, also sogenannte „**Red Flags**" definieren. Dies bedeutet: Wenn dieses Kriterium nicht erfüllt wird oder werden kann, darf der Fall nicht in die nächste Abarbeitungsstufe übergehen. In meinen Workshops haben wir zwischen „**100-%-Muss-Kriterien**" („Red Flags") und **Kann-Kriterien** unterschieden. Kann-Kriterien konnten auch durch fundierte andere Informationen, die den Fall sicherer machten, ersetzt werden. Dabei war es nicht gestattet, Kann-Kriterien wegzulassen, ohne Ersatz durch zusätzliche Informationen aus der Kundensituation zu erhalten.

0 % (Selection)

- Erster Kontakt zu GUARD-Personen hat stattgefunden
- alt. neuer qualifizierter Messekontakt
- Klar qualifiziertes Feedback von Mailings/Telemarketing liegt vor
- Firmenname, Firmengröße, qualifizierter Ansprechpartner, mögliches Potenzial ist bekannt

10 % Abarbeitung

- Anfrage von einer interessierten Person in einer potenziellen Zielfirma für weitere Informationen oder einem Gespräch, Produkttest liegt konkret vor
- Produkt- oder Service-Informationen wurden von unserer Website heruntergeladen, Mailadresse und Name/Funktion des Interessenten sind bekannt
- Wir kennen sowohl Name, Position, Mailadresse der Zielperson als auch Firmenadresse, Werk etc.
- VB (Vertriebsbeauftragter) oder KA (Key-Account-Manager) hatten ersten telefonischen Kontakt mit der Zielperson mit erstem positiven Feedback

20 % Abarbeitung Pipeline-Fall! **(Wenn alle Muss-Kriterien von 0% bis 20% Abarbeitung erfüllt sind!)**

- Eine größere Anzahl von Ansprechpartnern (GUARD) in der gleichen Firma/Location ist bekannt und hat um weitere Informationen gebeten oder deswegen unsere Website besucht
- Bei einer Veranstaltung hat jemand konkret nach einem persönlichen Kontakt gefragt bzw. einen Besuchstermin zur Besprechung eines möglichen Angebots/Zusammenarbeit angefragt
- Wir haben mit mindestens zwei verantwortlichen/betroffenen Personen auf Kundenseite den Einsatz unserer Produkte oder Dienstleistungen mit positivem Ausgang am Telefon diskutiert
- Ein erster Besuchstermin mit einer festen Agenda wurde vereinbart

30 %

- Wir haben unsere erste Präsentation/Besprechung beim Kunden gehabt
- Wir kennen den Entscheidungsprozess und die Personen, die daran beteiligt sind
- Wir kennen das Abnahmepotenzial für das nächste/erste Angebot
- Der Kunde ist stark daran interessiert, im Prozess voranzukommen
- Wir kennen das Budget der Abteilung/Firma für die Beschaffung der im Angebot spezifizierten Produkte
- Wir haben mit allen am Kaufprozess beteiligten Personen oder deren Vorbereitern/Beeinflussern Termine vorbereitet/arrangiert

40 %

- Der Kunde hat ein Angebot konkret angefragt
- Uns liegen alle Informationen vor, um ein konkretes Angebot zu erstellen/Ausschreibung teilzunehmen
- Wir können exakt das liefern, was der Kunde per Angebot haben möchte (technisch und terminlich)!
- Funktional können wir das meiste, was der Kunde nachfragt, erfüllen
- Wir wissen den Status unseres Mitbewerbers bei diesem Angebot (wer, was, wieviel, Ranking)
- Wir haben begonnen, durch die auf Kundenseite internen Zertifizierungsprozesse zu gehen

50 %
Forecast - Fall   **Ab hier (alles von 0 % bis 50 % erfüllt!) haben wir einen wirklichen Forecast - Fall!**

- Wir haben unser Angebot zeitgerecht abgegeben
- Wir kennen unsere Mitbewerber und grundsätzlich deren Angebot
- Wir wissen exakt die Zeitachse und Stationen des Entscheidungsprozesses
- Wir haben den nächsten Kontakt verabredet, um ein qualifiziertes Feedback zu unserem Angebot zu bekommen
- Wir haben bezüglich unseres Angebotes ein erstes positives Feedback von unserem Hauptkontakt

60 %

- Wir haben die kaufmännischen Verhandlungen zum Angebot beendet und eine Einigung über Konditionen erzielt
- Wir haben die kundeninternen Zertifizierungsprozesse für unser Produkt mit positivem Ergebnis durchlaufen
- Wir haben ein informelles Ok und Go von der kaufenden Abteilung des Kunden bekommen

70 %

- Wir haben ein Ok vom Zentraleinkauf des Kunden bekommen
- Wir haben die Verhandlungen mit der Rechtsabteilung des Kunden erfolgreich beendet

80 %

- Schriftlicher Auftrag oder vom Kunden unterschriebener Vertrag liegt bei uns im Hause vor

90 %   **Übergang des Falles vom Forecast zu buchbarem Umsatz**

- Unsere eigene Rechtsabteilung hat den Vertrag freigegeben und unsere kaufmännischen Verantwortlichen haben gegengezeichnet
- Alt. Auftragsbestätigung ist rausgegangen

100 %

- Die Lieferung der Produkte erfolgte wie zugesagt und zeitgerecht
- Kunde hat die Rechnung oder erste Teilzahlung beglichen

Abb. 52: Kriterienliste für den Abarbeitungsgrad eines Vertriebsfalls (Beispiel)

An diesem Beispiel der **SAS-Kriterienliste** (Abb. 52) sehen Sie, dass Sie alle wichtigen Stationen in einem Vertriebsprozess mit den entscheidenden Kriterien hinterlegen können und somit sicherstellen, dass alle notwendigen und den Verkaufsprozess absichernden Informationen zur richtigen Zeit geklärt und eingeholt werden.

Mit einem solchen System werden Sie möglicherweise wesentlich weniger Angebote in Zukunft schreiben, aber Ihre Abschlussquote und Ihre Erträge gehen nach oben. Wenn das so ist, dann haben Sie einen sehr großen Qualitätsschritt nach vorne gemacht. Kommen zu wenige Fälle aus der Pipeline in den Forecast-Status, können Sie automatisch die richtigen Fragen stellen. Liegt es an der Marktsituation, an unserem Pricing, an unserer Positionierung am Markt und, wenn ja, arbeiten Sie genau an der Stelle, wo Sie Ihren Vertrieb effektiver machen können? Vielleicht haben Sie pro Mitarbeiter auch einfach zu wenig Pipeline-Potenzial, um die erforderliche Anzahl von Angeboten in der Folge zu generieren. Die Antwort ist dann auch schnell klar: Der Vertrieb muss durch geeignete Marketingmaßnahmen (Telemarketing und Telesales) befeuert werden, damit Ihre versierten Vertriebsmitarbeiter mehr qualifizierte Termine bei Firmen bekommen, die genau den Bedarf haben, den Sie adressieren können und wo Sie auch wettbewerbsfähig sind.

Wenn Ihre Geschäftsleitung Ihnen in der nächsten Planungsrunde eröffnet, dass Sie im nächsten Jahr nochmals 18 % Umsatzsteigerung draufsatteln müssen, bereitet Ihnen das keine schlaflose Nacht mehr, auch wenn das laufende Jahr *in puncto* Zielerreichung schon recht hart war. Mit einem solchen SAS-System können Sie Ihrem Vorgesetzten schwarz auf weiß vorrechnen, welche Ressourcen und Maßnahmen Sie brauchen, um dann auch 20 % Umsatzsteigerung zu realisieren.

Natürlich gibt es auch Obergrenzen an Pipeline-Potenzial, die ein einzelner Vertriebsprofi noch effizient bearbeiten kann. Diese Grenzen sind von Firma zu Firma unterschiedlich. Sie sind auch unabhängig von der Branchen- und Vertriebsstruktur, aber dennoch feststellbar. Wenn diese Obergrenze erreicht ist, müssen Sie Ihren Vorgesetzten klar eröffnen, dass Sie einen oder mehrere neue Mitarbeiter in Ihrer Vertriebsmannschaft brauchen. Wenn es darum geht, die Pipeline aufzufüllen, um die wertvolle Zeit von Vertriebsprofis 100 % zielgerichtet zum Einsatz zu bringen, haben Sie in diesem Buch ebenfalls schon Maßnahmen (Telesales) kennengelernt, die geeignet sind, einen Teil des Abarbeitungsgrades zu übernehmen.

Und noch etwas fällt in Zukunft völlig anders aus als es viele gewohnt sind. Vertriebsbesprechungen, die klassischen, monatlichen Forecast- und Pipeline-Meetings werden, egal ob Sie für drei oder für 30 Mitarbeiter die Verantwortung haben, ob Sie Bayern oder Gesamteuropa verantworten, in Zukunft nur noch maximal eineinhalb Stunden dauern. Die gesamte Glaskugel-Leserei fällt weg. Von Interesse ist lediglich, ob ein Mitarbeiter beim Erreichen einer Stufe im Abarbeitungsgrad Schwierigkeiten hat und wie Sie oder das Team ihm dabei helfen können. Fälle, bei denen alles im grünen Bereich ist, werden nicht besprochen. Ihre Gespräche mit Mitarbeitern über verschiedene Kundensituationen könnten dann so aussehen wie im folgenden Beispieldialog.

▶ **BEISPIEL**

Innendienstleiter: „Herr Schmitt, Sie hatten doch gestern noch ein langes Telefonat mit der Firma X. Wie schaut es da aus?"
Vertriebsmitarbeiter: „Gut, Chef, ich bin gestern von 30 auf 40 gegangen und denke, wir schaffen 50 innerhalb der nächsten sechs Wochen."
Innendienstleiter: „Prima, Schmitt, wenn Sie irgendwo meine Unterstützung brauchen, lassen Sie es mich sofort wissen."

Obwohl so ein Gespräch weniger als 30 Sekunden dauert, haben beide, der Innendienstleiter und sein Vertriebsmitarbeiter jede Menge Informationen ausgetauscht. Der Chef weiß anhand der Prozentzahlen (30 auf 40) ganz genau, was sein Mitarbeiter in diesem Gespräch alles besprochen hat, und dass es ihm gelungen ist, die entsprechenden Schritte vorwärts in Richtung „Angebot mit guten Chancen" zu tun. Sagt ihm sein Mitarbeiter, dass er beim letzten Gespräch auf ein K.o.-Kriterium („Red Flag") gestoßen ist und er sich deshalb nun auf andere Fälle konzentriert, dann können Sie als Vorgesetzter ebenso ein gutes Gefühl haben. Ihre Mannschaft fokussiert Ihre Zeit auf die Fälle, die am wahrscheinlichsten zum Abschluss führen. Alles läuft bestens.

Die nun im Forecast stehenden Zahlen, selbst die in der Pipeline, werden wesentlich verlässlicher, als es mit der früheren Schätzmethode der Fall war. Die Abschlussquote wird deutlich steigen. Und die bei Ihren Mitarbeitern zur Verfügung stehende Vertriebszeit wird viel effektiver eingesetzt werden. Wenn Sie zusammen mit Ihrem Team ein solches System mit Kriterien und Abarbeitungsgrad einführen, werden Sie sehen, dass die guten Mitarbeiter im Team sofort erkennen, dass sie damit ein höheres variables Einkommen generieren können. Diese werden auch sofort mitarbeiten und sich später selbst hundertprozentig an die Regeln und Absprachen halten. Die weniger guten Mitarbeiter und diejenigen, die sich bisher auf alten Lorbeeren ausgeruht haben, bekommen mit diesem System ein Problem. Zusammen mit einem CRM-System wird die Arbeit eines Vertriebsprofis total transparent. Denn wenn ein Mitarbeiter Sie angelogen hat und Ihnen (im vorherigen Beispiel) mitgeteilt hat, er sei beim Kundenbesuch von 30 auf 40 gegangen, so wird sich das sehr schnell als Lüge herausstellen und belegen lassen. Nach meiner Erfahrung kündigen diejenigen Mitarbeiter, auf die Sie am ehesten verzichten können, bei so einem System von selbst und es gibt Raum für engagierte Mitarbeiter und wirkliche Profis.

Auch junge, unerfahrene Kräfte können Sie mithilfe eines solchen Systems durch gezieltes Coaching hervorragend unterstützen. Sie werden genau sehen, an welcher Stelle im Prozess sich der junge, engagierte Mitarbeiter schwer tut, und können dann gezielt mit ihm in die Diskussion gehen. Die Entwicklungsgeschwindigkeit bei jungen Vertriebsmitarbeitern nimmt dadurch enorm zu.

Wenn Sie als Innendienstleiter in Ihrer Vertriebsorganisation nicht federführend sind, aber erkannt haben, dass es bei Ihnen durchaus Verbesserungspotenzial gibt, dann gehen Sie doch mit Ihrem Außendienstkollegen einmal eine Pizza essen und geben Sie ihm dieses Buch, versehen mit einem Lesezeichen in diesem Kapitel. Erläutern Sie ihm, um welche Konzepte und Ideen es genau geht. Gefällt ihm das Thema und er beginnt darüber nachzudenken, welche Elemente er im eigenen

Vertrieb übernehmen könnte, dann sichern Sie ihm Ihre Unterstützung zu und lassen ihn bei der Geschäftsleitung mit den neuen Ideen glänzen. Noch immer gilt das Gesetz: Wirklich erfolgreiche Menschen verhelfen Menschen in ihrem Team und ihrem Umfeld dazu, selbst auch erfolgreich zu sein!

5   Ausblick: Wo anfangen und wie umsetzen?

Auf den folgenden Seiten geht es darum, wie Sie die Fülle von Themen, die wir in den vorangegangenen Kapiteln durchgegangen sind, nun am besten anpacken. Wie schon eingangs beschrieben, gibt es dabei nicht wenige Themen zur Verhaltensänderung, bei denen Sie selbst an sich arbeiten müssen. Solche Verhaltensmuster, wenn sie seit Jahren eingeübt und täglich praktiziert worden sind, lassen sich nicht von einem Tag auf den anderen verändern. Dennoch empfehle ich Ihnen, diese Mühe auf sich zu nehmen. Nach zehn bis fünfzehn Wochen konzentrierter und manchmal auch mühsamer Arbeit an sich selbst werden Sie mehr und mehr erkennen, wie sich die neuen Verhaltensmuster festigen und selbstverständlich werden, sodass Sie ohne innere und äußere Widerstände umsetzen können, was Sie sich vorgenommen haben.

Die Kapitel 3 und 4 befassten sich hauptsächlich mit organisatorischen und planerischen Aufgaben im Vertriebsinnendienst. Insgesamt geht es dabei grundsätzlich darum, den Innendienst effizienter zu machen und der heute geforderten großen Veränderungsdynamik besser gerecht zu werden. In dem folgenden abschließenden Kapitel werden Sie lesen, dass die richtige Vorgehensweise bei Veränderungsprozessen am Ende meist darüber entscheidet, ob sie gut gelingen oder eine Menge Ärger verursachen.

5.1   Gewinnen Sie Vorgesetzte und Mitarbeiter für Ihre Vorhaben

Jedes Mal, wenn Sie in Ihrer Abteilung oder auch in der Zusammenarbeit mit dem Außendienst bzw. anderen Unternehmensbereichen Veränderungen planen, wird der Erfolg der Umsetzung ganz wesentlich mit Ihrem konkreten Vorgehen im Einzelfall zusammenhängen. In diesem Zusammenhang werde ich in meinen Seminaren für Innendienstleiter häufig darauf angesprochen, wie man das gelegentlich angespannte Verhältnis zwischen Innen- und Außendienst entspannen kann, damit die Zusammenarbeit besser gelingt. Die nächsten Zeilen sind genau auf dieses Thema fokussiert.

5.1.1 Änderungsprozesse geschickt anstoßen

Was bedeutet es eigentlich, die eigenen Mitarbeiter, Kollegen oder Vorgesetzten für ein Vorhaben zu gewinnen? Sie müssen Ihr Anliegen im besten Sinn des Wortes verkaufen. Und beim Verkauf geht es im Wesentlich darum, einen bestimmten Bedarf beim Käufer zu adressieren. Verkürzt formuliert haben Sie beim **„Verkauf Ihrer Änderungsvorschläge"** umso bessere Chancen, je mehr der Mitarbeiter, Kollege oder Vorgesetzte eine Win-win-Situation in Ihrem Vorhaben erkennen kann. Der „Käufer" muss klar erkennen können, was für ihn dabei herausspringt bzw. wo er einen Vorteil für sich verbuchen kann. Dies wiederum setzt voraus, dass Sie jedes noch so kleine Vorhaben umfassend Ihrem „Käufer" darstellen. Mit anderen Worten: Je besser es Ihnen gelingt, im Sinne des rechten oberen Felds im Johari-Fenster (vgl. Abb. 3) transparent zu machen, warum Sie etwas ändern wollen und worin Sie die Vorteile sehen, desto höher ist die Wahrscheinlichkeit, dass die andere Person auch für sich Vorteile erkennen kann. Machen Sie Ihrem Mitarbeiter oder Kollegen realistisch klar, dass nicht in jedem Fall sofort eine Verbesserung eintreten muss, aber es darf natürlich auch keine Verschlechterung seiner Arbeitsbedingungen eintreten. Sollte dies dennoch einmal geschehen, überprüfen Sie Ihre Pläne nochmals und überlegen Sie, wie Sie die Situation eleganter in den Griff bekommen können.

Dies bedeutet, dass Sie als Abteilungsleiter zwar „per Order di Mufti" anordnen können, dass ab sofort etwas anders zu erfolgen hat, aber durch diese einseitige Anordnung bringen Sie in der Regel nicht Ihre Mitarbeiter hinter sich. Sie werden Ihnen folgen, weil Sie ihr Chef sind und eine Weisungsbefugnis haben, aber nicht, weil Sie überzeugt sind, jetzt etwas besser zu machen.

5.1.2 Zusammenarbeit zwischen Innendienst und Außendienst

Was das Verhältnis zwischen den Abteilungen angeht, kommt noch ein entscheidender Aspekt hinzu. In vielen Fällen, in denen die Zusammenarbeit zwischen Außen- und Innendienst nicht gut funktioniert, hatte ich in der Vergangenheit festgestellt, dass zwischen den beiden Abteilungsleitern eine **gemeinsam abgestimmte Zielsetzung** in vielen Bereichen einfach fehlte. Eine klassische Situation in vielen Innendienstorganisationen ist dabei die Teambildung zwischen einem Innendienstmitarbeiter und einem oder mehreren Außendienstmitarbeitern, die von diesem Innendienstmitarbeiter unterstützt werden sollen. Im besten Fall gibt es eine kurze Anweisung, bei welchen Arbeiten der Innendienstmitarbeiter dem Außendienstmitarbeiter zur Hand gehen soll, mehr jedoch meist nicht. Wenn die Ausgangssituation aber so beschaffen ist, sind Probleme vorprogrammiert. Was zunächst fehlt, ist eine zwischen den beiden Abteilungen durch die Führungskräfte gemeinsam abgestimmte Zielsetzung, die zumindest folgenden Fragen umfasst:

- In welcher Abteilung liegt jeweils der Schwerpunkt der Kundenbetreuung bei A-, B- und C-Kunden?
- Wer übernimmt welche Verantwortungsbereiche im professionellen Angebotsmanagement?
- Wer ist in einer RICARD-Phase (vgl. Kapitel 1.5) dafür verantwortlich, dass der erste Rückruf an den Kunden erfolgt?
- Ab welchem Abarbeitungsgrad geht ein Sales-Fall vom Innendienst auf den zuständigen Außendienstmitarbeiter über?
- Für welche Datenbereiche im CRM-System ist der Innendienst in puncto Qualität und Aktualität zuständig, für welche der Außendienst und für welche beide gemeinsam?
- Wie genau sieht ein vollständiger Input vom Außendienstmitarbeiter aus, damit ein Innendienstmitarbeiter ein Angebot erstellen kann?
- Wie sieht die Liste der Arbeiten aus, die ein Außendienstmitarbeiter einem Innendienstmitarbeiter übertragen kann? Was gehört nicht dazu?
- Wie sieht die Liste mit Aktivitäten aus, die der Innendienstmitarbeiter dem Außendienstmitarbeiter übertragen kann? Was gehört nicht dazu?
- Bei welchen Kundensituationen wird grundsätzlich von beiden an die Abteilungsleitung eskaliert und damit informiert?
- Wie ist die Aufgabenstellung bei Marketingaktionen wie Mailings, Kundenveranstaltungen und Messen zwischen Innen- und Außendienst genau geregelt?

Diese Liste ist mit Sicherheit nicht vollständig und muss in jedem Unternehmen an die jeweiligen, individuellen Ausprägungen der Zusammenarbeit angepasst werden. Aber erst, wenn auf der Führungsebene über alle wesentlichen Bereiche der Zusammenarbeit im Detail und hinsichtlich der Zielsetzung Einigkeit erzielt wurde und in der Folge in jeder Abteilung auch die Mitarbeiter umfassend über diese gemeinsamen Zielsetzungen informiert worden sind, ist eine gute Basis für eine harmonische und produktive Zusammenarbeit gelegt.

Zusätzlich können Sie noch etwas tun, damit die Zusammenarbeit zwischen Ihrer Abteilung und anderen Abteilungen in Zukunft besser klappt. Nehmen wir zunächst die Abteilungen Innendienst und Außendienst.

TIPP

Stellen Sie sicher, dass reihum jeder Ihrer Innendienstmitarbeiter **einmal im Jahr** mit seinem zuständigen Außendienstmitarbeiter zusammen einen oder zwei Kundenbesuche macht. Erstens lernen sich so der Kunde und der Innendienstmitarbeiter einmal persönlich kennen, was die Beziehung und die spätere Zusammenarbeit am Telefon erleichtert. Zweitens entwickeln beide Mitarbeiter auf einer Dienstfahrt, die sie im Vorfeld auch zusammen planen sollten, ein besseres Verständnis für die Arbeit des jeweils anderen. Damit das auch bei etwas ruhigeren Kandidaten funktioniert, weisen Sie Ihre Mitarbeiter an, während der Autofahrt mit dem Außendienstmitarbeiter auch andere aktuelle Kundensituationen zu besprechen. In ganz schwierigen Fällen lassen Sie sich vorher die Liste mit Besprechungspunkten vom jeweiligen Mitarbeiter zeigen. Es ist immer gut, wenn ein Innendienstmitarbeiter bei solchen Touren erfährt, dass ein Zehn- oder Zwölfstundentag im Außendienst alles andere als eine „Tour auf Gutsherrenart" darstellt. Umgekehrt ist so auch einmal genügend Zeit für den Innendienstmitarbeiter, auf kollegialer Basis von den Schwierigkeiten im Tagesgeschäft des Innendienstes zu berichten.

Sorgen Sie dafür, dass bei Außendiensttreffen und Meetings nach Möglichkeit einer oder mehrere Innendienstmitarbeiter zugegen sind, die die anstehenden Punkte für den Innendienst aufzunehmen haben und für Fragen zur Verfügung stehen. Diese hören bei dieser Gelegenheit auch alle sonstigen Diskussionen im Außendienst mit und bekommen so für die typischen Problemfelder ein wesentlich tieferes Verständnis. Umgekehrt sollten Sie mit Ihrem Außendienstkollegen abstimmen, dass ein Mitarbeiter oder auch zwei aus seinem Team regelmäßig an monatlichen Innendienstmeetings teilnehmen. Wenn Sie dafür sorgen, dass alle Mitarbeiter ein oder zweimal im Jahr diese Rolle wahrgenommen haben, werden Sie spätestens nach zwei Jahren feststellen, dass viele kleine Probleme, die früher noch auf Ihrem Schreibtisch gelandet sind, immer häufiger zwischen den Mitarbeitern der beiden Abteilungen gelöst werden. Die beiden Chefs sind dafür gar nicht mehr notwendig. Sie haben damit die Zusammenarbeit wesentlich verbessert. Dieses Vorgehen ist natürlich für alle Abteilungen wie der Produktion, der Logistik oder der Buchhaltung empfehlenswert.

Alle Maßnahmen, die ich bis hier aufgeführt habe, dienen dazu, dass die Mitarbeiter aller Abteilungen ein tieferes Verständnis für die Abläufe, Limitierungen und Zuständigkeiten in den jeweils anderen Bereichen entwickeln. Dieses wechselseitige Verständnis ist besonders hilfreich, wenn Sie Änderungsvorschläge oder Anordnungen haben, die eine gemeinsame Basis und eine umfassende Überzeugungsarbeit Ihrerseits erfordern. Außerdem beugt es dem berühmten „Flurfunk" und der Entwicklung von hartnäckigen Vorurteilen vor.

Wenn Sie komplexe Vorschläge an Ihren Chef unter Zuhilfenahme der SWOT-Analyse darstellen, wie in Kapitel 3.7.3 gezeigt, werden Sie automatisch bei Ihrem Chef genügend Win-Felder adressieren. Es wird ihm schwer fallen, Ihnen etwas auf Dauer abzuschlagen, was Sie betriebswirtschaftlich und im Sinne des Unternehmens und der Abteilung überzeugend begründen können. Wenn Ihnen dies gelingt, haben Sie im wahrsten, positiven Sinn des Wortes Ihr Anliegen gut verkauft.

5.2   Phasenplanung der Umsetzung

Wie könnte ein Zeitplan für die Umsetzung der vielen Themen aus diesem Buch aussehen? Diese Frage beschäftigt selbstverständlich auch meine Innendienstleiter, die seit 2006 durch meine Seminare gegangen sind. Oft fühlen sie sich durch die Fülle der Themen etwas erschlagen, zumal ihre Anzahl, bedingt durch die vielen Beispiele aus der Berufspraxis der Teilnehmer, noch wesentlich größer ist als in diesem Fachratgeber. Am Freitag, zum Ende des Seminars stellt sich dann die Frage: Wo beginnen wir mit der Umsetzung der Themen aus diesem Buch?

Eine erste wichtige Regel, die ich meinen Seminarteilnehmern mit auf den Weg gebe, lautet: Am Montag und in der gesamten nächsten Woche machen Sie erst einmal genau so weiter wie immer. Keine radikalen Veränderungen! Vor allem sollten Sie nicht mit zehn bis fünfzehn Themen und Aspekten gleichzeitig beginnen. Versuchen Sie es dennoch, werden Sie mit Ihrem Vorhaben scheitern.

Für Sie als Leser dieses Buchs stellt sich diese Frage in der Form nicht. Schließlich wissen Ihre Mitarbeiter und auch Ihr Chef gar nicht, dass Sie einen Fachratgeber gelesen haben. Also entsteht von dieser Seite auch keine Erwartungshaltung.

Dennoch empfehle ich Ihnen, den folgenden Zeitplan mit der Abfolge an Themen als Anregung und Leitfaden zu nehmen und Ihren eigenen, individuellen Umsetzungsplan daraus abzuleiten. Dieser Zeitplan ist aus den Erfahrungen der Innendienstleiter meiner Ausbildungsreihe in den vergangenen drei Jahren entstanden, als sich gezeigt hat, dass zur Umsetzung von Themen, die eine Verhaltensänderung erforderlich machen, ein Zeitansatz von zwölf bis achtzehn Wochen realistisch ist. Viele Rückmeldungen ehemaliger Teilnehmer haben mir bestätigt, dass, sofern Sie ernsthaft und konsequent Woche für Woche an den Themen arbeiten, nach dieser Zeitspanne ein Prozess eingesetzt hat, bei dem Sie viele Handlungen und Verhaltensweisen mehr und mehr verinnerlicht haben. Außerdem wird sich Ihr Führungsstil, insbesondere die Art, wie Sie Entscheidungen vorbereiten und treffen, nachhaltig verändern. Sie haben dann den Schritt vollzogen vom „Management im Blindflug" hin zu bewussten und stets sauber begründeten Entscheidungen in jeder beruflichen Situation.

Übrigens: Einige dieser Themen werden sich auch auf Ihr Privatleben auswirken. Ihre Art zu kommunizieren wird sich nicht nur im beruflichen Umfeld verändert haben, sondern Ihre erweiterte Wahrnehmung kommt Ihnen natürlich auch im privaten Umfeld zugute. Wie ich schon sagte: Sie werden vielleicht nicht mehr Everybody's Darling sein. Aber wollten Sie das überhaupt? Auf jeden Fall werden Sie eine bessere Führungskraft sein, die weiß, wie eine operative Abteilung zu managen ist.

Woche 1 – 4 (Wahrnehmung)

- Wo ist eine Schieflage in der Kommunikation erkennbar (rechtes oberes Feld im Johari-Fenster)?
- Erkennen von Personentypen (Riemann/Thomann)
- Erkennen von Fragetypen und Spielchen in der Kommunikation
- Analyse des Teams und der Bezugspersonen im Umfeld im Sinne korrekter Ansprache und Vermeidung von falscher Ansprache
- Feedback zur eigenen Person von verschiedenen Personen einholen (Eigenbild/Fremdbild)
- Sondierung, wer möglicherweise aus dem Team Ihr Stellvertreter werden könnte, falls nicht vorhanden

Woche 4 – 12 (Organisation)

- Umstellen von Ihren Standard-Kommunikationsprozessen (Meetings, Feedbacks, Personalgesprächen etc.)
- Verändern des eigenen Kommunikationsverhaltens
- Ausbildungs- und Coachingplan für die eigenen Mitarbeiter erstellen
- Gezielte Wahl des Führungsstils durch Reflektion des eigenen Handelns
- Vorbereitung von strukturellen Veränderungen zur Vorlage und Entscheidung bei Ihrem Vorgesetzten
- Überprüfung und Korrektur Ihres eigenen Zeitmanagements im Sinne dieses Buchs
- Anlegen bzw. Vervollständigung Ihrer eigenen persönlichen Personalakten, falls nicht schon vorhanden
- Wenn eine geeignete Person da ist, Entscheidungsprozess im Hinblick auf die Ausbildung eines regulären Stellvertreters mit Ihrem Vorgesetzten einleiten

Woche 8 – 15 (Abstimmungen und Korrekturen)

- Feinabstimmung und Korrekturen bereits eingeleiteter Veränderungen
- Diskussion und Verabschiedung größerer Änderungsprozesse sowie Start von deren Umsetzung
- Durchsetzen Ihres eigenen Zeitmanagements auch gegen Widerstände von Vorgesetzten und Kollegen (Meetingkultur und Zeitverschwendung)
- Vorbereitung der Jahresendgespräche mit den Mitarbeitern (soweit nicht vorher erforderlich)

Abb. 53: Phasenplan für die Umsetzung

Die Wochenzeiten in diesem Phasenplan für die Umsetzung der Lerninhalte dieses Buchs sind selbstverständlich nur Anhaltspunkte, die nicht sklavisch eingehalten werden müssen. Sehr wichtig ist jedoch, dass Sie, bevor Sie beginnen, Ihr eigenes Verhalten zu ändern, zunächst Ihre Wahrnehmung schärfen. Dazu können Sie jede Besprechung, im Grunde genommen jedes Gespräch nehmen, selbst wenn Sie gar nicht aktiv beteiligt sind und nur zuhören. Sie werden bereits nach ein bis zwei Wochen feststellen, dass Sie wesentlich mehr wahrnehmen und Ihnen vieles auffällt, was Sie zuvor überhaupt nicht gesehen haben. Erst wenn Sie viele der im Buch beschriebenen Verhaltensweisen vom Ansatz her erkennen können, sind Sie in der Lage, auch mit kühlem Kopf und abgeklärt zu reagieren. Sie werden dann in vielen Kommunikationssituationen Ihre eigenen Entscheidungen treffen und sich nicht mehr fernsteuern lassen, wie die Beispiele in den verschiedenen Kapiteln zeigen wollten.

Wählen Sie aus der Fülle der Themen Ihre individuellen Schwerpunkte aus und arbeiten Sie daran, Ihr Profil als Führungskraft zu schärfen. Vergessen Sie dabei nicht, dass Sie kein Spezialist mehr sind, sondern Ihre Hauptaufgabe als Führungskraft darin besteht, Menschen und Prozesse so in Einklang zu bringen, dass bei möglichst allen Ihnen anvertrauten Mitarbeitern Eigenmotivation entsteht. Gelingt Ihnen das jeden Tag etwas besser, dann garantiere ich Ihnen, dass Ihre Arbeitsfreude und die Anzahl Ihrer Erfolgserlebnisse von Monat zu Monat zunehmen werden.

In diesem Sinne wünsche ich Ihnen Freude bei Ihrer Arbeit, gutes Timing und viel Erfolg in der Umsetzung!

Stichwortverzeichnis

Abbildungsverzeichnis

Nachwort und Danksagung

Zuallererst gilt mein tiefster Dank meiner Ehefrau, die mit engelhafter Geduld darüber hinweg sah, dass ich doch zu häufig in mein Arbeitszimmer abtauchte, um den einen oder anderen Gedanken schnell noch festzuhalten.

Ferner bedanke ich mich sehr bei Jutta Thyssen vom Haufe-Verlag in München, die mir als zuständige Produktmanagerin alle Freiräume einräumte, die man sich als Autor wünschen kann. Ebenso einen nicht geringen Anteil an diesem Buch trägt mein Lektor, Peter Böke, der sich mit großer Geduld und viel Feingefühl meiner doch manchmal ungestüm und spontan kreierten Sprachschöpfungen annahm. Außerdem möchte ich mich bei Reiner Grethel von der Haufe-Akademie bedanken, der mir ganz unbürokratisch den Kontakt zum Haufe Fachbuchverlag ermöglichte.

Grundlage für dieses Buch bilden tausende Momente und Situationen, die ich selbst in fast 30 Jahren vertrieblicher Berufspraxis erfahren durfte. Zusätzlich sind da viele, viele Beispiele, die vor allem meine Seminarteilnehmer, Innendienstleiter aus ganz Deutschland, Österreich sowie den USA in die Diskussion einbrachten und die damit für jeden Beteiligten einen großen Zugewinn darstellten. All diesen Teilnehmern gilt mein Dank und Respekt dafür, dass ich von ihnen lernen durfte.

€ 39,95
ca. 250 Seiten
ISBN 978-3-648-04106-2
Bestell-Nr. E01640

€ 39,95
ca. 250 Seiten
ISBN 978-3-648-04120-8
Bestell-Nr. E01641

Warum floppt ein Produkt?

Die Marketingprofis Tina Müller und Hans-Willi Schroiff nutzen ihre Erfahrung, um neue Optionen bei der Produktentwicklung aufzuzeigen. Lesen Sie, warum manche Produkte einfach keine Käufer finden, was in Entwicklung, Marktforschung oder im Marketing falsch gelaufen ist und ziehen Sie Schlüsse für Ihre eigene Arbeit.

> Die größten Todsünden im Marketing
> Wesentliche Fehler vermeiden, Flopprate senken
> Praktikable Lösungsansätze und Handlungsperspektiven